图解 思维导图

一种革命性的思维工具

白虹 编著

中国华侨出版社

北京

图书在版编目（CIP）数据

图解思维导图：一种革命性的思维工具 / 白虹编著 . — 北京：中国华侨出版社，2016.9（2020.11 重印）

ISBN 978-7-5113-6325-1

Ⅰ . ①图… Ⅱ . ①白… Ⅲ . ①思维方法—通俗读物 Ⅳ . ① B80-49

中国版本图书馆 CIP 数据核字（2016）第 224023 号

图解思维导图：一种革命性的思维工具

编　　著：白　虹
责任编辑：兰　芷
封面设计：李艾红
文字编辑：李华凯
美术编辑：潘　松
部分图片来自 www.quanjing.com&www.ICpress.cn
经　　销：新华书店
开　　本：720mm×1020mm　1/16　印张：29　字数：700 千字
印　　刷：鑫海达（天津）印务有限公司
版　　次：2017 年 1 月第 1 版　2020 年 11 月第 3 次印刷
书　　号：ISBN 978-7-5113-6325-1
定　　价：68.00 元

中国华侨出版社　北京市朝阳区西坝河东里 77 号楼底商 5 号　邮编：100028
法律顾问：陈鹰律师事务所
发行部：（010）58815874　　　传　真：（010）58815857
网　　址：www.oveaschin.com　　　E-mail：oveaschin@sina.com

如果发现印装质量问题，影响阅读，请与印刷厂联系调换。

前　言

　　"思维导图"概念的提出，标志着人类对大脑潜能的开发进入了一个新的阶段。如今，这一由英国"记忆之父"东尼·博赞发明的思维工具，已成为 21 世纪的革命性思维工具，并成功改变全世界超过 2.5 亿人的思维习惯。作为一种强大的思维工具和 21 世纪革命性的管理工具、学习工具，思维导图的出现，在教育界和商界掀起了一场超强的大脑风暴，被人称作"大脑瑞士军刀"。

　　思维导图又叫心智图，是表达发散型思维的有效图形思维工具，它运用图文并重的技巧，把各级主题的关系用相互隶属与相关的层级图表现出来，把主题关键词与图像、颜色等建立记忆链接，充分运用左右脑的机能，利用记忆、阅读、思维的规律，协助人们在科学与艺术、逻辑与想象之间平衡发展，从而开启人类大脑的沉睡潜能。

　　我们知道，每一种进入大脑的资料，不论是感觉、记忆或是想法——包括文字、数字、代码、食物、香气、线条、颜色、意象、节奏、音符等，都可以成为一个思考中心，并由此中心向外发散出成千上万的关节点，每一个关节点代表与中心主题的一个联结，而每一个联结又可以成为另一个中心主题，再向外发散出成千上万的关节点，而这些关节的联结可以视为您的记忆，也就是您的个人数据库。人类从一出生就开始累积这些庞大且复杂的数据库，在使用思维导图后，大脑的资料存储就变得简单明晰，更具效率，也更加轻松有趣了。

　　众所周知，人与人之间在能力上并没有多大的差别。之所以在学习、工作中分出伯仲，原因就在于思维方式和思考模式的不同。思维导图是彩色的，图文并重，这有助于开发人的智力；思维导图是发散性的，这有助于培养一个人的全面性思维与逻辑性；思维导图是无局限的，可以应用于生活的各个方面；它充满想象，记录联想的过程，从而也激发更多创意。对于世界上的每一个人来说，思维导图的出现，都带来了一场深刻而广泛的思维革命。思维导图可以帮助人们更直接地接近和实现个人目标，更轻松地学习和记忆各类知识，更有效地支配生活，更高效地完成工作，更完美地规划自我。它除了可以提供一种正确而快速的学习方法与工具外，运用在创意开发、项目企划、教育演讲、会议管理，甚至职场竞争、人际交往、自我分析、解决性格缺失等方面，也往往会产生令人惊喜的效果。

　　今天，在哈佛大学、剑桥大学，学校师生都在使用思维导图这项思维工具教学、学习；在新加坡，思维导图已经基本成为中小学生的必修课，用思维导图提升智力能力、提高思维水平已经得到越来越多人的认可。名列世界 500 强的众多公司更是把思维导图课程作为员工进入公司的必修课，其中不乏 IBM、微软、惠普、波音等世界著名的大公司。

21 世纪的经济，无疑是以知识经济做主导，全民族智力的发展将决定着国家未来的繁荣昌盛。人类历史越来越演变成为教育与灾难之间的赛跑。要想促进知识经济的发展和国民素质的提高，就必须提高人们学习、工作的能力和效率。思维导图正是可以帮助我们做到这一点的超强大脑工具，它会在我们学习工作和生活的各个层面发挥作用，为整个社会的发展作出应有的贡献。

本书融科学性、实用性、系统性、可读性于一体，以思维导图的形式介入广大学生和各行各业学习者的生活、工作中，用简明易懂的讲解和实用易学的心智图挖掘其创造潜能、思维潜能、精神潜能、记忆潜能、身体潜能、感觉潜能、计算潜能和文字表达潜能……解决各类疑难问题，使我们的生活、工作更加轻松、更富成效。

当一大批人已经认识到思维导图的巨大价值，使用思维导图并获益的时候，希望你也成为他们当中的一员！

目 录

第一篇　大脑使用说明

第三篇　获取超级记忆

第五篇　磨砺社交技能

第六篇 职场成功秘诀

第七篇　画出完美人生

大脑使用说明

第一章

思维导图概述

第一节 揭开思维导图的神秘面纱

思维导图由世界著名的英国学者东尼·博赞发明。思维导图又叫心智图，是把我们大脑中的想法用彩色的笔画在纸上。它把传统的语言智能、数字智能和创造智能结合起来，是表达发散性思维的有效图形思维工具。

思维导图自一面世，即引起了巨大的轰动。

作为 21 世纪全球革命性思维工具、学习工具、管理工具，思维导图已经应用于生活和工作的各个方面，包括学习、写作、沟通、家庭、教育、演讲、管理、会议等，运用思维导图带来的学习能力和清晰的思维方式已经成功改变了 2.5 亿人的思维习惯。

英国人东尼·博赞作为"瑞士军刀"般思维工具的创始人，因为发明"思维导图"

这一简单便捷的思维工具，被誉为"智力魔法师"和"世界大脑先生"，闻名世界。作为大脑和学习方面的世界超级作家，东尼·博赞出版了80多部专著或合著，系列图书销售量已达到1000万册。

思维导图是一种革命性的学习工具，它的核心思想就是把形象思维与抽象思维很好地结合起来，让你的左右脑同时运作，将你的思维痕迹在纸上用图画和线条形成发散性的结构，极大地提高你的智力技能和智慧水准。

在这里，我们不仅是介绍一个概念，更要阐述一种最有效最神奇的学习方法。不仅如此，我们还要推广它的使用范围，让它的神奇效果惠及每一个人。

思维导图应用得越广泛，对人类乃至整个宇宙产生的影响就越大。

而你在接触这个新东西的时候会收获一种激动和伟大发现的感觉。

思维导图用起来特别简单。比如，你今天一天的打算，你所要做的每一件事，我们可以用一张从图中心发散出来的每个分支代表今天需要做的不同事情。

简单地说，思维导图所要做的工作就是更加有效地将信息"放入"你的大脑，或者将信息从你的大脑中"取出来"。

思维导图能够按照大脑本身的规律进行工作，启发我们抛弃传统的线性思维模式，改用发散性的联想思维思考问题；帮助我们作出选择、组织自己的思想、组织别人的思想，进行创造性的思维和脑力风暴，改善记忆和想象力等；思维导图通过画图的方式，充分地开发左脑和右脑，帮助我们释放出巨大的大脑潜能。

第二节　让2.5亿人受益一生的思维习惯

随着思维导图的不断普及，世界上使用思维导图的人数可能已经远远超过2.5亿。

据了解，目前许多跨国公司，如微软、IBM、波音正在使用或已经使用思维导图作为工作工具；新加坡、澳大利亚、墨西哥早已将思维导图引入教育领域，收效明显，哈佛大学、剑桥大学、伦敦经济学院等知名学府也在使用和教授"思维导图"。

可见，思维导图已经悄悄来到了你我的身边。

我们之所以使用思维导图，是因为它可以帮助我们更好地解决实际问题，比如，在以下方面可以帮助你获取更多的创意：

（1）对你的思想进行梳理并使它逐渐清晰；

（2）以良好的成绩通过考试；

（3）更好地记忆；

（4）更高效、快速地学习；

（5）把学习变成"小菜一碟"；

（6）看到事物的"全景"；

4

（7）制订计划；

（8）表现出更强的创造力；

（9）节省时间；

（10）解决难题；

（11）集中注意力；

（12）更好地沟通交往；

（13）生存；

（14）节约纸张。

第三节 怎样绘制思维导图

其实，绘制思维导图非常简单。思维导图就是一幅幅帮助你了解并掌握大脑工作原理的使用说明书。

思维导图就是借助文字将你的想法"画"出来，因为这样才更容易记忆。

绘制过程中，我们要用到颜色。因为思维导图在确定中央图像之后，有从中心发散出来的自然结构；它们都使用线条、符号、词汇和图像，遵循一套简单、基本、自然、易被大脑接受的规则。

颜色可以将一长串枯燥无味的信息变成丰富多彩的、便于记忆的、有高度组织性的图画，接近于大脑平时处理事物的方式。

"思维导图"绘制工具如下：

（1）一张白纸；

（2）彩色水笔和铅笔数支；

（3）你的大脑；

（4）你的想象！

这些就是最基本的工具，当然在绘制过程中，你还可以拥有更适合自己习惯的

5

绘图工具，比如成套的软芯笔，色彩明亮的涂色笔或者钢笔。

东尼·博赞给我们提供了绘制思维导图的 7 个步骤，具体如下：

（1）从一张白纸的中心画图，周围留出足够的空白。从中心开始画图，可以使你的思维向各个方向自由发散，能更自由、更自然地表达你的思想。

（2）在白纸的中心用一幅图像或图画表达你的中心思想。因为一幅图画可以抵得上 1000 个词汇或者更多，图像不仅能刺激你的创意性思维，帮助你运用想象力，还能强化记忆。

（3）尽可能多地使用各种颜色。因为颜色和图像一样能让你的大脑兴奋。颜色能够给你的思维导图增添跳跃感和生命力，为你的创造性思维增添巨大的能量。此外，自由地使用颜色绘画本身也非常有趣！

（4）将中心图像和主要分支连接起来，然后把主要分支和二级分支连接起来，再把三级分支和二级分支连接起来，依此类推。

我们的大脑是通过联想来思维的。如果把分支连接起来，你会更容易地理解和记住许多东西。把主要分支连接起来，同时也创建了你思维的基本结构。

其实，这和自然界中大树的形状极为相似。树枝从主干生出，向四面八方发散。假如大树的主干和主要分支、或主要分支和更小的分支以及分支末梢之间有断裂，那么它就会出现问题！

（5）让思维导图的分支自然弯曲，不要画成一条直线。曲线永远是美的，你

画思维导图时纸张要横着放，而不是竖着放或斜着放，这又是为什么呢？

因为横长竖短符合人类视野规律，比如电影屏幕。所以横放会更好呀！现在你明白了吧？

的大脑会对直线感到厌烦。美丽的曲线和分支，就像大树的枝杈一样更能吸引你的眼球。

（6）在每条线上使用一个关键词。所谓关键词，是表达核心意思的字或词，可以是名词或动词。关键字应该是具体的、有意义的，这样才有助于回忆。

单个的词语使思维导图更具有力量和灵活性。每个关键词就像大树的主要枝杈，然后繁殖出更多与它自己相关的、互相联系的一系列次级枝杈。

当你使用单个关键词时，每一个词都更加自由，因此也更有助于新想法的产生。而短语和句子却容易扼杀这种火花。

（7）自始至终使用图形。思维导图上的每一个图形，就像中心图形一样，可以胜过千言万语。所以，如果你在思维导图上画出了 10 个图形，那么就相当于记了数万字的笔记！

以上就是绘制思维导图的 7 个步骤，不过，这里还有几个技巧可供参考：

把纸张横放，使宽度变大。在纸的中心，画出能够代表你心目中的主体形象的中心图像。再用水彩笔任意发挥你的思路。

先从图形中心开始画，标出一些向四周放射出来的粗线条。每一条线都代表你的主体思想，尽量使用不同的颜色区分。

在主要线条的每一个分支上，用大号字清楚地标上关键词，当你想到这个概念时，这些关键词立刻就会从大脑里跳出来。

运用你的想象力，不断改进你的思维导图。

在每一个关键词旁边，画一个能够代表它、解释它的图形。

用联想来扩展这幅思维导图。对于每一个关键词，每一个人都会想到更多的词。比如你写下"橙子"这个词时，你可以想到颜色、果汁、维生素 C，等等。

根据你联想到的事物，从每一个关键词上发散出更多的连线。连线的数量根据你的想象可以有无数个。

第四节 教你绘制一幅自己的思维导图

思维导图就是一幅帮助你了解并掌握大脑工作原理的使用说明书，并借助文字将你的想法"画"出来，便于记忆。

现在，让我们来绘制一幅"如何维护保养大脑"的思维导图。

你可以试着按以下步骤进行：

准备一张白纸（最好横放），在白纸的中心画出你的这张思维导图的主题或关键词。主题可以用关键词和图像（比如在这张纸的中心可以画上你的大脑）来表示。

用一幅图像或图画表达你的中心思想（比如你可以把你的大脑想象成蜘蛛网）。

使用多种颜色（比如用绿色表示营养部分，红色表示激励部分）。

连接中心图像和主要分支，然后再连接主要分支和二级分支，接着再连二级分支和三级分支，依次类推（比如"营养"是主要分支，"维生素""蛋白质"等是二级分支，"维生素 A""B 族维生素""卵磷脂"等是三级分支等）。

用曲线连接。每条线上注明一个关键词（比如"滋润"、"创造力"等）。

多使用一些图形。

好了，按照这几个步骤，这张思维导图你画好了吗?

第二章
由思维导图引发的大脑海啸

第一节 认识你的大脑从认识大脑潜力开始

你了解自己的大脑吗？

你认为自己大脑潜力都发挥出来了吗？

你常常认为自己很笨吗？

生活中，总有一些人认为自己很笨，没有别人聪明。但是他们不知道，自己之所以没能取得好成绩、甚至取得成功，是因为只使用了大脑潜力的一小部分，个人的能力并没有全部发挥出来。

现在社会发展速度极快，不论在学习或其他方面，如果我们想表现得更出色，那么就必须重视我们的大脑，让大脑发挥出更大的潜力。遗憾的是，很少有人重视这一点。

其实，你的大脑比你想象的要厉害得多。

近年来，对大脑的开发和研究引起了很多科学家的注意，他们做了很多有益的探索，也取得了很多新的科研成果。过去 10 年中，人类对大脑的认识比过去整个科学史上所认识的还要多得多。特别是近代科技上所取得的惊人成就，使我们能够借助它们得以一窥大脑的奥秘。

他们一致认为，世界上最复杂的东西莫过于人的大脑。人类在探索外太空极限的同时，却忽略了宇宙间最

脑半球的分工
我们的逻辑思考和创造性活动分别由不同的脑半球控制。脑的左半球控制我们对数字、语言和技术的理解；脑的右半球控制我们对形状、运动和艺术的理解。

9

大的一片未被开采过的地方——大脑。我们对大脑的研究还远远不够，还有很多未知的领域，而且可以肯定我们对大脑的研究和开发将会极大地推动人类社会的进步。

那么，就让我们先来初步认识一下我们的头脑——这个自然界最精密、最复杂的器官：

人脑由三部分组成，即脑干、小脑和大脑。

脑干位于头颅的底部，自脊椎延伸而出。大脑这一部分的功能是人类和较低等动物（蜥蜴、鳄鱼）所共有的，所以脑干又被称为爬虫类脑部。脑干被认为是原始的脑，它的主要功能是传递感觉信息，控制某些基本的活动，如呼吸和心跳。

脑干没有任何思维和感觉功能。它能控制其他原始直觉，如人类的地域感。在有人过度接近自己时，我们会感到愤怒、受威胁或不舒服，这些感觉都是脑干发出的。

小脑负责肌肉的整合，并有控制记忆的功能。随着年龄的增长和身体各部分结构的成熟，小脑会逐渐得到训练而提高其生理功能。对于运动，我们并没有达到完全控制的程度，这就是小脑没有得到锻炼的结果。你可以自己测试一下：在不活动其他手指的情况下，试着弯曲小拇指以接触手掌，这种结果是很难达到的，而灵活的大拇指却能十分轻松地完成这个动作。

大脑是人类记忆、情感与思维的中心，由两个半球组成，表面覆盖着 2.5 ~ 3 毫米厚的大脑皮层。如果没有这个大脑皮层，我们只能处于一种植物状态。

大脑可分成左、右两个半球，左半球就是"左脑"，右半球就是"右脑"，尽管左脑和右脑的形状相同，二者的功能却大相径庭。左脑主要负责语言，也就是用语言来处理信息，把我们通过五种感官（视觉、听觉、触觉、味觉和嗅觉）感受到的信息传入大脑中，再转换成语言表达出来。因此，左脑主要起处理语言、逻辑思维和判断的作用，即它具有学习的本领。右脑主要用来处理节奏、旋律、音乐、图像和幻想。它能将接收到的信息以图像方式进行处理，并且在瞬间即可处理完毕。一般大量的信息处理工作（例如心算、速读等）是由右脑完成的。右脑具有创造性活动的本领。例如，我们仅凭熟悉的声音或脚步声，即可判断来人是谁。

有研究证明，我们今天已经获取的有关大脑的全部知识，可能还不到必须掌握的知识的 1%。这表明，大脑中蕴藏着无数待开发的资源。

如果把大脑比喻成一座冰山的话，那么一般人所使用的资源还不到 1%，这只不过是冰山一角；剩下 99% 的资源被白白闲置了，而这正是大脑的巨大潜能之所在。

科学也证明，我们的大脑有 2000 亿个脑细胞，能够容纳 1000 亿个信息单位，为什么我们还常常听一些人抱怨自己学得不好，记得不牢呢？

我们的思考速度大约是每小时 480 英里，快过最快的子弹头列车，为什么我们不能思考得更迅速呢？

我们的大脑能够建立 100 万亿个联结，甚至比最尖端的计算机还厉害，为什么我们不能理解得更完整更透彻呢？

而且，我们的大脑平均每 24 小时会产生 4000 种念头，为什么我们每天不能更有创造性地工作和学习呢？

其实，答案很简单。我们只使用了大脑的一部分资源，按照美国最大的研究机构斯坦福研究所的科学家们所说，我们大约只利用了大脑潜能的 10%，其余 90% 的大脑潜能尚未得到开发。

我们不妨大胆假设一下，假如我们能利用脑力的 20%，也就是把大脑潜能提高一倍的话，你的外在表现力将是多么惊人！

或许我们已经知道，我们的大脑远比以前想象的精妙得多，任何人的所谓"正常"的大脑，其能力和潜力远比以前我们所认识到的要强大得多。

现在，我们找到了问题的原因，那就是我们对自己所拥有的内在潜力一无所知，更不用说如何去充分利用了。

第二节　启动大脑的发散性思维

思维导图是发散性思维的表达，作为思维发展的新概念，发散性思维是思维导图最核心的表现。

比如下面这个事例。

在某个公司的活动中，公司老总和员工们做了一个游戏：

组织者把参加活动的人分成了若干个小组，每个小组选出一个小组长扮演"领导"的角色，不过，大家的台词只有一句，那就是要充满激情地说一句："太棒了！还有呢？"其余的人扮演员工，台词是："如果……有多好！"游戏的主题词设定为"马桶"。

当主持人宣布游戏开始的时候，大家出现了一阵习惯性的沉默，不一会儿，突然有人开口："如果马桶不用冲水，又没有臭味有多好！"

"领导"一听，激动地一拍大腿："太棒了！还有呢？"

另外一个员工接着说："如果坐在马桶上也不影响工作和娱乐有多好！"

又一位"领导"也马上伸出大拇指："太棒了！还有呢？"

"如果小孩在床上也能上马桶有多好！"

……

讨论进行得热火朝天，各人想法天马行空，出乎大家的意料。

这个公司的管理人员对此进行了讨论，并认为有三种马桶可以尝试生产并投入市场：一种是能够自行处理，并能把废物转化成小体积密封肥料的马桶；一种是带书架或耳机的马桶；还有一种是带多个"终端"的马桶，即小孩老人都可以在床上方便，废物可以通过"网络"传到"主"马桶里。

这个游戏获得了巨大的成功，其中便得益于发散性思维的运用。

针对这个游戏，我们同样可以利用思维导图表示出来。

大脑作为发散性思维联想机器，思维导图就是发散性思维的外部表现，因为思维导图总是从一个中心点开始向四周发散的，其中的每个词汇或者图像自身都成为一个子中心或者联想，整个合起来以一种无穷无尽的分支链的形式从中心向四周发散，或者归于一个共同的中心。

我们应该明白，发散性思维是一种自然和几乎自动的思维方式，人类所有的思维都是以这种方式发挥作用的。一个会发散性思维的大脑应该以一种发散性的形式来表达自我，它会反映自身思维过程的模式，给我们更多更大的帮助。

第三节　思维导图让大脑更好地处理信息

让大脑更好更快地处理各种信息，这正是思维导图的优势所在。使用思维导图，可以把枯燥的信息变成彩色的、容易记忆的、高度组织的图，它与我们大脑处理事物的自然方式相吻合。

思维导图可以让大脑处理起信息更简单有效。

从思维导图的特点及作用来看，它可以用于工作、学习和生活中的任何一个领域里。

比如，作为个人：可以用来进行计划、项目管理、沟通、组织、分析解决问题等；作为一个学习者：可以用于记忆、笔记、写报告、写论文、做演讲、考试、思考、集中注意力等；作为职业人士：可以用于会议、培训、谈判、面试、掀起头脑风暴等。

利用思维导图来应对以上方面，都可以极大地提高你的效率，增强思考的有效性和准确性以及提升你的注意力和工作乐趣。

比如，我们谈到演讲。

起初，也许你会怀疑，演讲也适合做思维导图吗？

没错！你用不着担心思维导图无法使相关演讲信息顺利过渡。一旦思维导图完成，你所需要的全部信息就都呈现出来了。

其实，我们需要做的只是决定各种信息的最终排列顺序。一幅好的思维导图将有多种可选性。最后确定后，思维导图的每个区域将涂上不同的颜色，并标上正确的顺序号。继而将它转化为写作或口头语言形式，将是很简单的事，你只要圈出所需的主要区域，然后按各分支之间连接的逻辑关系，一点一点地进行就可以了。

按这种方式，无论多么烦琐的信息，多么艰难的问题都将被一一解决。

又比如，我们在组织活动或讨论会时需用的思维导图。

也许我们这次需要处理各种信息，解决很多方面的问题。当我们没有想到思维导图的时候，往往会让人陷入这样的局面：每个人都在听别人讲话，每个人也都在等别人讲话，目的只是为等说话人讲完话后，有机会发表自己的观点。

在这种活动或讨论会上，或许会发生我们不愿看到的结果，比如，大家叽叽喳喳，没有提出我们期望的好点子，讨论来讨论去没有解决需要解决的问题，最后现场不仅没有一点秩序，而且时间也白白地浪费了。

这时，如果活动组织者运用思维导图的话，所有问题将迎刃而解。活动组织者可以在会议室中心的黑板上，以思维导图的基本形式，写下讨论的中心议题及几个副主题。让与会者事先了解会议的内容，使他们有备而来。

组织者还可以在每个人陈述完他的看法之后，要求他用关键词的形式，总结一下，并指出在这个思维导图上，他的观点从何而来，与主题思维导图的关联，等等。

这种使用思维导图方式的好处显而易见：

（1）可以准确地记录每个人的发言；

（2）保证信息的全面；

（3）各种观点都可以得到充分的展现；

（4）大家容易围绕主题和发言展开，不会跑题；

（5）活动结束后，每个人都可记录下思维导图，不会马上忘记。

这正是思维导图在处理大量信息面前的好处，在讨论会上，可以吸引每个人积极地参与目前的讨论，而不是仅仅关心最后的结论。

利用思维导图这种形式可以全面加强事物之间的内在联系，强化人们的记忆、使信息井然有序，为己所用。

在处理复杂信息时，思维导图是你思维相互关系的外在"写照"，它能使你的大脑更清楚地"明确自我"，因而更能全面地提高思维技能，提高解决问题的效率。

第四节 大脑是人体最重要的保护对象

几乎每个人都知道，大脑实在是太重要了。

它是人体最重要的器官，它为我们人类创造了无尽的创意和价值……

大脑对人体是如此重要、如此宝贵，但它也很娇嫩，容易受到伤害：大脑只有1400克左右的重量，80%都是水；它虽然只约占人体总重量的2%，却要使用我们呼吸进来的20%的氧气。

大脑需要的能量很大，却不能储备能量，它每1秒钟要进行10万种不同的化学反应，消耗的氧气和葡萄糖分别占全身供应量的20% ~ 25%，每分钟需要动脉供血800 ~ 1200毫升，而且脑组织中几乎没有氧和葡萄糖的储备，必须不停地接受心脏搏出的动脉血液来维持正常的功能。

大脑需要通畅的血管，以供给足够的血液。若脑缺血30秒钟则神经元代谢受损，缺血2分钟神经细胞代谢将停止。

尽管每个人都有坚实的颅骨，像一个天然的头盔保护着我们的大脑，大脑仍然容易受到各种外伤。50岁以下的人中，脑外伤是常见的致死和致残原因，脑外伤也是35岁以下男性死亡的第二位原因（枪伤为第一位）。大约一半的严重脑外伤患者不能存活。

即使颅骨没有被穿透，头部遭遇外力打击时大脑也难以避免受到损伤；突然的头部加速运动，与猛击头部一样可引起脑组织损伤；头部快速撞击

左侧标注：大脑皮层、脑室、小脑、延髓、央管
右侧标注：脑膜、脑脊液空间、脑垂体

脑部受到的保护

脑部这个精密的器官受到1层脑骨骼（即颅骨）和3层膜（即脑膜）的保护。脑脊液处于脑膜的中间层和内层之间，当头部受到外伤时，脑脊液起到缓冲作用。此外，脑脊液中含有丰富的葡萄糖和蛋白质，为脑细胞提供能量。脑脊液中还含有淋巴细胞，帮助脑抵御病菌的感染。脑脊液在脑和脊柱之间流动，并流经脑部的4个腔——脑室。

不能移动的硬物或突然减速运动也是常见的脑外伤原因。受撞击的一侧或相反方向的脑组织与坚硬而凸起的颅骨发生碰撞时极易受到损伤。

大脑每天都在为我们工作，不仅能有效地制作思维导图，还能轻松地为我们解决各种问题。

在日常生活中，我们该如何维护、保养好我们的大脑呢？

首先，我们要认识到保护自己的大脑不受伤害是头等重要的事情，特别要注意使自己的大脑不受外伤是保证你处于最佳状态的一个关键。所以，我们在日常的工作生活中，要特别注意保护大脑，尤其在进行踢足球、滑冰、玩滑板、驾驶等容易伤及大脑的活动中小心谨慎，使它免受外力的侵害。

比如在运动中尽量避免碰撞到头部，在驾驶汽车时要系安全带，开摩托车时要戴头盔等。头部一旦受伤，要到正规的医疗部门诊治，不能因为没有流血或者自己觉得不严重而掉以轻心。

其次，保护你的大脑不受情感创伤的侵害。情感创伤就像身体创伤一样，能够干扰大脑的正常发育以及给大脑带来负面的改变。比如遭遇地震、火灾、交通事故或者被抢劫、枪击等以后，受害者的情感会受到强烈的刺激，如果不能及时给予心理治疗和适当的药物治疗，大脑的功能就会受到伤害。

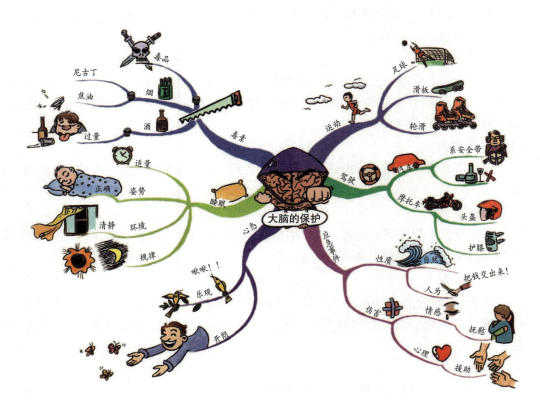

再次，保护你的大脑不受有毒物质的侵害。众所周知，酗酒、吸烟、吸毒对大脑有很大的毒害作用，我们一定要远离毒品、尼古丁和酒精。同时我们还要知道有很多药物对大脑也会起到毒害作用：比如某类止痛片、某类减肥药和抗焦虑药物等，所以我们在服药时要特别慎重，尽量减少药物对大脑的伤害。

据此，我们绘制了一幅保护大脑的思维导图（见上图）。

第五节 养成良好的生活方式

良好的生活方式对于保护大脑，维持大脑的正常运转，以及进行创造性思维活动具有重要的意义。

简要说来，良好的生活方式包括：起居有时、饮食有节、生活规律、适当运动、保持积极乐观的心态、要戒烟限酒等。

与之相反，如果我们的生活无规律——尤其睡眠不足，喜欢吃含有有害物质的垃圾食品和没有营养价值的快餐食品，很少参加户外活动，身体患病不及时医治，吸烟酗酒，甚至赌博吸毒，都会对大脑形成不利的因素，甚至造成损伤。只有保证大脑健康，才能让自己清醒思考，明白做事。生活中，哪些生活方式会影响大脑的健康呢？

日常生活中，人们的用脑习惯和生活因素，对大脑智力和思维有着不利的影响。具体表现在以下几个方面：

1. 懒用脑

科学证明，合理地使用大脑，能延缓大脑神经系统的衰老，并通过神经系统对机体功能产生调节与控制作用，达到健脑益寿之目的。否则，对大脑和身体的健康不利。

2. 乱用脑

这主要表现在用脑过于焦虑和紧张，或者是不切实际的担忧，对身体和大脑均有损害。

3. 病用脑

人在身体不舒服或生病时，继续用脑，不仅会降低学习和工作效率，还会造成大脑的损害，而且不利于身体的康复。

4. 饿用脑

很多人习惯了早晨不吃早餐，使上午的学习或工作一直处于饥饿状态，自然血糖不能正常供给，继而大脑营养供应不足。长期下去，会对大脑的健康和思维功能造成影响。

5. 睡眠差

睡眠有利于消除大脑疲劳，如果经常睡眠不足，或者睡眠质量不高，对大脑都

17

是一个不良刺激，容易使大脑衰老。

6. 蒙头睡

很多人不知道蒙头睡觉的害处，所以习惯用被子蒙住头。实际上，被子中藏有大量的二氧化碳，被子中二氧化碳浓度在不断增加，氧的浓度在不断下降，空气变得相对污浊，势必对大脑造成损害。

建立良好的生活方式，不仅能保证大脑的健康，而且能有效地挖掘大脑潜能，顺利进行创造性思维活动。

建立良好的生活方式，在于提高对大脑智能的认识，养成良好的生活习惯，长期坚持下去，方能收到理想的效果。

第六节 及时供给正确的"大脑食物"

大脑每天都在为我们工作，它需要不断地补充正确的"大脑食物"，因为大脑中有上万亿个神经细胞在时刻不停地进行着繁重的活动，这些食物是大脑正常运转的保证。

一般来说，供给大脑低能量食物，它就会运行不力；供给高能量的食物，它就能流畅、高效地工作。所以，我们应该知道哪些是大脑所需的"大脑食物"。

1. 葡萄糖

大脑有个特点，就是它不能自己储存糖原。大脑在思考的时候会消耗大脑中的葡萄糖。实验证明，缺乏葡萄糖会影响大脑的思考和记忆能力。

要想大脑正常运转，就需要不断地给它供应糖原。大脑每小时需要消耗 4 ~ 5 克糖，每天需要 100 ~ 150 克的糖。当血糖下降时，脑的耗氧量下降，轻者会感到疲倦，不能集中精力学习，重者会昏迷。

这种现象容易发生在不吃早餐者身上。

新鲜水果和蔬菜、谷类、豆类含有丰富的葡萄糖。

2. 维生素

维生素是人体生理代谢过程正常进行所不可缺少的有机化合物。人体不能自己合成维生素，人所需要的维生素主要从食物中获取。

多吃蔬菜，蔬菜里含有丰富的维生素，有利于健康。

各种维生素对脑的发育和脑的机能有不同的作用。维生素 C、维生素 E 和 B 族维生素可以避免大脑功能受损。

维生素 E 非常重要，它可以保护神经细胞膜和脑组织免受脑里的自由基的侵袭，是大脑的保护剂。

维生素 A 可以保护大脑神经细胞免受侵害。

维生素 C 被称为脑力泵，对脑神经调节有重要作用，是最高水平的脑力活动所必需的物质，可以提高约 5 个智商指数。

维生素 E 含量丰富的食物有坚果油、种子油、豆油、大麦芽、谷物、坚果、鸡蛋及深色叶类蔬菜。

对于学习者而言，维生素 B_1 对保护良好的记忆，减轻脑部疲劳非常有益，学生及脑力劳动者应注意及时补充。富含维生素 B_1 的食物较多，如面粉、玉米、豆类、西红柿、辣椒、梨、苹果、哈密瓜等。

富含维生素 A 的食物有动物的肝脏、鱼类、海产品、奶油和鸡蛋等动物性食物，富含维生素 C 的食物一般是新鲜的蔬菜水果，如苹果、鲜枣、橘子、西红柿、土豆、甘薯等。

3. 乙酰胆碱和卵磷脂

有关专家研究指出，大脑记忆力的强弱与大脑中乙酰胆碱含量密切相关。比如一个人在考试前约一个半小时进食富含卵磷脂的食物，可使人的发挥更好。实验也表明，卵磷脂可使人的智力提高 25%。富含卵磷脂的食物有蛋黄、大豆、鱼头、

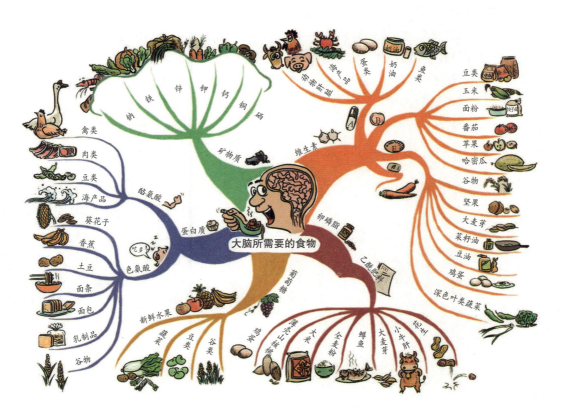

芝麻、蘑菇、山药和黑木耳、谷类、动物肝脏、鳗鱼、红花籽油、玉米油、向日葵等。

在这方面，胆碱含量丰富的食物有：大麦芽、花生、鸡蛋、小牛肝、全麦粉、大米、鳟鱼、薄壳山核桃等。

4. 蛋白质

蛋白质是构成大脑的基本物质之一，充分的蛋白质是大脑功能的必需品。

鱼是补充蛋白质的最好、最重要的健脑食品。蛋白质中的酪氨酸和色氨酸也对大脑起着影响作用。在海产品、豆类、禽类、肉类中含有大量酪氨酸，这是主要的大脑刺激物质；而在谷类、面包、乳制品、土豆、面条、香蕉、葵花籽等食品中含有丰富的色氨酸，虽然也是大脑所需要的食物，但往往在一定时间内有直接抑制脑力的作用，食后容易引起困倦感。

5. 矿物质

矿物质是调节大脑生理机能的重要物质，一定的矿物质也是活跃大脑的必要元素。钠、锌、镁、钾、铁、钙、硒、铜可以防止记忆退化和神经系统的衰老，增强系统对自由基的抵抗力。许多水果、蔬菜都含有丰富的矿物质。

比如缺铁就会导致记忆力下降，延迟理解能力和推理能力的发展，损害学习和记忆，使学习成绩下降；缺钠会减少大脑信息接收量；锌能增强记忆力和智力，缺锌可使人昏昏欲睡，萎靡不振；缺钾会厌食、恶心、呕吐、嗜睡；钙可以活跃神经介质，提高记忆效率，缺钙会引起神经错乱、失眠、痉挛；缺镁，人体卵磷脂的合成会受到抑制，引起疲惫、记忆力减退。

当你知道了我们所需的"大脑食物"之后，你不妨试着用自己的理解、用思维导图的形式把它画出来。

第三章
风靡全球的头脑风暴法

第一节 何谓头脑风暴法

美国学者 A.F. 奥斯本提出了头脑风暴法。

头脑风暴法原指精神病患者头脑中短时间出现的思维紊乱现象，病人会产生大量的胡思乱想。奥斯本借用这个概念来比喻思维高度活跃，因打破常规的思维方式而产生大量创造性设想的状况。

头脑风暴的目的是激发人类大脑的创新思维以及能够产生出新的想法、新的观念。

讲到头脑风暴还要提到一个人，那就是英国的大文豪萧伯纳，他曾经就交换苹果的事情，提出这样的理论：

假如两个人来交换苹果，那每个人得到的也就是一个苹果，并没有损失也没有收获，但是假如交换的是思想，那情况是绝对的不一样了。

假设两个人交换思想，两个人的脑子里装的可就是两个人的思想了。对于萧伯纳的理论，A.F. 奥斯本大表赞同。他认为，应该让人们的头脑来一次彻底性的革命，卷起一次风暴。

有这样一个案例：

美国的北方每年的冬天都是十分的寒冷，尤其是进入 12 月之后，大雪纷飞。这对当地的通信设备影响严重，因为大雪经常会压断电线。

以往人们为了解决这一问题，都会想出各种各样的办法，但是没有一种能够成功，基本上都是刚开始有些效果，到最后还是没有办法战胜自然环境。

奥斯本是一家电讯公司的经理，他为了能解决大雪经常性的阻断通信设备的数据传输，召开了一次全体职工的会议，目的就是想让大家开脑筋，畅所欲言，能够解决问题。

他要求大家首先要独立思考，参加会议的人员要解放自己的思想，不要考虑自己的想法是多么可笑抑或是完全行不通；

其次，大家发言之后，其他人不要去评论这个想法是好还是不好，发言的人只管自己发言，而评断想法值不值得借鉴的话，最后交给高层的组织者；

再次，发言者不要过多地考虑发言的质量，也就是自己提出来的想法到底有多大的可行性，这次会议的重点就是看谁说得多。

最后，就是要求发言的人能够将多个想法拼接成一个，优化资源，尽可能想出一个效果最为突出的解决办法。

说完规定之后，参加会议的员工便积极地议论起来，大家纷纷出招。有的人说要是能够设计一种给电线用的清扫积雪的机器就好了。可是怎么才能爬到电线上去，难道是坐飞机拿着扫把扫吗？这种想法提出来之后，大家心里都觉得不切实际。

过了一会儿，又有人通过上面提出的坐飞机扫雪想到可不可以利用飞机飞行的原理，让飞机在电线的上空飞行，通过飞机的旋桨的震动，把电线上的积雪扫落下来。就这样，大家通过联想飞机除雪的点子，又接着发散思维想到用直升机等七八种新颖的想法。就这样仅仅一个小时的时间，参加会议的员工就想到90多种解决的办法。

不久公司高层根据大家的想法找到了专家，利用类似于飞机震动的原理设计出了一种类似于"坐飞机扫雪"原理的除雪机，巧妙地解决了冬天积雪过厚，影响通信设备正常工作的问题，还很聪明地避开了采用电热或电磁那种研制时间长、费用高的方案。

从研发除雪机的案例可以看到，这种互相碰撞的能够激起脑袋中的关于创造性的"风暴"，也就是所谓的头脑风暴，英文是 brainstorming。虽然其原意是精神病人的胡言乱语，但是通过奥斯本的引用和应用，得到了广泛的发展和实施。

中国有句古话说："三个臭皮匠，顶个诸葛亮"，对于那些天资一般的人，如果进行这样的互相补充，一样是可以做出不同凡响的成绩的。也正是奥斯本的头脑风暴的方法，从另外一个角度证明通过头脑风暴这种互相帮助、互相交流的形式，可以集思广益得到不同凡响的效果。

如果我们要用思维导图法来表示的话，头脑风暴法可作为核心词汇放在中间。接下来，作为思维导图的二级分支，头脑风暴法按照不同的性质又可分成不同的类别。按照交流思想的形式可以分成：智力激励法、默写式智力激励法、卡片式智力激励法，等等。

如果按照头脑风暴会议的处理形式分类的话，又可以分为直接和质疑的两种。前者是指在群体激发头脑思维的时候，仅仅考虑的是产生出更多更新颖的办法和想法，而不会去质疑或是否定某一个想法；而后者质疑的头脑风暴法，就是去之糟粕，取之精华，最终找到可行的方案和办法。

说到分类，又不得不提出另外一个问题——如何解决群体思维。

群体思维是指在多数人商讨决策的时候，由于个人心理因素的问题，往往会产生大多数人同意于某个决策而忽视了头脑风暴的本身。这样的话就会大大降低头脑风暴的创造力，同时也影响了决策的质量。

而头脑风暴法就是这样一个可以减轻群体心理弊端，从而达到提高决策质量的目的，保证了群体决策的创造性。

头脑风暴法的具体执行就是由相关的人员召开会议。在开会之前，与会的人员已经清楚本次的议题，同时告之相应的讨论规则。确保在相当轻松融洽的环境内进行。在过程中不要急于表达评论，使大家能够自由地谈论。

第二节　激发头脑风暴法的机理

头脑风暴作为一种新兴的思维方式，它又是如何发挥自己的优点，受到众人青睐的呢？通过奥斯本的研究发现，可以得出以下几个因素：

1. 环境因素

针对一个问题，往往在没有约束的条件下，大家会十分愿意说出自己的真实想法，并很热情地参与到大家的讨论中。而这种讨论通常是在十分轻松的环境下进行的。这样的话会更大限度发挥思维的创造性，得到很好的效果。

2. 链条反应

所谓的链条反应是指在会议进行的过程中，往往通过一个人的观点可以衍生出与之相关的多种甚至创新上更加出奇的想法。这是因为人类在遇到任何事物的时候，都会条件反射，联系到自身的情况进行联想式的发散思维。

3. 竞争情节

有时候，也会出现大家争先恐后的发言情况。那是因为在这种特定的环境下，由于大家的思想都十分的活跃，再加上有一种好胜心理的影响，每个人的心理活动的频率会十分高，而且内容也会相当的丰富。

4. 质疑心理

这是另外一个群众性的心理因素，简单地说就是赞同还是不赞同的问题，当某一个人的观念提出后，其他人在心理上有的是认同的，有的则是非常的不赞同。表现在情绪上无非是眼神和动作，而表现在行动上就是提出与之不同的想法。

第三节 头脑风暴法的操作程序

首先我们具体说一说如何利用头脑风暴法举行一次思想交流的会议。

1. 准备开始阶段

我们要确定此次会议的负责人，然后制定所要研究的议题是什么，抓住议题的关键。

与此同时要敲定参加会议的人员人数，5 ~ 10 人为最好。等确认好人数和议题之后，就可以选择会议的时间、场所。然后准备好会议的相关资料通知与会人员参加会议就可以了。

在会议开始阶段，不宜上来就让大家开始讨论。这样的话，与会人员还未进入状态的情况下，讨论的效果不会很好，气氛也不会很融洽。所以我们先要暖场，和大家说一些轻松的话题，让彼此之间有些交流沟通，不会显得生分。

在大家逐渐进入状态后，就可以开始议题了。

此时，主持人要明确地告诉参加会议

的人员，本次的议题是什么。

这段时间不要占用得太多，以简洁为主。因为过多的描述在一定程度上会干扰大脑的思考。

之后大家就可以开始讨论了。

在进行一段时间的讨论后，大家往往会有更多的关于议题的想法，但弊端是，有可能只是围绕着一个方向发散思维。这时主持人可以重新明确讨论议题，使大家在回味讨论的情况下重新出发，得到不同的方向。

从明确问题到会后评价，头脑风暴法有几个阶段

◆介绍问题
◆如组员对问题感到困惑，主持人对问题利用案例形式进行分析

◆指定一人在黑板记录所有见解
◆鼓励组员自由提出见解

◆会后以鉴别的眼光讨论所有列出的见解
◆也可以让另一组人来评价

头脑风暴法

2. 自由发言阶段

也叫畅谈阶段。畅谈阶段的准则是不允许私下互相交流，不能评论别人的发言，简短发言等。在这种规定之下，主持人要发挥自己的能力，引导大家进入一种自由的讨论状态。

此外要注意会议的记录。随着会议的结束，会议上提出的很多新颖的想法要怎么处理呢？

以下是一些处理方法：

在会议结束的一两天内，主持人还要回访参加会议的人员，看是否还有更加新颖的想法之后整理会议记录等。然后根据解决方案的标准，对每一个问题进行识别，主要是根据是否有创新性，是否有可施行性进行筛选。经过多次的斟酌和评断，最后找到最佳方案。这里说的最佳方案往往是一个或多个想法的综合。

除了头脑风暴法之外，其实还有很多种类似于这样的优势组合，下面我们就来看另外几种头脑风暴法，即美国人卡尔·格雷高里创立的 7×7 法、日本人川田喜的 KJ 法、兰德公司创立的德尔菲法。

而这些方法主要有以下过程：

首先从组织上讲，参加的人员不要太多，5 ~ 10 人最好，而且参加者不要是同一专业或是同一部门的人员。

而这些与会的人员如何选定呢？不妨建立一个专家小组来进行选定，而这个专家小组不但负责挑选参加会议的人员还要监督会议。

选择参加人员的主要标准：

（1）如果彼此之间互相认识，不能有领导参加，不能有级别的压力。应从同一职别中选择；

（2）如果参加的人互相不认识，那就可以不用考虑同一职位了。但是在会议上不能够透露出来职位大小，因为这样也会造成与会人员的压力；

（3）对应不同的议题，要选择不同程度的人员。而专家组的人员最好是阅历比较丰富，层次比较高的人，因为这样的话，会保证决策结果的可行性高。

下面就具体谈谈专家人员的组成成分：

首先主持人应该是懂得方法论的人，这样会更好地调动会议气氛；参加会议的人员应该是涉及讨论议题领域的专家，这样针对性就会很强；后期分析创新思维的人，应该是专业领域更高级别的专家，他们会从非常专业的角度来客观正确地分析这些想法。最后可以决策最终可执行方案的人，应该是具备更高的逻辑思维能力的专家。

为什么对于专家组的要求这么高呢？那又为什么不同能力的专家负责不同的事情呢？

这是因为在头脑风暴的会议上，与会者大都是思维敏捷的人。他们往往在别人发言的时候，心里已经开始想到其他的设想了。所以在这种高频率的情况下，需要这种专家的参与，并且能够集大家之长，得到更好的决策。

说完专家组了，再谈谈头脑风暴会议的指挥——主持人。

主持人的要求应该是从他自身敏捷的思维说起。主持人不但要了解和熟悉头脑风暴的程序以及如何处理会议中出现的任何问题，还要能激发大家对议题的兴趣，懂得多用些询问的方法，让大家有种争分夺秒的感觉。

此外，主持人还要负责开场时的暖场，鼓励与会者的发言，引导参加会议的人员往更远更广的地方开始发散的思维，因为只有这样，方案出现的概率才会越大。

值得注意的是主持人的职责仅限于会议开始之初。

因为接下来更重要的工作就是如何记录，如果有条件的话应该准备录音笔，尽量不落下每个细节。

收集上来的想法和观点就可以通过分析组来进行系统化的处理。

系统化处理的流程如下：

（1）简化每一个想法，简言之就是总结出关键词进行列表；

（2）将每个设想用专业的术语标记出关键点；

（3）对于类似的想法，进行综合；

（4）规范出如何评价的标准；

（5）完成上面的步骤之后，重新做一次一览表。

3. 专家组质疑阶段

在统计归纳完成之后，就是要对提出的方案进行系统性的质疑加以完善。这是一个独立的程序。此程序分为三个阶段：

第一个阶段：将所有的提出的想法和设想拿出来，每一条都要有所质疑，并且要加上评论。怎么评论呢？就是根据事实的分析和质疑。值得提出的是，通常在这个过程中，会产生新的设想，主要就是因为设想无法实现，有限制因素。而新的议题就要有所针对地提出修改意见。

第二个阶段：和直接头脑风暴的原则一样，对每个设想编制一个评论意见的一览表。主持人再次强调此次议题的重点和内容，使参加者能够明白如何进行全面评论。对已有的思想不能提出肯定意见，即使觉得某设想十分可行也要有所质疑。

整个过程要一直进行到没有可质疑的问题为止，然后从中总结和归纳所有的评价和建议的可行设想。整个过程要注意记录。

第三个阶段：对上述所提出的意见再次进行删选，这个过程是十分重要的，因为在这个过程中，我们要重新考虑所有能够影响方案实施的限制因素，这些限制因素对于最终结果的产生是十分重要的。

整理

心理图像

借助心理成像法寻找物品

我们常常借助组合和心理成像法寻找我们很少使用的物品。例如，把潜水鞋和潜水镜放在纸箱里，然后把纸箱放在车库里的一个打气筒和旧轮胎旁。你可以把这些不同的元素联系起来创建一幅心理图像：气筒在为轮胎打气，潜水鞋和潜水镜靠在慢慢鼓起来的轮胎上。

分析组的组成人员应该是一些十分有能力，而且判断力高的专家，因为假如有时候某些决策要在短时间内出来的话，这些专家就会派上很大的用处。

关于评价标准，我们先看个案例：

美国在制订科技规划中，曾经请过50名专家用头脑风暴的形式举行了为期两周的会议，而这些专家的主要任务就是对于事先提出的关于美国长期的科技规划提出些批评。最终得到的规划文件，其内容只是原先文件的有25%～30%。由此可见，经过一系列的分析和质疑，最后找到一组可行的方案，这就是头脑风暴排除折中的方法。

此外，值得我们注意的是，影响头脑风暴实施的因素还有时间、费用以及参与者的素质。

此处可作为思维导图的二级分支。头脑风暴成功的关键是探讨方式以及放松心理压力等。要在一个公平公正的情况下，才能有无差别的交流，思想碰击也就更大了。

首先，与会者能够在一个公平公正的前提下进行交流，不要受任何因素的影响，从各个方面进行发散式的思维，可以大胆地发言。

头脑风暴的
操作程序

准备阶段

选题
环境
分工
人选
准备
主持人
记录员
准备
圆形
排列
座位
简洁
灵活

源泉阶段
研究
调查
编制
分析
意见表
结果
做
禁
肯定
决定
可行性

畅流阶段
主持人
引导
走向
时间
准注
评判
禁止
简明
自由
延长
记录
记录员
整理
数量
一次
一个建议
托系
排系

开始阶段
主持人
明确
问题
?
规则
说明
自由
平等
公正
活跃
气氛
意愿
轻松
祥和

28

其次，就是不要在现场就对提出的观点进行评论，也不要私自交流。要充分保证会议现场自由畅谈的状态，这样与会的人员才能够集中精力思考议题，能够得到更多的想法。

再次，不允许任何形式的评论，因为评论会抑制其他人的思维发散，从而影响整个会议的发展趋势。可能有些人会谦虚地表达自己的意思，但是一旦受到质疑，就会造成发言人的心理压力，得不到更多的提议了。

最后，就是在头脑风暴的会议上一定不要限制数量。本着多多益善的原则，在不评论的前提下都留到最后进行分析。这样数量越多，质量也就会提高，这是一个普遍的道理。

第四节 头脑风暴法活动注意事项

参与会议的人员需要注意以下事项：

（1）要对整个会议进行初步的设想，对于你要参加的议题要有所了解。不要觉得你的发言就能得到所有人的赞同。

（2）不要对参加会议的人员有个人情绪，对每个人的发言都要公平，不要以个人的原因而去质疑或是指责别人的想法。

（3）为了使与会者不受任何的影响，最好在一个十分安静的房间内举行会议，使大家不受外界因素的干扰。

（4）要对自己有心理暗示。你的提议不是没有用的，恰恰相反，也许正是你的提议成为最后的决案。

（5）假如你的提议没有被选中或是得不到别人的认同，也不要失落，不要去坚持。把它看作是整个头脑风暴的原材料。

（6）在你思考了一段时间后，很有可能你的脑力已经坚持不住了。你可以选择出去散步，吃点东西等，缓解自己的这种压力，从而整理思绪重新参与到团队中来。

最后，要学会记笔记，因为有些细节很可能在你听的时候就遗漏掉了，所以用笔记录是十分重要的步骤。千万不要忽略了这一步。

以上即是进行头脑风暴法的注意事项，如果想使头脑风暴保持高的绩效，必须每个月进行不止一次的头脑风暴。

头脑风暴思维法为我们提供了一种有效的就特定主题集中注意力与思想进行创造性沟通的方式，无论是对于学术主题探讨或日常事务的解决，都不失为一种可资借鉴的途径。

学会如何进行头脑风暴，可以帮助我们激发自身的创造力，把我们的最好的创意变成现实，并享受创新思维的无限乐趣，让生活更有意义。

第四章|

将常见思维运用到极致

第一节　联想思维

"学习是件特别枯燥的事情。"我们身边，很多人会抱怨学习无趣。

"写作文的时候我老觉得没有东西可写。"也有很多人抱怨写出的作文空洞无物。那么，在抱怨之前，请先问一问自己："我具有丰富的想象力吗？"

一个人，如果具有丰富的想象力，就拥有了联想的空间，这好比为学习找到了一种强大动力，想象力能把光明的未来展示在人们的面前，鼓舞人们以巨大的精力去从事创造性的学习。只有拥有丰富的想象力，我们的学习才会具有创造性，在学习的过程中，我们便会发现学习也是一种乐趣。

法国著名作家儒勒·凡尔纳以想象力超群而著称。他在无线电还未发明时，就已经想到了电视，在莱特兄弟制造出飞机之前的半个世纪，已想到了直升机和飞机。什么坦克、导弹、潜水艇、霓虹灯等，他都预先想象到了。

他在《月亮旅行记》中甚至讲到了几个炮兵坐在炮弹上让大炮把他们发射到月亮上。他想象在地球上挖一个几百米深的发射井，在井中铸造一个大炮筒，把精心设计的"炮弹车厢"发射到月球上去。他甚至选择好了离开地球的最近时刻，计算了克服地心引力所需要的最低速度，以及怎样解决密封的"炮弹车厢"的氧气供

一幅关于《月亮旅行记》的插图

30

给问题。

据说齐尔斯基——宇宙航行的开拓者之一，正是受了凡尔纳著作的启发，推动着他去从事星际航行理论研究的。

俄国科学家齐奥科夫斯基青年时代就被人们称为"大胆的幻想家"，他把未来的宇宙航行想象成 15 步。值得惊叹的是，在齐奥科夫斯基做出这一大胆的想象的时候，莱特兄弟的飞机还尚未问世。

当时除了冲天鞭炮以外，世界上没有什么火箭，更加令人吃惊的是，许多想象通过近几十年的航空、航天技术的发展，已经成为活生生的现实。即，随着火箭、喷气式飞机、人造卫星、阿波罗登月计划、航天轨道站以及航天飞机的相继成功，齐奥科夫斯基的前几步都已基本实现。

其实，很多古人认为不可能的事情，今天都已经成为我们司空见惯的事实了。"不是做不到，只是想不到。"事实证明，头脑中的形象越丰富，想象就越开阔、深刻，我们的想象力就越强。因此平时要不断接触各种事物，使这些事物在你头脑中留下深刻的印象，这些印象就是你进行丰富想象的素材。

倘若你能正确使用你的想象力，你的作文就不再是干巴巴的记叙文，你的解题方式可能有很多种，此路不通另寻他路，你对历史也就不会毫无感觉。的确，很多学习上的问题，说到底就是头脑中能否想象的问题。

几个人一同看天上的云，有人看到的只是一片云，有人看到了一只绵羊，有人则看到一个仙女……画家开始在画布上勾勒出这些图像来，作家在作品中描述着他们的感知，演员们则把对事物的感知表演了出来，商人们在梦想中看到了它们——所有这些都是创造性地想象出来的。

锡德·帕纳斯在他的《优化你的大脑魔力》一书中提到了一个很不错的练习。

他问他的读者们："如果我说 4 是 8 的一半，是吗？"人们回答说："是。"随后他说道："如果我说 0 是 8 的一半，是吗？"经过一段时间思考后，几乎所有的人都同意这一说法（数字 8 是由两个 0 上下相叠而成的）。

然后他又说："如果我说 3 是 8 的一半，是吗？"现在每个人都看到把 8 竖着分为两半，则是两个 3。然后他又说到 2、5、6，甚至 1 都是 8 的一半。能否看出这些关系来，就看你是否有想象力。

每个字母和每个数字都可能具有上百万种形状、大小、颜色和材料，事实上存在的东西，已经远远超出了我们的想象。而且你越是广泛涉猎的时候，你就越会是惊叹那些天才的想象力。

乔治·奥威尔的《动物农场》，甚至想象了一个与他不同时代的国家的面貌。想象力不是胡思乱想，而是建立在常识基础上的发散思考。如果你以为想象力就是不负责任地胡乱联系，那你是在侮辱自己的智商。

图中女生上课注意力不集中。她也许想到了与朋友在一起的情景，如上周末与朋友外出、第 2 天的曲棍球比赛等除了目前任务之外的任何事情。我们加工当前信息的能力是有限的，因为对许多其他事情的思考对我们同等重要。

怎样提高我们的想象力呢？这里有一些线索可以供你参考。

首先，我们要相信每个事物都可能成为其他所有的事物。在艺术家看来，每个事物都是其他所有的事物，艺术家的大脑是高度创造性的大脑，那里没有逾越不了的障碍，自由想象是学习者最好的朋友。

可这一点对很多人来说就很困难。首先是因为有的人不敢放开自己的思路，政治的题目就一定要从政治的角度来思考，历史的问题就绝对不能从地理的因素来考虑。这样的头脑是很难有所创造的。

另外，在学习过程中，不要把自己限制在自己的小世界里，应该勇敢地走出去，到野外去亲近大自然，感受大自然的奇妙。

如此一来，外面的世界更有可能激发你的灵感。假如你读过《瓦尔登湖》，就能知道原来描述自然的文字能达到如此唯美的境界。如果只注重书本知识，成天把自己关在屋子里，使书本知识和实践严重脱节，就会变成"无源之水、无本之木"，也不利于想象力的发展。

未来的世界一定是越来越重视想象力的世界，你可以对想象力做有针对性地训练：

1. 积累丰富的感性形象

可以在社会实践中开阔视野，以扩大对自然界和人类社会各种形象的储备。社会调查、参观、游览、欣赏影视歌舞、读书，都可以扩大形象储备。

2.借用"朦胧"想象

不少科学家善于在睡意蒙眬的状态下思考问题。运用朦胧法，能发现事物之间的一些原来意想不到的相似点，从而触发想象和灵感。

3.融合想象与判断

合理的想象只有同准确的判断力一道才能发挥作用。丰富的想象力，既需思想活跃，又需判断正确。

4.练习比喻、类比和联想

比喻、类比是想象力的花朵。经常打比方，可使想象力活跃。读小说时，可以有意识地在关键时刻停下来，自己设想一下故事的多种发展趋向，然后比较小说的写法，从中受到启迪。看电视连续剧可逐集练习。

5.多作随意性想象

要先放开思想想象，然后再把不合适的地方修改或删除，思想拘谨很难产生出色的想象。要知道成功地运用你的想象力，引导自己去开发新鲜的领域与成就。这种想象力往往能发挥重要的作用。人们可以借助逻辑上的变换，从已知推出未知，从现在导出将来。

我们可以做几个针对联想思维的小训练：

● **训练1：词语的连接**

用下面的词语组织一段文字，要求必须包含所有的词语。

科学　月刊　稀少　聪明　天空　消息　手语　树木　符号　卵石　太阳　模式
间谍　玻璃　池水　橱窗　细胞　暴风雨　神经错乱　波状曲线

例文1：她心神不定地坐在走廊的椅子上，随手翻着一本科学月刊，那是一种图片稀少，但内容芜杂的刊物。她翻着，看到聪明、天空、消息、手语、树木、符号、卵石、太阳、模式、间谍、玻璃、池水、橱窗、暴风雨、波状曲线、细胞、神经错乱等一些乱七八糟的词语，就像一间杂货铺，尽情地展示着自己的存货。她把杂志扔到身旁，一时间，心里烦乱不堪，各种各样的感觉纷纷袭来。

例文2：对于由神经错乱而引起的"联想狂"病症，康宁博士在一家科学月刊上有较为详尽的分析。博士指出，这是一种稀少的病症，可是病患却不容易治愈。患者往往自以为极端聪明，能发现常人所不能发现的情况。比方他们可以从天空云彩的变幻得知电视台节目的预告，风吹过树木的摇摆是某种意义的手语，一处污斑往往是一个透露着征兆的符号……博士分析了一个病例，患者把卵石看成是太阳分裂后的碎块，并建立了一种如下的思维模式：猫就是间谍，玻璃是由池水的表层部分凝而成，橱窗为暴风雨的侵袭提供支持，波状曲线是细胞。

例文3：这突如其来的消息使她一时间神经错乱，平时喜欢阅读的科学月刊被胡乱地丢到地上。走近窗前，她看到树木上稀少的叶片，在太阳下闪烁着刺目的光，仿佛是一种预兆的符号，可惜以前她没有读懂。真弄不明白，像他这样的聪明人，怎么会是一个间谍？记得曾经一起讨论那些暴风雨的模式时，他似乎想透露什么，然而最终他只是望着当街的橱窗玻璃，那上面有一道奇怪的波状曲线。"池水里的卵石上有无数细胞。"他说。然后打了一个无聊的手语……

● 训练 2：完成一篇文章

比如我们就写鹰。以鹰作为联想的中心。我们可以建立如下的联想：

（1）与鹰有关的事物：鹰巢、鹰画、鹰标本、鹰笛（猎人唤鹰的工具）、鹰架、鹰的训练步骤及注意事项……

（2）鹰本身的事物：鹰的食物（食谱）、鹰的卵及孵化、鹰眼、鹰爪、鹰的羽毛、鹰的鼻子以及耳朵、鹰的翅膀、鹰的飞翔能力……

（3）与鹰有关的一些概念："左牵黄，右擎苍……"（苏轼）、打猎、雄鹰展翅、大展宏图、猎猎大风、迅捷、搏兔捕蛇……

（4）与鹰有关的精神：拼搏到底、不怕挫折、信念坚定、勇于挑战、崇尚大自然、独来独往、无限自由……

苏联心理学家哥洛万斯和斯塔林茨，曾用实验证明，任何两个概念词语都可以经过四五个阶段，建立起联想的关系。例如木头和皮球，是两个风马牛不相及的概念，但可以通过联想作为媒介，使它们发生联系：木头——树林——田野——足球场——皮球。又如天空和茶，天空——土地——水——喝——茶。因为每个词语可以同将近 10 个词直接发生联想关系。

第二节 形象思维

形象思维是建立在形象联想的基础上的，先要使需要思考记忆的物品在脑子里形成清晰的形象，并将这一形象附着在一个容易回忆的联结点上。这样，只要想到所熟悉的联结点，便能立刻想起学习过的新东西。

依照形象思维而来的形象记忆是目前最合乎人类的右脑运作模式的记忆法，它可以让人瞬间记忆上千个电话号码，而且长时间不会忘记。

但是，当人们在利用语言作为思维的材料和物质外壳，不断促进了意义记忆和抽象思维的发展，促进了左脑功能的迅速发展，而这种发展又推动人的思维从低级到高级不断进步、完善，并越来越发挥无比神奇作用的过程中，却犯了一个本不应犯的错误——逐渐忽视了形象记忆和形象思维的重要作用。

于是，人类越来越偏重于使用左脑的功能进行意义记忆和抽象思维了，而右脑的形象记忆和形象思维功能渐渐遭到不应有的冷落。其实，我们对右脑形象记忆的潜力还缺乏深刻的认识。

现在，让我们来做个小游戏，请在一分钟内记住下列东西：

风筝、铅笔、汽车、电饭锅、蜡烛、果酱。

怎么样，你感到费力吗？你记住了几项呢？其实，你完全可以轻而易举地记全这六项，只要你利用你的想象力。

你可以想象，你放着风筝，风筝在天上飞，这是一个什么样的风筝呢？是一个白色的风筝。忽然有一支铅笔，被抛了上去，把风筝刺了个大洞，于是风筝掉了下来。而铅笔也掉了下来，砸到了一辆汽车上，挡风玻璃也全破了。

后来，汽车只好放到一个大电饭锅里去，当汽车放入电饭锅时，汽车融化了，变软了。后来，你拿着一个蜡烛，敲着电饭锅，当当当的声音，非常大声，而蜡烛，被涂上了果酱。

现在回想一下：

风筝怎么了？被铅笔刺了个大洞。

铅笔怎么了？砸到了汽车。

汽车怎么了？被放到电饭锅里煮。

电饭锅怎么了？被蜡烛敲出了声音。

蜡烛怎么了？被涂上了果酱。

如果你再回想几次，就把这六项记起来了。

　　这个游戏说明，联结是形象记忆的关键。好的、生动的联结要求将新信息放在旧信息上，创造另一个生动的影像，将新信息放在长期记忆中，以荒谬、无意义的方式用动作将影像联结。

　　好的联结在回想时速度快，也不易忘记。一般而言有声音的联结比没有声音的好，有颜色的联结比没有颜色的好，有变形的联结比没有变形的好，动态的比静态的好。

　　想象是形象记忆法常用的方式，当一种事物和另一种事物相类似时，往往会从这一事物引起对另一事物的联想。把记忆的材料与自己体验过的事物联结起来，记忆效果就好。

　　比如，要记住我国的省级行政单位的轮廓及位置，确实很困难。如果能用形象记忆，就会减少这方面的困难。仔细观察中国地图我们不难发现各省市政区的轮廓，与日常生活中的一些实物很相似。

　　比如，我们知道，黑龙江省像只天鹅，内蒙古自治区像展翅飞翔的老鹰，吉林省大致呈三角形，辽宁省像个大逗号，山东省像攥起右手伸出拇指的拳头，山西省像平行四边形，福建省像相思鸟，安徽省像张兔子皮，台湾省似纺锤，海南省似菠萝，广东省似象头，广西壮族自治区似树叶，甘肃省像哑铃，陕西省像跪俑，云南省像开屏的孔雀，湖北省像警察的大盖帽，湖南、江西省像一对亲密无间的伴侣……形象记忆不仅使呆板的省区轮廓图变得生动有趣，也提高了记忆的效果。

　　成为记忆能人的条件，是要具备能够在头脑中描绘具体形象的能力，让我们再来看看一些名人的形象记忆记录。

　　日本著名的将棋名人中原能在不用纸笔记录的情况下，把 10 个人在 3 天时间里分两桌进行的麻将赛的每一局胜负都记得清清楚楚。

　　日本另外一个将棋好手大山也有类似的逸闻，他曾和朋友一起在旅馆打了 3 天麻将，没想到他们的麻将战绩表被旅馆的女服务员当作废纸给扔了，在大家一筹莫展之时，大山名人已将多达 20 多人的战绩准确地重新写下来了。

　　马克·吐温曾经为记不住讲演稿而苦恼，但后来他采用一种形象的记忆之后，竟然不再需要带讲演稿了。他在《汉堡》杂志中这样说：

　　"最难记忆的是数字，因为它既单调又没有显著的外形。如果你能在脑中把一幅图画和数字联系起来，记忆就容易多了。如果这幅图画是你自己想象出来的，那你就更不会忘掉了。我曾经有过这种体验：在 30 年前，每晚我都要演讲一次。所以我每晚要写一个简单的演说稿，把每段的意思用一个句子写出来，平均每篇约 11 句。

　　"有一天晚上，忽然把次序忘了，使我窘得满头大汗。因为这次经验，于是我想了一个方法：在每个指甲上依次写上一个号码，共计 10 个。第二天晚上我再去演说，便常常留心指甲，为了不致忘掉刚才看的是哪个指甲，看完一个便把号码揩去一个。但是这样一来，听众都奇怪我为什么一直望着自己的指甲。结果，这次的演讲不消说又是失败了。

"忽然，我想到为什么不用图画来代表次序呢？这使我立刻解决了一切困难。两分钟内我用笔画出了6幅图画，用来代表11个话题。然后我把图画抛开。但是那些图画已经给我一个很深的印象，只要我闭上眼睛，图画就很明显地出现在眼前。这还是远在30年前的事，可是至今我的演说稿，还是得借助图画的力量才能记忆起来。"

马克·吐温的例子更有力地证明了形象记忆的神奇作用，由此，我们每一个人应该有意识地锻炼自己的形象记忆能力。

形象记忆是右脑的功能之一，加强形象记忆可促进形象思维的发展，在听音乐时可以听记旋律、记忆主题、默读乐谱、反复欣赏、活跃思维。

爱因斯坦说："如果我在早年没有接受音乐教育的话，那么，在什么事业上我都将一事无成。在科学思维中，永远有着音乐的因素，真正的科学和音乐要求同样的思维过程。"因此，在听音乐时要有计划、有目的地培养自己的多种思维形式，在各种音乐环节中必须始终贯穿形象思维训练，促进记忆的提升。

你还可以通过下面的方法训练自己的形象思维：

1. 小人儿想象

做法如下：

（1）冥想、呼吸使身心放松；

（2）暗示自己的身体逐渐变小，比米粒和沙子还小，变成了肉眼看不见的电子一般大小的小人儿，能进入任何地方；

（3）想象自己走进合着的书的里面，看看书里面写的什么故事，画的什么样的画。

2. 木棒想象

首先让身体处于一种紧张的状态，想象自己僵直得如同木棒一般，然后再逐渐松弛下来，放松身体。反复重复上述训练可以起到深化你的冥想能力的作用。

（1）在床上静卧，闭上双眼。按照自己的正常速度，重复进行三次深呼吸。

（2）然后重新恢复到正常呼吸状态，接下来想象自己的身体变成一根坚硬的木棒，感觉自己又仿佛变成了一座桥梁，在空中画出一道有韧性的弧线，如此重复。身体变得僵直、坚硬。

（3）感觉身体开始松弛、变软。

（4）再次僵直、变硬，变得越来越坚固。

（5）迅速恢复松弛、柔软的状态。

（6）再一次变得僵硬起来。

（7）身体重新松弛下来。下面重复进行三次深呼吸。在呼气的时候，努力进行更深层次的放松，感觉大脑处于一种冥想的出神状态，并逐渐上升至更高级别的层次。

（8）下面你能从1数到10，在数数的过程中，想象你自己冥想的级别也在逐步提升，努力认真地想象自己冥想的级别在不断深化。

（9）下面开始数：

〈1、2〉，冥想的级别在逐渐深化；

〈3、4〉，进一步深化；

〈5、6〉，更进一步的深化；

〈7、8〉，更为深入的深化；

〈9、10〉，已进入较高层次的深化。

（10）接下来，开始进行颜色想象训练。一开始先想象自己面前30厘米处出现一个屏幕，然后想象屏幕上出现红、黄、绿等颜色。首先进行红色的想象，然后看到眼前出现红色。

（11）下面，红颜色消失，逐渐变成黄色。就这样想象下去。

（12）接下来，黄颜色消失，逐渐变成绿色。

（13）下面开始想象你自己家正门的样子，已经开始逐渐看清楚了吧，对，想得越细越好。直到完全可以清楚地看到为止。

（14）下面，打开房门，走进去，看看屋子里面是什么样的。

（15）现在可以清醒过来了。开始从10数到0，感觉自己心情舒畅地醒来。

第三节 发散思维

死气沉沉的大脑毫无创造力可言，在学习过程中，若要保持大脑的兴奋，就要保持思维的活跃，而发散思维可以帮助大脑维持一个灵敏的状态。

几乎从启蒙那天开始，社会、家庭和学校便开始向学生灌输这样的思想：这个问题只有一个答案、不要标新立异、这是规矩等等。当然，就做人的行为准则而言，遵循一定的道德规范是对的，正所谓"没有规矩，不成方圆"。然而，凡事都制定唯一的准则，这一做法是在扼杀创造力。

有人曾对一群学生做过一个测试，请他们在五分钟之内说出红砖的用途，结果他们的回答是："盖房子、建教室、修烟囱、铺路面、盖仓库……"尽管他们说出了砖头的多种用途，但始终没有离开"建筑材料"这一大类。

其实，我们只需从多个角度来考察红砖，便会发现还有如压纸、砸钉子、打狗、支书架、锻炼身体、垫桌脚、画线、作红标志，甚至磨红粉等诸多其他用途。这

语义记忆好像一张巨大的蜘蛛织网，包含着成千上万的内部联系。

种从多个角度观察同一问题的做法所体现的就是发散思维的运用。

发散思维的概念，是美国心理学家吉尔福特在 1950 年以《创造力》为题的演讲中首先提出的，半个多世纪来，引起了普遍重视，促进了创造性思维的研究工作。发散思维法又称求异思维、扩散思维、辐射思维等，它是一种从不同的方向、不同的途径和不同的角度去设想的展开型思考方法，是从同一来源材料、从一个思维出发点探求多种不同答案的思维过程，它能使人产生大量的创造性设想，摆脱习惯性思维的束缚，使人们的思维趋于灵活多样。

比如一支曲别针究竟有多少种用途？你能说出几种？ 10 种？几十种？还是几百种？你可以来一场头脑风暴，看看自己能想到的极限是多少种——如果你想继续这个游戏的话，可能你到人生的最后一刻，都能找到特别的用途来。下面这个关于曲别针的故事告诉你的不只是曲别针的用途，更是一种思维方法。

在一次有许多中外学者参加的如何开发创造力的研讨会上，日本一位创造力研究专家应邀出席了这次研讨活动。面对这些创造性思维能力很强的学者同仁，风度翩翩的村上幸雄先生捧来一把曲别针（回形针），说道："请诸位朋友动一动脑筋，打破框框，看谁能说出这些曲别针的更多种用途，看谁创造性思维开发得好、多而奇特！"

片刻，一些代表踊跃回答：

"曲别针可以别相片，可以用来夹稿件、讲义。"

"纽扣掉了，可以用曲别针临时钩起……"

大家七嘴八舌，说了 10 多种，其中较奇特的回答是把曲别针磨成鱼钩，引来一阵笑声。村上对大家在不长时间内讲出十多种曲别针用途，很是称道。人们问："村上您能讲多少种？"

村上一笑，伸出 3 个指头。

"30 种？"村上摇头。

"300 种？"村上点头。

人们惊异，不由得佩服这人聪慧敏捷的思维。也有人怀疑。

村上紧了紧领带，扫视了一眼台下那些透着不信任的眼睛，用幻灯片映出了曲别针的用途……这时只见中国的一位以"思维魔王"著称的怪才许国泰先生向台上递了一张纸条。

"对于曲别针的用途，我能说出 3000 种，甚至 30000 种！"

邻座对他侧目："吹牛不罚款，真狂！"

第二天上午 11 点，他"揭榜应战"，走上了讲台，他拿着一支粉笔，在黑板上写了一行字：村上幸雄曲别针用途求解。原先不以为然的听众一下子被吸引过来了。

　　"昨天，大家和村上讲的用途可用4个字概括，这就是钩、挂、别、联。要启发思路，使思维突破这种格局，最好的办法是借助于简单的形式思维工具——信息标与信息反应场。"

　　他把曲别针的总体信息分解成重量、体积、长度、截面、弹性、直线、银白色等10多个要素。再把这些要素，用根标线连接起来，形成一根信息标。然后，再把与曲别针有关的人类实践活动要素相分析，连成信息标，最后形成信息反应场。

　　这时，现代思维之光，射入了这枚平常的曲别针，它马上变成了孙悟空手中神奇变幻的金箍棒。他从容地将信息反应场的坐标，不停地组切交合。通过两轴推出一系列曲别针在数学中的用途，如，曲别针分别做成1，2，3，4，5，6，7，8，9，0，再做成＋－×÷的符号，用来进行四则运算，运算出数量，就有1000万、1亿……在音乐上可创作曲谱；曲别针可做成英、俄、希腊等外文字母，用来进行拼读；曲别针可以与硫酸反应生成氢气；可以用曲别针做指南针；可以把曲别针串起来导电；曲别针是铁元素构成，铁与铜化合是青铜，铁与不同比例的几十种金属元素分别化合，生成的化合物则是成千上万种……

　　实际上，曲别针的用途，几乎近于无穷！他在台上讲着，台下一片寂静。与会的人们被"思维魔王"深深地吸引着。

　　许国泰先生运用的方法就是发散思维法。具有发散思维的人，在观察一个事物时，往往通过各种各样的牵线搭桥，将思路扩展开来，而不仅仅局限于事物本身，也就常常能够发现别人发现不了的事物与规律。许多优秀的学习者，在学习活动中也很重视发散思维的学习运用，因此获得了较佳的学习效果。

　　要想提高自己的发散思维，我们不妨按照以下几个步骤来进行练习：

1. 充分想象

　　人的想象力和思维能力是紧密相连的，在进行思维的过程中，一定要学会运用想象力，使自己尽快跳出原有的知识圈子，只有让思路不局限于一点，才能让思维更加开阔。

2. 不要过分紧张

　　要想进行发散思维，必须拥有一个较好的思维环境，同时也应该保持较好的心情，这就要求我们在碰到问题的时候不能过于紧张。紧张只能使人方寸大乱，于解决问题没有丝毫助益。

3. 从不同角度发散思维

　　思考问题的时候不要从单一的角度进行，应该学会从不同角度、不同方向、不同层次进行，同时对自己所掌握的知识或经验进行重新组合、加工，只有这样才能找到更多解决问题的办法。

如何提高发散思维

开阔

跳出 知识圈

想象 充分

不要 过分 方寸 大乱 紧张 毫无助益

No

角度

方向 层次

训练

尽可能多地写出含有"人"字的成语

尽可能多地写出物体的用途

水泥

易拉罐

《明月几时有》

东坡酒

遭遇

政治制度

救援王安石

苏门三位文豪

43

发散的角度越多，我们掌握的知识就越全面，思维就越灵活。在学习中，对于有新意、有深度的看法，我们应该大胆地提出来，和老师同学们一起探讨，从而激发全班学生的发散性思维。

比如，当你看到苏轼的时候，你可以想到《明月几时有》，也可以想到《密州出猎》这些作品；同时我们能想到的还有北宋的政治制度，苏东坡曾经的遭遇；我们还能想到东坡肉这种美食，以及东坡酒、东坡的政敌王安石、苏门三位文豪，等等。

当我们的看法出现错误时，也不要觉得不好意思，这只能说明我们的想法还不完善。让我们在一个宽松、活泼、能充分发表自己观点的氛围中，展现个性，展现能力，展现学习成果。

对每个人来说，发散性思维是一种自然和几乎自动的思维方式。能给我们的学习和生活更多更大的帮助。

要强化自己的发散思维，就必须要不断进行思维训练，如：

● **训练1：尽可能多地写出含有"人"字的成语**

● **训练2：尽可能多地写出有以下特征的事物**

（1）能用于清洁的物品。

（2）能燃烧的液体。

● **训练3：尽可能多地写出近义词**

（1）美丽：

（2）飞翔：

● **训练4：解释词语**

（1）存亡绝续：

（2）功败垂成：

● **训练5：尽可能多地列举下列物体的用途**

（1）易拉罐：

（2）水泥：

● **训练6：以同一个发音为发散思维点，将元音读音与字母读音联系起来**

[ei]——A，H，J，K；

[i:]——E，B，C，D，G，P，T，V；

[ai]——I，Y；

[e]——F，L，M，N，S，X，Z；

[ju:/u:]——U，W；

[ou]——O；

[a:]——R。

第四节 缜密思维

有人常说："其实我都会，就是粗心做错了几道题。"乍听之下，好像他本来很聪明，不是不会做题，只是不太细心。但事实上，拿高分的人从来不粗心，他们从来不丢应得的分数。如果你真的聪明的话，就更应该重视每一个细节。

有人说，"我是一个不拘小节的人"，殊不知，细节往往是解决问题的侧向突破口。老子说："天下难事，必作于易；天下大事，必作于细。"不起眼的事物也许会带来新的发现。

亚历山大·弗莱明这个名字可能你不是很熟悉，不过他有一个杰出的贡献改变了世界——青霉素，我们来看看青霉素是怎么发现的。

弗莱明本身是学医学的，1922年，他在研究工作中盯上了葡萄球菌。葡萄球菌是一种分布最广、对人类健康威胁最大的病原菌。人一旦受伤伤口感染化脓，其元凶就是葡萄球菌，可当时人们对它没有什么好的对付办法。

很长一段时间，弗莱明致力于葡萄球菌的研究。在他的实验室里，几十个细菌培养皿里都培养着葡萄球菌。弗莱明将各种药物分别加入培养皿中，以期筛选出对葡萄球菌有抑制作用的药物。可是，一种种的药物都不是葡萄球菌的对手。实验，一次次失败了。

1928年的一天，弗莱明与往常一样，一到实验室，便观察培养皿里的葡萄球菌的生长情况。他发现一只培养皿里长出了一团青绿色的霉。

显然，这是某种天然霉菌落进去造成的。这使他感到懊丧，因为这意味着培养皿里的培养基没有用了。弗莱明正想把这只被感染的培养基倒掉时，发现青霉周围呈现出一片清澈。凭着多年从事细菌研究的经验，弗莱明立刻意识到，这是葡萄球菌被杀死的迹象。

为了证实自己的判断，弗莱明用吸管从培养皿中吸取一滴溶液，涂在干净的玻璃上，然后放在高倍显微镜下观察。结果，在显微镜下竟然没有看到一个葡萄球菌！这让弗莱明兴奋不已——这青霉到底是哪一路"英

弗莱明的无意之举让他发现了青霉素，从而为人类造福。

雄"呢？

弗莱明将青霉接种到其他培养皿培养。用线分别蘸溶有伤寒菌或大肠杆菌等的水溶液，分别放在青霉的培养基上，结果这几种病菌生长很好。说明青霉没有抑制这几种病菌生长的作用。而将带有葡萄球菌、白喉菌和炭疽菌的线，分别放在青霉培养基上，这些细菌全部被杀死。

弗莱明又将生长着青霉的培养液稀释800倍，可稀释液仍有良好的杀菌作用。由此弗莱明断定青霉会分泌一种杀死葡萄球菌的物质。这种物质要是能用在人身上那该多好啊！

弗莱明将青霉的培养液注射到老鼠体内，结果老鼠安然无恙。这说明青霉分泌物没有毒性。

弗莱明高兴得差点跳起来。青霉分泌物对葡萄球菌灭杀效果好，而且没有毒性，这不是自己梦寐以求的杀菌药吗？他想应该可以在人身上试一试了。试验结果正如所预料，青霉分泌物确有奇效，且对人体没有副作用。后来医学上把这种青霉分泌物命名为青霉素，并作为杀菌药物，广泛应用于临床医疗。

青霉素的发现主要是弗莱明细心的结果，要是碰上粗心大意的人，很可能青霉素就不能那么早运用到医学上了。尽管我们所受的教育一直是强调我们应该树立大的志向，可是大志向并不和细节相冲突。如果你认为有大志向的人就是不拘小节，甚至就是只要心里明白就行，做对做错无所谓，那就大错特错了！

殊不知，在我们这样一个讲究竞争的社会中，一个不小心可能就会毁掉一个大企业，粗心是任何成功人士的大敌。现在有很多人经常去肯德基，其实很多人不知道，早在1991年，中国曾有一个企业叫作荣华鸡快餐公司。荣华鸡曾经号称"肯德基开到哪，我就开到哪"，但是在不到六年的时间里，"荣华鸡"节节败退，最后在与肯德基的大战中"落荒而逃"。

荣华鸡为什么比不过肯德基？专家分析认为，其落于下风的根本原因——在于细节。肯德基能在全球迅速推广开，就是他们注重细节，"冠军"的英文单词"CHAMPS"就是它们的发展计划：C：Cleanliness 保持美观整洁的餐厅；H：Hospitality 提供真诚友善的接待；A：Accuracy 确保准确无误的供应；M：Maintenance 维持优良的设备；P：Productquality 坚持高质稳定的产品；S：Speed 注意快速迅捷的服务。

"冠军计划"有非常详尽、可操作性极强的细节，保证了肯德基在世界各地每一处餐厅都能严格执行统一规范的操作，而荣华鸡还远没有达到这种要求。中式快餐的厨师都是手工化操作，食品没办法根据标准进行批量化生产。细节上做得不够，顾客就会选择细节做得好的企业。

细节可爱也可怕。有经验的人可以从细节窥见太多太多的内容，你所展示出来的细节，实际上已经在"出卖"你。下次，可别再说"这些我都会，只是不注意"了。

第五节 超前思维

在某次考场作文的审题现场，老师拿起一篇作文惊呼："好文啊！好文！——满分！"于是，老师们争相传看这篇文章。

这次作文的考题是根据一则材料来写自己的感想，材料讲的是对兔子学游泳的感想。

很多人都说兔子学游泳强人所难，接着也许会大谈一番道理，但是这篇让老师激动不已的文章，则把自己想象成一头驴，如何练得比马还要快，最后得出一个"行行出状元"的结论。

其实从结论来看，这篇作文无甚稀奇，而且这篇作文的风格也很口语化，没有瑰丽的文采。但是它最令老师欣赏的，就是那一点创意，将自己投入到作文中。

看看往年的满分作文我们就能明白，几乎所有的作文都有不同之处，或者是立意，或者是布局，如果一样了，就没有什么竞争力了。很多优秀的学生往往会撇开众人常用的思路，善于尝试多种角度的考虑方式，从他人意想不到的"点"去开辟问题的新解法。

所以，当我们提倡同学们要进行发散性的思维训练，其首要因素便是要找到事物的这个"点"进行扩散。

华若德克是美国实业界的大人物。在他未成名之前，有一次，他带领属下参加在休斯敦举行的美国商品展销会。令他十分懊丧的是，他被分配到一个极为偏僻的角落，而这个角落是绝少有人光顾的。

为他设计摊位布置的装饰工程师劝他干脆放弃这个摊位，因为在这种恶劣的地理条件下，想要成功展览几乎是不可能的。华若德克沉思良久，觉得自己若放弃这一机会实在是太可惜了。可不可以将这个不好的地理位置通过某种方式得以化解，使之变成整个展销会的焦点呢？

他想到了自己创业的艰辛，想到了自己受到展销大会组委会的排斥和冷眼，想到了摊位的偏僻，他的心里突然涌现出偏远非洲的景象，觉得自己就像非洲人一样受着不应有的歧视。他走到了自己的摊位前，心中充满感慨，灵机一动："既然你们都把我看成非洲难民，那我就打扮一回非洲难民给你们看！"于是一个计划应运而生。

华若德克让设计师为他设计了一个古代宫殿式的氛围，围绕着摊位布满了具有浓郁非洲风情的装饰物，把摊位前的那一条荒凉的大路变成了黄澄澄的沙漠。他安排雇来的人穿上非洲人的服装，并且特地雇用动物园的双峰骆驼来运输货物，此外他还派人定做大批气球，准备在展销会上用。

展销会开幕那天，华若德克挥了挥手，顿时展览厅里升起无数的彩色气球，气球升空不久自行爆炸，落下无数的胶片，上面写着："当你拾起这小小的胶片时，亲爱的女士和先生，你的运气就开始了，我们衷心祝贺你。请到华若德克的摊位，接受来自遥远非洲的礼物。"

这无数的碎片洒落在热闹的人群中，于是一传十，十传百，消息越传越广，人们纷纷集聚到这个本来无人问津的摊位前。强烈的人气给华若德克带来了非常可观的生意和潜在机会，而那些黄金地段的摊位反而遭到了人们的冷落。

也许相对一般人，那些商业人士所面临的生活压力更大，所以这些人总能想出来一些奇妙的方法解决问题。上面这个例子就是其中之一。而我们现在非常熟知的名人唐骏，当年在微软公司做程序员的时候，就是凭借比别人多想一点而赢得上层的关注。

当时，有上千人与唐骏同时进入企业，唐骏想的是，如果要引起别人的注意，就要差异化竞争。结果在提案的时候，他不仅提出了一个人人都能注意到的产品开发问题，还提出具体解决的方案。当时他的老板非常激动地对他说："你不是第一个提出这个问题的人，但却是第一个提出如何解决这个问题的人。"就这样，他脱颖而出了。

几乎所有的创意都重在突破常规，它不怕奇思妙想，也不怕荒诞不经。沿着可能存在的"点"尽量向外延伸，或许，一些从常规思路出发看来根本办不成的事，其前景往往柳暗花明、豁然开朗。所以，在平日的生活中，多发挥思维的能动性，让它带着你任意驰骋在广阔的思维天地，或许会让你看到平日见不到的美妙风景。

那么现在思考一下，我们怎样才能做到比别人多考虑一点呢？

1. 积极提问

在各种学习课上，我们不仅要做到专心听讲、对别人给出的答案敢于发表自己的独立见解，而且还能够积极思考，勇于提出问题。因为提问是积极思考的一个表现，问题越多的学习者，对知识掌握得有可能越全面，领会得越透彻，积极提问也说明他们思考得比别人多，想的"点"多。

而那些很少提问甚至从不提问的学习者，虽然在同一课堂上学习了同样的内容，印象也不如积极思考的同学深，不仅对知识的应用能力更差，而且容易遗忘。

提问是积极思考的表现，也是比别人多考虑一点的表现，积极思考，才能领会得透彻。在学习过程中，不仅要专心听讲，更要善于大胆质疑。通过积极地提问，活跃思维，最大限度地调动自己的学习主动性，这样才有可能取得更好的学习效果。

2. 保持好奇心

对我们大脑来说，好奇心本身就是一种奖励，优秀的学习者正是因为保持自己的好奇心才能学习到更多的智慧。

其实每个人都有浓厚的好奇心和求知欲，尤其是对于学生来说，表现得更为强烈。比如书本上的知识会引起我们的好奇心，自然界和社会生活中纷繁复杂的现象，也会吸引着我们，甚至连路旁的一棵小树、天空中一片漂浮的彩云，都会引起我们无穷无尽的遐想。

美籍华人、诺贝尔物理学奖获得者李政道教授一次在同中国科技大学少年班学生座谈时指出："为什么理论物理领域做出贡献的大都是年轻人呢？就是因为他们敢于怀疑，敢问。"他还强调说，"一定要从小就培养学生的好奇心，要敢于提出问题。"

一个人善于动脑和思考，就会不断发现问题，养成"非思不问"的习惯，这样我们考虑的就能比别人多，学到的东西自然也就会更多！

第六节　重点思维

考试的时候你是否经常不知道应该先做选择题还是计算题？

语文、英语、生物和数学作业同时放在面前，你是否知道应该先做哪一个？

你是否考虑过，在任何一门课上，你应该先认真听讲呢，还是先把黑板上的笔记抄下来呢？

其实，当你在思考这些问题、感叹时间不够用的时候，善于学习的人早已把自己的精力合理分配，正向学习的顶峰攀登。

当我们向优秀的人请教学习方法时，他们经常说："想一想，在平时的学习过程中，你是否总是

学会重点思维，把主要的精力放在重要事情上，做事往往事半功倍。

贪多贪全，因为把精力浪费在芝麻小事上而忘记了最重要的内容呢？"

现实生活中，有不少人往往分不清自己要做的事情的轻重缓急，因为很多人的事情不是靠自己来安排的，有些人长期像一个提线木偶，在长辈的安排下生活、学习，这也是造成其不善于安排时间的一大原因。

学习中，一些人总是贪多，总想一下子把所有的内容都学完学会，把所有的题都做完，把所有的课文都背下来，糟糕的是却不会预先安排时间，找到侧重点。这种片面追求面面俱到却抓不住学习重点的做法，结果往往是事倍功半。

不知你是否思考过，钻头为什么能在极短的时间内钻透厚厚的墙壁或者坚硬的岩层呢？

或许有些人已经知道其原理：同样的力量集中于一点，单位压强就大；而集中在一个平面上，单位压强就会减小数倍。像钻头这样攻其一点的谋略是解决问题的好办法。

只有我们知道什么是最重要的，抓住了关键，不把精力浪费在芝麻小事上，才能安排时间、集中时间、精力于一点，认准目标，将学习贯彻到底。

因为每个人的脑力有限，所以更需要合理地规划和安排。日常生活中，上网、玩游戏、交朋友都会牵扯大量精力，这时就需要提高自控能力，定好学习目标，争取贯彻到底。

或许我们不知道，著名幻想小说《海底两万里》是法国科幻作家凡尔纳在航海旅途中完成的；奥地利的大音乐家莫扎特连理发时也在考虑创作乐曲；贝多芬去了餐馆只管写曲谱，常常忘了自己是否已经用过餐……

对于我们每个人来说，只有正确把握要做的事情与时间之间的关系，才有可能把这些事情都处理好。

另外，应把每天要做的事情按照轻重缓急程度排列顺序：

第一类是重要而紧迫的事情，如考试、测验等；

第二类是紧迫但不重要的事情，如完成家庭作业等；

第三类是重要但不紧迫的事情，如提高阅读能力等；

第四类是既不重要也不紧迫的事情，如果时间不允许可以不做的事，比如逛街等。

如果能够按照这个顺序来安排学习任务，可以保证把重要的事情首先完成，把学习安排得井井有条。

相对而言，有很多人每天看起来总是一副很忙的样子。虽然这些人整天忙得不可开交，但仔细一看，却不知道自己到底做了什么。

事实上，这种忙碌的背后有三种情况：

（1）不会管理自己的时间的忙碌。这些人常常感觉时间不够用，甚至忙得发疯。

（2）已经学会应对与取舍的忙碌。这种忙碌往往能最为有效地利用时间。

（3）假装忙碌。因为我们现在几乎是将忙与成功、闲和失败联系到一起了，因此，有的人认为只要忙碌学习或工作就会成功，于是他们就成天忙个不停，可是效果并不是很理想。

生活中，常常困扰一些人的"芝麻小事"可能是中午吃什么，买什么颜色的笔记本，关注的电视剧到了哪一集，男主角和女主角最后怎么了……仔细想想，这些事情真的不值得我们花上大段的时间。只有把主要精力放在重要的事情上，才是善学者的思维方式。

第七节 总结思维

对于总结思维，我们可以举一个关于如何学习英语的例子，即如何运用规律记忆法记忆英语单词：

规律记忆法巧记英语单词：

第一种，派生法

英语构词法之一派生法，也叫词缀法，就是在词根前面或后面加上前缀或后缀就构成了新的词。由派生法构成的词叫派生词。大体上讲，派生法有两种规律：加前缀和加后缀。

德国数学家高斯像

加前缀：

honest（诚实）前面加前缀 dis，就构成了新的单词 dishonest（不诚实）；

able（能）前面加前缀 un，就构成了新的单词 unable（不能）；

night（夜晚）前面加前缀 mid，就构成了新的单词 midnight（午夜）。

加后缀：

work（工作）后面加后缀 er，就构成了新的词 worker（工人）；

child（孩子）后面加后缀 hood，就构成了新的单词 childhood（童年）。

第二种，合成法

英语构词法之二合成法，就是把两个以上独立的词合成一个新词。

比如，class（课）+room（房间）就构成了 classroom（教室）；

every（每一）+one（一）就构成 everyone（每人）；

some（一些）十body（人）就构成了somebody（某人）；

my（我的）+self（自己）就构成了myself（我自己）。

一般来讲事物之间是存在着联系的，他们之间总有自己的规律存在。在记忆学习的时候如果能找到他们之间的规律，就能轻松地学习和提高，有这样一个故事：

德国大数学家高斯在小学念书时，数学老师叫布特纳，在当地小有名气。

这位来自城市的数学老师总认为乡下的孩子都很笨，感到自己的才华无法施展，因此经常很郁闷。有一次，布特纳在上课时心情又非常不好，就在黑板上写了一道题目：

1+2+3……+100＝?

"这么多个数相加，要算多长时间呀？"学生们有点无从下手。

正当全班学生紧张地挨个数相加时，高斯已经得出结果是5050。同学们都很惊奇。

布特纳看了一下高斯的答案，感到非常惊讶。他问高斯："你是怎么算的？怎么算得这样快？"

高斯说："$1+100＝101$，$2+99＝101$，$3+98＝101$……最后$50+51＝101$，总共有50个101，所以$101 \times 50＝5050$。"

原来，高斯并不是像其他孩子一样一个数一个数地相加，而是通过细心地观察，找到了算式的规律。

善学者总是有意识地去寻找事物的规律，在分析规律的过程中不断加强理解，记忆起来就会容易得多。一个人学习成绩优秀，除了他刻苦学习外，良好的学习习惯也起着决定性的作用。学习成效与记忆力最为相关，不同人的记忆能力有差异，但除了极少数智力存在缺陷的人外，差异是不大的，只要我们能掌握并遵循合理的记忆规律，合理安排我们的学习和复习时间，就一定能取得好的学习效果。

记忆是掌握知识、运用知识、增强智力、创造发明的关键，所以提高我们的记忆力就显得尤为重要了。那么，我们该怎样去遵循记忆规律，提高自己的记忆力呢？

1. 一次记忆的材料不宜过多

应该控制好每一次记忆材料的总量，如果总量过多很容易产生大脑疲劳，使记忆效率下降。

正确的做法是，把量控制在一个范围，能让你一次完成记忆过程，记忆完成后，还觉得意犹未尽，有余力再从事其他科目的学习。如果需要背记的材料实在过多，也可以把它切分成几部分，每次解决其中一部分。

总结思维与记忆

效率
疲劳
解决
几份
切分
要点
记忆
过多
易
总量
控制
理解
复习
过程
第一大法
特征（规律）
习惯
素质
找
提高
抑制
大脑
调节
树立
总理
失衡
急躁
信心

如果需要记大量的问答题，可以把每个要点用1～2个字概括，都写到一张纸上，对着题目回忆答案，想不起来再看提示。只要能正确回忆起所有要点，就在题目下面打钩，下次就可以跳过去了。这样，记忆的次数越多，需要记忆的内容就越少，你的自信心就可以在这个过程中逐渐增强。

2. 要善于找"特征"

良好记忆习惯的养成非常有利于你记忆力的提高。所以平时在学习中你一定要努力寻找规律，细心挖掘其特征，通过理解来加深记忆，要知道，"找特征"的过程，正是最好的理解和复习的过程，更是加深印象的过程。可以这么说，"特征"是记忆的第一大法，这种记忆习惯的养成非常有利于记忆素质的提高。

3. 事先做好心理调节

记忆之前，必须先做好心理调节，树立起自信心，相信自己一定能掌握这些材料。千万不要在记忆之前怀疑自己，担心自己背不下来。记忆过程中也要控制好自己的心态，不能急躁，急躁会破坏心理平衡，使大脑出现抑制现象，让自己无法顺利完成记忆。

总之，我们只有学会科学用脑，认识并遵循记忆规律，我们的记忆效果才会事半功倍，我们对自己才会越来越有信心。

唤醒创造天才

第一章|

施展大脑的创新力量

第一节 创新思维的特征

1. 创新思维的定义

创新思维是一种不受常规思维束缚，寻求全新独特的解决问题的方法的思维过程。创新思维是相对于传统思维的新思维，就是我们常说的创造性思维，是每个人天生就拥有的。但是，却不是人人都能够娴熟地使用它。因为，大部分的创新思维在我们接受教育的过程中被埋没了。

我们知道，小孩的创新思维表现在胡思乱想和丰富的想象力上。但是，如果一个小孩子问她的幼儿园老师："老师，如果天上有一个太阳，那会不会有两个呢？"不负责任的老师通常都会斥责孩子"国无二君，天无二日"之类的意思，至少也会说一句"胡说"。孩子的创新思维就这样一次次被打压磨灭，直到完全陷入常规性思维。

其实，在无垠的宇宙里，银河系只是一条小河，太阳不过是一颗小小的鹅卵石。小河里不止一个鹅卵石就是常规思维所能够理解的了。

传统思维和常规性思维主导了大部分人，为我们的生活带来了一定的便利，但是，却也在一定程度上，阻碍了我们前进的步伐。

2. 创新思维的作用

创新是一个民族进步的灵魂，是国家兴旺发达的不竭动力。迎接未来科学技术的挑战，最重要的是坚持创新，勇于创新。

爱因斯坦也说过："没有个人独创性和个人志愿的统一规格的人所组成的社会将是一个没有发展可能的不幸的社会。"

管理学大师德鲁克也说："对企业而言，要么创新，要么死亡。"可见创新的重要性。而创新当然来自有着创新思维的人。

（1）创新思维是创新实践的前提。

"思路决定出路，格局决定结局。"有了创新思维才能走出创新的道路。同样，错误的思维就会走上错误的道路。

当年，泰坦尼克号之所以会沉船并且几乎全员覆没，全因为管理层的错误思维。管理层认为巨大的船是不会沉船的，于是几乎没有考虑任何防护措施。没有带望远镜，于是没有看到远处的冰山，肉眼看到时已然扭转无力。正是因为船太大，于是转弯不便。救生艇和救生衣数量的严重缺乏，导致大多数人几乎没有逃生的可能性。这是错误思维引领人走上错误道路的一个例证。

（2）创新思维是参与竞争的制胜法宝。

这个社会是相互竞争的社会，资本则是特色、创新、点子、思路。尤其是在企业竞争当中，更需要创新思维。

某国有家公司，专门生产牙膏。牙膏包装精美，品质精良，深受消费者喜爱。

记录显示，前年营业增长率均为10%～20%，但在第二年后，增长停滞。董事部门非常不满意，于是决定召开全国经理及高层会议。会议中有位年轻经理对董事提出了一条建议，并收费5万元。董事虽然非常生气，却依然买下建议。

果然，公司在三年停滞不前后，第四年的营业额增加了32%。这条建议是什么呢？很简单，扩大牙膏开口1毫米。人人多用1毫米，数量不可估量。扩大牙膏开口1毫米，就是创意。如果企业摒弃1毫米，就会丧失进步的机会。

创新思维是企业竞争的法宝，有创新思维的人是企业的重点人才和制胜法宝。

（3）创新思维是高素质人才的重要组成部分。

高素质人才当中最缺乏的是有创新思维的人才。有创新思维的人才，才能让社会、国家持续前进发展，才能带领企业突破瓶颈。培养创新思维人才，是教育的重要课题。

（4）创新思维能够应用到各行各业中去。

无论学习、教书、改革开放或是职场生涯，创新都会对我们产生作用力。

A、B从同一所大学毕业去同一家公司上班，两年后，老总让B升职。A心里不平衡，他想，一起来工作的两个人，都很努力，为什么提拔B却不提拔我。一定是老总偏心。

于是A去找老总理论："你吩咐我的每项工作我都踏踏实实完成了，为什么你却只提拔B不提拔我呢？我感到很委屈。"老总并没有正面回答A的问题，而让他去楼下自由市场看看是否有东西卖。不久，A回来答复。

A："老总，楼下有个推手推车的农民在卖苹果。"

老总："苹果怎么卖？"

A："我去看一下。"

A："2元一斤。"

老总："那一车有多少斤呢？"

A又下楼回来。

A："大概300来斤。"

老总："如果全部都要，最便宜能多少钱呢？"

A再次下楼。

A："如果您全部都要的话，他可以1.2元一斤给您。但是，您要这么多苹果干吗？"

老总还是不说话，他喊B过来，让他去做同样的事情，问B同样的问题，然而B与A的做法不同，他一次性将所有问题做好准备，流利地回答了出来。

A 目睹这一过程立即知道自己与 B 的差距在哪里。摒除职场经验不谈，有创新思维，能够自觉正确地理解老总的意图，联想事情的发展，这种人才必然能够立足于各个企业。

3. 创新思维的特征

（1）新。

新是创新思维的第一特征，也是最根本的特征之一。

没有变化、没有差异的思维是旧思维，但旧思维也可能是曾经的新思维。只是因为在某一时间点上没有继续创新，所以就变旧了。

"新"就是有新意，能够给人带来新鲜感，是新思路、新点子，是一种新的考量方式等。

（2）差异性。

差异性是创新思维最大的、最根本的特征之一。

创新思维就是与众不同的思维，它能够用与众不同的语言、行为、方式表现出来。有差异才能有新意。

如"水能载舟亦能覆舟"，网络上有流行语将之改成："水能覆舟，亦能煮粥"。改动两个字，意思却大大的不同了，这就是差异性产生的效果。

（3）变化性。

变化性也是创新思维的根本特点之一。

无论新意还是差异都需要通过不断地改变来实现。旧的东西也需要通过改变来变成新的。

（4）现实性。

虽然思维、创新等概念似乎都是看不见摸不着虚无缥缈的东西，但创新思维依然具有现实性特征。从另一方面看，它其实是实实在在的存在于人们的生活当中，通过人们的言行举止、学习、工作、生活表现出来，并且几乎人人都有思维创新的经历。

比如，上下班高峰期的地铁公车常常人满为患，扶手不够，有人就把旧牙刷用开水烫弯，弯成弯钩形状，坐车时便能临时使用。

（5）开放性。

"开放"就是让思想冲破牢笼，没有顾忌地飞翔。开放的对立面是封闭。封闭的环境会扼杀产生的创新思维。

（6）间断性和连续性。

这是人的思维的特征。一个正在思考问题或专心说话的人，一旦被打断，便很难再续上去。这就是思维的间断性表现。如果在创新的过程中遭遇困难、风险，遇到危机，甚至会损害自身利益，创新思维就会被中断。当然，如果在思维创新上不思进取，创新自然难以为继。

第二节 激发潜伏在体内的创新思维

创新思维是人类才有的高级思维活动，是成为各种出类拔萃的人才所必须具备的条件。心理学认为：创新思维是指思维不仅能提示客观事物的本质及内在联系，而且还能产生新颖的、具有社会价值的前所未有的思维成果。

即使遗失了与生俱来的创造性思维，我们也可以通过运用心理学上的"自我调节"，有意识地在各个方面认真思考和勤奋练习，重新将创造性思维找回来。卓别林说过："和拉提琴或弹钢琴相似，思考也是需要每天练习的！"

1. 张开想象的翅膀

爱因斯坦曾经说过："想象力比知识更重要，因为知识是有限的，而想象力概括着世界的一切，推动着进步，并且是知识进化的源泉。"

他之所以能研究出"狭义相对论"，便是因为他在孩童时期便常常幻想自己同光线赛跑。而世界上第一架飞机也来自人们想要像鸟类一样飞翔的梦想。幻想是创造性想象的一种特殊形式，适当的幻想能够引导人们发现新事物，做出新努力、新探索和创造性的劳动。

大部分人终其一生只运用了大脑想象区大约 15% 的空间，开发这个空间应该从想象开始。想象力是人类运用储存在大脑中的信息进行综合分析、推断和设想的思维能力。

2. 培养发散性思维

发散思维的含义是指一个问题假如存在着不止一种答案，就要通过思维的向外发散，找出更多妥帖的创造性答案。

"涉猎多方面的学问可以开阔思路……对世界或人类社会的事物形象掌握得越多，越有助于抽象思维。"1979 年诺贝尔物理学奖获得者、美国科学家格拉肖这样启发我们。

当我们思考砖头有多少用途的时候，充分运用发散性思维可以给出我们如此多

| 想象和幻想的区别 |

·想象

·幻想

想象是人在头脑里对已储存的表象进行加工改造，形成新形象的心理过程。它是一种特殊的思维形式。

幻想同想象不同，是指人内心荒谬的想法。

的答案：建筑房屋、铺路、刹住停靠在斜坡的车辆、砸东西、压纸、垫高、防卫的武器……这就是发散思维的力量！

3. 发展直觉思维

顾名思义，直觉思维是指不经思考分析的顿悟，是创造性思维活跃的表现之一。

物理学家阿基米德在跳入浴缸的时候，注意到浴缸溢出水的体积大约等同于身体入水部分的体积，灵光一闪，发现了"阿基米德定律"，即比重定律。

达尔文在观察植物幼苗生长的过程中，发现幼苗顶端向太阳照射的方向弯曲，推测出可能是由于其顶端含有某种物质，在光照的作用下，转向背光一侧。后来，在达尔文的基础上，科学家作了反复研究，才找到这种植物生长素。

在学习过程中，直觉思维可能表现在许多方面，比如大胆的猜测，急中生智的回答，或者新奇的想法和方案等。在发现和解决问题的过程中，我们要及时留住这些突然闯入的来客，努力发展自己的直觉思维。

4. 培养思维的独创性、灵活性和流畅性

创造力建立在广博的知识基础上，包括三个因素：独创性、灵活性和流畅性。

对刺激作出不同寻常的反应是思维的独创性，能流畅地作出反应的能力是流畅性，而灵活性是指随机应变的能力。

在20世纪60年代，美国心理学家曾经对大学生进行自由联想与迅速反应训练，要大学生针对迅速抛出的观念，作出最快的反应。速度越快，讲得越多，表示流畅性越高。这种疾风骤雨式的训练，非常有益于促进创造性思维的发展。

5. 培养强烈的求知欲

人类对自然界和自身存在的惊奇是哲学的起源。

阿基米德的直觉思维

阿基米德受由浴桶中溢出的水的启发，产生了一种直觉上的顿悟，因此创立了举世闻名的阿基米德定律。

练习创新思维的五个方法

古希腊哲学家柏拉图和亚里士多德认为，当人们在对某一问题具有追根究底的探索欲望时，积极的创造性思维由此萌发。精神上的需求是产生求知欲的基础。我们要有意识地设置难题或者探索前人遗留的未解之谜，激发自己创造性学习的欲望。把强烈的求知欲望转移到科学上去，不断探索，使它永远保持旺盛。这样才能使自己在学习过程中积极主动地"上下求索"，进而探索未知的新境界、新知识，创造前所未有的新成就。

第三节　创新思维与企业创新

首先看一个案例：

【案例】海尔小小神童洗衣机

无论各行各业，都存在着旺季与淡季之分，洗衣机厂也不例外。一般说来，洗衣机的销售淡季主要是每年的 8 ~ 9 月，也就是夏季最热的时候。每当遭遇淡季，各大洗衣机厂便召回销售人员以减少成本，并且被动等待旺季到来。

海尔工作人员通过分析发现，夏季恰恰是人们最需要洗衣服的时节，大部分人都有天天洗澡日日更衣的习惯，可是为什么洗衣机反而没有市场呢？

结论是，虽然人们换洗衣服勤快，可夏季衣服通常较薄，而洗衣机容量又太大，常洗小件衣服既费水又耗电还不容易清洁干净。

根据以上情况，海尔人开发出了容量为 1.5 千克的"小小神童"洗衣机，不但满足了消费者的需求，也消除了洗衣机市场的淡季之说。

后来，海尔还研制出不用洗衣粉的洗衣机，"洗净比"甚至高于普遍使用洗衣粉的洗衣机，病菌杀灭率也非常高，最让人无法抗拒的是海尔的洗衣机都很有特色，操作非常简单人性化，难怪成为行业翘楚。

企业发展需要创新思维。其实，创新思维与企业之间是相互联系相互促进的，不但企业发展需要创新思维，创新思维也能够推动企业的发展。

下面就来具体分析企业和创新思维之间的相互关系：

1. 企业发展需要创新思维

企业发展需要创新思维，这是因为：

（1）创新思维能给企业带来进步技术。市场结构和技术领域发生了翻天覆地变化的现代，企业必须创新才能适应市场以及创造利润。

（2）创新思维是市场的推动力。企业需要不断地变革创新，来适应产品周期的兴衰或市场的产业结构变动，以确保在新的经济环境的挑战中，不断进步。

（3）企业的创新与国家政策紧密相连。如果想加快企业发展，获得更多市场份额，就要时时关注国家政策的要求。

（4）创新思维是促进企业内部发展的必要条件。企业的更快更好发展带来的福利和待遇的提高，是企业内部每一个成员的期望。创新是企业发展的不竭源泉。

2. 创新思维能推动企业的发展

技术创新思维和管理创新思维是企业创新的重要组成部分，它们能够巩固和发展企业竞争力、企业生命力、企业文化等。

企业创新思维包括：创造新产品或将原有产品赋予新的功能；采用新方法；开辟新市场；获得新供给来源；实行新的企业组织形式；实施新的管理实施办法；使用新的人才录用机制等。

（1）管理创新思维为什么能推动企业发展？

管理创新思维能够有效地整合人力资源、让企业最大限度发挥人力作用，从而起到推动企业发展的作用。

管理创新思维可以推动企业的市场竞争力。改革开放后，敢于运用创新思维进行改革的企业得到了长足的发展。

管理创新思维可以推动企业文化。有了创新思维就会对不符合企业发展的企业文化提出质疑，然后进行调整，能丰富和完善企业文化，促进企业员工了解企业文化，加大归属感。

管理创新思维能推动企业凝聚力。管理创新思维能给企业带来生机，给员工带来实际利益，**企业**的凝聚力就加强了。企业凝聚力提高后，优秀人才不但会失而复得，还能吸引大批外来人员。

小车代表着一个企业。

人代表着管理思维，管理思维创新能有力地推动企业的发展。

车轮是一个企业的技术，要想车子走得快，就要在技术上有所创新。

（2）技术创新思维为什么能推动企业发展？

技术创新思维包括新技术的引用、新设备的投入、新产品的设计等，极大地推动着企业在科技技术发展、新技术产品开发和新业务的拓展等方面的新成就。

技术创新思维能够促进产品不断创新，跟随市场需求变动，在激烈的竞争中提高市场占有率，从而锻炼企业的技术队伍，提升企业的技术实力，增强企业的核心竞争力。

技术创新思维运用到企业的创新技术人才管理和新技术开发及引进方面，能够使企业始终保持强势的核心竞争力和旺盛的生命力。

技术创新思维能够在企业进行新技术开发和引进的时候，引发成员的危机感，促使他们学习新知识来适应企业的人才需要，而企业必须招揽能够尽快适应新技术的优秀人才，从而推动企业的人力资源管理。

创新思维从人事制度、企业文化、技术知识、财务等各方面全方位地推动着企业竞争力的加强和发展，巩固着企业在市场竞争中的地位，保持企业旺盛的生命力。

【案例】上海通用汽车的柔性化生产模式

几乎中国所有的汽车工厂都是采用一个车型、一个平台、一条流水线、一个厂

1 市场拉动
是指市场需求和市场竞争影响下的创新。

2 科技推动
越来越多的先进科学技术直接服务于经济领域，促使企业不断创新。

3 政策激励
企业通过制定各种激发员工创新积极性的政策和措施来推进企业不断发展。

企业创新的三种方法

房的生产方式。但是上海通用却实现了在一条生产线上共线生产四种不同平台的车型，这种生产方式叫作"柔性化"生产方式。

与此方式相配备的是严格而规范的采购系统，科学严密的物流配送系统，以市场为导向的高度柔性化生产系统，以及以客户为中心的客户关系管理系统，这些配备共同组成了柔性化生产管理模式，为厂家和消费者带来了最直接的利益——金钱与时间。

柔性化生产管理模式多年来深入了上海通用企业管理的每一个环节，这也是通用汽车占据汽车市场极大份额的原因。

第四节　创新思维与社会创新

首先，了解什么是社会创新。

社会创新是指可以实现社会目标的新想法，通过发展新产品、新服务和新机构来满足未被满足的社会需求。社会创新的过程是国家政府、城市以及企业通过设计和开发新的有效方法，应对城市扩张、交通堵塞、人口老龄化等一系列迫在眉睫的必须解决的问题的过程。

（1）人口老龄化。

当老年人在总人口的比例中占了绝大多数或者有了很大比例的上升，就需要有新的如养老金和护理等方法、形式甚至法律来保障老年人的利益，改善他们的生活境况。

（2）差异文化。

世界上不同文化、民族、国家甚至不同城市之间，都具有差异性，这些差异性容易造成彼此的冲突和憎恶。因此，我们需要以创新的方式来进行文化教育和语

1　社会机构和社会企业

社会机构或企业往往源于某个社区或某个人的一时兴起，它具备了创新的先天优势。

2　社会运动

社会运动产生于民间和政治社会之间，成功的社会运动本身就是一种创新，但它发生概率小，且容易破坏社会和平。

3　政治和政府

政治家和政坛人物常常会为了赢得民众，获取政治优势和权力，在游说演说政策项目中努力推进创新。

4　市场

一些新型的商业模式和新市场是市场重要的社会创新。

5　学术界

学术人员是研究的主力军，自然是社会创新的研究主力军。

6　慈善机构

慈善家拥有超强的经济实力、网络和自主权，能为创新模式的提出和发展提供丰厚的奖金支持，对社会创新产生巨大的影响。

言学习，来促进不同地域文化间的和谐。

（3）医疗部门。

传统的医疗部门在抑制慢性病发生率和急性病转化成慢性病的过程中，并未发挥出完善的作用。因此，越来越多的人开始认识到创新的必要性。

（4）个人不良习惯的治疗。

传统的方法对于解决吸烟饮酒、赌博、肥胖和不良饮食习惯等"富贵病"常常束手无策，这些大多由于富裕引起的行为问题正在等待创新。

（5）环境问题。

二氧化碳排放量超标导致的全球变暖，人类滥砍滥伐造成的热带雨林面积的剧减，都使气候发生了不可逆转的变化。如何重新调整交通系统，重组城市布局和住房体系，来适应这种状况，各界都在等待合适有效的创新方法。

其次，创新活动必然需要机构、组织或个人来发起，那么哪些机构、组织或个人掌握了发起社会创新的先天条件呢？

实现社会创新并不是一件容易的事情，总会遇到来自各方面的阻力。这些阻力使社会创新无法成功实现，也可以看成社会创新失败的原因。

具体表现在：

（1）里昂那多效应。

很久以前，有一个叫里昂纳多的人，他总是会有一些奇怪的想法，例如插上翅膀就可以成为飞人等。但这在他所处的时代无法实现，并且违反了物理学原则。

虽然人们天生就具有创造力和好奇心，但是社会创新并不总是简单易行，应该说社会创新的实现是非常有难度的。特别是那些远远超过现有科技水平、像直升机那样高高在上的想法。人们将这种情形称之为"里昂那多效应。"

（2）不适宜的环境。

可保证的法律制度与开放的媒体和网络是实现社会创新的关键因素。商业环境中的社会创新通常会因为资本垄断受阻；政治和政府方面的社会创新活动通常被党派竞争所阻；社会机构可进行的社会创新活动则通常因为私心和经验不足而受阻。

（3）失败的规律。

社会创新同商业和科技领域里的多数创新一样，通常失败次数比成功的次数多得多。

（4）社会创新实行者的错误想法。

政府或公共部门对新想法通常会保持谨慎的态度，因为他们责任在身，并且是在用稳定性为人们的生活提供依靠（比如交通等系统和福利发放部门）。大多数的公共服务和非营利组织，通常会集中精力运用管理来提高现有模式的水准，而并非采取新想法。因此，社会创新实行者对政府反应迟缓的错误想法也会影响他进一步改善自己的想法，以至于影响社会创新活动的顺利实施。

（5）缺乏耐性。

显然，缺乏耐性的创新活动领导者很难将任何一件事情真正打理成功。

第五节　创新思维与个人创新

创新思维有时与个体创新有着密切的联系。

【案例】

几名装修工在帮助客户装修房子时遇到了一个问题：要把新电线穿过一个 10 米长，但直径只有 25 厘米的管道。管道砌在墙壁的砖石里，转了 4 个弯。要把电线装好，就必须打烂墙壁，不仅花费不小，房子的主人也不情愿。

大家思考了很久，却依然想不出不毁坏墙壁就让电线穿过去的方法。

突然间，一个员工想到了一个点子。大家一听，连连称妙。根据这个点子进行操作，果然很快就把问题解决了。

解决这一难题的主角，竟然是两只小白鼠！

他们到一个商店买来两只小白鼠，一只公一只母，然后把一根线绑在公鼠身上并把它放到管子的一端。

另一名工作人员则把那只母鼠放到管子的另一端，逗它"吱吱"地叫。

思路决定出路，拥有创新思维，才能在激烈的竞争中胜出。

公鼠听到母鼠的叫声，便沿着管子跑去救它。公鼠沿着管子跑，身后的那根线也被拖着跑。电线拴在线上，小公鼠就拉着线和电线跑过了整个管道。

这是一个比较简单的运用创新思维的案例，点子虽简单，却可以解决大问题，这就是创新思维的魅力所在。

由此，我们应该认识到：

1. 培养个体创新思维十分重要

俗话说得好："不怕做不到，就怕想不到。"思路决定出路。在竞争激烈的社会中，要想取得一番成就，就必须具有创新思维。

你用哪一种思维思考问题，往往决定你会拥有怎样的人生。社会环境和自身条件并不能限制个人的成功，我们需要发展创新思维和创新精神，来适应不断进步的时代，造就精彩的人生。创新是新时代的主旋律，创新素质是当代人才选拔的标准。是否具有创新能力和是否具有创造力，是衡量人才价值和能否成为一流人才的标尺。

2. 个体创新思维的 4 个阶段

创造性思维并非喊喊口号或者凭空想象就可以获得，它通常需要经过很多有序的思考才能完成整个创意过程。

而创新思维一般由准备、酝酿、顿悟、验证这 4 个阶段组成，各个阶段互相联系，相互交叉。

3. 顿悟阶段个体创新思维方法

个体创新思维的方法不胜枚举，如果不运用正确的思维方式，很难解决问题。但是，掌握创新思维方法只是基础，只有深入理解才能在特定的环境和事件中合理应用创新思维来解决具体问题，进行创新活动。

其实，每个人自身都有一座宝藏，一座几乎被遗忘的宝藏。那就是我们的头脑，我们的创新思维；头脑能思维，思维能产生创意，创意能改变世界——人的外在世界和内心世界。

认真地挖掘这座属于你自己的宝藏，肯定会有意想不到的收获。

第二章
心理制胜：改变始于自己

第一节 以"己变"应万变

对于每一件事物，我们都应该首先去认识事物的性质和特点，然后再根据实际情况来调整改变自己的思路和行为方式。只有如此，我们才能在顺应事物变化的同时，驾驭变化，走向成功。

现代社会，瞬息万变。如果我们的思维不能顺时而变、顺势而变，那么生存的空间可能就会很小。

动物学家们在做青蛙与蜥蜴的比较实验时发现：

青蛙在捕食时，四平八稳、目不斜视、呆若木鸡，直到有小虫子自动飞到它的嘴边时，才猛地伸出舌头，粘住飞虫吃下去。

之后，它又开始那目不斜视的等待。看得出来，青蛙是在"等饭吃"。而蜥蜴则完全不同，它们整天奔忙在私人住宅区、老式办公楼、蓄水池边等地方，四处游荡搜寻猎物。一旦发现目标，它们就会狂奔猛追，直到吃到嘴里为止。吃完后，它们在略事休息、喝口水后，就整装待发，又去"找饭吃"了。

我们不妨将青蛙与蜥蜴的捕食方法当作两种不同的处世风格。

青蛙的捕食方法也有可能会吃饱，但它对环境的依赖性过高，不能对随时变化的环境作出迅速的反应，池塘一旦干涸了，青蛙也就消失了；而蜥蜴的方法却很灵活，它们能够快速适应变化了的环境，所以，即使这一片池塘干涸了，蜥蜴仍能够活跃在另外一个池塘边。

曾有一位哲人说过："如果你不能阻止环境的变化，那么就改变自己，去适应它吧。"

改变了自己，相当于为自己提供了更多的生存机会，为职场发展扫除了诸多障碍，为事业的成功增添了砝码。

1930年，日本初秋的一个清晨，一个只有1.45米的矮个子青年从公园的长凳上爬了起来，徒步去上班，他因为拖欠房租，已经在公园的长凳上睡了两个多月了。他是一家保险公司的推销员，虽然工作勤奋，但收入少得甚至租不起房子，每天还要看尽人们的脸色。

一天，年轻人来到一家寺庙向住持介绍投保的好处。老和尚很有耐心地听他把话讲完，然后平静地说："听完你的介绍之后，丝毫引不起我投保的意愿。"

"人与人之间，像这样相对而坐的时候，一定要具备一种强烈吸引对方的魅力，如果你做不到这一点，将来就不会有什么前途可言……"

从寺庙里出来，年轻人一路思索着老和尚的话，若有所悟。接下来，他组织了专门针对自己的"批评会"，请同事或客户吃饭，目的是请他们指出自己的缺点。

"你的个性太急躁了，常常沉不住气……"

"你有些自以为是，往往听不进别人的意见……"

"你面对的是形形色色的人，必须要有丰富的知识，所以必须加强进修，以便能很快与客户找到共同的话题，拉近彼此之间的距离。"

……

年轻人把这些可贵的逆耳忠言一一记录下来。每一次"批评会"后，他都有被剥了一层皮的感觉。通过一次次的"批评会"，他把自己身上那一层又一层的劣根性一点点剥落。

与此同时，他总结出了含义不同的39种笑容，并一一列出各种笑容要表达的心情与意义，然后再对着镜子反复练习。

年轻人开始像一条成长的蚕，随着时光的流逝悄悄地蜕变着。到了1939年，他的销售业绩荣膺全日本之最，并从1948年起，连续15年保持全日本销售量第一的好成绩。1968年，他成了美国百万圆桌会议的终身会员。

这个人就是被日本国民誉为"练出价值百万美金笑容的小个子"、被美国著名作家奥格·曼狄诺称为"世界上最伟大的推销员"的推销大师原一平。

"我们这一代最伟大的发现是，人类可以由改变自己而改变命运。"原一平用自己的行动印证了这句话，那就是：有些时候，迫切应该改变的或许不是环境，而是我们自己。

有时想一想，顿觉人生如钓鱼。如果你固守在一个位置，用一套渔具、一个方法来钓，也许可以偶尔钓上来一条，但不会钓到大鱼，更不会有许多鱼上钩。

钓鱼的设备和方法要随着不同情况而有所改变。钓不同的鱼要用不同的鱼饵、不同长度的线；即使钓同一种鱼，依季节的变化，方法也不相同。鱼不会听从人的安排而上钩，但想钓上它来，就必须改变自己，以你的方式适应鱼的习性。

世界上的任何事情都不会完全按照我们的主观意志去发展变化。我们要获得成功，就首先得去认识事物的性质和特点，适时地调整自己。如果我们想当然地凭自己的想法去办事，就会像钓鱼不知道鱼的习性一样，注定要徒劳无功。

所以，做一切事、解决一切问题，我们都必须随着客观情况的变化而不断地调整自己，不断地采取与之相适应的方法，做到以"己"变应万变，才能够在职场上立足，使自己的职业之树常青。

对此，你可以运用思维导图，针对自己的现状，画出你身上的优秀品质，以及需要改变和调整的地方。

第二节　谁来"砸开"这把"锁"

曾有这样一个故事，讲的是一个技术精湛、手艺高超的开锁专家，号称没有他打不开的锁。

于是镇里的人想捉弄一下这位专家，将他关在一个注满水的箱子里，并上了一把锁，请这位开锁专家表演"水中逃生"。

专家费了九牛二虎之力，用尽了所有的开锁方法，也没能将锁打开。为了不出生命危险，专家不得不认输，才得以将头探出水面换一换气。

看了专家表演的人无不哈哈大笑，原来，那把锁根本就没有锁死，只需轻轻一拉便可以打开了。

有些人读了这个故事只会淡然一笑，如果你能够读出故事背后的深意会更好。

为什么开锁专家没能打开这把未锁死的锁呢？其实，在他的头脑里已经存在了一把更为顽固的锁，使得他不会从另外一个角度去思考问题、解决问题。

那么，我们的头脑中是否也存在着各式各样的锁呢？

答案是肯定的。生活的习惯、传统的观念、定式的思维、专家权威的意见、对困难的畏惧，还有许许多多的锁，锁住了我们的思想，锁住了我们的智慧。

我们又应该怎么办呢？由谁来"砸开"这把"锁"？

答案是：自己。

创新，就需要有质疑的精神，敢于说"不"，只有敢于质疑，才能打开心头那把锁，才能开拓创新。

刚刚毕业不久的大学生敢于对权威企业咨询公司的调查结果说"不"，这是何等的胆量，随后，按照自己拟定的计划使企业走出困境，这又是何等的大智慧。这些，在杨少锋身上体现得淋漓尽致。

2002年秋季，在中国移动的强力阻击下，中国联通CDMA的销售在全国范围内陷入了历史性低谷。从5

月进入福州市场，到 11 月 CDMA 销量才达 2 万多用户，其中数千部还是靠员工担保送给亲朋好友的。

与国内其他城市相比，这个成绩实在是拿不出手。联通本来是委托全球著名的一家专业咨询策划公司做的策划方案，但是根据这一方案在近一年内投进去的大量广告费都未起作用。

当时杨少锋所在的广告公司正在为福州联通做策划方案。当杨少锋看过那家全球著名策划公司的方案后，得出了四个字——"不切实际"。

被他评述为"不切实际"的公司成立于 20 世纪 20 年代，在全世界拥有 70 多家分支机构，是被美国《财富》杂志誉为"世界上最著名、最严守秘密、最有声望、最富有成效、最值得信赖和最令人仰慕的"企业咨询公司。

年仅 24 岁、大学刚毕业两年的杨少锋，竟然斗胆否定了这家公司的方案！因为他自己已经有了一套完整周密的营销计划。中国联通福建省公司的领导经再三权衡后，还是接受了他的计划。

杨少锋计划的最重要一步，就是提高 CDMA 在福州的认知度。他认为，通过媒体重新对 CDMA 进行包装是最好的渠道。之后，他们在报纸、电视等媒体上大量投放广告，使 CDMA 具备了极高的认知度。他紧接着开始了营销计划的第二步——公开"手机不要钱"的概念。通过赠送 CDMA 手机，使联通打下了坚定的市场基础。

杨少锋的方案获得了成功，因为根据用户与联通签订的协议，这批用户两年内将给联通带来将近 7000 万元的话费收入。

这一成就源于杨少锋突破了头脑中的那把锁，没有被传统观念和专家权威所束缚。这也说明了：只要能够"砸开"那把"锁"，更加实事求是，更加熟悉市场走势，就能够更好地开拓创新思路，做出一番不凡的成绩。

第三节 用"心"才能创"新"

总听到有人抱怨自己时运不佳，找不到任何开拓创新的时机。当看到别人有所成就时又会悔恨不已，殊不知别人的"新"是用"心"换来的。

凡事只有用心去做，才会激发出更多的智慧和想法；只要用心去做，就不会存在难以逾越的困境，创新就不是一件难事了。

日本是个服装王国，而独立公司则是这个王国中一颗格外耀眼的新星。独立公司不生产高档时装和名牌服装，而是独树一帜，专门为伤残人设计和生产各种服装，因此才在日本服装业占据了一席不可缺少的位置。

独立公司的老板是一位残疾妇女，名叫木下纪子。过去她曾经营过室内装修公司，而且在该行业颇有名气。

　　可是就在事业一帆风顺的时候，一场意外的疾病——中风，给了木下纪子毁灭性的打击。她的左半身瘫痪了。木下纪子痛苦过、颓废过，觉得再没什么希望了，甚至还想过自杀。

　　但是当她从极度痛苦中摆脱出来、冷静思考时，理智和意志终于占了上风："必须振作起来，不能让这辈子就这样了结！"

　　然而，对于一个瘫痪的残疾人来说，要做成事业实在太难了。就拿穿衣服来说吧，这是每天必做的极小的一件事，而木下纪子却要非常吃力地花上数分钟或更长时间。"难道就不能设计出一种让伤残人容易穿脱的服装吗？"一个全新念头突然产生。一种要为和自己有同样遭遇的人解除不便的渴望重新燃起了木下纪子的事业心。

　　就这样，木下纪子根据设想和以往的经营管理经验，创办了世界上第一家专为伤残人设计和生产服装的公司——独立公司，专门产销"独立"牌服装。特意取"独立"这个名字，不仅向人们宣告伤残人的志愿和理想，同时也说出了木下纪子的心声——要走一条独立自主的生活道路，这是一个强者的选择。

　　独立公司开张后，生意非常兴隆，因为它确实抓住了一部分特殊人群的需要，找准了市场空当，更因为木下纪子是用一颗心来做这个事业的，每一点都可以体现出她的用心之处。木下纪子设计的服装看上去很普通，甚至不像伤残人穿的服装，而有点像时装。

　　对此，木下纪子有她的见解：伤残人很容易失去信心和勇气，服装的款式、面料及色彩讲究一些，不但能使伤残人穿着方便，也能增强他们的信心。更为重要的是，爱美之心人皆有之，伤残人何尝不想穿得漂亮一点！

　　木下纪子不仅是个意志刚强的女人，而且是一位具有发展眼光的企业家，她要把"独立"牌服装打进国际市场。这一计划不但得到了日本政府的支持，同时还得到了国外友人的帮助。后来，木下纪子与美国一家同行组成一个合资公司，在美国生产和销售"独立"牌服装。就连艾威琳·肯尼迪这位名门望族的后裔，也远道而来，与木下纪子协商业务合作事宜。为了扩大出口，日本政府还以政府的名义出面帮助木下纪子在美国、加拿大和澳大利亚等国举办独立公司的大型展览会。通过这种展览、展销，独立公司在国外迅速名噪一时，木下纪子的事业走向了辉煌。

　　木下纪子是个有心人，更是用心人。"残疾人"的身份使她更能设身处地去为客户着想，因为她的用心，才把事情做到了细微之处，同样因为用心，她才把事业做得伟大。

　　生活中并不缺乏创新的机遇，而是缺乏用心之人。只要你用心地去观察、去思考，就一定能够抓住创新的良机。

第四节 没有解决不了的问题，只有还未开启的智慧

工作中，我们总会碰到各种各样看似无法解决的问题。这些问题就像拦路虎，挡住了我们的去路，使我们战战兢兢，不敢前行一步。也许我们努力了，但还是无法成功，于是更多的人选择了放弃，并安慰自己：算了吧，这是一个解决不了的问题，我还是不要再浪费时间了吧。

但是，问题真的解决不了吗？情况似乎并不是这样的。

詹妮芙·帕克小姐是美国鼎鼎有名的女律师。她曾被自己的同行——老资格的律师马格雷先生愚弄过一次，但是，恰恰是这次愚弄使詹妮芙小姐名扬全美国。

事情是这样的：

一位名叫康妮的小姐被美国"全国汽车公司"制造的一辆卡车撞倒，司机踩了刹车，卡车把康妮小姐卷入车下，导致康妮小姐被迫截去了四肢，骨盆也被碾碎。康妮小姐说不清楚是自己在冰上滑倒摔入车下，还是被卡车卷入车下。马格雷先生则巧妙地利用了各种证据，推翻了当时几名目击者的证词，康妮小姐因此败诉。

绝望的康妮小姐向詹妮芙·帕克小姐求援，詹妮芙通过调查掌握了该汽车公司的产品近 5 年来的 15 次车祸——原因完全相同，该汽车的制动系统有问题，急刹车时，车子后部会打转，把受害者卷入车底。

詹妮芙对马格雷说："卡车制动装置有问题，你隐瞒了它。我希望汽车公司拿出 200 万美元来给那位姑娘，否则，我们将会提出控告。"

老奸巨猾的马格雷回答道："好吧，不过，我明天要去伦敦，一个星期后回来，届时我们研究一下，做出适当安排。"

一个星期后，马格雷却没有露面。詹妮芙感觉自己是上当了，但又不知道为什么上当，她的目光扫到了日历上——詹妮芙恍然大悟，诉讼时效已经到期了。

詹妮芙怒气冲冲地给马格雷打了电话，马格雷在电话中得意扬扬地放声大笑："小姐，诉讼时效今天过期了，谁也不能控告我了！希望你下一次变得聪明些！"

詹妮芙几乎要给气疯了，她问秘书："准备好这份案卷要多少时间？"

秘书回答："需要三四个小时。现在是下午 1 点钟，即使我们用最快的速度草拟好文件，再找到一家律师事务所，由他们草拟出一份新文件，交到法院，那也来不及了。"

"时间！时间！该死的时间！"康妮小姐在屋中团团转，突然，一道灵光在她的脑海中闪现，"全国汽车公司"在美国各地都有分公司，为什么不把起诉地点往西移呢？隔一个时区就差一个小时啊！

位于太平洋上的夏威夷在西区，与纽约时差整整 5 个小时！对，就在夏威夷起诉！

詹妮芙赢得了至关重要的几个小时，她以雄辩的事实，催人泪下的语言，使陪审团的成员们大为感动。陪审团一致裁决：康妮小姐胜诉，"全国汽车公司"赔偿康妮小姐 600 万美元！

像这个故事一样，寻找解决问题的方法虽然不很容易，但方法总是有的，只要我们努力地思考。工作中的难题也是这样。所以在工作中，如果我们遇到了难题，就应该坚持这样的原则：努力找方法，而不是轻易放弃。

对于通过思索以寻找解决问题方法的重要性，许多杰出的企业家都深有体会。比尔·盖茨曾说："一个出色的员工，应该懂得：要想让客户再度选择你的商品，就应该去寻找一个让客户再度接受你的理由。任何产品遇到了你善于思索的大脑，都肯定能有办法让它和微软的视窗一样行销天下的。"

洛克菲勒也曾经一再地告诫他的职员："请你们不要忘了思索，就像不要忘了吃饭一样。"

只要努力去找，解决困难的方法总是有的，而这些方法一定会让你有所收益。

第五节　只要精神不滑坡，方法总比困难多

在蒙牛集团，有这样一副对联："只要精神不滑坡，方法总比困难多。"这是一种无所畏惧的信念，也是一种工作指导方针。

牛根生说："在一个单位，不管是领导还是员工，只要有着这样的精神，有什么困难不能克服，有什么问题不能解决呢！"

相信不少人对 2003 年上半年的"非典"仍然记忆犹新，它带给我们的不只是对"SARS"病毒的恐慌，对我国的企业也是一种前所未有的冲击和考验。

虽然炎炎夏季来临，但冰激凌市场似乎依然冻结在"冰点"。不必说"吃冰激凌不利于预防'非典'"的传言，也不必说店铺纷纷关门，单论大街上锐减的人流，对于随意消费、冲动购买型的产品冰激凌来说，命运多舛就是注定的。

4 月下半月，冰激凌整体销量急剧下滑。一些小厂相继关停。

但自古"危机"就具有双面性，对退缩者而言是坟墓，对进取者而言是天堂。乱"市"出英雄，旧的市场格局每动乱一次，行业格局就调整一次。蒙牛却在此期间打了一场胜利的营销仗。它在三个方面采取了"与众不同"的措施。

或者说，在蒙牛的决策层里早已形成了一幅制胜的思维导图。

（1）转移阵地，开辟"第二渠道"。

食品一旦走出工厂，最基本的营销法则就是到"嘴多""胃多"的地方去。既然"非典"把人们逼到了社区，那么，社区就是最佳的"卖场"。

阵地变了，策略跟着变。蒙牛冰激凌紧急调整部署，在社区发展经销商、发展销售点。同时，改换包装形式，根据人们在"非典"期间不愿打开包装而愿整箱

蒙牛的营销权杖

76

购买的现状，发展家庭装、组合装。结果领先一步，"抢位"成功。

许多社区都打出了"不让'非典'进社区"的口号，蒙牛冰激凌何以出入社区？两个字：中转。到了小区门口，打个电话到里面，只交流货，不交流人。

（2）密播广告，强化"品牌经营"。

进入五月份，冰激凌市场萎靡不振，许多在中央电视台播放广告的强势品牌不愿再做"守望者"，纷纷撤片。连2002年销量第一的某冰激凌品牌，大概也不堪重负，同样撤下了在央视播放的广告。

销量第二的蒙牛却反其道而行之，不但不撤广告，甚至加大了播出密度，如在央视一套《走向共和》每晚三集剧前（这是央视一套第一次采取三集连播方式），蒙牛冰激凌广告与液体奶广告双双雄飞，集集不落，各出现三次，气势逼人；同时在全国15家卫视联播中也加大了播出密度。

为什么这样做？因为"非典"将人们堵在家里，电视成为联系外界的主要窗口，正是品牌传播的好机会。如果别人都撤了广告，那又平添了一样好处：品牌的相互干扰减少。

（3）众志成城，采取"播种行动"。

时任蒙牛冰激凌销售部长的赵全生说："非典"到来，有的冰激凌品牌选择了放弃，业务员放假的放假，观望的观望。蒙牛的营销队伍却选择了"播种"，戴上口罩，主动出击。

在产品结构调整上，放弃三类，淡化二类，主攻一类。由于目标集中，聚焦收效，"随变""绿色心情""顶呱呱"等产品，随着"你变我也变""绿色好心情""健康顶呱呱"的宣传主题，一路畅销。

有无相生，长短相形，祸福相依。只要精神不滑坡，方法总比困难多。全国市场一会儿这里燃起一团火，一会儿那里燃起一团火，众人拾柴火焰高，"冰点"化作了"沸点"，蒙牛冰激凌5月的销量比上年同期翻了一番，工厂所有机器满负荷运转，仍然供不应求，一再断货。6月份销势更猛。

坚信"方法总比困难多"，能够增强我们战胜困难的信心，还能激发出我们的创造热情。许多成功者回忆走过的艰难路途时都表示，就是因为有了"方法总比困难多"这一信念的支撑，才有了他们今日的成就和辉煌。

第六节 画出发掘你创造力的思维导图

由于思维导图能够最大限度地挖掘大脑中的创造潜力，目前有很多企业和个人都在创造和运用开启创造力的思维导图，取得的效果也非常惊人。

一个学习型公司的总裁说："作为一个头脑风暴的工具，思维导图让我们感觉到创造力一下子打开了，新点子层出不穷，真是思如泉涌，这种感觉以前从来没有过，真是太棒了。"

那好，从现在开始，就让我们也来创造开启创造之门的思维导图吧。

在画图之前，让我们先来做以下的测试，评判一下你的创造能力：

1. 在学校里，我喜欢试着对事情或问题做猜测，即使不一定都猜对也无所谓。

A. 完全符合　　　B. 部分符合　　　C. 完全不合

2. 我喜欢仔细观察我没有看过的东西，以了解详细的情形。

A. 完全符合　　　B. 部分符合　　　C. 完全不合

3. 我喜欢听变化多端和富有想象力的故事。

A. 完全符合　　　B. 部分符合　　　C. 完全不合

4. 画图时我喜欢临摹别人的作品。

A. 完全符合　　　B. 部分符合　　　C. 完全不合

5. 我喜欢利用旧报纸、旧日历及旧罐头等废物来做成各种好玩的东西。

A. 完全符合　　　B. 部分符合　　　C. 完全不合

6. 我喜欢幻想一些我想知道或想做的事。

A. 完全符合　　　B. 部分符合　　　C. 完全不合

7. 如果事情不能一次完成，我会继续尝试，直到成功为止。

A. 完全符合　　　B. 部分符合　　　C. 完全不合

8. 做功课时我喜欢参考各种不同的资料，以便得到多方面的了解。

A. 完全符合　　　B. 部分符合　　　C. 完全不合

9. 我喜欢用相同的方法做事情，不喜欢去找其他新的方法。

A. 完全符合　　　B. 部分符合　　　C. 完全不合

10. 我喜欢探究事情的真假。

A. 完全符合　　　B. 部分符合　　　C. 完全不合

11. 我喜欢做许多新鲜的事。

A. 完全符合　　　B. 部分符合　　　C. 完全不合

12. 我不喜欢交新朋友。

A. 完全符合　　　B. 部分符合　　　C. 完全不合

13. 我喜欢想一些不会在我身上发生过的事情。

A. 完全符合　　　B. 部分符合　　　C. 完全不合

14. 我喜欢想象有一天能成为艺术家、音乐家或诗人。

A. 完全符合　　　B. 部分符合　　　C. 完全不合

15. 我会因为一些令人兴奋的念头而忘记了其他的事。

A. 完全符合　　　B. 部分符合　　　C. 完全不合

16. 我宁愿生活在太空站，也不喜欢住在地球上。

A. 完全符合　　　B. 部分符合　　　C. 完全不合

17. 我认为所有的问题都有固定的答案。

A. 完全符合　　　B. 部分符合　　　C. 完全不合

18. 我喜欢与众不同的事情。

A. 完全符合　　　B. 部分符合　　　C. 完全不合

19. 我常想要知道别人正在想什么。

A. 完全符合　　　B. 部分符合　　　C. 完全不合

20. 我喜欢故事或电视节目所描写的事。

A. 完全符合　　　B. 部分符合　　　C. 完全不合

21. 我喜欢和朋友一起，和他们分享我的想法。

A. 完全符合　　　B. 部分符合　　　C. 完全不合

22. 如果一本故事书的最后一页被撕掉了，我就自己编造一个故事，把结局补上去。

A. 完全符合　　　B. 部分符合　　　C. 完全不合

23. 我长大后，想做一些别人从没想过的事情。

A. 完全符合　　　B. 部分符合　　　C. 完全不合

24. 尝试新的游戏和活动，是一件有趣的事。

A. 完全符合　　　B. 部分符合　　　C. 完全不合

25. 我不喜欢太多的规则限制。

A. 完全符合　　　B. 部分符合　　　C. 完全不合

26. 我喜欢解决问题，即使没有正确的答案也没关系。

A. 完全符合　　　B. 部分符合　　　C. 完全不合

27. 有许多事情我都很想亲自去尝试。

A. 完全符合　　　B. 部分符合　　　C. 完全不合

28. 我喜欢唱没有人知道的新歌。

A. 完全符合　　　B. 部分符合　　　C. 完全不合

29. 我不喜欢在班上同学面前发表意见。

A. 完全符合　　　B. 部分符合　　　C. 完全不合

30. 当我读小说或看电视时，我喜欢把自己想成故事中的人物。

A. 完全符合　　　B. 部分符合　　　C. 完全不合

31. 我喜欢幻想 200 年前人类生活的情形。

A. 完全符合　　　B. 部分符合　　　C. 完全不合

32. 我常想自己编一首新歌。

A. 完全符合　　　B. 部分符合　　　C. 完全不合

33. 我喜欢翻箱倒柜，看看有些什么东西在里面。

A. 完全符合　　　B. 部分符合　　　C. 完全不合

34. 画图时，我很喜欢改变各种东西的颜色和形状。

A. 完全符合　　　B. 部分符合　　　C. 完全不合

35. 我不敢确定我对事情的看法都是对的。

A. 完全符合　　　B. 部分符合　　　C. 完全不合

36. 对于一件事情先猜猜看，然后再看是不是猜对了，这种方法很有趣。

A. 完全符合　　　B. 部分符合　　　C. 完全不合

37. 玩猜谜之类的游戏很有趣，因为我想要知道结果如何。

A. 完全符合　　　B. 部分符合　　　C. 完全不合

38. 我对机器有兴趣，也很想知道它里面是什么样子，以及它是怎样转动的。

A. 完全符合　　　B. 部分符合　　　C. 完全不合

39. 我喜欢可以拆开来的玩具。

A. 完全符合　　　B. 部分符合　　　C. 完全不合

40. 我喜欢想一些新点子，即使用不着也无所谓。

A. 完全符合　　　B. 部分符合　　　C. 完全不合

41. 一篇好的文章应该包含许多不同的意见或观点。

A. 完全符合　　　B. 部分符合　　　C. 完全不合

42. 为将来可能发生的问题找答案，是一件令人兴奋的事。

A. 完全符合　　　B. 部分符合　　　C. 完全不合

43. 我喜欢尝试新的事情，目的只是为了想知道会有什么结果。

A. 完全符合　　　B. 部分符合　　　C. 完全不合

44. 玩游戏时，我通常是有兴趣参加，而不在乎输赢。

A. 完全符合　　　B. 部分符合　　　C. 完全不合

45. 我喜欢想一些别人常常谈过的事情。

A. 完全符合　　　B. 部分符合　　　C. 完全不合

46. 当我看到一张陌生人的照片时，我喜欢去猜测他是怎么样一个人。

A. 完全符合　　　B. 部分符合　　　C. 完全不合

47. 我喜欢翻阅书籍及杂志，但只想知道它的内容是什么。

A. 完全符合　　　B. 部分符合　　　C. 完全不合

48. 我不喜欢探寻事情发生的各种原因。

A. 完全符合　　　B. 部分符合　　　C. 完全不合

49. 我喜欢问一些别人没有想到的问题。

A. 完全符合　　　B. 部分符合　　　C. 完全不合

50. 无论在家里或在学校，我总是喜欢做许多有趣的事。

A. 完全符合　　　B. 部分符合　　　C. 完全不合

该测验可以测试创造性的四种特征，即冒险性、好奇心、想象力、挑战性。记分的方法是"完全符合"记3分，"部分符合"记2分，"完全不合"记1分。

其中"冒险性"包括1、5、21、24、25、28、29、35、36、43、44等11题，满分33分；

"好奇心"包括2、8、11、12、19、27、33、34、37、38、39、47、48、49等14题，满分42分；

"想象力"包括6、13、14、16、20、22、23、30、31、32、40、45、46等13题，满分39分；

"挑战性"包括3、4、7、9、10、15、17、18、26、41、42、50等12题，满分36分。

在好奇性特征上得分高： 表明受测者具有下列个性品质：富有追根究底的精神；主意多，乐于接触暧昧迷离的情境；肯深入思索事物的奥妙；能把握特殊的现象并观察其结果。在好奇性特征上得分低，表明受测者不具备上述特征，影响受测者创造力的发展。

在想象力特征上得分高： 表明受测者具有下列特征：善于视觉化并建立心像；善于幻想尚未发生过的事情；可进行直觉地推测；能够超越感官及现实的界限。低分者缺乏想象力，因而创造性不高。

在挑战性特征上得分高： 表明受测者具有下列特征：善于寻找各种可能性；能够了解事情的可能性及现实间的差距；能够从杂乱中理出秩序；愿意探究复杂的问题或主意。低分者在这方面表现出因循守旧的特点，因而缺乏创造性。

在冒险性特征上得分高： 表明受测者具有下列特征：勇于面对失败或批评；敢于猜测；能在杂乱的情境下完成任务；勇于为自己的观点辩护。而低分者缺乏冒险性，因而创造性不足。

通过这个测试，想来你对自己的创造力已经有了一个比较准确的估价。接下来，你就可以根据自己的具体情况，画一张发掘创造力的思维导图了。

为了用思维导图证实我们具有非凡的创造力，现在让我们做一个关于"水"的练习，并尝试自己绘制一幅简单的思维导图。

首先，我们在思维导图上画"水"的形象图。分别有5条或更多的分支将从思维导图的中心发散出去，并且每条分支的"末梢"又有三条小的分支。

接下来，运用你的想象力，给那些分支加上关键词和图形。那么，围绕"水"字就引发出5个主要想法，这样你第一次的创造成果就增加到了5个。

其次，你可以使用这5个新创造出来的想法，把它们中的每一个都另外扩展出三个新的想法，这样就又增加了三倍，或者说增加了300%。即，瞬间的工夫，你把你的一个想法扩展出15个新想法。

如果现在让你把最初扩展出来的15个关键词中的每一个再扩展5个呢？你当然可以！那将会创造出75个新想法。

如果接着扩展下去呢，又将会有375个新想法……

一直扩展下去，可以持续多久呢？

答案是永远！

这就是思维导图的神奇之处，同时也证明了我们每个人都有无限的创造力。因此，思维导图是发掘你无穷创造潜能的最好方法。

第七节 让大脑迸发创意的火花——灵感

生活中，也许你会遇到这样一种情况：一个难题难住了你，你也使用了吃奶的力气去寻找解决的办法，但是结果一点收获都没有。

你垂首丧气、疲惫不堪，就在决定放弃的时候，意想不到的事情出现了，呀，你猛地抬起头来，双眼圆睁，啊哈！你突然意识到，你已经撞到了解决问题的答案——灵感。

灵感是创意的火花，是稍纵即逝的形象。

西班牙著名画家毕加索曾说："艺术家是一个容器，他可以容纳来自四面八方的感情，可以是来自天上的，地下的，来自一张碎纸片，也可以是来自一闪即过的形象，或是来自一张蜘蛛网。"毕加索说的，就是创意的火花——灵感。

灵感指的是当人们研究某个问题的时候，并没有像通常那样运用逻辑推理，一步一步地由已知达到未知，而是一步到位，一眼看穿事物的本质。

神话传说中的灵感是缪斯女神对凡间诗人的赐予。如此说来，灵感似乎是神赐之物，它来自外部。或许某些发挥创造力的人在某些情况之下会认为自己的灵感的确是来自外部，但冷静地分析下来，大部分的情况并非如此。一个人灵感"来"的时候，会达到一种极度专注的境界，这可能是外在事物带来的一种刺激，但绝非拜神所赐。

著名的诗《忽必烈汗》是英国浪漫主义诗人柯勒律治从一次梦中得到的启示，醒来之后即刻写下来，直到一位访客到他家拜访，打断了他的思绪，这首诗后来就写不下去了。

现代英国诗人豪斯曼曾生动地描述他创作一首诗的灵感过程。他写作时习惯在住家附近的英国乡下散步，他说：在途中，这首诗的其中两段就来到我脑中，跟后来出版的一字不差。喝完下午茶之后，稍做努力，第三段也跟着来了。但还差一段，就是来不了，那一段我还得费事自己写呢。

著名作家赖声川的舞台剧《在那遥远的星球，一粒沙》的故事也是他做梦梦到的，半夜醒来，逼自己起床写下来。最后完成的剧本跟那天半夜的笔记相差甚少。

豪斯曼说那些词句"就来到我脑中"到底是什么意思？从哪里来？赖声川说《在那遥远的星球，一粒沙》的故事是"做梦梦到的"，那故事又是从哪里来的？难道空气中某处真的存在一间大仓库，里面装满故事、诗、音乐、画、各种发明和创意点子供创意人取用？谁能走进这间仓库？去哪里办通行证？还是真的有"缪斯"，我们可以培养她们，随时请求她们从空气中传递创意构想和执行方法给我们？

其实灵感的产生没有那么玄。灵感的产生与我们的内在需求相呼应。针对创意题目，灵感提供可行的答案和方向。

以豪斯曼及赖声川为例，这是很明确的。以柯勒律治为例，我们无法确定他是否一直想写一个异国情调的浪漫诗，或者是否一直对蒙古帝国感兴趣，但灵感在他身上产生的时候，并不是以无法辨认的密码形式出现的，它是可理解的，并且应当是针对他意识中或潜意识中所关心的题目而来的。

换句话说，当你苦思一个创意题目时，来的灵感是针对这个题目的。万一是另一个题目的答案来到心中，这题目必定也是在自己意识或潜意识中浮现过的。

灵感的逻辑很难捉摸。当灵感来的时候，它可能出现的面貌好比说是"A"，但它带来的联想未必是"B"，很可能是"C"，而从"C"未必顺理成章到达"D"，可能直接跳到结论"Z"。

所以说，当我们看到"A"突然联结到"Z"，不了解整体情况的人会觉得毫无道理，所以看不懂，认定是神秘而不可分析的。但跳跃的逻辑也是一种逻辑，道理自然存在于它发生的过程中。

为什么在某一时刻，思考者会对某样东西或某件事物产生一种新的视角，看到新的可能性，知道如何组合、清楚地排列到心中？虽然灵感的发生充满神秘色彩，但不管多么随机、庞大、复杂，灵感发生的方式确实有其脉络可循。

这些用途都可以在思维导图中很好地表示出来。

不知你尝试过每个月至少读一本自己并不感兴趣的书没有？你只有在阅读过程中受到新的影响，才能得到新的想法。

爱因斯坦曾说过："我日复一日、年复一年地不断思考,99 次的结论都是错误的，但第 100 次我是正确的。"很多灵感在刚产生的时候就被扼杀了，没经过任何考验，因此，它们仅仅是灵感而已。

还有很多灵感在实现过程中由于种种原因失败了——每次当你想出一个新创意时，你一定能听见很多关于失败的例子。

如果你想有所收获，你必须敢于尝试新事物。要想成功，你必须敢于面对失败。事实上，如果你想让你的灵感得到生长，来一点小小的疯狂是会有所帮助的。

提倡使用思维导图进行创意性工作，其中一个最大的好处就是激发创意和灵感，加强和巩固构思过程，增加了生成新想法的可能性。

使用思维导图还能让人感到轻松愉快、充满幽默，使思维导图的制作者极有可能游离于常识之外，因而导致新创意——灵感的产生。

第八节　让一本书变成一张纸的思维导图

能让一本书变成一张纸吗？

当然可以！

秘密就在于使用思维导图。

其实给一本书绘制思维导图是很容易的。简单归纳起来，主要有两个技巧：即准备和应用。

要把一本书变成一张薄纸，可分以下 8 个阶段：

（1）浏览（10 分钟）。

在我们确定要仔细阅读某一本书之前，首先要大致浏览一下全书。把握住对全书的"感觉"。

这时，我们可以取一张大纸，或者用一张思维导图专用纸，在纸中间画一个中央图，并将该书主题或者书名总结上去。

如果该书封面和内页里有特别引人注目的彩色图像，不妨把这个图像作为中央图。如果你对从中央图像发散出去的主干有非常合理的把握，不妨同时画上主要分支。它们经常是与全书的主要篇章或者章节相符合的，也符合你阅读该书的目的。

（2）设定时间和总量目标（5 分钟）。

这一点可以根据你的学习目标、该书的内容和难度水平以及你已经具有的知识总量，决定你将花在本书全部任务上的全部时间，以及每个学习期间所包含的内容。

（3）用思维导图画出与该书有关的知识（10 分钟）。

你可以不管刚才画过的思维导图，直接拿过几张纸来，以尽量快的速度画一张思维导图，把你对于即将要学习的有关知识画出来。其中包括你在前面翻阅本书时得到的任何信息，再加上总体的知识，或者在你目前得到的所有与该课题有关的任何信息。

结果会令很多人吃惊，因为他们会惊讶地发现，他们对一些课题已经具备的知识比他们预想的多得多。它还可以让你看出自己知识领域里的强项和弱项，让你知道哪些方面的知识是需要进一步弥补的。

（4）用思维导图画出确定的目标（5分钟）。

你可以用不同的颜色在刚刚完成的知识思维导图上增加一些内容，或者重新拿一张新纸，再画一幅思维导图，说明你学习本书的目标。这些目标可以是一些具体的问题，你希望得到对这些问题的回答，可能是你希望知道的更多的有关知识，或者是你希望获取的某些技巧。

（5）～（8）为总述、预览、内视和复习。

以上阶段准备完毕，你就可以开始在这四个水平上进行阅读了——总述、预览、内视和复习，这样水平上的阅读会把你带入该书更深的层次。

这个时候，你可以一边读书一边做思维导图；一边读一边在书上做一些标记，并在事后完成思维导图。这些办法都同样有效——你所选择的都是根据个人的爱好，同时也决定着这本书是否是你自己的。

不过，事后画思维导图也有一个好处，即你只在掌握理解了全书内容，或部分内容与彼此的关系后才开始做。你的思维导图因此就会更为全面，更有一个核心，也不太可能需要修改。

实际上，不管你选择哪一种方法，都必须记住，对一本书做思维导图都是一个双向的过程。目标不是简单地以思维导图的形式复制作者的思想。它是要根据你自己的知识、理解力、解释和具体目标来组织和综合书的思想。你的思维导图应该能够理想地包括你自己的评论、想法以及从刚刚读到的东西里得到的创造性的理解。用不同的颜色或者代码会把你自己对该图的贡献与作者的思想区分开来。

第九节 唤醒你的艺术细胞

当你还是个不会讲话的婴幼儿时，如果拿到了一支蜡笔，你马上能在纸上画出一个痕迹。那个痕迹或许是条弯曲的线，或许是个不圆的圆。

等你再长大一些的时候，你的画中开始出现肖像，你往往用圆圈代表眼睛或者嘴巴。渐渐的，随着你的成长，你的画也越来越复杂。比如，你的画上开始出现长长的胳膊长长的腿，你会把眼睛画得又大又圆，你还会给衣服画上漂亮的扣子。再后来，你开始用图画向别人讲自己的故事，比如，你会画一张全家福，一家人很开心地手拉着手。

　　每个人天生就是艺术家。只是你没有发现这种与生俱来的艺术天赋罢了。然而一旦将它激活，你就会成为一个善于创造，有胆量，自我表现力很强的人。你的朋友们会觉得你很有趣，因为你总是能带给大家惊喜。

　　人的大脑拥有无穷无尽的创造力，而帮助你唤醒这种能力的不是别的就是绘画！在绘

绘画可以表达自己的内心所想，唤醒自己的艺术细胞。

画的过程中你还将学会用不同的方法看事物和解决问题，并使用这种特殊的语言来表达自己！

　　对于艺术来说，想象力是不可缺少的因素之一。

　　正像亚里士多德所说的那样，如果要想从事创作工作，就必须有想象的才能。更重要的一点是，我们从事某项艺术所取得的创作成果取决于所使用的方法，比如，当我们在听音乐的时候，只需处于一种非常有利于想象的环境之中。

　　我们习惯了从左向右的阅读顺序，习惯了从上到下地打量事物，所以，当原本熟悉的东西忽然颠倒着出现在你面前时，你几乎认不出它。这是因为熟悉的事物颠倒过来就会看起来不一样。我们会自动为感知到的事物指定上、下和两边，并且期望看到事物像平常那样，即朝正确的方向放置。因为当事物朝正确方向放置时我们能够认出它，说出它们的名字，并把它们归类到与我们存储的记忆和概念相符合的类别中去。

　　下面我们来进行一项练习——颠倒着作画。

　　请你选择眼前的任何一幅人物画作为参考，并把它颠倒过来。然后拿起你手中的笔进行作画。

　　你将需要：

　　（1）任意一幅人物画作；

　　（2）已经削好的 2B 铅笔；

　　（3）画板和遮蔽胶布；

　　（4）四分钟到一个小时不受打扰的时间。

　　不过，在作画过程中，你可以放些喜欢的音乐。但当你逐渐转换到右脑模式，会发现音乐渐渐消失了。坐着完成这幅画，至少给你自己四分钟的时间——有

可能的话越多越好。最重要的是，在你完成之前绝对不要把画倒过来改。把画倒过来将会使你回到左脑模式，这是我们在学习体验集中的右脑模式状态时需要避免的。

你可以从任何一个部位着笔——底部、任何一边或顶部。大多数人趋向于从顶部开始。尝试不去弄清楚你看到的颠倒的图像是什么，不知道更好。仅仅复制那些线条就可以了。在这里还是要提醒你：别把图画放回原来的模样！

你最好先别尝试画形状的大概轮廓，然后把各个部分"填进去"。因为如果你画的轮廓有任何细小的差错，里面的部分将会放不进去。绘画的其中一个巨大乐趣是发现各个部分如何相互适应。所以，你可以尝试从一个线条画到相邻的线条、从一个空间画到相邻的空间，兢兢业业地完成自己的作品，在作画的过程中把各个部分组合起来。

如果你习惯自言自语，请只使用视觉语言，如"这条线是这样弯的"，或"这个形状在那是弯曲的"，或"与（垂直的或水平的）纸边相比，这个角度应该这样"等等。你千万不能说出各个部分的名称。

当遇到把名称硬塞给你的部分时，试着把注意力集中在这些部分的形状上。你也可以用手或手指遮住其他部分，除了你正在画的线条，然后露出下一条线。以此类推，再转到下一个部分。

为了画好你眼前的这幅画，记住你需要知道的每件事。为了让你觉得简单，所有的信息就在那。别把这个任务复杂化了。它真的是易如反掌的一件事。

好了，说了这么多，现在开始画吧。

完成作画之后，你会发现有悖于常识的是倒着画的作品比正着画的作品好得多！

瞧！你也能作画，并且画得很好，不是吗？所以现在开始不要再对任何人说"我不会画画"或"我没有学过美术"之类的话了，因为艺术家有时就像个孩子，就像曾经的你，可以比任何人都更富有创造力，比任何人都更富有分析力。

我们还可以通过唱歌、做玩具、用碎布拼画等活动来唤醒自己的艺术细胞，也许有一天，你会听到他人的称赞："嗨，你挺有艺术灵感的！"

第三章
用创新力提升行动效能

第一节　正确地做事和做正确的事

让我们先看一个故事。

这是约翰·米勒先生亲身经历的一件事，也许从这件事中你可以体会出"效能"的含义。

那是阳光明媚的一个中午，在明尼阿波利斯市区，米勒先生经过一家叫"石邸"的餐厅，想吃顿简单的午餐。

餐厅就餐的人非常多，赶时间的米勒先生，很庆幸找到了一张吧台旁边的凳子坐了下来。几分钟后，有位年轻人端了满满一托盘要送到厨房清洗的脏碟子，匆匆地从他的身边经过。年轻人用眼角余光注意到了米勒先生，于是停下来，回头说道，"先生，有人招呼您了吗？"

"还没有，"他说，"我赶时间，只是想来一份沙拉和两个面包圈。"

"我替您拿来，先生。您想喝点什么？"

"麻烦来杯健怡可乐。"

"对不起，我们只卖百事可乐，可以吗？"

"啊，那就不用了，谢谢。"米勒先生面带微笑，说道："请给我一杯水加一片柠檬。"

"好的，先生，马上就来。"他一溜烟不见了。

过了一会儿，他为米勒先生送来了沙拉、面包圈和水，留下米勒先生用餐。

又过了一会儿，年轻人突然为米勒先生送来了一听冰凉的健怡可乐。

米勒先生一阵高兴，却又有疑问："抱歉，我以为你们不卖健怡可乐。"他说。

"没错，先生，我们不卖。"

"那这是从哪儿来的？"

怎样正确做事

90

"街角杂货店，先生。"米勒先生惊讶极了。

"谁付的钱？"他问。

"是我，才两块钱而已。"

听到这里，米勒先生不禁为年轻人专业的服务所折服，他原本想说的是："你太棒了！"但实际却说："少来了，你忙得不可开交，哪有时间去买呢？"

面带笑容的年轻人，在米勒先生眼前似乎变得更高更大了。"不是我买的，先生。我请我的经理去买的！"

米勒先生被这位年轻人高效能的工作作风所感动了，他认为这个店员选用了"正确的方式"做了"正确的事"，于是米勒先生当时就决定：把这家伙挖过来，不管多费事！你明白了吗？"效能"就是指"用正确的方式做了正确的事"。"正确地做事"保证了做事的效率，"做正确的事"保证了将事做对，二者结合在一起，也就保证了我们说的"工作效能"。

"正确地做事"指的是方法问题。就像这个故事中的年轻人变通地"让经理替自己去杂货店买健怡可乐"这一做法就属于"正确地做事"。

他没有拘泥于传统的服务理念，而是以顾客的需求为重，努力找方法创造性地满足了顾客的需求。这种创造性思维和做法都是我们所提倡的。

要了解"做正确的事"的含义，就要先了解什么才是"正确的事"。

我们的生活、工作中有许许多多的事情需要去做，是否这些都是"正确的事"呢？不是的。比如，你在第二天有重要的工作要做，现在需要充分地休息，可这时接到一个朋友的电话邀请你去酒吧聊天。那么，"休息"就是"正确的事"，而"去酒吧聊天"就不是"正确的事"。

我们每天面对的众多事情，怎么才能区分哪些是需要做的"正确的事"呢？其实，按照轻重缓急的程度，我们遇到的事情可以分为以下四个象限，即重要且紧急的事，重要但不紧急的事，紧急但不重要的事，不紧急也不重要的事。

第一象限是重要又急迫的事。诸如应付难缠的客户、准时完成工作、住院开刀，等等。

第二象限是重要但不紧急的事。比如，长期的规划、问题的发掘与预防、参加培训、向上级提出问题处理的建议，等等。

第三象限属于不紧急也不重要的事。既然不重要也不紧急，那就不值得花时间在这个象限。

第四象限是紧急但不重要的事。表面看似第一象限，因为迫切的呼声会让我们产生"这件事很重要"的错觉——实际上就算重要也是对别人而言。电话、会议、突来访客都属于这一类。我们花很多时间在这个里面打转，自以为是在第一象限，其实只是在第四象限徘徊。

现在我们不妨回顾一下上周的生活与工作，你在哪个象限花的时间最多？请注意，在划分第一和第四象限时要特别小心，急迫的事很容易被误认为是重要的事。

其实二者的区别就在于这件事是否有助于完成某种重要的目标，如果答案是否定的，便应归入第四象限。

要学会把时间花在第二象限，做重要而不紧迫的事。那样才会减少重要的事进入第一象限，变得紧急。

在工作中，我们需要时刻提醒自己，怎样做才是创造最高工作效能的最佳方式？找到重要但不紧急的事，之后用上全部的智慧、最恰当的方法去做好它，你的工作就能够保持高效而平衡了。

第二节 机器不转动，工厂也能赚钱

据参观丰田工厂的人说，丰田工厂和其他工厂一样，机器一行一行地排列着。但有的在运转，有的都没有启动，很显眼。

于是有的参观者疑惑不解："丰田公司让机器这样停着也赚钱？"

不错，机器停着也能赚钱！这是由于丰田汽车公司创造了这样的工作方法：必须做的工作要在必要的时间去做，以避免生产过量的浪费，避免库存的浪费。

原来，不当的生产方式会造成各种各样的浪费，而浪费又是涉及提高效能增加利润的大事。

丰田公司对浪费做了严格区分，将浪费现象分为以下 7 种：

（1）生产过量的浪费；

（2）窝工造成的浪费；

（3）搬运上的浪费；

（4）加工本身的浪费；

（5）库存的浪费；

（6）操作上的浪费；

（7）制成次品的浪费。

丰田公司又是怎样避免和杜绝库存浪费的呢？许多企业的管理人员都认为，库存比以前减少一半左右就无法再减了，但丰田公司就是要将库存率降为零。为了达到这一目的，丰田公司采用了一种"防范体系"。

就以作业的再分配来说，几个人为一组干活，一定会存在有人"等活"之类的窝工现象存在。所以，有人就认为，对作业进行再分配，减少人员以杜绝浪费并不难。

但实际情况并非完全如此，多数浪费是隐藏着的，尤其是丰田人称之为"最凶恶敌人"的生产过量的浪费。丰田人意识到，在推进提高效率缩短工时以及降低库存的活动中，关键在于设法消灭这种过量生产的浪费。

为了消除这种浪费，丰田公司采取了很多措施。以自动化设备为例，该工序的"标准手头存活量"规定是 5 件，如果现在手头只剩 3 件，那么，前一道工序便自动开始加工，加到 5 件为止。

到了规定的 5 件，前一道工序便依次停止生产，制止超出需求量的加工。后一道工序的标准手头存活量是 4 件，如减少 1 件，前一道工序便开始加工，送到后一道工序。后一道工序一旦达到规定的数量，前一工序便停止加工。

像这样，为了使各道工序经常保持标准手头存活量，各道工序在联动状态下开动设备。这种体系就叫作"防范体系"。在必要的时刻，一件一件地生产所需要的东西，就可以避免生产过量的浪费。

在丰田生产方式中，不使用"运转率"一词，全部使用"开动率"，而"开动率"和"可动率"又是严格区分的。所谓开动率就是，在一天的规定作业时间内（假设为 8 小时），有几小时使用机器制造产品的比率。假设有台机器只使用 4 小时，那么这台机器的开动率就是 50%。开动率这个名词是表示为了干活而转动的意思，倘若机器单是处于转动状态即空转，即使整天开动，开动率也是零。

"可动率"是指在想要开动机器和设备时，机器能按时正常转动的比率。最理想的可动率是保持在 100%。为此，必须按期进行保养维修，事先排除故障。由于汽车的产量因每月销售情况不同而有所变动，开动率当然也会随之而发生变化。如果销售情况不佳，开动率就下降；反之，如果订货很多，就要长时间加班或倒班，有时开动率为 100%，有时甚至会达 120% 或 130%。丰田完全按照订货来调配机器的"开动率"，将过量生产的浪费情况减少到最低，才出现了即使机器不转动也能赚钱的局面。

讲到这里，不得不提戴尔公司的"零库存管理模式"，它与丰田的"防范体系"颇有异曲同工之妙。

戴尔公司走在物流配送时代的前列。分析家们分析戴尔成功的诀窍时说："戴尔总支出的 74% 用在材料配件购买方面，2000 年这方面的总开支高达 210 亿美元。如果我们能在物流配送方面降低 0.1%，就等于我们的生产效率提高了 10%。"

戴尔公司分管物流配送的副总裁迪克·亨特说："我们只保存可供 5 天生产的存货，而我们的竞争对手则保存 30 天、45 天，甚至 90 天的存货。这就是区别。"

戴尔是怎样做到的呢？原来，这一切的实现源于互联网生产与客户紧密相连。

工厂的多数生产过程都由互联网控制，就连几辆鸣着喇叭在厂房里穿行的叉车都是由无线电脑来控制其装卸活动的。

公司 30 万平方米的厂房不仅是戴尔追求效能的标志，而且是公司不断缩短从顾客订货至成品装车这段时间的标志。目前的目标是 5 ~ 7 小时。

　　由于戴尔公司按单定制，因此，这些库存一年可周转 15 次。相比之下，其他依靠分销商和转销商进行销售的竞争对手，其周转次数还不到戴尔公司的一半，这种快速的周转能使总利润多出 1.8% ～ 3.3%。

　　据此，我们可以用一幅思维导图对丰田和戴尔的成功之道进行对比分析。

第三节　进行技术革新，工作高效做到位

　　提高工作效能，技术革新是一个关键环节。对生产效率和产品质量的要求不断增加，使得技术上的创造和革新成为必然。

　　在美国南北战争时期，联邦政府急需大批枪支，并与美国一家制造商签订了两年内为政府提供 1 万支来复枪的合同。当时造枪工艺为手工制造，而且从制作所有零件到装配成枪支，整个过程全部是由一个熟练工匠来完成。由于效率很低，第一年仅生产出 500 支枪，所以无法保证按时完成合同。

　　如果按照传统的思维，依靠增加人手或加班加点，也是远水不解近渴。为此，厂商很焦急。既然每支枪的零部件都是一样的，为何不采用每个人制造一个部件，然后再由他人组装成一支枪呢？新的思维方式使厂商犹如走出迷雾，随即改为流水作业批量生产，即把整个造枪过程简化为若干工序，每一组成员只负责一道工序，

每一个零件都按一个标准。

结果，无论效率还是质量都大幅度提高，生产成本也大幅下降，其发明者也因为首创标准化而被誉为美国的"标准件之父"。

先进的生产技术和管理技术不但能够明显地提高工作效率和产品质量，同时也是提升竞争优势的因素所在。这方面，联邦快递的技术革新堪称典范。

隔夜快递服务是快递行业的一次重要变革。在联邦快递刚刚诞生时，运输系统只意味着一条条断断续续的航线，货运似乎是一种边缘行业，本土卡车货运公司在本地市场之外也没有任何网络。

"创新是创造的一种资源。"适时进行技术革新，可有效提高工作效率。

联邦快递发起的对快递市场的整合需要一种新的物流组织技术，而这种新的技术便是"轮轴—轮辐"模式。"轮轴—轮辐"模式实际上在很多活动中都用过，例如，银行票据清算中心很早就已经使用该模式。但弗雷德·史密斯被公认为是个创新者，他巧妙地将这个模式应用到实际中。

"轮轴—轮辐"模式现在看起来似乎没什么，因为这种模式已经被其他同行广泛使用。但是在联邦快递使用之前，快递行业中从没有人能预测到使用这种模式的巨大效益和广阔前景。

将这项新技术应用到实际中需要大量的投资，因为"轮轴—轮辐"模式中活动的部分必须被控制起来。这要求整合新设备和流程系统，以实现速度和可靠性目标。采用"轮轴—轮辐"模式跟发明一项新的电子设备一样，都是技术革新的例子。

"轮轴—轮辐"模式需要一个复杂的物流运输信息系统。弗雷德·史密斯认为运输信息跟所运输的货物一样重要。在 1979 年，联邦快递引入客户、操作、服务和在线控制系统（COSMOS），成为该行业中第一个用电脑来集中跟踪所处理的所有包裹的公司。这个系统不仅能使联邦快递的员工掌握递送货物的确切状态和所处位置的实时信息，同时也能使客户通过拨打联邦快递的免费热线电话来查询、跟踪自己的产品信息。

在孟菲斯总部的信息处理中心，由 COSMOS 系统维护包裹在运输、运价和递送方面的相关信息。在每个包裹上面都有条形码，在收集和递送过程的每个阶段，条形码要被扫描 20 次（对国际货运而言）。现在，COSMOS 每天要处理 6300 万条信息。

技术的革新大大提高了联邦快递的工作效能，不但能够保证邮件以最快的速度准确送达收件人手中，还能够对邮件的整体传递情况进行查询和控制。

德鲁克说："创新即是创造一种资源。"在我们的工作中，应该提高我们的创新敏感度，对技术进行革新，以提高作业效率和客户服务，努力把工作高效做到位。

第四节 运用新方法，创造高效能

美国亚利桑那州的一座小镇上有一家电话公司，由于公司规模不大，而且业务比较单一，所以有很大一部分员工每天的工作就是负责转接电话，其工作单调可想而知。

公司刚成立的半年里，由于工作比较轻松，而且收入也比较稳定，所以小镇上的很多人都想到这家公司来工作，在工作一段时间之后，接线员们的作业水平得到了极大提高，工作效率也逐渐高了。

可半年之后，这家公司的管理者鲍勃却明显感觉到员工的工作效率和服务质量明显下降了，客户投诉的现象也越来越多。与此同时，员工离职率也越来越高——他们甚至宁愿回家待业，也不愿意待在办公室里工作。

到底是怎么回事呢？

在与那些前来辞职的员工进行一番交谈之后，鲍勃发现，其中绝大部分员工离职的原因都是相同的：他们都觉得公司提供的工作过于单调，毫无乐趣，尤其夜间值班容易犯困，经常出错，而自己的待遇也不会有太大的提高。

在了解了问题的真相之后，鲍勃想出了一个解决办法。几天之后，公司出台了一项新的管理规定，允许夜间值班的接线员每天晚上可以为三个来电提供免费服务。

在刚开始的一段时间里，当有人打电话到公司，听到接线员告诉自己"这个电话免费"的时候，他们还以为接线员是在跟自己开玩笑，可过了一段时间之后，一些电话客户发现自己确实得到了免费服务，于是这件事情就开始在小镇上传扬开来，电话公司成了整个小镇关注的焦点。员工渐渐感到工作有了乐趣，因为提供免费服务的三个顾客名额可由接线员自己来确定，大家觉得很有新意，干劲也越来越足了，工作效率又慢慢地提高了。

沃尔玛的创始人山姆·沃尔顿用一种全新的工作方法，为企业带来巨大的收益。

新的工作方法能够有效提高人们的工作积极性。著名企业管理杂志《Fast Company》上曾经刊载过一篇文章，谈到一家专门生产文字录入软件公司的成长过程。

在接受记者采访的时候，这家公司的 CEO（首席执行官）说道："一个偶然的机会，我们发现了一个秘密，如果能够在人们键入每一个字母的时候让计算机随之发出悦耳的声音的话，那就能使文字录入工作变得极为有趣，而且能够有效地提高工作效率。要知道，几乎每个在办公室工作的人都需要在某些时候用自己的计算机去写文件，所以我对我们软件的市场前景非常乐观。"

确实如此，该公司产品一经上市，便立即受到市场追捧，成为许多办公人员首选的文字录入软件。

与旧的工作方法相比较而言，新的工作方法往往会更加合理，从而提高工作效率。沃尔玛发展历史的一次实践就很好地证明了这个道理。

大约在 20 世纪 60 年代的时候，有人曾经建议沃尔玛的创始人兼当时的总裁山姆·沃尔顿采用电子技术来为客户结款，这样就可以大大减少客人们在柜台前等待的时间。

我们知道，山姆并不是一个容易对新技术产生兴趣的人，所以在刚开始的时候，无论周围的人如何劝说，山姆始终坚持传统的结算方式。

直到有一天，山姆像往常一样来到一家沃尔玛商店体验客人们购物的感觉，他突然发现，一旦客流量达到高峰的时候，每位客人在柜台前面等待的时间就会变得很长，这使得山姆大为震动。于是他立即回到办公室，召集多家沃尔顿商店的经理前来开会，立即讨论采用电子技术进行结款的问题。

新的工作方法，就是一种全新的思维方式，它可以改善我们对待工作的态度和心情，可以有效地激发我们的工作积极性，自然也可以使人们的工作效率得以提高。在工作中，你不妨也尝试一下新的方法，也许会有新的收获和惊喜。

第五节 只要有创新，垃圾也能变黄金

垃圾处理一直是一件让世人关注的事情。如果处理不好便会引起各种各样的环境问题。那么，能不能将垃圾合理利用，变废为宝呢？

也许很少有人会认真思考这个问题，但麦考尔想到了，而且借此扬了名。

1974 年，美国政府为清理那些给自由女神像翻新扔下的废料，向社会广泛招标。但好几个月过去了，没人应标。

正在法国旅行的麦考尔听说后，立即飞往纽约，看过自由女神像下堆积如山的铜块、螺丝和木料后，未提任何条件，立即就签了字。

当时不少人对他的这一举动暗自发笑。因为在纽约州垃圾处理有严格的规定，弄不好会受到环保组织的起诉。

就在一些人等着看他的笑话时，他开始组织工人对废料进行分类。他让人把废

只要有一点疯狂的想法，再加上一点疯狂的行动，你就有可能获得疯狂的收益。

铜熔化，铸成小自由女神像；再把木头加工成木座；废铅、废铝做成纽约广场的钥匙。最后他甚至把从自由女神像身上扫下的灰尘都包装起来，出售给花店。

不到3个月时间，他让这堆废料变成了350万美金，每磅铜的价格整整翻了1万倍。

本来是一堆让政府颇感头痛的垃圾，在创新人士的眼中却可以衍化为各种各样的资源，善加分类，稍加创意，便可以从"垃圾"中挖掘出财富。

无独有偶，我国也有一个小伙子愣是利用"垃圾"致了富。

刘亮是一个由湖南去广东打工的小伙子。

有一次，刘亮跟老板到云南采购大理石，看见大理石厂的垃圾堆了一地，主要都是一些不成材的大理石边角料。

那个带领他们看货的大理石老板边走边对他们说：

"你们看见那些废料了吗？占了很多地方，我看见就心烦，可是没人要，只好堆在那里成了垃圾。"

刘亮当时并没在意，回到广州后，他看到广州读书人镇纸用的石条，灵感便冒了出来。

他果断地辞掉了工作，买来机器，到云南与大理石厂老板签订了包清垃圾石料的合约。

之后，刘亮开始创业办厂了，专门生产大理石镇纸以及大理石地脚线等。

刘亮将平凡无奇的"大理石垃圾"加工成型后，还在每件镇纸上刻上各色生肖或名言警句，产品居然供不应求，工厂也一再招工扩产。

小伙子用自己的创意为本是垃圾的石块赋予了生命，使其成为创富的工具。

一位学者曾说过，世上本没有垃圾，只有放错了地方的资源。一件事情的好坏优势，关键在于你以什么样的视角来看待它。从正面看，这是一堆垃圾，那么不妨将思维转个弯，从侧面或从反面来思考，那些原本被定义为废品的东西，就会变成创造财富的宝贝。

第六节　创新中的"多一盎司"定律

著名投资专家约翰·坦普尔顿通过大量的观察研究，得出了一条很重要的原理："多一盎司定律。"盎司是英美重量单位，一盎司相当于1/16磅，在这里以一盎司表示一点微不足道的重量。所谓"多一盎司定律"，意即只要比正常多付出一丁点儿就会获得超常的成果。

坦普尔顿指出，取得中等成就的人与取得突出成就的人几乎做了同样多的工作，他们所做出的努力差别很小——只是"多一盎司"。但其结果，所取得的成就及成就的实质内容方面，却经常有天壤之别。

创新的道路上，也遵循着"多一盎司"定律。想得比别人深入一点点，就有可能在创新之路上比别人快了许多步。我们所熟知的发明创造故事，许许多多都是因为多付出了一点点，多思考了一步，才和许多具有重大意义的"发现"相遇的。

伦琴发现 X 射线就是一例。很多人都知道，伦琴博士是 X 射线的发现者。X 射线的发现是"诊断史上的一个最大的里程碑"。运用 X 射线造出的 X 光透视器可以透视人体的内脏和骨骼，能够使医生准确地发现病人的病因，从而挽救千千万万人的生命。

其实在他之前，有很多人已经摸索到了 X 射线的门槛，只不过由于他们都没有踏进去，以至于和这项伟大的发现擦肩而过。

1804 年，汤姆生在测量阴极射线的速度时首先观察到了 X 射线，但他当时没有专门研究这一现象，只在论文中提了一笔，说看到了放电管几英尺远处的玻璃管上发出了荧光（19 世纪末，阴极射线研究是物理学的热门课题，许多物理实验室都致力于这个方面的研究）。

1880 年，哥尔茨坦在研究阴极射线时，也注意到阴极射线管壁上发出一种特殊的辐射，使得管内的荧光屏发光。但是他没有想到要进一步追查根源，于是错过了发现 X 射线的机会。

1887 年，早于伦琴发现 X 射线的 8 年，克色克斯也曾发现过类似现象。他把变黑的底片退还厂家，认为是底片本身有问题。

而在 1890 年，美国宾夕法尼亚大学的古茨波德也有过同样的遭遇，他甚至还拍摄到了物体的 X 光照片，但后来，他随手把底片扔到了废片堆里。5 年后，得知伦琴宣布发现 X 射线，古茨彼德才想起这件事，重新加以研究。

其实，在伦琴博士发现 X 射线以前，许多人都知道照相底片不要存放在阴极射线装置旁边，否则有可能变黑。

例如，英国牛津有一位物理学家叫史密斯，他发现保存在盒中的底片变黑了，而这个盒子就搁在克鲁克斯型放电管附近，但他只是提醒助手以后把底片放到别处保存，没有认真追究原因……这些科学家虽然都观察到了 X 射线，但他们在各自的科学路途中没有继续走下去，以至于和"X 射线发现者"这个称号失之交臂。

如果汤姆生当初多走几步，X 射线的发现或许可以提前近一个世纪！如果触及这个领域的科研工作者能够思考得再深入一层，或许这项改变人类疾病历史的发现就轮不到伦琴了。

其实，创新的机会离我们并不遥远，我们只需做一个有心人，遇到问题多想一点，再深入一步，有时只需在生活、工作中"多加一盎司"，结果可能就大不一样。

怎样才能使洗衣机洗后的衣服上不沾上小棉团之类的东西？这曾经是一个令科技人员大感棘手的难题。他们提出过一些有效的办法，但大都比较复杂，需要增添不少设备。

而增添设备就要既增加洗衣机的体积和使用的复杂程度，又要提高洗衣洗机的成本和价格，令人感到为解决这么一个问题，未免得不偿失。

可是家庭主妇却总为这一问题大伤脑筋。日本有一位名叫笥绍喜美贺的家庭妇女也碰到了同样的情况，能不能自己想个办法解决呢？有一天，她突然想起幼年时在农村山冈上捕捉蜻蜓的情景，联想到洗衣机，小网可以网住蜻蜓，那洗衣机中放一个小网不是也可以网住小棉团一类的杂物吗？许多正规的科技人员都认为这样的想法太缺乏科学头脑了，未免把科技上的问题想得太简单。而笥绍喜美贺却没管这些，她用了三年时间不断研究试验，终于获得了满意的效果。

一个小小的网兜构造简单，使用方便，成本低廉，完全符合实用发明的一切条件，投入市场后大受欢迎。

很快，世界上很多洗衣机厂商都采用了这一最简单却又最实用的发明。笥绍喜美贺发明的这种洗衣机小网兜，专利期限为15年，仅在日本她就获得了高达1亿5000万日元的专利费。

世事总是这样奇妙，往往与一项发明或发现已经离得很近，却又失之交臂。其实，这只能怨自己没有"再深入一步"。"一盎司"虽少，但有无这一盎司却对我们的生活和工作影响巨大。思考多加"一盎司"，激情多加"一盎司"，主动多加"一盎司"，创造多加"一盎司"，你就会发现你的收获不只是多加了"一盎司"。

第七节 从"尽职尽责"到"尽善尽美"

美国总统麦金莱在得州的一所学校演讲时，对学生们说："比其他事情更重要的是，你们需要尽最大努力把一件事情做得尽可能完美。"

美国作家威廉·埃拉里·钱宁说："劳动可以促进人们思考。一个人不管从事哪种职业，他都应该尽心尽责，尽自己的最大努力求得不断的进步。如此下去，追求完美的念头才会在我们的头脑中根深蒂固。"

曾经有一位推销员看到这样一句话："只有尽心尽责，才能够尽善尽美。"开始，他有些怀疑，后来，为了验证这一句话，他细细反省自己的工作方法和态度，结果发现自己错过了许多可以与顾客成交的机会。

后来，他分析原因，认为自己在工作中的确没有做到尽职尽责。在工作之前准备不充分，没有想好最佳的应付方法。于是，他制订了严格的工作计划，并付诸工作实践当中。

几个月后，他回顾了一下自己的工作，突然发现自己的工作业绩已经增长了几倍。数年后，他拥有了自己的公司，开始在更广阔的天地里施展自己的才华。

在实际工作中，很多人都认为自己的工作已经做得很好了。但是，你真的已经发挥了自己最大的潜能、寻找到最简捷有效的方法，从而把事情做得尽善尽美了吗？

有些人认为"尽职尽责"就好，而有些人却追求"尽善尽美"。也许你会问："尽职尽责"与"尽善尽美"有什么区别吗？当然有。它们之间的区别就像前文所讲的"100%"与"120%"的区别，尽善尽美需要在"尽职尽责"之中再加入你的创造力与热情，加入你的信念与才能。

"尽善尽美"是一种心理的追求，这种心理会体现在你的工作表现中，可以有效地改善你的工作状况；"尽善尽美"更是一种工作态度，它的有无直接影响你的用心程度、创造力的发挥，以及最后得到的结果。

有一则故事，故事中的出租车司机是个平凡的人，做的是平凡的工作，但一颗追求"尽善尽美"的心使他在工作中加入了许多创造性元素，同时也使他超越了平凡，走向了卓越。

在美国某个城市，有一位先生搭了一部出租车要到某个目的地。这位乘客上了车，发现这辆车不只是外观光鲜亮丽而已，司机先生服装整齐，车内的布置亦很典雅。车子一发动，司机很热心地问车内的温度是否适合，又问他要不要听音乐或是收音机。

车上还有早报及当期的杂志，前面是一个小冰箱，冰箱中的果汁及可乐如果有需要，也可以自行取用，如果想喝热咖啡，保温瓶内有热咖啡。这些特殊的服务，让这位上班族大吃一惊，他不禁望了一下这位司机，司机先生愉悦的表情就像车窗外和煦的阳光。

不一会儿，司机先生对乘客说："前面路段可能会塞车，这个时候高速公路反而不会塞车，我们走高速公路好吗？"

在乘客同意后，这位司机又体贴地说："我是一个无所不聊的人，如果您想聊天，除了政治及宗教外，我什么都可以聊。如果您想休息或看风景，那我就会静静地开车，不打扰您了。"

从一上车到此刻，这位常搭出租车的乘客就充满了惊奇，他不禁问这位司机："你是从什么时候开始这种服务方式的？"

这位专业的司机说："从我觉醒的那一刻开始。"司机继续说他那段觉醒的过程。他一直一如往常，经常抱怨工作辛苦，人生没有意义。但在不经意间，他听到广播节目里正在谈一些人生的态度，大意是你相信什么，就会得到什么。如果你觉得日子不顺心，那么所有发生的事都会让你觉得倒霉；相反地，如果今天你觉得是幸运的一天，那么今天每次所碰到的人，都可能是你的贵人。就从那一刻开始，他开始了一种新的生活方式。

目的地到了，司机下了车，绕到后面帮乘客开车门，并递上名片，说声："希望下次有机会再为您服务。"

结果，这位出租车司机的生意没有受到经济不景气的影响，他很少会空车在这个城市里兜转，他的客人总是会事先预定好他的车。他的改变，不只是创造了更好的收入，而且更从工作中得到自尊。

无数成功的经验告诉我们：世界上没有做不成的事，只有做不成事的人。作为一个优秀员工，凡是别人已经做到的事，我们即使面临的困难再大，也一定要做得更好；凡是别人认为做不到的事，我们即使遇到挫折，也要继续拼搏直至取得成功；凡是别人还没有想到的事，我们不仅应该想到，而且一定要敢为人先，迅速行动。

总之，我们一定要用上所有的智慧和创意，将工作做到尽善尽美。

第八节 2% 的改进成就 100% 的完美

如果你问普通员工与优秀员工有何区别？

我们会告诉你：普通员工满足于"尚可"的状态，而优秀员工会用尽一切办法以求达到"完美"。

其实，平凡和卓越只有一线之隔。在平凡中日复一日，做一天和尚撞一天钟，是为平凡；在平凡中勇于开拓，不断创新，即为卓越。

海尔集团的员工魏小娥用实际行动向我们阐释了"卓越"的含义。

为了发展海尔整体卫浴设施的生产，1997 年 8 月，33 岁的魏小娥被派往日本，学习掌握世界上最先进的整体卫浴生产技术。在学习期间，魏小娥注意到，日本人试模期废品率一般都在 30% ~ 60%，设备调试正常后，废品率为 2%。

"为什么不把合格率提高到 100%？"魏小娥问日本的技术人员。"100% 你觉得可能吗？"日本人反问。

从对话中，魏小娥意识到，不是日本人能力不行，而是思想上的桎梏使他们停滞于 2%。作为一个海尔人，魏小娥的标准是 100%，即"要么不干，要干就要争第一"。她拼命地利用每一分每一秒的学习时间，3 周后，带着先进的技术知识和赶超日本人的信念回到了海尔。

　　时隔半年，日本模具专家宫川先生来华访问，见到了"徒弟"魏小娥，她此时已是卫浴分厂的厂长。面对一尘不染的生产现场、操作熟练的员工和100%合格的产品，他惊呆了，反过来向徒弟请教问题。

　　"有几个问题曾使我绞尽脑汁地想办法解决，但最终没有成功。日本卫浴产品的现场脏乱不堪，我们一直想做得更好一些，但难度太大了。你们是怎样做到现场清洁的？100%的合格率是我们连想都不敢想的，对我们来说，2%的废品率、5%的不良品率天经地义，你们又是怎样提高产品合格率的呢？"

　　"用心。"魏小娥简单的回答又让宫川先生大吃一惊。用心，看似简单，其实不简单。

　　一天，下班回家已经很晚了，吃着饭的魏小娥仍然在想着怎样解决"毛边"的问题。突然，她眼睛一亮：女儿正在用卷笔刀削铅笔，铅笔的粉末都落在一个小盒内。魏小娥豁然开朗，顾不上吃饭，在灯下画起了图纸。

　　第二天，一个专门收集毛边的"废料盒"诞生了，压出板材后清理下来的毛边直接落入盒内，避免了落在工作现场或原料上，这就有效地解决了板材的黑点问题。

　　魏小娥紧绷的质量之弦并未因此而放松。试模前的一天，魏小娥在原料中发现了一根头发。这无疑是操作工在工作时无意间落入的。一根头发丝就是废品的定时炸弹，万一混进原料中就会出现废品。

　　魏小娥马上给操作工统一制作了白衣、白帽，并要求大家统一剪短发。又一个可能出现2%废品的原因被消灭在萌芽之中。

　　2%的改进得到了100%的完美，2%的可能被一一杜绝。终于，100%，这个被日本人认为是"不可能"的产品合格率，魏小娥做到了，不管是在试模期间，还是设备调试正常后。

　　魏小娥的"用心"体现在对2%的改进上，而2%的改进又进一步成就了100%的完美。魏小娥作为卓越员工的代表，再一次向我们证明：只要用心，只要能够创新，没有什么问题是不可以解决的，没有什么目标是不可以达到的。

　　"完美"并不是遥远的神话，是可以真真切切地做到的，这个过程又是异常艰辛的，它需要我们激活全身的能量，开启聪明才智，转换思维模式，及时将"创新因子"注入其中。

第九节　好创意使危机变商机

　　对于常常无所不在的问题，究竟是令人讨厌的危机，还是一种蕴含希望的契机呢？

　　一般情况下，很多人都会不假思索地回答是前者，但那些优秀的员工却有不同

危机对有的人来说，往往蕴含着商机，
关键在于如何转换。

的答案。

危机可以转变为商机，这是所有优秀员工最基本的观念。每当他们面对问题时，总会这样想："这里面藏有什么样的机会呢？"

在优秀员工的眼中，问题永远不是"无法完成任务"的预言家，而是"机会"的乔装者。无论所面对的问题难度有多大，优秀人士所做的，首先是坦然地接受"问题"，然后对这个问题做出冷静、清晰的分析，积极行动，让隐藏在问题背后的机会浮出水面。因此，每当问题到来，他们总会说："感谢上帝！又有巨大的机遇等着我去发现了。"而不是放下工作，中途逃避、退缩。

当危机出现时，积极应对、巧妙利用，也可以转化为很好的发展机遇。

在美国纽约，有一家联合碳化钙公司，为了进一步谋求发展，斥巨资新建了一栋52层高的总部大楼。工程马上就竣工了，但如何面向社会宣传而又不引起人们的反感呢？公司的广告部人员绞尽了脑汁，仍然找不到一个满意的宣传方式。

就在这时，突然接到值班人员的报告，在大楼的32层大厅中发现了大群的鸽子。这群鸽子似乎将这个大厅当成巢穴了，把整个大厅搞得脏乱不堪。

正是这群鸽子，给广告部人员带来了灵感，公司的公关广告专家们非常敏感地抓住这一偶然事件大做文章，制造新闻。他们先派人关好窗子，不让鸽子飞走，并立即打电话通知了纽约动物保护委员会，请他们立即派人妥善处理好这些鸽子。

可想而知，历来以注重动物保护而自誉的美国人会怎么样。

动物保护委员会的人闻讯后立即赶来了，他们兴师动众的大举动马上惊动了纽约的新闻界，各大媒体竞相出动了大批记者前来采访。

三天之内，从捉住第一只鸽子直到最后一只鸽子落网，新闻、特写、电视录影等，连续不断地出现在报纸和荧屏上。这期间，出现了大量有关鸽子的新闻评论、现场采访、人物专访。而整个报道的背景就是这个即将竣工的总部大楼。

此时，公司的首脑人物更是抓住这千金难买的机会频频出场亮相，乘机宣传自己和公司。一时间，"鸽子事件"成了酷爱动物的纽约人乃至全美国人关注的焦点。

随着鸽子被一只只放飞，这家碳化钙公司的摩天大楼以极快的速度闻名遐迩了，但是，这家碳化钙公司却连一分钱的广告费都没花。

无独有偶，英国一家足球生产厂接到了一份"莫名其妙"的控诉，因此而面临一场不大不小的危机。

如何让危机变商机

105

一天，在英国麦克斯亚洲的法庭上，一位中年妇女声泪俱下，面对法官，严词指责丈夫有了外遇，要求和丈夫离婚。她对法官控诉了自己的丈夫，指责他不论白天还是黑夜，都要去运动场与那"第三者"见面。

法官问这位中年妇女："你丈夫的'第三者'是谁？"她大声地回答："'第三者'就是臭名远扬、家喻户晓的足球。"

面对这种情况，法官啼笑皆非，不知如何是好，只得劝这位中年妇女说："足球不是人，你要告也只能去控告生产足球的厂家。"不料，这位中年妇女果真向法院控告了一年可生产 20 万只足球的足球厂。

更让人意想不到的却是这家被人控告到法庭上的足球厂，他们在接到法院的传票后，不怒反喜，竟爽快地出庭，并主动提出愿意出资 10 万英镑作为这位中年妇女的孤独赔偿费。这位太太喜出望外、破涕为笑，在法庭上大获全胜。

大家知道，英国是现代足球的发祥地，其国人对足球的酷爱几乎达到了发狂的地步，这场因足球而引起的官司自然在全英国产生了巨大的轰动效应，各个新闻媒体纷纷出动，做了大量的报道。

头脑精明的厂长，敏锐地利用了一次非常糟糕的事件大做文章，没花一分钱的广告费，却让他和他的足球厂名声大振，闻名遐迩。

这位足球厂厂长在接受记者采访时说："这位太太与其丈夫闹离婚，正说明我们厂生产的足球魅力之大，并且她的控词为我厂做了一次绝妙的广告。"后来，这家足球厂的产品销量因此直线上升，成为同行中的"领头羊"。

优秀的员工往往能从危机中寻找可以利用的商机，在失利中寻找契机，从而使自己反败为胜。只要思路再灵活一些、方法再得当一些，遇上的麻烦可能会带给你推销自己和企业的机会。

每一个人都有可能成功，但有时就差这么一点点火候，把握好时机，你便走到别人的前面了。

获取超级记忆

第一章
记忆与遗忘一样有规可循

第一节 不可回避的遗忘规律

在日常生活中，我们对经历过的事情、体验过的情感、思考过的问题等，都会在大脑中留下一定的痕迹。这些痕迹在日后一定的条件下，就可能重新被"激活"，使我们重现当时的情境或体验。

假如，某天有人问你："你能记得回家的路线吗？"

也许你会反驳道："一只小狗都认得回家的路，难道我会不认得吗？"

倘若又有人问你："如果你想记住你爸爸的生日，能记得住吗？"

你可能回答说："当然没问题啦，一次记不住，可以两次……一天记不住，可以两天……"

如果以上两个问题你都回答了"是的！"那么就表示你与我们达成了共识。从理论与实践上来说，每个人都可以记住任何他想要记住的东西，只有当大量记忆的时候，才会出现"部分遗忘"的情况。

记忆的对立面就是遗忘。

在认识遗忘之前，我们应对记忆有个大致了解。

记忆是大脑对于过去经验中发生过的事情的反映，是对过去感知过的事物在大脑中留下的痕迹，记忆是智力活动的仓库。

简而言之，记忆就是把需要记忆的元素形成一种链接，是学习的过程。随着脑科学的发展，人们对记忆不断有新的认识，对记忆分类也不断出现新的方法。

经典的分类是将人类的记忆按照记忆发生和保持的时间的长短分为即时记忆、短期记忆、长期记忆。

即时记忆

即时记忆又称瞬间记忆，通常情况下，多数人并不会特别注意它。对即时记忆的最佳描述是：用它来记忆一些立即要做出反应的信息。

即时记忆经常被应用于我们的生活中，比如当你在通讯录上逐一打电话给自己朋友时，每个电话号码的记忆只维持到接通为止；比如读者在读书时，对每个字的记忆也只维持到能将下一个字的意思连贯起来为止。

为了描述记忆的类型，心理学家设计了一个空间模型，如同一张房屋地图，每个房间代表一种记忆类型。

但如果有人问，在这段文章中，"我"这个字出现了多少次，就多半答不出来。但是对上面这些字读者必须记住一段时间，否则就不能了解它们所在句子的意思。这种将信息维持到足以完成工作的时间，就是即时记忆的特性。

或许我们会有这样的经历，走路时，看到沿途的建筑物、风景，奔驰而过的汽车，穿梭的行人，可爱的小狗，听到各种不同的声音，这些都作为短时记忆进入脑海。

只要不是特别引人注目的事情或事件，就会很快忘记。听见身后的汽车鸣笛便躲开，看见前面有水洼就绕着走，诸如此类的事情都没必要长时记忆，因此瞬间记忆在生活中是不可忽视的。

短期记忆

短期记忆是一个中继站，等待记忆的内容在这里可以被有意识地保存着，并为进入长期记忆做好准备。不过，短期记忆的容量是很有限的。

有时，我们为了能够将某些材料记住长达几个小时，譬如一份简单的报告、一部准备第二天演讲的稿子、一篇即将讨论的学习主题等，我们必须通过巩固程序，将即时记忆过渡到短期记忆的阶段。

其实，这就是我们在巩固进入大脑的东西，并让这部分信息的印象停留在脑海中超过30秒的时间。这种记忆被人们称为短期记忆。

长期记忆

长期记忆与短期记忆有个最显著的差别，就是信息容量非常大，而且信息可以在这里被长期保存。长期记忆所保存的信息并不是一成不变的，也会随着时间的流逝而发生一定程度的变化。

各种信息在长期记忆系统中的组织情况决定了从长期记忆中寻找信息的难易程度。组合信息的技巧有很多，最重要的是要有一个基本认识：组织信息远比取出信息时的工作重要。

有时你会觉得很难记起一天或一周前所学的东西，主要的原因便是没有系统地把学到的东西加以组织，再输入记忆系统。假如你这样做了，记忆时就不会那么难了。总而言之，要增进记忆，首先要改善对信息的组织能力。

以上就是记忆的三种分类。

对记忆有所认识以后，我们继续回到遗忘上。我们把对于识记过的事物，不能回忆，则称为遗忘；如果既无法回忆又无法认知，则称为完全遗忘。

也可以说，遗忘是指记忆元素之间的链接淡化甚至消失，导致你对某东西再也不能回忆起来。

遗忘也分为暂时遗忘与完全遗忘。

记忆和遗忘与人类生活息息相关，无时无刻不在影响和改变着我们的生活。

记忆在每个人身上的表现是不同的，有的人过目不忘，有的人则相对弱些。我们都会有这样的经历，如果一个东西多次出现在眼前浮现在脑海，那么我们对它的印象就深一些，反之就会自然遗忘，记忆与遗忘就如同自由和约束的关系一样，如果没有遗忘，便无所谓记忆。德国心理学家艾宾浩斯提出了著名的"艾宾浩斯遗忘原理"，对人类的记忆产生了积极的影响。举个学习中的小例子，如果你在记忆单词时，只记忆了一次，第二天或者第三天你肯定会忘记它的。所以，想要记住一样东西必须反复的复习记忆，以达到牢记状态。

而实践证明，遵循"艾宾浩斯遗忘原理"进行复习和记忆，耗时将会是最少的。或许你会说"有些东西很特别，我看过一次就永远牢记了"，事实上是由于它的特殊性，因此在后来你经常会回忆起它，那么，说明你已经在不知不觉中复习了它。

从艾宾浩斯遗忘曲线可以总结出遗忘的一般规律：人们在记忆材料20分钟之后，遗忘率就会达到42%，1小时后的遗忘率高达56%，到了9个小时之后达到64%。

由此可见，记忆内容在最初的时候最容易遗忘，时间愈久，则遗忘的速度越慢。掌握这个规律，我们便可以在记忆过程中采取相应的对策，在遗忘内容之前适时地加以复习。在不同的时间复习需要记忆的内容，会产生截然不同的记忆效果，如果是抢在遗忘的高峰之前复习记忆内容，那么会达到强化记忆、加深印象的效果；如果是在遗忘了以后复习，那么这就意味着要重新学习，导致浪费。

这就是许多人学了忘，忘了学，再学了忘，忘了学，进入了一种魔鬼怪圈的原因。进入怪圈后，不断的遗忘成了恶性循环，所以就会产生害怕和厌恶学习的心理。

思维导图记忆术作为一种全新的记忆技巧，弥补了遗忘带给人类的种种缺陷。

第二节 改变命运的记忆术

记忆无时无刻不在与人们的生活、学习发生着紧密的联系。没有记忆人就无法生存。

历史上，从希腊社会以来，就有一些不可思议的记忆技巧流传下来，这些技巧的使用者能以顺序、倒序或者任意顺序记住数百数千件事物，他们能表演特殊的记忆技巧，能够完整地记住某一个领域的全部知识，等等。

后来有人称这种特殊的记忆规则为"记忆术"。随着社会的发展，人们逐渐意识到这些方法能使大脑更快、更容易记住一些事物，并且能使记忆得保持得更长久。

实际上，这些方法对改进大脑的记忆非常明显，也是大脑本来就具有的能力。

有关研究表明，只要训练得当，每个正常人都有很高的记忆力，人的大脑记忆的潜力是很大的，可以容纳下5亿本书那么多的信息——这是一个很难装满的知识库。但是由于种种原因，人的记忆力没有得到充分的发挥，可以说，每个人可以挖掘的记忆潜力都是非常巨大的。

思维导图，最早就是一种记忆技巧。

从以上章节介绍中，我们已经了解到，人脑对图像的加工记忆能力大约是文字的1000倍。让你更有效地把信息放进你的大脑，或是把信息从你的大脑中取出来，一幅思维导图是最简单的方法——这就是作为一种思维工具的思维导图所要做的工作。

在拓展大脑潜力方面，记忆术同样离不开想象和联想，并以想象和联想为基础，以便产生新的可记忆图像。我们平时所谈到的创造性思维也是以想象和联想为基础。两者比较起来，记忆术是将两个事物联系起来从而重新创造出第三个图像，最终只是达到简单地要记住某个东西的目的。思维导图记忆术一个特别有用的应用是寻找

"丢失"的记忆，比如你突然想不起了一个人的名字，忘记了把某个东西放到哪去了，等等。

在这种情况下，对于这个"丢失"的记忆，我们可以采用思维的联想力量，这时，我们可以让思维导图的中心空着，如果这个"丢失"的中心是一个人名字的话，围绕在它周围的一些主要分支可能就是像性别、年龄、爱好、特长、外貌、声音、学校或职业以及与对方见面的时间和地点，等等。

通过细致的罗列，我们会极大地提高大脑从记忆仓库里辨认出这个中心的可能性，从而轻易地确认这个对象。

据此，编者画了一幅简单的思维导图：

受此启发，你也可以回想自己曾经忘记的人和事，借助思维导图记忆术把他们一一"找"回来。

如果平时，我们尝试把思维导图记忆术应用到更广的范围的话，那么就会有效地解决更多的问题。

思维导图记忆术需要不断地练习，让它潜移默化你的生活、学习和工作，才会发生更大的效用，甚至彻底改变你的人生。

第三节 记忆的前提：注意力训练

中国有个寓言《学弈》，大意说的是两个人同向当时的围棋高手奕秋学围棋，"其一人专心致志，惟奕秋之为听；一人虽听之，一心以为有鸿鹄将至，思援弓缴而射之。虽与之俱学，弗若之矣。为是其智弗若与曰：非然也。"

意思是说，这两个虽一起学习，但一个专心致志，另一个则总是想着射鸟，结果二人的棋术进展可想而知。

这则寓言告诉我们，学习成绩的差距并不是由于智力，而是由注意程度的差距造成的。只有集中注意力，才能获得满意的学记效果；如果在学记时分散注意力，即使是花费很长时间，也不会有明显的学记效果。有很多青少年不知道这个道理，也常常因注意力不集中苦恼，下面简单介绍几种训练注意力的方法：

训练 1：

把收音机的音量逐渐关小到刚能听清楚时认真地听，听 3 分钟后回忆所听到的内容。

训练 2：

在桌上摆三四件小物品，如瓶子、铅笔、书本、水杯等，对每件物品进行追踪思考各两分钟，即在两分钟内思考与某件物品的一系列有关内容，比如思考瓶子时，想到各种各样的瓶子，想到各种瓶子的用途，想到瓶子的制造，造玻璃的矿石来源等。

这时，控制自己不想别的物品，两分钟后，立即把注意力转移到第二件物品上。开始时，较难做到两分钟后的迅速转移，但如果每天练习 10 多分钟，两周后情况就大有好转了。

训练 3：

盯住一张画，然后闭上眼睛，回忆画面内容，尽量做到完整，例如画中的人物、衣着、桌椅及各种摆设。回忆后睁开眼睛再看一下原画，如不完整，再重新回忆一遍。这个训练既可培养注意力集中的能力，也可提高更广范围的想象能力。

或者，在地图上寻找一个不太熟悉的城镇，在图上找出各个标记数字与其对应的建筑物，也能提高观察时集中注意力的能力。

训练 4：

准备一张白纸，用 7 分钟时间，写完 1 ~ 300 这一系列数字。测验前先练习一下，感到书写流利、很有把握后再开始，注意掌握时间，越接近结束速度会越慢，稍微放慢就会写不完。一般写到 199 时每个数不到 1 秒钟，后面的数字书写每个要超过 1 秒钟，另外换行书写也需花时间。

测验要求：能看清所写的字，不至于过分潦草；写错了不许改，也不许做标记，接着写下去；到规定时间，如写不完必须停笔。

结果评定：第一次差错出现在 100 以前为注意力较差；出现在 101 ~ 180 间为注意力一般；出现在 181 ~ 240 间是注意力较好的；超过 240 出差错或完全对是注意力优秀。总的差错在 7 个以上为较差；错 4 ~ 7 个为一般；错 2 ~ 3 个为较好；只错一个为优秀。如果差错在 100 以前就出现了，但总的差错只有一两次，这种注意力仍是属于较好的。要是到 180 后才出错，但错得较多，说明这个人易于集中注意力，但很难维持下去。在规定时间内写不完则说明反应速度慢。

将测验情况记录，留与以后的测验做比较。

训练 5：

假设你在读一本书、看一本杂志或一张报纸，你对它并不感兴趣，突然发现自己想到了大约 10 年前在墨西哥看的一场斗牛，你是怎样想到那里去的呢？看一下那本书你或许会发现你所读的最后一句话写的是遇难船发出了失事信号，集中分析一下思路，你可能会回忆出下面的过程：遇难船使你想起了英法大战中的船只，有的人得救了，其他的人沉没了。你想到了死去的 4 位著名牧师，他们把自己的救生圈留给了水手。有一枚邮票纪念他们，由此你想到了其他的一些复印邮票硬币和 5 分镍币上的野牛，野牛又使你想到了公牛以及墨西哥的斗牛。这种集中注意力的练习实际上随时随地都可以进行。

觉醒和注意力系统

执行注意力　　觉醒　　触觉注意力　　视觉注意力

听觉注意力　　嗅觉和味觉注意力　　形状的视觉注意力

觉醒和警醒能保证大脑对突然出现的不可预料的事做出反应。另外，大脑对每个感觉领域都保持着特别的注意力，而集中注意力能让我们调动显著能力去实现一个确定的行为和应对明显的矛盾冲突。

经常在噪音或其他干扰环境中学习的人，要特别注意稳定情绪，不必一遇到不顺心的干扰就大动肝火。情绪不像动作，一旦激发起来便不易平静，结果对注意力的危害比出现的干扰现象更大。要暗示自己保持平静，这就是最好的集中注意力训练。

训练6：

从300开始倒数，每次递减3位数。如300，297，294，倒数至0，测定所需时间。要求读出声，读错的就原数重读，如"294"错读为"293"时，要重读"294"。测验前先想想其规律。例如，每数10次就会出现一个"0"（270，240，210……），个位数出现的周期性变化。

结果评定：2分钟内读完为优秀，2.5分钟内读完为较好，3分钟内读完为一般，超过3分钟为较差。这一测验只宜自己与自己比较，把每次测验所需时间对比就行了。

训练7：

这个练习又称为"头脑抽屉"训练，是练习集中注意力的一种重要方法。请自己选择3个思考题，这3个题的主要内容必须是没有联系的。题目选定后，对每个题思考3分钟。在思考某一题时，一定要集中精力，思想上不能开小差，尤其不能想其他两个问题。一个题思考3分钟后，立即转入对下一个题的思考。

集中注意力的训练形式可以多种多样，随处都可因地制宜进行训练。

第四节　记忆的魔法：想象力训练

一个人的想象力与记忆力之间具有很大的关联性，甚至在有些时候，回忆就是想象，或者说想象就是回忆。如果一个人具有十分活跃的想象力，他就很难不具备强大的记忆力，良好的记忆力往往与强大的想象力联系在一起。

因此，要训练我们的记忆力，可以从训练我们的想象力着手。

训练1：

向学前班的孩子学习，培养你的想象力，如问自己一个问题：花儿为什么会开？

你猜小朋友们会怎么回答呢？

第一个孩子说："她睡醒了，想看看太阳。"

第二个孩子说："她伸伸懒腰，就

丰富的想象力是良好记忆的基础。

把花骨朵顶开了。"

第三个孩子说："她想和小朋友比比，看谁穿得更漂亮。"

第四个孩子说："她想看看，小朋友会不会把她摘走。"

这时，一个孩子问老师一句："老师，您说呢？"

这时候，如果你是老师该怎么回答才能不让孩子失望呢？

如果你是个孩子，你又认为答案会是什么呢？

其实，只要你不回答："因为春天来了。"那你的想象力就得到了锻炼。

你也可以随便拿出一张画，问自己："这是什么？"

一块砖。

别的呢？一扇窗。

别的呢？事实上，从侧面看，这是字母 n。或者，另一个字母，如，F。

别的呢？一个侧面看到的数字。

别的呢？任何一个从上端看的三维数字，包括 2，3，5，6，7，8，9，0。

别的呢？任何一个装在盒子里的物体。

别的呢？一个特殊尺寸的空白屏幕（垂直方向）。

别的呢……

每个事物都可能成为其他所有的事物，高度创造性的大脑是没有逾越不了的障碍的。自由联想是天才最好的朋友。天才的感知力就是在每个事物中看到其他所有的事物！这就是为什么天才能看到普通人看不到的实质。

训练 2：

从剧本或诗歌中读一段或几段，最好是那些富有想象的段落，例如下文：

茂丘西奥，她是精灵们的媒婆，

她的身体只有郡吏手指上一颗玛瑙那么大。

几匹蚂蚁大小的细马替她拖着车子，

越过酣睡的人们的鼻梁……

有时奔驰过廷臣的鼻子，

就会在梦里寻找好差事。

他就会梦见杀敌人的头，

进攻、埋伏，锐利的剑锋，淋漓的痛饮……

忽然被耳边的鼓声惊醒，

咒骂了几句，

又翻了个身睡去了。

把书放到一边，尽量想象出你所读的内容，这不是重复和记忆。如果 10 行或 12 行太多了，就取三四行，你实际的任务是使之形象化，闭上眼睛你必须看到精灵们的媒婆，你必须想象出她的样子只有一颗玛瑙那么大，你必须看到廷臣在睡觉，精灵们在他的鼻子上奔驰，你必须想出士兵的样子并看到他杀敌人的头。你要听到他的祷词，祷词的内容由你设想。

你是否已经读过了《罗密欧与朱丽叶》这本书的前一部分或几行文字？现在把书放在一边，想出你自己的下文来。当然，做这个练习时你不能先知道故事的结尾。你要假设自己是作者，创造出自己的下文来，你要想象出人物的形象，让他们做些事情，并想象出他们做事时的形态样子，直至你心目中的形象和亲眼所见一样清楚为止。

训练3：

用3分钟时间，将下面15组词用想象的方法联在一起进行记忆。

老鹰——机场　　轮胎——香肠　　长江——武汉

闹钟——书包　　扫帚——玻璃　　黄河——牡丹

汽车——大树　　白菜——鸡蛋　　月亮——猴子

火车——高山　　鸡毛——钢笔　　轮船——馒头

马车——毛驴　　楼梯——花盆　　太阳——番茄

通过以上三个方面的训练，可以提高我们的想象力，以至于有效提高我们的记忆力。

第五节 记忆的基石：观察力训练

记忆就像一台存款机要先有存款才能取款。记忆也先要完成记忆的输入过程，之后你才能将这部分信息或印象重现出来。

这样就有一个存入多少、存什么的问题，也就是你记忆的哪方面的内容以及真正记忆了多少或是印象有多深，这就有赖于观察力了！

进行观察力训练，是提高观察力的有效方法。下面介绍几种行之有效的训练方法：

训练1：

选一种静止物，比如一幢楼房、一个池塘或一棵树，对它进行观察。按照观察步骤，对观察物的形、声、色、味进行说明或描述。这种观察可以进行多次，直到自己能抓住主要观察物的特征为止。

训练2：

选一个目标，像电话、收音机、简单机械等，仔细把它看几分钟，然后等上大约一个钟头，不看原物画一张图。把你的图与原物进行比较，注意画错了的地方，最后不看原物再画一张图，把画错了的地方更正过来。

训练3：

画一张中国地图，标出你所在的那个省的省界，和所在的省会，标完之后，把你标的与地图进行比较，注意有哪些地方搞错了，不过地图在眼前时不要去修正，这幅图片中分布着 15 个海洋生物，它们通过伪装来隐藏自己。你能把它们全部找出来吗？在自然界中，某些动物通过模拟其他生物的形态来躲避天敌。

答案：

把错处及如何修正都记在脑子里，然后丢开地图再画一张。错误越多就越需要重复做这个练习。

在你有把握画出整个中国之后就画整个亚洲，然后画南美洲、欧洲以及其他的洲。要画得多详细由你自己决定。

训练 4：

以运动的机器、变化的云或物理、化学实验为观察对象，按照观察步骤进行观察。这种观察特别强调知识的准备，要能说明运动变化着的形、声、色、味的特点及其变化原因。

训练 5：

随便在书里或杂志里找一幅图，看它几分钟，尽可能多观察一些细节，然后凭记忆把它画出来。如果有人帮助，你可以不必画图，只要回答你朋友提出的有关图片细节的问题就可以了。问题可能会是这样的：有多少人？他们是什么样子？穿什么衣服？衣服是什么颜色？有多少房子？图片里有钟吗？几点了？等等。

训练 6：

把练习扩展到一间房子。开始是你熟悉的房间，然后是你只看过几次的房间，最后是你只看过一次的房间，不过每次都要描述细节。不要满足于知道在西北角有一个书架，还要回忆一下书架有多少层，每层估计有多少书，是哪种书，等等。

第六节 右脑的记忆力是左脑的 100 万倍

关于记忆，也许有不少人误以为"死记硬背"同"记忆"是同一个道理，其实它们有着本质的区别。死记硬背是考试前夜那种临阵磨枪，实际只使用了大脑的左半部，而记忆才是动员右脑积极参与的合理方法。

在提高记忆力方面，最好的一种方法是扩展大脑的记忆容量，即扩展大脑存储信息的空间。有关研究也表明，在大脑容纳信息量和记忆能力方面，右脑是左脑的一百万倍。

首先，右脑是图像的脑，它拥有卓越的形象能力和灵敏的听觉，人脑的大部分记忆，也是以模糊的图像存入右脑中的。

其次，按照大脑的分工，左脑追求记忆和理解，而右脑只要把知识信息大量地、机械地装到脑子里就可以了。右脑具有左脑所没有的快速大量记忆机能和快速自动处理机能，后一种机能使右脑能够超快速地处理所获得的信息。

这是因为，人脑接收信息的方式一般有两种，即语言和图画。经过比较发现，用图画来记忆信息时，远远超过语言。如果记忆同一事物时，能在语言的基础上加上图或画这种手段，信息容量就会比只用语言时要增加很多，而且右脑本来就具有绘画认识能力、图形认识能力和形象思维能力。

如果将记忆内容描绘成图形或者绘画，而不是单纯的语言，就能通过最大限度动员右脑的这些功能，发挥出高于左脑的一百万倍的能量。

另外创造"心灵的图像"对于记忆很重要。

那么，如何才能操作这方面的记忆功能，并运用到日常生活中呢？现在开始描述图像法中一些特殊的规则，来帮助你获得记忆的存盘。

1. 图像要尽量清晰和具体

右脑所拥有的创造图像的力量，可以让我们"想象"出图像以加强记忆的存盘，而图像记忆正是运用了右脑的这一功能。研究已经发现并证实，如果在感官记忆中加入其他联想的元素，可以加强回忆的功能，加速整个记忆系统的运作。

所以，图像联想的第一个规则就是要创造具体而清晰的图像。具体、清晰的图像是什么意思呢？比方我们来想象一个少年，你的"少年图像"是一个模糊的人形，还是有血有肉、呼之欲出的真人呢？如果这个少年图像没有清楚的轮廓，没有足够的细节，那就像将金库密码写在沙滩上，海浪一来就不见踪影了。

下面，让我们来做几个"心灵的图像"的创作练习。

创造"苹果图像"。在创作之前，你先想想苹果的品种，然后想到苹果是红色绿色或者黄色，再想一下这颗苹果的味道是偏甜还是偏酸。

创造一幅"百合花图像"。我们不要只满足于想象出一幅百合花的平面图片，而要练习立体地去想象这朵百合花，是白色还是粉色；是含苞待放还是娇艳盛开。

记忆力测验
用1分钟观察上图中的物体，并努力记住它们。现在合上书，尽可能多地写下你能回忆起的物体名称。这个练习可以测验你的短期记忆能力。然后分别在1小时之后、1天之后和1周之后检查有多少物体储存在你的长期记忆中。

创造一幅"羊肉图像"。看到这个词你想到了什么样的羊肉呢？是烤全羊，是血淋淋的肉片，还是放在盘子里半生不熟的羊排？

创作一幅"出租车图像"。你想象一下出租车是崭新的德国奔驰，老旧的捷达，还是一阵黑烟（出租车已经开走了）？车牌是什么呢？出租车上有人吗？乘客是学生还是白领？

这些注重细节的图像都能强化记忆库的存盘，大家可以在平时多做这样的练习来加强对记忆的管理。

2. 要学会抽象概念借用法

如果提到光，光应该是什么样的图像呢？这时候我们需要发挥联想的功能，并且借用适当的图像来达成目的。光可以是阳光、月光，也可以是由手电筒、日光灯、灯塔等发射出来的……美味的饮料可以是现榨的新鲜果蔬汁、也可以是香醇可口的卡布奇诺、还可以是酸酸甜甜的优酪乳……法律可以借用警察、法官、监狱、法槌等。

3. 时常做做"白日梦"

当我们的身体和精神在放松的时候，更有利于右脑对图像的创造，因为只有身心放松时，右脑才有能量创造特殊的图像。当我们无聊或空闲的时候，不妨多做做白日梦，当我们在全身放松的状态下时所做的白日梦，都是有图像的，那是我们用想象来创造的很清晰的图像。因此应该相信自己有这个能力，不要给自己设限。

4. 通过感官强化图像

即我们熟知的五种重要的感官——视觉、听觉、触觉、嗅觉、味觉。

另外，夸张或幽默也是我们加强记忆的好方法。如果我们想到猫，可以想到名贵的波斯猫，想到它玩耍的样子。如果再给这只可爱的猫咪加点夸张或幽默的色

演奏小提琴不仅需要听觉记忆，还需要触觉和视觉记忆的参与。　品酒需视觉、味觉和嗅觉记忆的共同参与。

彩呢？比如，可以把猫想象成日本卡通片中的机器猫，或者把猫想象成黑猫警长，猫会跟人讲话，猫会跳舞等。这些夸张或者幽默的元素都会让记忆变得生动逼真！

总之，图像具有非常强的记忆协助功能，右脑的图像思维能力是惊人的，调动右脑思维的积极性是科学思维的关键所在。

当然，目前发挥右脑记忆功能的最好工具便是思维导图，因为它集合了图像、绘画、语言文字等众多功能于一身，具有不可替代的优势。

被称作天才的爱因斯坦也感慨地说："当我思考问题时，不是用语言进行思考，而是用活动的跳跃的形象进行思考。当这种思考完成之后，我要花很大力气把它们转化成语言。"

国际著名右脑开发专家七田真教授曾说过："左脑记忆是一种'劣质记忆'，不管记住什么很快就忘记了，右脑记忆则让人惊叹，它有'过目不忘'的本事。左脑与右脑的记忆力简直就是 1：100 万，可惜的是一般人只会用左脑记忆！"

我们也可以这样认为，很多所谓的天才，往往更善于锻炼自己的左右脑，而不是单独左脑或者右脑；每个人都应有意识地开发右脑形象思维和创新思维能力，提高记忆力。

第七节 思维导图里的词汇记忆法

思维导图更有利于我们对词汇的理解和记忆。

不论是汉语词汇还是外语词汇，我们都需要大量地使用它们。但我们很多人面临的一个普遍问题是，怎样才能更好更快地记住更多的词汇。

对词汇本身来说，它具有很大的力量，甚至可以称作魔力。法国军事家拿破仑曾说："我们用词语来统治人民。"

在这里，我们以英语词汇为例，帮助学习者利用思维导图更高效快捷地学习。

1. 思维导图帮助我们学习生词

我们在英语词汇学习中，往往会遇到大量的多义词和同音异义词。尽管我们会记住单词的某一个意思，可是当同样的单词出现在另一个语言场合中时，对我们来说就很有可能又会成为一个新的单词。

面对多义词学习，我们可以借助思维导图，试着画出一个相对清晰的图来，以帮助我们更方便地学习。例如，"buy"（购买）这个单词，可以作为及物动词和不及物动词来使用，还可以作为名词来使用。

所以，将其当作不同的词性使用时，它就具有不同的意思和搭配用法。而据此，我们可以画出"buy"的思维导图，帮助我们归纳出其在字典中所获信息的方式，进而用一种更加灵活的方式来学习单词。

如果我们把"buy"的学习和用法用思维导图的形式表示出来，不仅可以节省

记忆在大脑中如何运作

视觉进入
触觉进入
嗅觉进入
感情

右额叶
记忆的重组

刺
位置
颜色
形状
不愉快
气味

左额叶
创造记忆

事物或场景的不同方面被保存在特定的大脑区域，记忆痕迹之间通过神经元网络相互连接。为了回忆起某一事物或场景，大脑将通过右额叶重新激活相关的神经元网络。

我们学习单词的时间，提高学习的效率，更会大大促进学习的能动性，提高学习兴趣。

2.思维导图与词缀词根

词缀法是派生新英语单词的最有效的方法，词缀法就是在英语词根的基础上添加词缀的方法。比如"-er"可表示"人"，这类词可以生成的新单词，比如，driver 司机，teacher 教师，labourer 劳动者，runner 跑步者，skier 滑雪者，swimmer 游泳者，passenger 旅客，traveller 旅游者，learner 学习者/初学者，lover 爱好者，worker 工人等等，所以，要扩大英语的词汇量，就必须掌握英语常用词缀及词根的意思。

思维导图可以借助相同的词缀和词根进行分类，用分支的形式表示出来，并进行发散、扩展，从而帮助我们记忆更多的词汇。

3.思维导图和语义场帮助我们学习词汇

语义场也是一种分类方法，研究发现，英语词汇并不是一系列独立的个体，而是都有着各自所归属的领域或范围的，他们因共同拥有某种共同的特征而被组建成一个语义场。

我们根据词汇之间的关系可以把单词之间的关系划分为反义词、同义词和上下义词。上义词通常是表示类别的词，含义广泛，包含两个或更多有具体含义的下义词。下义词除了具有上义词的类别属性外，还包含其他具体的意义。如：chicken — rooster, hen, chick; animal — sheep, chicken, dog, horse。这些关系同样可以用思维导图表现出来，从而使学习者能更加清楚地掌握它们。

4.思维导图还可以帮助我们辨析同义词和近义词

在英语单词学习中，词汇量的大小会直接影响学习者听说读写等其他能力的培养与提高。尽管如此，已被广泛使用的可以高效快速地记忆单词词汇的方法并不是很多。本节提出利用思维导图记忆单词的方法，希望对学习词汇者能有所帮助。

毫无疑问，一个人对积极词汇量掌握的多少，有着至关重要的作用。然而，学习积极词汇的难点就在于它们之中有很多词不仅形近，而且在用法上也很相似，很容易使学习者混淆。

如果我们考虑用思维导图的方式，可以进行详细的比较，在思维导图上画出这些单词的思维导图，不仅可以提高学生的记忆能力，对其组织能力及创造能力也有很大的帮助。可以说，词汇的学习有很大的技巧，也有可以凭借的工具，其中最有效的记忆工具便是思维导图。在这里，我们介绍的只是思维导图能够帮助我们记忆词汇的一些方面，其他的还有记忆性关键词与创意性关键词等词汇记忆方法，在这里，我们就不详细讲解了。

第八节　不想遗忘，就重复记忆

很多学生都会有这样的烦恼，已经记住了的外语单词、语文课文，数理化的定理、公式等，隔了一段时间后，就会遗忘很多。怎么办呢？解决这个问题的主要方法就是要及时复习。德国哲学家狄慈根说，重复是学习之母。

复习是指通过大脑的机械反应使人能够回想起自己一点也不感兴趣的、没有产生任何联想的内容。艾宾浩斯的遗忘规律曲线告诉我们：记忆无意义的内容时，一开始的 20 分钟内，遗忘 42%；1 天后，遗忘 66%；2 天后，遗忘 73%；6 天后，遗忘 75%；31 天后，遗忘 79%。古希腊哲学家亚里士多德曾说："时间是主要的破坏者。"

我们的记忆随着时间的推移逐渐消失，最简单的挽救方法就是复习，或叫作重复。我国著名科学家茅以升在 83 岁高龄时仍能熟记圆周率小数点以后 100 位的准确数值，有人问过他，记忆如此之好的秘诀是什么，茅先生只回答了七个字"重复、重复再重复"。可见，天才并不是天赋异禀，正如孟子所说："人皆可以为尧舜。"佛家有云："一阐提人亦可成佛"。只要勤学苦练，也是可以成为了不起的人的。

虽然重复能有效增进记忆，但重复也应当讲究方法。

一般，要在重复第三遍之前停顿一下，这是因为凡在脑子中停留时间超过 20 秒钟的东西才能从瞬间记忆转化为短时记忆，从而得到巩固并保持较长的时间。当然，这时的信息仍需要通过复习来加强。

那么，每次间隔多久复习一次是最科学的呢？

一般来讲，间隔时间应在不使信息遗忘的范围内尽可能长些。例如，在你学习某一材料后一周内的复习应为 5 次。而这 5 次不要平均地排在 5 天中。信息遗忘率最大的时候是：早期信息在记忆中保持的时间越长，被遗忘的危险就越小。所以在复习时的初期间隔要小一点，然后逐渐延长。

我们可以比较一下集合法和间隔法记忆的效果。

如要记住一篇文章的要点，你又应怎样记呢？

你可以先用"集合法"，即把它读几遍直至能背下来，记住你所耗费的时间。在完成了用"集合法"记忆之后，我们看看用"间隔法"的情况。这回换成另一段文章的要点：看一遍之后目光从题上移开约10秒钟，再看第二遍，并试着回想它。

如果你不能准确地回忆起来，就再将目光移开几秒钟，然后再读第三遍。这样继续着，直至可以无误地回忆起这几个词，然后写出所用时间。

两种记忆方法相比较，第一种的记忆方式虽然比第二种方法快些，但其记忆效果可能并不如第二种方法。许多实验也都显示出间隔记忆要比集合记忆有更多的优点。

心理学家根据阅读的次数，研究了记忆一篇课文的速度：如果连续将一篇课文看6遍和每隔5分钟看一遍课文，连看6遍，两者相比较，后者记住的内容要多得多。

心理学家为了找到能产生最好效果的间隔时间，做过许多的实验，已证明理想的阅读间隔时间是10分钟至16小时不等，根据记忆的内容而定。10分钟以内，非一遍记忆效果并不太好，超过16小时，一部分内容已被忘却。

间隔学习中的停顿时间应能让科学的东西刚好记下。这样，在回忆印象的帮助下你可以在成功记忆的台阶上再向前迈进一步。当你需要通过浏览的方式进行记忆时，如要记一些姓名、数字、单词等，采用间隔记忆的效果就不错。假设你要记住18个单词，你就应看一下这些单词。在之后的几分钟里自己也要每隔半分钟左右就默念一次这些单词。

这样，你会发现记这些单词并不太困难。第二天再看一遍，这时你对这些单词可以说就完全记住了。

在复习时你可以采用限时复习训练方法：

这种复习方法要求在一定时间内规定自己回忆一定量材料的内容。例如，一分钟内回答出一个历史问题等。这种训练分三个步骤：

第一步，整理好材料内容，尽量归结为几点，使回忆时有序可循。整理后计算回忆大致所需的时间；

第二步，按规定时间以默诵或朗诵的方式回忆；

为了考试还是为了生活

通常在考试的前一天晚上学生们都临阵磨枪，但是这种强制性和高密度的学习效果却非常有限。

以下是两种学习状态的比较：

临阵磨枪	长期学习
在短时间内学习	有充足的时间分阶段学习
极少重复	大量地重复
重复的时间间隔很短	重复的时间间隔适当
刺激物的过度使用，咖啡、香烟、维生素C等	饮食均衡
在意识上缺乏准备，因而产生压力	由于准备良好，信心十足
疲劳和缺乏睡眠	睡眠充足，精力充沛

第三步，用更短的时间，以只在大脑中思维的方式回忆。

在训练时要注意两点：

首先，开始时不宜把时间卡得太紧，但也不可太松。太紧则多次不能按时完成回忆任务，就会产生畏难的情绪，失去信心；太松则达不到训练的目的。训练的同时还必须迫使自己注意力集中，若注意力分散了将会直接影响反应速度，要不断暗示自己。

其次，当训练中出现不能在额定时间内完成任务时，不要紧张，更不要在烦恼的情况下赌气反复练下去，那样会越练越糟。应适当地休息一会儿，想一些美好的事，使自己心情好了再练。

总之，学习要勤于复习。勤于复习，记忆和理解的效果才会更好，遗忘的速度也会变慢。

第九节 思维是记忆的向导

思考是一种思维过程，也是一切智力活动的基础，是动脑筋及深刻理解的过程。而积极思考是记忆的前提，深刻理解是记忆的最佳手段。

在识记的时候，思维会帮助所记忆的信息快速地安顿在"记忆仓库"中的相应位置，与原有的知识结构进行有机结合。在回忆的时候，思维又会帮助我们从"记忆仓库"中查找，以尽快地回想起来。思维对记忆的向导作用主要表现在以下几点：

（1）概念与记忆

概念是客观事物的一般属性或本质属性的反映，它是人类思维的主要形式，也是思维活动的结果。概念是用词来标志的。人的词语记忆就是以概念为主的记忆，学习就要掌握科学的概念。概念具有代表性，这样就使人的记忆可以有系统性。如"花"的概念包括了各种花，我们在记忆菊花、茶花、牡丹花等的材料时，就可以归入花的要领中一并记住。从这个角度讲，概念可以使人举一反三，灵活记忆。

（2）理解与记忆

理解属于思维活动的范围，它既是思维活动的过程，是思维活动的方法，又是思维活动的结果。同时，理解还是有效记忆的方法。理解了的事物会扎扎实实地记在大脑里。

（3）思维方法与记忆

思维的方法很多，这些方法都与记忆有关，有些本身就是记忆的方法。思维的逻辑方法有科学抽象、比较与分类、分析与综合、归纳与演绎及数学方法等；思维的非逻辑方法有潜意识、直觉、灵感、想象和形象思维等。多种思维方法的运用使我们容易记住大量的信息并获得系统的知识。

此外，思维的程序也与记忆有关。思维的程序表现为发现问题、试作回答、提出假设和进行验证。

国际象棋大师卡斯帕罗夫对几千种棋局了如指掌，这种靠多年经验获得的后天性才能使他能够在几秒钟内分析每局棋的每一步。

那么，我们该怎样来积极地进行思维活动呢？

1. 多思

多思指思维的频率。复杂的事物，思考无法一次完成。古人说："三思而后行"，我们完全可以针对学习记忆来个"三思而后行，三思而后记"。反复思考，一次比一次想得深，一次有一次的新见解，不停止于一次思考，不满足于一时之功，在多次重复思考中参透知识，把道理弄明白，事无不记。

2. 苦思

苦思是指思维的精神状态。思考，往往是一种艰苦的脑力劳动，要有执着、顽强的精神。《中庸》中说，学习时要慎重地思考，不能因思考得不到结果就停止。这表明古人有非深思透顶达到预期目标不可的意志和决心。据说，黑格尔就有这种苦思冥想的精神。有一次，他为思考一个问题，竟站在雨里一个昼夜。苦思的要求就是不做思想的怠惰者，经常运转自己的思维机器，并能战胜思维过程中所遇到的艰难困苦。

3. 精思

精思指思维的质量。思考的时候，只粗略地想一下，或大概地考量一番，是不行的。朱熹很讲究"精思"，他说："……精思，使其意皆若出于吾之心。"换一种说法，精思就是要融会贯通，使书的道理如同我讲出去的道理一般。思不精怎么办？朱熹说："义不精，细思可精。"细思，就是细致周密、全面地思考，克服想不到、想不细、想不深的毛病，以便在思维中多出精品。

平时多勤思、巧思、精思，就能有效地提高记忆速度和记忆质量。

4. 巧思

巧思指思维的科学态度。我们提倡的思考，既不是漫无边际的胡思乱想，也不是钻牛角尖，它是以思维科学和思维逻辑作为指南的一种思考。即科学的思考，我们不仅要肯思考，勤于思考，而且要善于思考，在思考时要恰到好处地运用分析与综合、抽象与概括、比较与分类等思维方式，使自己的思考不绕远路，卓越而有成效。

要发展自己的记忆能力，提高自己的记忆速度，就必须相应地去发展思维能力，只有经过积极思考去认识事物，才能快速地记住事物，把知识变成对自己真正有用的东西。掌握知识、巩固知识的过程，也就是积极思考的过程，我们必须努力完善自己的思维能力，这无疑也是在发展自己的记忆力，加快自己的记忆速度。

第二章
超级记忆的秘诀

第一节 超右脑照相记忆法

著名的右脑训练专家七田真博士曾对一些理科成绩只有 30 分左右的小学生进行了右脑记忆训练。所谓训练，就是这样一种游戏：摆上一些图片，让他们用语言将相邻的两张图片联想起来记忆，比如"石头上放着草莓，草莓被鞋踩烂了"等等。

这次训练的结果是这些只能考 30 分的小学生都能得 100 分。

通过这次训练，七田真指出，和左脑的语言性记忆不同，右脑中具有另一种被称作"图像记忆"的记忆，这种记忆可以使只看过一次的事物像照片一样印在脑子里。一旦这种右脑记忆得到开发，那些不愿学习的人也可以立刻拥有出色记忆力，变得"聪明"起来。

同时，这个实验告诉我们，每个人自身都储备着这种照相记忆的能力，你需要做的是如何把它挖掘出来。

现在我们来测试一下你的视觉想象力。你能内视到颜色吗？或许你会说："噢！见鬼了，怎么会这样。"请赶快先闭上你的眼睛，内视一下自己眼前有一幅红色、黑色、白色、黄色、绿色、蓝色然后又是白色的电影银幕。

看到了吗？哪些颜色你觉得容易想象，哪些颜色你又觉得想象起来比较困难呢？还有，在哪些颜色上你需要用较长的时间？

请你再想象一下眼前有一个画家，他拿着一支画笔在一张画布上作画。这种想象能帮助你提高对颜色的记忆，如果你多练习几次就知道了。

当你有时间或想放松一下的时候，请经常重复做这一练习。你会发现一次比一次更容易地想象颜色了。当然你可以做一做白日梦，从尽可能美好的、正面的图像开始，因为根据经验，正面的事物比较容易记在头脑里。

你可以回忆一下在过去的生活中，一幅让你感觉很美好的画面：例如某个度假日、某种美丽的景色、你喜欢的电影中的某个场面等等。请你尽可能努力地并且带颜色地内视这个画面，想象把你自己放进去，把这张画面的所有细节都描绘出来。在繁忙的一天中用几分钟闭上你的眼睛，在脑海里呈现一下这样美好的回忆，如此你必定会感到非常放松。

当然，照相记忆的一个基本前提是你需要把资料转化为清晰、生动的图像。

清晰的图像就是要有足够多的细节，每个细节都要清晰。

比如，要在脑中想象"萝卜"的图像，你的"萝卜"是红的还是白的？叶子是什么颜色的？萝卜是沾满了泥还是洗得干干净净的呢？

图像轮廓越清楚，细节越清晰，图像在脑中留下的印象就越深刻，越不容易被遗忘。

再举个例子，比如想象"公共汽车"的图像，就要弄清楚你脑海中的公共汽车是崭新的还是又老又旧的？车有多高、多长？车身上有广告吗？车是静止的还是运动的？车上乘客很多很拥挤，还是人比较少宽宽松松？

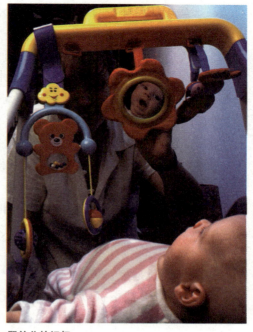

婴幼儿的记忆

心理学家卡罗琳·霍维·科利尔领导的一个研究小组揭示，婴儿可能保存了用脚使得悬挂在摇篮上方的活动物体摆动的记忆。两个月大的婴儿在 24 小时内记得这个联系；出生一个月后，他们可以在一个星期内想起这个协调运动。出生后 6 个月，记忆痕迹可以持续 2～3 个星期。从 2 岁或 3 岁开始，幼儿就有了创造记忆的能力，并且可以在十几年后回想起。这些记忆的保存是随着语言能力的增强而变得容易的。尽管如此，对成年人来说，大多数的个人事件记忆是在 10 岁以后才有的。

生动的图像就是要充分利用各种感官，视觉、听觉、触觉、嗅觉、味觉，给图像赋予这些感官可以感受到的特征。

想象萝卜和公共汽车的图像时都用到了视觉效果。

在这两个例子中也可以用到其他几种感官效果。

在创造公共汽车的图像时，也可以想象：公共汽车的笛声是嘶哑还是清亮？如果是老旧的公共汽车，行驶起来是不是吱呀有声？在创造萝卜的图像时，可以想象一下：萝卜皮是光滑的还是粗糙的？生萝卜是不是有种细细幽幽的清香？如果咬一口，又会是一种什么味道呢？

经过上面的几个小训练之后，你关闭的右脑大门或许已经逐渐开启，但要想修炼成"一眼记住全像"的照相记忆，你还必须要进行下面的训练：

（1）一心二用（5分钟）。

"一心二用"训练就是锻炼左右手同时画图。拿出一根铅笔。左手画横线，右手画竖线，要两只手同时画。练习一分钟后，两手交换，左手画竖线，右手画横线。一分钟之后，再交换，反复练习，直到画出来的图形完美为止。这个练习能够强烈刺激右脑。

你画出来的图形还令自己满意吗？刚开始的时候画不好是很正常的，不要灰心，随着练习的次数越来越多，你会画得越来越好。

（2）想象训练（5分钟）。

我们都有这样的体会，记忆图像比记忆文字花费时间更少，也更不容易忘记。因此，在我们记忆文字时，也可以将其转化为图像，记忆起来就简单得多，记忆效果也更好了。

想象训练就是把目标记忆内容转化为图像，然后在图像与图像间创造动态联系，通过这些联系能很容易地记住目标记忆内容及其顺序。正如本书前面章节所讲，这种联系可以采用夸张、拟人等各种方式，图像细节越具体、清晰越好。但这种想象又不是漫无边际的，必须用一两句话就可以表达，否则就脱离记忆的目的了。

如现在有两个水杯、两朵蘑菇，请设计一个场景，水杯和蘑菇是场景中的主体，你能想象出这个场景是什么样的吗？越奇特越好。

对于照相记忆，很多人不习惯把资料转化成图像，不过，只要能坚持不懈地训练就可以了。

第二节 进入右脑思维模式

我们的大脑主要由左右脑组成，左脑负责语言逻辑及归纳，而右脑主要负责的是图形图像的处理记忆。所以右脑模式就是以图形图像为主导的思维模式。进入右脑模式以后是什么样子呢？

简单来说，就是在不受语言模式干扰的情况下可以更加清晰地感知图像，并忘却时间，而且整个记忆过程会很轻松并且快乐。和宗教或者瑜伽所追求的冥想状态有关，可以更深层次地感受事物的真相，不需要语言可以立体、多元化、直观地看到事物发生发展的来龙去脉，关键是可以增加图像记忆和在大脑中直接看到构思的图像。

想使用右脑记忆，人们应该怎样做呢？

由于左右侧的活动与发展通常是不平衡的，往往右侧活动多于左侧活动，因此有必要加强左侧活动，以促进右脑功能。

在日常生活中我们尽可能多使用身体的左侧，也是很重要的。身体左侧多活动，右侧大脑就会发达。右侧大脑的功能增强，人的灵感、想象力就会增加。比如在使用小刀和剪子的时候用用左手，拍照时用左眼，打电话时用左耳。

还可以见缝插针锻炼左手。如果每天得在汽车上度过较长时间，可利用它锻炼身体左侧。如用左手指钩住车把手，或手扶把手，让左脚单脚支撑站立。或将钱放在自己的衣服左口袋，上车后以左手取钱买票。有人设计一种方法：在左手食指和中指上套上一根橡皮筋，使之成为 8 字形，然后用拇指把橡皮筋移套到无名指上，仍使之保持 8 字形。

依此类推，再将橡皮筋套到小指上，如此反复多次，可有效地刺激右脑。此外，有意地让左手干右手习惯做的事，如写字、拿筷、刷牙、梳头等。

这类方法中具有独特价值而值得提倡的还有手指刺激法。苏联著名教育家苏霍姆林斯基说："儿童的智慧在手指头上。"许多人让儿童从小练弹琴、打字、珠算等，这样双手的协调运动，会把大脑皮层中相应的神经细胞的活力激发起来。

还可以采用环球刺激法。尽量活动手指，促进右脑功能，是这类方法的目的。例如，每捏扁一次健身环需要 10 ~ 15 千克握力，五指捏握时，又能促进对手掌各穴位的刺激、按摩，使脑部供血通畅。

特别是左手捏握，对右脑起激发作用。有人数年坚持"随身带个圈（健身圈），有空就捏转，家中备副球，活动左右手"，确有健脑益智之效。此外，多用左、右手掌转捏核桃，作用也一样。

正如前文所说，使用右脑，全脑的能力随之增加，学习能力也会提高。

你可以尝试着在自己喜欢的书中选出20篇感兴趣的文章来，每一篇文章都是能读2～5分钟的，然后下决心开始练习右脑记忆，不间断坚持3～5个月，看看效果如何。

第三节 给知识编码，加深记忆

红极一时的电视剧《潜伏》中有这样一段，地下党员余则成为了与组织联系，总是按时收听广播中给"勘探队"的信号，然后一边听一边记下各种数字，再破译成一段话。你一定觉得这样的沟通方式很酷，其实我们也可以用这种方式来学习，这就是编码记忆。

编码记忆是指为了更准确而且快速地记忆，我们可以按照事先编好的数字或其他固定的顺序记忆。编码记忆方法是研究者根据诺贝尔奖获得者美国心理学家斯佩里和麦伊尔斯的"人类左右脑机能分担论"，把人的左脑的逻辑思维与右脑的形象思维相结合的记忆方法。

反过来说，经常用编码记忆法练习，也有利于开发右脑的形象思维。其实早在19世纪时，威廉·斯托克就已经系统地总结了编码记忆法，并编写成了《记忆力》一书，于1881年正式出版。编码记忆法的最基本点，就是编码。

所谓"编码记忆"就是把必须记忆的事情与相应数字相联系并进行记忆。

例如，我们可以把房间的事物编号如下：1——房门、2——地板、3——鞋柜、4——花瓶、5——日历、6——橱柜、7——壁橱。如果说"2"，马上回答"地板"。如果说："3"，马上回答"鞋柜"。这样将各部位的数字号码记住，再与其他应该记忆的事项进行联想。

开始先编10个左右的

测试你的组合能力

将下面8组词读给你周围的一个人听，当他记住后，你说出每组中褐色底的词，让他说出与之组合的绿色底的词。

男人	女人	勺子	叉子
椅子	地址	书	锅
灯泡	蝴蝶	大象	喇叭
杯子	茶托	船艇	橡皮

极有可能那些联系小的组合（比如书——锅）比联系大的组合（比如男人——女人）更难被记住。

号码。先对脑子里浮现出的房间物品的形象进行编号。以后只要想起编号，就能马上想起房间内的各种事物，这只需要5 ~ 10分钟即可记下来。在反复练习过程中，对编码就能清楚地记忆了。

这样的练习进行得较熟练后，再增加10个左右。如果能做几个编码并进行记忆，就可以灵活应用了。你也可以把自己的身体各部位进行编码，这样对提高记忆力非常有效。

作为编码记忆法的基础，如前所述，就是把房间各部位编上号码，这就是记忆的"挂钩"。

请你把下述实例，用联想法联结起来，记忆一下这件事：1——飞机、2——书、3——橘子、4——富士山、5——舞蹈、6——果汁、7——棒球、8——悲伤、9——报纸、10——信。

先把这件事按前述编码法联结起来，再用联想的方法记忆。联想举例如下：

（1）房门和飞机：想象入口处被巨型飞机撞击或撞出火星。

（2）地板和书：想象地板上书在脱鞋。

（3）鞋柜和橘子：想象打开鞋柜后，无数橘子飞出来。

（4）花瓶和富士山：想象花瓶上长出富士山。

（5）日历和舞蹈：想象日历在跳舞。

（6）橱柜和果汁：想象装着果汁的大杯子里放的不是冰块，而是木柜。

（7）壁橱和棒球：想象棒球运动员把壁橱当成防护用具。

（8）画框和悲伤：画框掉下来砸了脑袋，最珍贵的画框摔坏了，因此而伤心流泪。

（9）海报和报纸：想象报纸代替海报贴在墙上。

（10）电视机和信：想象大信封上装有荧光屏，信封变成了电视机。

如按上述方法联想记忆，无论采取什么顺序都能马上回忆出来。

这个方法也能这样进行练习，先在纸上写出1 ~ 20的号码，让朋友说出各种事物，你写在号码下面，同时用联想法记忆。然后让朋友随意说出任何一个号码，如果回答正确，画一条线勾掉。

掌握了编码记忆的基本方法后，只要是身边的事物都可以编上号码进行记忆，把记忆内容回忆起来。

第四节　用夸张的手法强化印象

开发右脑的方法有很多，荒谬联想记忆法就是其中的一种。我们知道，右脑主要以图像和心像进行思考，荒谬记忆法几乎完全建立在这种工作方式的基础之上，从所要记忆的一个项目尽可能荒谬地联想到其他事物。

永恒的记忆　达利

古埃及人在《阿德·海莱谬》中有这样一段："我们每天所见到的琐碎的、司空见惯的小事，一般情况下是记不住的。而听到或见到的那些稀奇的、意外的、低级趣味的、丑恶的或惊人的触犯法律的等异乎寻常的事情，却能长期记忆。因此，在我们身边经常听到、见到的事情，平时也不去注意它，然而，在少年时期所发生的一些事却记忆犹新。那些用相同的目光所看到的事物，那些平常的、司空见惯的事很容易从记忆中漏掉，而一反常态、违背常理的事情，却能永远铭记不忘，这是否违背常理呢？"

古埃及人当时并不懂得记忆的规律才有此疑问。其实，在记忆深处对那些荒诞、离奇的事物更为着迷……这就是荒谬记忆法的来源，概括地讲，荒谬联想指的是非自然的联想，在新旧知识之间建立一种牵强附会的联系。这种联系可以是夸张，也可以是谬化。

荒谬记忆法最直接的帮助是你可以用这种记忆法来记住你所学过的英语单词。例如你用这种方法只需要看一遍英语单词，当你一边看这些单词，一边在头脑中进行荒谬的联想时，你会在极短的时间内记住近 20 个单词。

例如，记忆"Legislate（立法）"这个单词时，可先将该词分解成 leg、is、late 三个字母，然后把"Legislate"记成"为腿（Leg）立法，总是（is）太迟（late）"。这样荒谬的联想，以后我们就不容易忘记。关于学习科目的记忆方法，我们在后面章节中会提到。在这一节中，我们从最普通的例子说明荒谬联想记忆应如何操作。

以下是 20 个项目，只要应用荒谬记忆法，你将能够在一个短得令人吃惊的时间内按顺序记住它们：

地毯 纸张 瓶子 椅子 窗子 电话 香烟 钉子 鞋子 马车 钢笔 盘子
胡桃壳 打字机 麦克风 留声机 咖啡壶 砖 床 鱼

你要做的第一件事是，在心里想到一张第一个项目的图画"地毯"。你可以把它与你熟悉的事物联系起来。实际上，你要很快就看到任何一种地毯，还要看到你自己家里的地毯。或者想象你的朋友正在卷起你的地毯。

这些你熟悉的项目本身将作为你已记住的事物，你现在知道或者已经记住的事物是"地毯"这个项目。现在，你要记住的事物是第二个项目"纸张"。你必须将地毯与纸张相联想或相联系，联想必须尽可能地荒谬。如想象你家的地毯是纸做的，想象瓶子也是纸做的。

接下来，在床与鱼之间进行联想或将二者结合起来，你可以"看到"一条巨大的鱼睡在你的床上。

现在是鱼和椅子，一条巨大的鱼正坐在一把椅子上，或者一条大鱼被当作一把椅子用，你在钓鱼时正在钓的是椅子，而不是鱼。

椅子与窗子：看见你自己坐在一块玻璃上，而不是在一把椅子上，并感到扎得很痛，或者是你可以看到自己猛力地把椅子扔出关闭着的窗子，在进入下一幅图画之前先看到这幅图画。

窗子与电话：看见你自己在接电话，但是当你将话筒靠近你的耳朵时，你手里拿的不是电话而是一扇窗子；或者是你可以把窗户看成是一个大的电话拨号盘，你必须将拨号盘移开才能朝窗外看，你能看见自己将手伸向一扇窗玻璃去拿起话筒。

电话与香烟：你正在抽一部电话，而不是一支香烟，或者是你将一支大的香烟向耳朵凑过去对着它说话，而不是对着电话筒，或者你可以看见你自己拿起话筒来，一百万根香烟从话筒里飞出来打在你的脸上。

香烟与钉子：你正在抽一颗钉子，或你正把一支香烟而不是一颗钉子钉进墙里。

钉子与打字机：你在将一颗巨大的钉子钉进一台打字机，或者打字机上的所有键都是钉子。当你打字时，它们把你的手刺得很痛。

打字机与鞋子：看见你自己穿着打字机，而不是穿着鞋子，或是你用你的鞋子在打字，你也许想看看一只巨大的带键的鞋子，是如何在上边打字的。

鞋子与麦克风：你穿着麦克风，而不是穿着鞋子，或者你在对着一只巨大的鞋子播音。

麦克风和钢笔：你用一个麦克风，而不是一支钢笔写字，或者你在对一支巨大的钢笔播音和讲话。

钢笔和收音机：你能"看见"一百万支钢笔喷出收音机，或是钢笔正在收音机里表演，或是在大钢笔上有一台收音机，你正在那上面收听节目。

收音机与盘子：把你的收音机看成是你厨房的盘子，或是看成你正在吃收音机里的东西，而不是盘子里的。或者你在吃盘子里的东西，并且当你在吃的时候，听盘子里的节目。

盘子与胡桃壳："看见"你自己在咬一个胡桃壳，但是它在你的嘴里破裂了，因为那是一个盘子，或者想象用一个巨大的胡桃壳盛饭，而不是用一个盘子。

胡桃壳与马车：你能看见一个大胡桃壳驾驶一辆马车，或者看见你自己正驾驶一个大的胡桃壳，而不是一辆马车。

马车与咖啡壶：一只大的咖啡壶正驾驶一辆小马车，或者你正驾驶一把巨大的咖啡壶，而不是一辆小马车，你可以想象你的马车在炉子上，咖啡在里边过滤。

咖啡壶和砖块：看见你自己从一块砖中，而不是一把咖啡壶中倒出热气腾腾的咖啡，或者看见砖块，而不是咖啡从咖啡壶的壶嘴涌出。

这就对了！如果你的确在心中"看"了这些心视图画，你再按从"地毯"到"砖块"的顺序记20个项目就不会有问题了。当然，要多次解释这点比简简单单照这样做花的时间多得多。在进入下一个项目之前，只能用很短的时间再审视每一幅通过精神联想的画面。

这种记忆法的奇妙是，一旦记住了这些荒谬的画面，项目就会在你的脑海中留下深刻的印象。

第五节　造就非凡记忆力

成功学大师拿破仑·希尔说，每个人都有巨大的创造力，关键在于你自己是否知道这一点。

在当今各国，创造力备受重视，被认为是跨世纪人才必备的素质之一。什么是创造力？创造力是个体对已有知识经验加工改造，从而找到解决问题的新途径，以新颖、独特、高效的方式解决问题的能力。人人都有创造力，创造力的强弱制约着、影响着记忆力的强弱，创造力越强，记忆的效率就越高，反之则低。

这是因为要有效记忆就必须要大胆地想象，而生动、夸张的想象需要我们拥有灵活的创造力，如果创造力也得到了很大的锻炼，记忆力自然会随着提升。

创造力有以下3个特征：

（1）变通性

思维能随机应变，举一反三，不易受功能固着等心理定式的干扰，因此能产生超常的构想，提出新观念。

（2）流畅性

反应既快又多，能够在较短的时间内表达出较多的观念。

（3）独特性

对事物具有不寻常的独特见解。

我们可以通过以下几种方法激发创造力，从而增强记忆力：

1. 问题激发原则

有些人经常接触大量的信息，但并没有把所接触的信息都存储在大脑里，这是因为他们的头脑里没有预置着要搞清或有待解决的问题。如果头脑里装着问题，大脑就处于非常敏感的状态，一旦接触信息，就会从中把对解决问题可能有用的信息抓住不放，从而加大了有效信息的输入量，这就是问题激发。

2. 使信息活化

信息活化就是指这一信息越能同其他更多的信息进行联结，这一信息的活性就越强。储存在大脑里的信息活性越强，在思考过程中，就越容易将其进行重新联结和组合。促使信息有活性的主要措施有：

（1）打破原有信息之间的关联性；

（2）充分挖掘信息可能表现出的各种性质；

（3）尝试着将某一信息同其他信息建立各种联系。

3. 信息触发

人脑是一个非常庞大而复杂的神经网络，每一次的信息存储、调用、加工、联结、组合，都促使这种神经在一定程度上发生了变化。变化的结果使得原来不太畅通的神经通道变得畅通一些，本来没有发生联结的神经细胞突触联结了起来，这样一来，神经网络就变得复杂，神经元之间的联系就更广泛，大脑也就更好使。

同时，当某些神经元受信息的刺激后，它会以电冲动的形式向四周传递，引起与之相联结的神经元的兴奋和冲动，这种连锁反应，在脑皮质里形成了大面积的活动区域。

可见，"人只有在大量的、高档的信息传递场中，才能使自己的智力获得形成、发展和被开发利用。"经常不断地用各种各样的信息去刺激大脑，促进创造性思维的发展和提高，这就是信息触发原理。

总之，创造力不同于智力，创造力包含了许多智力因素。一个创造力强的人，必须是一个善于打破记忆常规的人，并且是一个有着丰富的想象力、敏锐的观察力、深刻的思考力的人。而所有这些特质，都是提升记忆力所必需的，毋庸置疑，创造力已经成为创造非凡记忆力的本源和根基。

对于如何激活自己的创造力，你可以加上自己的思考，试着画出一幅个性思维导图来。

第六节　神奇比喻，降低理解难度

比喻记忆法就是运用修辞中的比喻方法，使抽象的事物转化成具体的事物，从而符合右脑的形象记忆能力，达到提高记忆效率的目的。人们写文章、说话时总爱打比方，因为生动贴切的比喻不但能使语言和内容显得新鲜有趣，而且能引发人们的联想和思索，并且容易加深记忆。

比喻与记忆密切相关，那些新颖贴切的比喻容易纳入人们已有的知识结构，使被描述的材料给人留下难以忘怀的印象。其作用主要表现在以下几个方面：

1. 变未知为已知

例如，孟繁兴在《地震与地震考古》中讲到地球内部结构时曾以"鸡蛋"作比："地球内部大致分为地壳、地幔和地核三大部分。整个地球，打个比方，它就像一个鸡蛋，地壳好比是鸡蛋壳，地幔好比是蛋白，地核好比是蛋黄。"这样，把那些尚未了解的知识与已有的知识经验联系起来，人们便容易理解和掌握。

再如沿海地区刮台风，内地绝大多数人只是耳闻，未曾目睹，而读了诗人郭小川的诗歌《战台风》后，便有身临其境之感。"烟雾迷茫，好像十万发炮弹同时炸林园；黑云乱翻，好像十万只乌鸦同时抢麦田"；"风声凄厉，仿佛一群群狂徒呼天抢地咒人间；雷声呜咽，仿佛一群群恶狼狂嚎猛吼闹青山"；"大雨哗哗，犹如千百个地主老爷一齐挥皮鞭；雷电闪闪，犹如千百个衙役腿子一齐抖锁链"。

这些比喻，把许多人未能体验过的特有的自然现象活灵活现地表达出来，开阔了人们的眼界，同时也深化了记忆。

2. 变平淡为生动

例如朱自清在《荷塘月色》中写到花儿的美时这么说："层层的叶子中间，零星地点缀着些白花，有袅娜地开着的，有羞涩地打着朵儿的，正如粒粒的明珠，又如碧天里的星星。"

有些事物如果平铺直叙，大家会觉得平淡无味，而恰当地运用比喻，往往会使平淡的事物生动起来，使人们兴奋和激动。

3. 变深奥为浅显

东汉学者王充说："何以为辩，喻深以浅。何以为智，喻难以易。"就是说应该用浅显的话来说明深奥的道理，用易懂的事例来说明难懂的问题。

运用比喻，还可以帮助我们很快记住枯燥的概念公式。例如，有人讲述生物学中的自由结合规律时，用篮球赛来做比喻加以说明：赛球时，同队队员必须相互分离，不能互跟。这好比同源染色体上的等位基因，在形成F1配子时，伴随着同源染色体分开而相互分离，体现了分离规律。赛球时，两队队员之间，可以随机自由跟人。这又好比F1配子形成基因类型时，位于非同源染色体上的非等位基因之间，则机会均等地自由组合，即体现了自由组合规律。篮球赛人所共知，把枯燥的公式比作篮球赛，自然就容易记住了。

4. 变抽象为具体

将抽象事物比做具体事物可以加深记忆效果。如地理课上的气旋可以比成水中旋涡。某老师在教聋哑学校学生计算机时，用比喻来介绍"文件名""目录""路径"等概念，将"文件"和"文件名"形象地比做练习本和在练习本封面上写姓名、科目等；把文字输入称为"做作业"。各年级老师办公室就像是"目录"；如果学校是"根目录"的话，校长要查看作业，先到办公室通知教师，教师到教室通知学生，学生出示相应的作业，这样的顺序就是"路径"。这样的形象比喻，会使学生觉得所学的内容形象、生动，从而增强记忆效果。

又如，唐代诗人贺知章的《咏柳》诗：

> 碧玉妆成一树高，万条垂下绿丝绦。
> 不知细叶谁裁出，二月春风似剪刀。

春风的形象并不鲜明，可是把它比作剪刀就具体形象了。使人马上领悟到柳树碧、柳枝绿、柳叶细，都是春风的功劳。于是，这首诗便记住了。

运用比喻记忆法，实际上是增加了一条类比联想的线索，它能够帮助我们打开记忆的大门。但是，应该注意的是，比喻要形象贴切，浅显易懂，这样才便于记忆。

第七节　另类思维创造记忆天才

"零"是什么，是一个很有趣味性的创造性思维开发训练活动。"零"或"0"是尽人皆知的一种最简单的文字符号。这里，除了数字表意功能以外，请你发挥创造性想象力，静心苦想一番，看看"0"到底是什么，你一共能想出多少种，想得越多越好，一般不应少于30种。

为了使你能尽快地进入角色，现作如下提示：有人说这是零，有人说这是脑袋，有人说这是地球，有人说这是宇宙。几何教师说"是圆"，英语老师说"是英文字母O"，化学老师讲"是氧元素符号"，美术老师讲"画的是一个蛋"。幼儿园的小朋友们认为"是面包圈""是铁环""是项链""是孙悟空头上的金箍""是杯子""是叔叔脸上的小麻坑"……

另类思维就是能对事物作出多种多样的解释。

之所以说另类思维创造记忆天才，是因为所谓"天才"的思维方式和普通人的传统思维方式是不同的。一般记忆天才的思维主要有以下几个方面：

1. 思维的多角度

记忆天才往往会发现某个他人没有采取过的新角度。这样培养了他的观察力和想象力，同时也能培养思维能力。通过对事物多角度的观察，在对问题认识得不断深入中，就记住了要记住的内容。

大画家达·芬奇认为，为了获得有关某个问题的构成的知识，首先要学会如何从许多不同的角度重新构建这个问题，他觉得，他看待某个问题的第一种角度太偏向于自己看待事物的通常方式，他就会不停地从一个角度转向另一个角度，重新构建这个问题。他对问题的理解和记忆就随着视角的每一次转换而逐渐加深。

2. 善用形象思维

伽利略用图表形象地体现出自己的思想，从而在科学上取得了革命性的突破。天才们一旦具备了某种起码的文字能力，似乎就会在视觉和空间方面形成某种技能，使他们得以通过不同途径灵活地展现知识。当爱因斯坦对一个问题做过全面的思考后，他往往会发现，用尽可能多的方式（包括图表）表达思考对象是必要的。他的思想是非常直观的，他运用直观和空间的方式思考，而不用沿着纯数学和文字的推理方式思考。爱因斯坦认为，文字和数字在他的思维过程中发挥的作用并不重要。

3. 天才设法在事物之间建立联系

如果说天才身上突出体现了一种特殊的思想风格，那就是把不同的对象放在一起进行比较的能力。这种在没有关联的事物之间建立关联的能力使他们能很快记住别人记不住的东西。德国化学家弗里德里希·凯库勒梦到一条蛇咬住自己的尾巴，从而联想到苯分子的环状结构。

4. 天才善于比喻

亚里士多德把比喻看作天才的一个标志。他认为，那些能够在两种不同类事物之间发现相似之处并把它们联系起来的人具有特殊的才能。如果相异的东西从某种角度看上去确实是相似的，那么，它们从其他角度看上去可能也是相似的。这种思维能力加快了记忆的速度。

5. 创造性思维

我们的思维方式通常是复制性的，即，以过去遇到的相似问题为基础。

相比之下，天才的思维则是创造性的。遇到问题的时候，他们会问："能有多少种方式看待这个问题？""怎么反思这些方法？""有多少种解决问题的方法？"他们常常能对问题提出多种解决方法，而有些方法是非传统的，甚至可能是奇特的。

运用创造性思维，你就会找到尽可能多的可供选择的记忆方法。

诺贝尔奖获得者理查德·费因曼在遇到难题的时候总会萌发出新的思考方法。他觉得，自己成为天才的秘密就是不理会过去的思想家们如何思考问题，而是创造出新的思考方法。你如果不理会过去的人如何记忆，而是创造新的记忆方法，那你总有一天也会成为记忆天才。

第八节 左右脑并用创造记忆的神奇效果

左右脑分工理论告诉我们，运用左脑，过于理性；运用右脑，又容易流于滥情。从 IQ（学习智能指数）到 EQ（心的智能指数），便是左脑型教育沿革的结果；而将"超个人"这种所谓的超常现象，由心理学的层面转向学术方面的研究，更代表了人们有意再度探索全脑能力的决心。

若能持续地进行右脑训练，进而将左脑与右脑好好地、平衡地加以开发，则记忆就有了双管齐下的可能：由右脑承担形象思维的任务，左脑承担逻辑思维的重任，左右脑协调，以全脑来控制记忆过程，自然会取得出人意料的高效率。

发挥大脑右半球记忆和储存形象材料的功能，使大脑左右两半球在记忆时，都共同发挥作用，使大脑主动去运用它本身所独有的"右脑记忆形象材料的效果远远好于左脑记忆抽象材料的效果"这一规律。这样实践的效果，理所当然地会使人的记忆效率事半功倍，实现提升记忆力的目的。

另据生理学家研究发现，除了左右半脑在功能上存在巨大差异外，大脑皮层在机能上也有精细分工，各部位不仅各有专职，并有互补合作、相辅相成的作用。

由于长期以来，人们对智力的片面运用以及不良的用脑习惯的结果，不仅造成了大脑部分功能负担过重，学习和记忆能力下降，而且由此影响了思维的发展。

为了扭转这种局面，就需要运用全脑开动，左右脑并用。

1. 使左右半脑交叉活动

交叉记忆是指记忆过程中，有意识地交叉变换记忆内容，特别是交叉记忆那些侧重于形象思维与侧重于抽象逻辑思维的不同质的学习材料，以使大脑较全面发挥作用。记忆中，还可以利用一些相辅相成的手段使大脑两半球同时开展活动。

2. 进行全脑锻炼

全脑锻炼是指在记忆中，要注意使大脑得到全面锻炼。大脑皮层在机能上有精细的分工，但其功能的发挥和提高还要靠后天的刺激和锻炼。由于大脑皮层上有多种机能中枢，要使这些中枢的机能都发展到较高水平，就应在用脑时注意使大脑得到全面的锻炼。

比如在记忆语言时，由于大脑皮层有 4 个有关语言的中枢——说话中枢、书写中枢、听话中枢和阅读中枢，所以为了使这些中枢的机能都得到锻炼，就应当在记忆时把说、写、听、读这几种方式结合起来，或同时进行这几种方式的记忆。

记忆力测试

用几分钟的时间来观察下面这幅由乔治·德拉·图尔所作的画。然后尽量不要看图画，回答接下来的10个问题。

1.画中靠左边的男人，放在身后的那只手里拿着的扑克牌是什么数字？
2.画中靠左边的女人是用哪只手把酒杯端到桌子旁边的？
3.其中一个人手里拿着一张黑桃牌。是真是假？
4.你在桌子上看到了什么？
5.戴着珍珠项链的女人在画中是侧面像还是正面像？
6.正对着我们的那个女人是用哪只手握着牌？
7.画中有两个男人正在对视。是真是假？
8.戴着红色头巾的女人正在注视哪个方向？
9.画中的两个人物是用什么来装饰她们的头发的？
10.画中左边的那个男人穿的衣服是用红色缎带来装饰的。是真是假？

我们以学习语言为例，说明如何左右脑并用。为了学会一门语言，一方面必须掌握足够的词汇，另一方面，必须能自动地把单词组成句子。词汇和句子都必须机械记忆，如果你的记忆变成推理性的或逻辑性的记忆，你就失去了讲一种外语所必需的流畅，进行阅读时，成了一字字地翻译了。这种翻译式的分析阅读是左脑的功能，结果是越读越慢，理解也就更难，全靠死记住某个外语单词相应的汉语单词是什么来分析。

发挥左右脑功能并用的办法学语言是用语言思维，例如，学英语单词"bed"时，应该在头脑中浮现出"床"的形象来，而不是去记"床"这个字。为什么学习本国语言容易呢？因为你从小学习就是从实物形象入手，说到"暖水瓶"，谁都会立刻想起暖水瓶的形象来，而不是浮现出"暖水瓶"三个字形来，说到动作你就会浮现出相应的动作来，所以学得容易。我们学习外语时，如能让文字变成图画，在你眼前浮现出形象来——这就让右脑起作用了。每个句子给你一个整体的形象，根据这个形象，通过上下文来判别，理解就更透了。

教育学、心理学领域的很多研究结果也显示，充分利用左右脑来处理多种信息对学习才是最有效的。

关于左右脑并用，保加利亚的教育家洛扎诺夫创造的被称之为"超级记忆法"的记忆方法最具有代表性。这种方法的表现形式中最引人入胜的步骤之一，是在记忆外语的同时，播放与记忆内容毫无关系的动听的音乐。洛扎诺夫解释说，听音乐要用右脑，右脑是管形象思维的，学语言用左脑，左脑是管逻辑思维的。他认为，大脑的两半球并用比只用一半要好得多。

第九节 快速提升记忆的 9 大法则

在学习过程中，每一个学习者都会面临记忆的难题，在这里，我们介绍了一个记忆 9 大法则，以便帮助我们更好地提高记忆力，获得学习高分。

记忆的 9 大法则如下：

1. 利用情景进行记忆

人的记忆有很多种，而且在各个年龄段所使用的记忆方法也不一样，具体说来，大人擅长的是"情景记忆"，而青少年则是"机械记忆"。

比如每次在考试复习前，采取临阵磨枪、死记硬背的同学很多。其中有一些同学，在小学或初中时学习成绩非常好，但一进了高中成绩就一落千丈。这并不是由于记忆力下降了，而是随着年龄的增长，擅长的记忆种类发生了变化，依赖死记硬背是行不通了。

2. 利用联想进行记忆

联想是大脑的基本思维方式，一旦你知道了这个奥秘，并知道如何使用它，那么，你的记忆能力就会得到很大的提高。

我们的大脑中有上千亿个神经细胞，这些神经细胞与其他神经细胞连接在一起，组成了一个非常复杂而精密的神经回路。包含在这个回路内的神经细胞的接触点达到 1000 万亿个。突触的结合又形成了各种各样的神经回路，记忆就被储存在神经回路中，这些突触经过长期的牢固结合，传递效率将会提高，使人具有很强的记忆力。

3. 运用视觉和听觉进行记忆

每个人都有适合自己的记忆方法。视觉记忆力是指对来自视觉通道的信息的输入、编码、存储和提取，即个体对视觉经验的识记、保持和再现的能力。

视觉记忆力对我们的思维、理解和记忆都有极大的帮助。如果一个人视觉记忆力不佳，就会极大地影响他的学习效果。

相对视觉而言，听觉更加有效。由耳朵将听到的声音传到大脑知觉神经，再传到记忆中枢，这在记忆学领域中叫"延时反馈效应"。比如，只看过歌词就想记下来是非常困难的，但要是配合节奏唱的话，就很快能够记下来，比起视觉的记忆，听觉的记忆更容易留在心中。

4. 使用讲解记忆

为了使我们记住的东西更深，我们可以把自己记住的东西讲给身边的人听，这

记忆如何运行

中央管理者

筛选感觉信息，控制和分配注意力，并决定完成脑力任务的策略。

语音图

负责处理词汇、字母、数字等信息。

视觉－空间记事区

负责处理图像信息。

为了表述短期记忆的运行机制，1974 年心理学家阿兰·柏德雷提出了上面这个至今仍在不断优化的模型。

146

是一种比视觉和听觉更有效的记忆方法。

但同时要注意，如果自己没有清楚地理解，就不能很好地向别人解释，也就很难能深刻地记下来。所以首先理解你要记忆的内容很关键。

5. 保证充足的睡眠

我们的大脑很有意思，它也必须需要充足的睡眠才能保持更好的记忆力。有关实验证明，比起彻夜用功、废寝忘食，睡眠更能保持记忆。睡眠能保持记忆，防止遗忘，主要原因是因为在睡眠中，大脑会对刚接收的信息进行归纳、整理、编码、存储，同时睡眠期间进入大脑的外界刺激显著减少，我们应该抓紧睡前的宝贵时间，学习和记忆那些比较重要的材料。不过，既不应睡得太晚，更不能把书本当作催眠曲。

有些学习者在考试前进行突击复习，通宵不眠，更是得不偿失。

6. 及时有效地复习

有一句谚语叫"重复乃记忆之母"，只要复习，就会很好地记住需要记住的东西。不过，有些人不论重复多少遍都记不住要记住的东西，这跟记忆的方法有关，只要改变一下方法就会获得另一种效果。

7. 避免紧张状态

不少人都会有这种经历，突然要求在很多人面前发表讲话，或者之前已经做了一些准备，但开口讲话时还是会紧张，甚至突然忘记自己要讲解的内容。虽然说适度的紧张会提高记忆力，但是过度紧张的话，记忆就不能很好地发挥作用。

所以，我们在平时应该多训练自己当众演讲，以减少紧张的次数。

8. 利用求知欲记忆

有人认为，随着年龄的增长，我们的记忆力会逐渐减退，其实，这是一种错误的认识。记忆力之所以会减退，与本人对事物的热情减弱，失去了对未知事物的求知欲有很大的关系。

对一个善于学习的人来说，记忆时最重要的是要有理解事物背后的道理和规律的兴趣。一个有求知欲的人即便上了年纪，他的记忆力也不会衰退，反而会更加旺盛。

9. 持续不断地进行记忆努力

要想提高自己的记忆力，需要不断地锻炼和练习，进行有意识地记忆。比如可以对身边的事物进行有意识的提问，多问几个"为什么"，从而加深印象，提升记忆能力。

在熟悉了记忆的 9 大法则后，我们就可以根据自己的情况作出提高记忆力的思维导图了。

第三章

引爆记忆潜能

第一节 你的记忆潜能开发了多少

俄国有一位著名的记忆家，他能记得 15 年前发生过的事情，甚至能精确到事情发生的某日某时某刻。你也许会说"他真是个记忆天才！"其实，心理学家鲁利亚曾用数年时间研究他，发现他的大脑与正常人没有什么两样，不同的只是他从小学会了熟记发生在身边的事情的方法而已。

每个人读到这里都会觉得不可思议。其实，人脑记忆是大有潜力可挖的。你也可以向这位记忆家一样，而这绝对不是信口开河。

现代心理学研究证明，人脑由 140 亿个左右的神经细胞构成，每个细胞有 1000 ～ 10000 个突触，其记忆的容量可以收容一生之中接收到的所有信息。即便如此，在人生命将尽之时，大脑还有记忆其他信息的"空地"。一个正常人头脑的储藏量是美国国会图书馆全部藏书的 50 倍，而此馆藏书量是 1000 万册。

人人都有如此巨大的记忆潜力，而我们却整天为误以为自己"先天不足"而长吁短叹、怨天尤人，如果你不相信自己有这样的记忆潜力的话，你可以做下面的实验证明。

请准备好钟表、纸、笔，然后记忆下面的一段数字（30 位）和一串词语（要求按照原文顺序），直到能够完全记住为止。写下记忆过程中重复的次数和所花的时间等。4 小时之后，再回忆默写一次（注意：在此之前不能进行任何形式的复习），然后填写

神经图像表明，西姆·伯罕除了利用程序记忆外，还利用了情景记忆来实现对几乎无限量的数字和字母的记忆。

这次的重复次数和所花的时间。

数字：10991285724639246570259143 6807

词语：恐惧 马车 轮船 瀑布 熊掌 武术 监狱 日食 石油 泰山

学习所用的时间：

重复的次数：

默写出错率：

此时的时间：

4小时后默写出错率：

现在再按同样的形式记忆下面的两组内容，统计出有关数据，但必须使用提示中的方法来记忆。

数字：18710534127982658766 3890278643

[提示：使用谐音的方法给每个数字确定一个代码字，连成一个故事。故事大意：你原来很胆小，服了一种神奇的药后，大病痊愈，从此胆大如斗，连杀鸡这样的"大事"也不怕了，一刀砍下去，一只矮脚鸡应声而倒。为了庆祝，你和爸爸，还有你的一位朋友，来到酒吧。你的父亲饮了63瓶啤酒，大醉而归。走时带了两个西瓜回去，由于大醉，全都丢光了。现在，你正给你的这位朋友讲这件事，你说："一把奇药（1871），令吾杀死一矮鸡（0534127），酒吧（98），尔来（26），吾爸吃了63啤酒（58766389），拎两西瓜（0278），流失散（643）。"]

词语：火车 黄河 岩石 鱼翅 体操 惊讶 煤炭 茅屋 流星 汽车

[提示：把10个词语用一个故事串起来，请在读故事时一定要像看电视剧一样在脑中映出这个故事描述的画面来。故事如下：一列飞速行驶的"火车"在经过"黄河"大桥时撞在"岩石"上，脱轨落入河中，河里的"鱼"受惊之后展"翅"飞出水面，纷纷落在岸上，活蹦乱跳，像在做"体操"似的。人们目睹此景大为"惊讶"，驻足围观。有几个聪明人拿来"煤炭"，支起炉灶来煮鱼吃。煤不够了就从"茅屋"上扒下干草来烧。鱼刚煮好，不料，一颗"流星"从天而降砸在炉上。陨石有座小山那么大，上面有个洞，洞中开出一辆"汽车"来，也许是外星人的桑塔纳吧。]

学习所用的时间：

重复的次数：

默写出错率：

此时的时间：

4小时后默写出错率：

通过比较两次学习的效果，可以看出：使用后面提示中的记忆方法来记忆时，时间短，记忆准确，效果持久。

其实，许多行之有效的记忆训练方法还鲜为人知，本书就将为你介绍很多有效的训练方法。如果你能掌握并运用好其中的一个方法，你的记忆就会被强化，一部分潜能也就会被开发出来而产生很可观的实际效果；如果你能全面地掌握并运用好这些训练方法，使它们在相互协同中产生增值效应，那么你的记忆力就会有惊人的长进，近于无穷的潜能也会释放出来。多数人自我感觉记忆不良，大都是记忆方法不当所造成的。

所以，我们要相信自己的大脑，它就犹如照相底片，等待着信息之光闪现；又如同浩瀚的汪洋，接纳川流不息的记忆之"水"——无"水"满之患；还好像没有引爆的核材料，一旦引爆，它会将蕴藏的超越其他材料万亿倍的核热潜能释放出来，让你轻而易举地腾飞，铸就辉煌，造福人类和自己。

当然，值得注意的是，虽然记忆大有潜力可挖，但是也不要滥用大脑。因为脑是一个有限的装置——记忆的容量不是无限的，一瞥的记忆量很有限。过频地使用某些部位的脑神经细胞，时间一久，还会出现功能降减性病变（主症是效率突减），脑细胞在中年就不断地死亡而数量不断地减少，其功能也由此而衰退……

故此，不要"锥刺股，头悬梁"地去记忆那些过了时的、杂七杂八、无关紧要、结构松散、毫无生气、可用笔记以及其他手段帮助大脑记忆的信息。

第二节 明确记忆意图，增强记忆效果

美国心理学家威廉·詹姆斯说："天才的本质，在于懂得哪些是可以忽略的。"
很多人可能都有这样的体会：课堂提问前和考试之前看书，记忆效果比较好，

优化购物单

当你每个星期都需要去一个离家较远的超市买一到两次东西时，分类法对你将会很有用。虽然你已经写下了需要买的东西，但是它们杂乱无章。这样一个清单并不是很有用，它会使你在超市里多次来回走动。相反，如果对物品进行合理的分类（肉类、奶制品等），就能节省时间。这样，你不再需要从卖蔬菜的柜台再走回调料品区，因为你发现自己忘了买芥末酱。为了制作这样一个购物单，你可以尝试在脑海中构想从进入超市到收银台你将走的路线。

购物单
水果和蔬菜
沙拉、胡萝卜、橙子
奶制品
牛油、白奶酪
肉类
鸡、牛排
速冻品
比萨饼、冰激凌
不易变质的食品
米、面条、酱
卫生品
肥皂、棉花
家务产品
洗涤剂、柔化剂

这主要是因为他们记忆的目的明确，知道自己该记什么，到什么时候记住，并知道非记住不可。这种非记住不可的紧迫感，会极大地提高记忆力。

原南京工学院讲师韦钰到德国进修，靠着原来自修德语的一点基础，仅用了四个月的时间就攻下了德语关，表现出惊人的记忆能力。这种惊人的记忆力与"一定要记住"的紧迫感有关，而这种紧迫感又来自韦钰正确的学习目的和研究动机。

韦钰的事例证明，记忆的任务明确，目的端正，就能发掘出各种潜力，从而取得较好的记忆效果。有时，重要的事情遗忘的可能性比较小，就是这个道理。

不少人抱怨自己的记忆能力太差，其实这主要是在于学习的动机和目的不端正，学习缺乏强大的动力，不善于给自己提出具体的学习任务，因此在学习时，就没有"一定要记住"的紧迫感，注意力就不容易集中，使得记忆效果很差。

反之，有了"一定要记住"的认识，又有了"一定能记住"的信心，记忆的效果一定会好的。

基于以上原因，我们在记忆之前应给自己提出识记的任务和要求。例如，在读文章之前，预先提出要复述故事的要求；去动物园之前，要记住哪些动物的外形、动作及神态，回来后把它们画出来，贴在墙壁上。这就调动了在进行这些活动中观察、注意、记忆的积极性。

另外，光有目的还不行，如很多人在考试之前，花了很多时间记忆学习，但考试之后，他努力背的那些知识很快就忘记了，因此，记忆时提出的目的还应该是长远的、有意义的、有价值的、有一定难度的。

记忆目标是由记忆目的决定的。要确定记忆目标，首先要明确记忆的目的，即为了什么去进行记忆，然后根据记忆目的确定具体的记忆任务，并安排好记忆进程。对于较复杂的、需要较长时间来进行记忆的对象来说，应把制订长远目标和制订短期目标相结合，把长远目标分成若干不同的短期目标，通过跨越一个个短期目标去实现长远目标。

明确记忆目标，主要不是一个记忆的技巧问题，而是人的记忆动机、态度、意志的问题。在强大的动机支配下，用认真的态度和坚强的意志去记忆，这就是明确记忆目标的实质。我们懂得记忆的意义后，便会对记忆产生积极的态度。

确定记忆意图还要注意以下两个方面：

要注意记忆的顺序

例如，记公式时首先要理解公式的本质，而后通过公式推导来记住它，再运用图形来记住公式，最后是通过做类型题反复应用公式，来强化记忆。有了这样一个记忆顺序，就一定会牢记这些数学公式。

记忆目标要切实可行

在记忆学习中，确立的目标不仅应高远，还要切实可行。因为只有切实的目标才真正会激发人们为之奋斗的热情，才使人有信心、有把握地把目标变为现实。

总之，要使自己真正成为记忆高手，成为记忆方面的天才，你首先要做的就是要有一个明确的记忆意图。

第三节 记忆强弱直接决定成绩好坏

记忆力直接影响我们的学习能力，没有记忆，学习就无法进行。英国哲学家培根说过，一切知识，不过是记忆。记忆方法和其中的技巧，是学生提高学习效率、提升学习成绩的关键因素，没有记忆提供的知识储备，没有掌握记忆的科学方法，学习不可能有高效率。现在学生的学习任务繁重，各种考试应接不暇，如果记不住知识，学习成绩可想而知，一考试头脑就一片空白，考试只能以失败告终。

如果我们把学习当作是一场漫长的征途，那么记忆就像是你的交通工具，交通工具的速度直接关系到你学习成绩的好坏，即它将直接决定你学习效率的高低。俗话说得好，牛车走了一年的路程，还比不上飞船1小时走得远。在竞争日益激烈的今天，谁先开发记忆的潜力，谁就成为将来的强者。

美国心理学家梅耶研究认为，学习者在外界刺激的作用下，首先产生注意，通过注意来选择与当前的学习任务有关的信息，忽视其他无关刺激，同时激活长时记忆中的相关的原有知识。新输入的信息进入短时记忆后，学习者找出新信息中所包含的各种内在联系，并与激活的原有的信息相联系。最后，被理解了的新知识进入长时记忆中储存起来。

在特定的条件下，学习者激活、提取有关信息，通过外在的反应作用于环境。简言之，新信息被学习者注意后，进入短时记忆，同时激活的长时记忆中的相关信息也进入短时记忆。新旧信息相互作用，产生新的意义并储存于长时记忆系统，或者产生外在的反应。

具体地说，记忆在学习中的作用主要有以下几点：

1. 学习新知识离不开记忆

学习知识总是由浅入深，由简单到复杂，是循序渐进的。我们说，在学习新知识前，应该先复习旧知识，就是因为只有新旧知识相联系，才能更有效地记住新知识。忘记了有关的"旧"知识，却想学好新知识，那就如同想在空中建楼一样可笑。如果学习高中"电学"时，初中"电学"中的知识全都忘记了，那么高中的"电学"就很难学习下去。一位捷克教育家说："一切后教的知识都根据先教的知识。"可见，记住先教的知识对继续学习有多么重要。

2. 记忆是思考的前提

面对问题，引起思考，力求加以解决，可是一旦离开了记忆，思考就无法进行，问题也自然解决不了。假如在做求证三角形全等的习题时，却把三角形全等的判定公理或定理给忘了，那就无法进行解题的思考。人们常说，概念是思维的细胞，有时思考不下去的原因是由于思考时把需要使用的概念和原理遗忘了。经过查找或请教又重新回忆起来之后，中断的思考过程就可以继续下去了。宋代学者张载说过："不记则思不起。"这话是很有道理的。如果感知过的事物不能在头脑中保存和再现，思维的"加工"也就成了无源之水，无米之炊了。

3. 记忆好有助于提高学习效率

记忆力强的人，头脑中都会有一个知识的贮存库。在新的学习活动中，当需要某些知识时，则可随时取用，从而保证了新知识的学习和思考的迅速进行，节省了大量查找、复习、重新理解的时间，使学习的效率大大提高。

一个善于学习的人在阅读或写作时，很少翻查字典，做习题时，也很少翻书查找原理、定律、公式等，因为这些知识已牢牢地贮存在他的大脑中了，而且可以随时取用。

不少人解题速度快的秘密在于，他们把常用的运算结果，常用的化学方程式的系数等已熟记在头脑中，因此，在解题时就不必在这些简单的运算上费时间了，从而可以把时间更多地用在思考问题上。由于记得牢固而准确，所以也就大大减少了临时运算造成的差错。

许多学习成绩差的人就是由于记忆缺乏所造成的。有科学研究表明，学习成绩差一些的人在记忆时会遇到两种问题：第一，与学习成绩优良的学生相比，学习成绩差一些的人在记忆任务上有困难。第二，学习成绩差一些的学生的记忆问题可能是由于不能恰当地使用记忆策略。

尽管记忆是每个人所具有的一种学习能力，但科学有效的记忆方法并不是每一个学习者都能掌握的。一些学习者会根据课程的学习目的和要求，选择重点、选择难点，然后根据记忆对象的实际情况运用一些记忆方法进行科学记忆，并在自己的学习活动中总结出适合自己学习特点的方法，巩固学习效果，达到学有所成，学有所用。

第四节　寻找记忆好坏的衡量标准

人人需要记忆，人人都在记忆，那么怎样衡量记忆的好坏呢？心理学家认为，一个人记忆的好坏，应以记忆的敏捷性、持久性、正确性和备用性为指标进行综合考察。

1. 敏捷性

记忆的敏捷性体现记忆速度的快慢，指个人在单位时间内能够记住的知识量，或者说记住一定的知识所需要的时间量。著名桥梁学家茅以升的记忆相当敏捷，小时候看爷爷抄古文《东都赋》，爷爷刚抄完，他就能背出全文。若要检验一个人记忆的敏捷性，最好的方法就是记住自己背一段文章所需的时间。

2. 持久性

记忆的持久性是指记住的事物所保持时间的长短。不同的人记不同的事物时，其记忆的持久性是不同的。东汉末年杰出的女诗人蔡文姬能凭记忆回想出 400 多篇珍贵的古代文献。

3. 正确性

记忆的正确性是指对原来记忆内容的性质的保持。如果记忆的差错太多，不仅记忆的东西失去价值，而且还会有坏处。

4. 备用性

记忆的备用性是指能够根据自己的需要，从记忆中迅速而准确地提取所需要的信息。大脑好比是个"仓库"，记忆的备用性就是要求人们善于对"仓库"中储存的东西提取自如。有些人虽然记忆了很多知识，但却不能根据需要去随意提取，以至于为了回答一个小问题，需要背诵不少东西才能得到正确的答案。就像一个杂乱无章的仓库，需要提货时，保管员手忙脚乱，一时无法找到一样。

记忆指标的这四个方面是相互联系的，也是缺一不可的。忽视记忆指标的任何一个方面都是片面的。记忆的敏捷性是提高记忆效率的先决条件。只有记得快，才能获得大量的知识。

记忆的持久性是记忆力良好的一个重要表现。只有记得牢，才可能用得上。记忆的正确性是记忆的生命。只有记得准，记忆的信息才能有价值，否则记忆的其他指标也就相应地贬值。记忆的备用性也是很重要的。有了记忆的备用性，才会有智慧的灵活性，才能有随机应变的本领。

衡量一个人记忆的好坏除了上面这四个指标外，记忆的广度也是记忆的一个重要的衡量标准。记忆的广度是指群体记忆对象在脑中造成一次印象以后能够正确复现的数量。

譬如，先在黑板或纸板上写出一些词语：钢笔、书本、大海、太阳、飞鸟、学生、红旗等，用心看过一遍后，再进行复述，复述的词语越多，记忆的广度指标就越高。测量一个人记忆的广度，典型的方法就是复述数字：先在纸上写出一串数字，看一遍后，接着复述，有人能说出 8 位数字，有人能说出 12 位，有人则只能说清 4 ~ 5 位，一般人能复述 8 ~ 9 位。说得越多，当然越好，但这只代表记忆的一个指标量。

总之，衡量记忆的好坏，应该综合考量，而不应该强调某方面或忽视某方面。

第五节 掌握记忆规律，突破制约瓶颈

减负一直以来都是一个热门话题，虽然减少课业量是一种减负方法，但掌握记忆规律，按记忆规律学习应该是一种更好的办法。

掌握记忆规律和法则就能更高效地学习，这对于青少年是十分重要的。记忆与大脑十分复杂，但并不神秘，了解他们的工作流程就能更好地加强自身学习潜质。

人的大脑是一个记忆的宝库，人脑经历过的事物，思考过的问题，体验过的情

感和情绪，练习过的动作，都可以成为人们记忆的内容。例如英文学习中的单词、短语和句子，甚至文章的内容都是通过记忆完成的。从"记"到"忆"是有个过程的，这其中包括了识记、保持、再认和回忆4个过程。

所谓识记，分为识和记两个方面。先识后记，识中有记。所谓保持，是指将已经识记过的材料，有条理地保存在大脑之中。再认，是指识记过的材料，再次出现在面前时，能够认识它们。重现，是指在大脑中重新出现对识记材料的印象。这几个环节缺一不可。在学习活动中只要进行有意识的训练，掌握记忆规律和方法，就能改善和提高记忆力。

对于一些学习者来说，对各科知识中的一些基本概念、定律以及其他工具性的基础知识的记忆，更是必不可少。因此，我们在学习过程中，既要进行知识的传授，又要注意对自己记忆能力的培养。掌握一定的记忆规律和记忆方法，养成科学记忆的习惯，就能提高学生的学习效率。

记忆有很多规律，如前面我们提到的艾宾浩斯遗忘曲线就是其中一个很重要的规律，我们可以根据这种规律进行及时适当的复习，适当过度学习，以使我们的记忆得以保持。

同时，也不可以一次记忆太多的东西，这就关系到记忆的广度规律。记忆力的广度性，指对于一些很长的记忆材料第一次呈现给你，你能正确地记住多少。记住的越多，你的记忆力的广度就越好。记忆的广度越来越大，记忆的难度就越来越大。如果你能记住的数字长度越长，你的记忆力的广度性就越好。

美国心理学家G.米勒通过测定得出一般成人的短时记忆平均值。米勒发现：人的记忆广度平均数为7，即大多数人一次最多只能记忆7个独立的"块"，因此数字"7"被人们称为"魔数之七"。我们利用这一规律，将短时记忆量控制在7个之内，从而科学使用大脑，使记忆稳步推进。

综上所述，记忆与其他一切心理活动一样是有规律的。我们应积极遵循记忆规律，使用科学的记忆方法去进行识记，从而不断提高自己的学习效果，增强学习的兴趣。

第六节 改善思维习惯，打破思维定式

思维定式就是一种思维模式，是头脑所习惯使用的一系列工具和程序的总和。

一般来说，思维定式具有两个特点：一是它的形式化结构；二是它的强大惯性。

思维定式是一种纯"形式化"的东西，就是说，它是空洞无物的模型。只有当被思考的对象填充进来以后，只有当实际的思维过程发生以后，才会显示出思维定式的存在，没有现实的思维过程，也就无所谓思维的定式。

　　思维定式的第二个特点是，它具有无比强大的惯性。这种惯性表现在两个方面：一是新定式的建立；二是旧定式的消亡。有时，人的某种思维定式的建立要经过长期的过程，而一旦建立之后，它就能够"不假思索"地支配人们的思维过程、心理态度乃至实践行为，具有很强的稳固性甚至顽固性。

　　人一旦形成了习惯的思维定式，就会习惯地顺着定式的思维思考问题，不愿也不会转个方向、换个角度想问题，这是很多人都有的一种愚顽的"难治之症"。

　　比如看魔术表演，不是魔术师有什么特别高明之处，而是我们的思维过于因袭习惯之式，想不开，想不通，所以上当了。比如人从扎紧的袋里奇迹般地出来了，我们总习惯于想他怎么能从布袋扎紧的上端出来，而不会去想想布袋下面可以做文章，下面可以装拉链。

　　人一旦形成某种思维定式，必然会对记忆力产生极大的影响。因为，思维定式使学生以较固定的方式去记忆，思维定式不仅会阻碍学生采用新方法记忆，还会大大影响记忆的准确性，不利于记忆效果和学习成绩的提高，例如，很多人都认为学习时听音乐会影响学习效果，什么都记不住，可事实上，有研究表明，选好音乐能够开发右脑，从而提高学习记忆效率。因此，青少年在学习记忆的过程中，应有意识地打破自己的思维定式。

　　那么，如何突破思维定式呢？

　　先看一幅思维导图（见下页）。

　　即，我们可从以下几个方面入手：

1. 突破书本定式

　　有位拳师，熟读拳法，与人谈论拳术滔滔不绝，拳师打人，也确实战无不胜，可他就是打不过自己的老婆。拳师的老婆是一位不知拳法为何物的家庭妇女，但每每打起来，总能将拳师打得抱头鼠窜。

　　有人问拳师："您的功夫都到哪里去了？"

　　拳师恨恨地说："这个死婆娘，每次与我打架，总不按路数出招，害得我的拳法都没有用场！"

　　拳师精通拳术，战无不胜，可碰到不按套路出招的老婆时，却一筹莫展。

　　"熟读拳法"是好事，但拳法是死的，如果盲目运用书本知识，一切从书本出发，以书本为纲，脱离实际，这种由书本知识形成的思维定式反而使拳师遭到失败。

　　"知识就是力量。"但如果是死读书，只限于从教科书的观点和立场出发去观察问题，不仅不能给人以力量，反而会抹杀我们的创新能力。所以学习知识的同时，应保持思想的灵活性，注重学习基本原理而不是死记一些规则，这样知识才会有用。

2. 突破经验定式

　　在科学史上有着重大突破的人，几乎都不是当时的名家，而是学问不多、经验

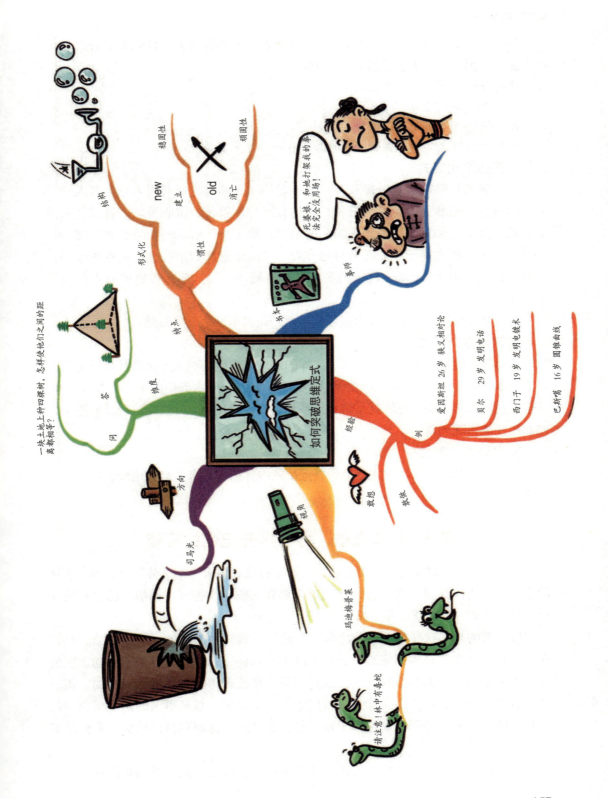

不足的年轻人，因为他们的大脑拥有无限的想象力和创造力，什么都敢想，什么都敢做。下面的这些人就是最好的例证：

> 爱因斯坦 26 岁提出狭义相对论；
>
> 贝尔 29 岁发明电话；
>
> 西门子 19 岁发明电镀术；
>
> 巴斯卡 16 岁写成关于圆锥曲线的名著……

3. 突破视角定式

法国著名歌唱家玛迪梅普莱有一个美丽的私人林园，每到周末总会有人到她的林园摘花、拾蘑菇、野营、野餐、弄得林园一片狼藉，肮脏不堪。管家让人围上篱笆，竖上"私人园林禁止入内"的木牌，均无济于事。玛迪梅普莱得知后，在路口立了一些大牌子，上面醒目地写着："请注意！如果在林中被毒蛇咬伤，最近的医院距此 15 千米，驾车约半小时方可到达。"从此，再也没有人闯入她的林园。

这就是变换视角，变堵塞为疏导，果然轻而易举地达到了目的。

4. 突破方向定式

"司马光砸缸"的故事就说明了这样的道理。常规的救人方法是从水缸上将人拉出，即让人离开水。而司马光急中生智，用石砸缸，使水流出缸中，即水离开人，这就是逆向思维。逆向思维就是将自然现象、物理变化、化学变化进行反向思考，如此往往能出现创新。

5. 突破维度定式

只有突破思维定式，你才能把所要记忆的内容拓展开来，与其他知识相联系，从而提高记忆效率。

第七节 有自信，才有提升记忆的可能

自信，在任何时候都十分重要。古人行军打仗，讲求一个"势"字，讲求军队的士气、斗志，如果上自统帅，下至走卒都有一股雄心霸气，相信自己会在战斗中取胜，那么，他们就会斗志昂扬。

最重要的是，这样的"自信之师"是绝不会被轻易击垮的。有无自信，往往在一开始就注定了该事的成败。记忆也离不开自信，因为它是意识的活动，它的作用明显地取决于人的心理状况。这是因为人在处理事情时思维是分层的，由下到上包括环境层、行为层、能力层、信念层、身份层，很多事情的焦点是在身份上的。两个人做一件事效果可以千差万别，这是因为他们对自己的身份定位决定了一切。

人的行为可以改变环境，而获得能力可以改变行为模式，但如果没有信念，

就不容易获得能力。记忆力属于能力层，如果要做改变，就要从根本上改变身份和信念。在这个层次塔中，上面的往往容易解决下面的问题，如果能力出现问题，从态度上改变，能力的改变就会持久。如果不能从信念上根本改变，即使学会了记忆方法，也会慢慢淡忘不用。

一名研究人类记忆力的教授曾说："一开始的时候，对于要记忆的东西，我自信能记住。然而不久我就发现，事实并非如此。我总是试图记住所有的资料，但从未如愿过，甚至能牢记不忘的部分也越来越少了。这时，我就不由得产生了怀疑：我的记忆力是不是不够好呢？我是不是只能记住一丁点儿的东

自信是我们战胜困难、取得成功的重要动力。

西而不是全部呢？能力受到怀疑时，自信心自然也就受到创伤，态度便不再那么积极了。再次记忆的时候对记不记得住、能记得住多少，就没什么底了，抱着能记多少就记多少的态度，结果呢？记住的东西更少了，准确度也差了。而且见了稍多要记忆的东西就害怕，记忆的效果自然就越来越低。没了自信，就没了那一股气。兴趣没有了，斗志没有了，记忆时似散兵游勇般弄得对自己越来越没自信。不相信自己能记住，往往就注定了你记不住。"

那么，这股自信应该建立在怎样的基础上呢？它要怎样培养并保持下去呢？关键就在于如何在记忆活动中用自信这股动力来加速记忆。

某位心理学专家说："自信往往取决于记忆的状况，取决于东西记住了多少。如果每次都能高质量地完成，自信心就会受到鼓舞而得到增强，并在以后发挥积极作用；反之，自信心就会逐渐减弱，甚至最后信心全无。"

因此，树立记忆自信的关键就在于：决心要记住它，并真正有效地记住它。

第八节 培养兴趣是提升记忆的基石

德国文学家歌德说："哪里没有兴趣，哪里就没有记忆。"这是很有道理的。兴趣使人的大脑皮层形成兴奋优势中心，能进入记忆最佳状态，调动大脑两个半球所有的内在潜力，充分发挥自己的创造力与记忆的潜能。所以说，"兴趣是最好的老师"。

达尔文在自传中写道："就我在学校时期的性格来说，其中对我后来发生影响的，就是我有强烈而多样的兴趣，沉溺于自己感兴趣的东西，深入了解任何复杂

莫扎特从小对音乐的兴趣和天赋对他以后的创作产生了重要的影响。

的问题。"

达尔文的事例说明，兴趣是最好的学习记忆动力。我们做任何事情，都需要一定的兴趣，没有兴趣去做，自然就很难做好。记忆有时候是一件很乏味甚至很辛苦的事，如果没有学习兴趣，不但很难坚持下去，而且其效果也必然会大打折扣。

兴趣可以让你集中注意力，暂时抛开身边的一切，忘情投入；兴趣能激发你思考的积极性，而且经过积极思考的东西能在大脑中留下思考的痕迹，容易记住；兴趣也能使你情绪高涨，可以激发脑肽的释放，而生理学家则认为，脑肽是记忆学习的关键物质。

英国戏剧大师莎士比亚天生就迷恋戏剧，对演戏充满了兴趣。他博闻强识，很快就掌握了丰富的戏剧知识。有一次，一个演员病了，剧院的老板就让他去当替补，莎士比亚一听，乐坏了，他用了不到半天的时间，就把台词全背了下来，演得比那个演员还好。

德国大音乐家门德尔松，在他 17 岁那年，曾经去听贝多芬第九交响曲的首次公演。等音乐会结束，回到家里以后，他立刻写出了全曲的乐谱，这件事震惊了当时的音乐界。虽然我们现在对贝多芬的第九交响曲早已耳熟能详，可在当时，首次聆听之后，就能记忆全曲的乐谱，实在是一件不可思议的事。

门德尔松为什么会这么神奇？原因就在于他对音乐的深深热爱。

兴趣促进了记忆的成功，记忆上的成功又会提高学习兴趣，这便是良性循环；反之，对某个学科厌烦，记忆必定失败，记忆的失败又加重了对这一学科的厌烦感，形成恶性循环。所以善于学习的人，应该是善于培养自己学习兴趣的人。

德国著名音乐家门德尔松纪念碑

那么，如何才能对记忆保持浓厚的兴趣呢？以下几种建议，我们不妨去试一试：

（1）多问自己"为什么"；

（2）肯定自己在学习上取得的每一点进步；

（3）根据自己的能力，适当地参加学习竞赛；

（4）自信是增加学习兴趣的动力，所以一定要相信自己的能力；

（5）不只是去做感兴趣的事，而要以感兴趣的态度去做一切该做的事。

不仅如此，我们还要在学习和生活中积极地去发现、创造乐趣。

如果你想知道苹果好不好吃，就不能单凭主观印象，而应耐着性子细细品尝，学习的时候也一样。背英文单词，你会觉得枯燥无味，但是坚持下去，当你能试着把课本上的中文翻译成英语，或结结巴巴地用英语同外国人对话时，你对它就会有兴趣了。

在跟同学辩论的时候，时而引用古人的一句诗词，时而引用一句名言，老师的赞赏和同学们的羡慕，会使你对读书越来越有兴趣。

我们还可以借助想象力创造兴趣，把枯燥的学习材料变得好玩又好记。

第九节　观察力是强化记忆的前提

我们都有这么一个经验，当我们用一个锥子在金属片上打眼时，劲使得越大，眼就钻得越深。

记忆的道理也是如此，印象越深刻，记得就越牢固。深刻的事件、深刻的教训，通常都带有难以抹去的印痕。如你看到一架飞机坠毁，这当然是记忆深刻的；又如你因大意轻信了某人，被骗去最心爱的东西，这也容易记得深刻。

但生活中许多事情并不是这样，它本身并没有什么动人的场面和跌宕的变化，我们要想从主观上获得强烈的印象，就要靠细致地观察。

观察能力是大脑多种智力活动的一个基础能力，它是记忆和思维的基础，对于记忆有着决定性的意义。因为记忆的第一阶段必须要有感性认识，

达尔文之所以取得如此大的成就，是因为他有着超强的精细观察能力。

而只有强烈的印象才能加深这种感性认识。眼睛接收信息时，就要把它印在脑海里。对于同一幅景物，婴儿的眼和成人的眼看来都是一样的，一个普通人及一个专家眼中所视的客体也是一样的，但引起的感觉却是大相径庭的。

达尔文曾对自己做过这样的评论："我既没有突出的理解力，也没有过人的机智。只是在觉察那些稍纵即逝的事物并对其进行精细观察的能力上，我可能在众人之上。"

我们应该向达尔文学习，不管记忆最终会产生什么效果，前提是一定要进行仔细地观察，只有这样做才能在脑海中形成深刻的印象。而认真观察的先决条件，就是必须有强烈的目的。

我们观察某一事物时，常常由于每个人的思考方式不同，每个人观察的态度与方法及侧重点也不同，观察结果自然也不同，这又使最后记忆的结果不同。

在日常生活中，你可以经常做一些小的练习训练你的观察力，譬如读完一篇文章后，把自己读到的情节试着记录下来，用自己的语言将其中的场面描绘一番。

这样你就可以测试自己是否能把最主要的部分准确地记录下来，从而在一定程度上锻炼自己的观察力，这种训练可以称之为"描述性"训练。为达到更好的训练效果，我们应该在平时处处留心，比如每天会碰到各种各样的人，当你见到一个很特别的人之后，不妨在心里描绘那人的特点。

或者，在吃午饭时我们仔细地观察盘子，然后闭上眼睛放松一会儿，我们就能运用记忆再复制的能力在内心里看到这个盘子。

一旦我们在内心里看到了它，就睁开眼睛，把"精神"的盘子和实际的盘子进行比较，然后我们再闭上眼睛修正这个图像，用几秒钟的时间想象，然后确定下来，那么就能立刻校正你在想象中可能不准确的地方。

在训练自己的观察力时，我们还要谨记以下几点：

（1）不要只对刚刚能意识到的一些因素发生反应，因为事物的组成是复杂的，有时恰恰是那些不易被人注意的弱成分起着主导作用。如果一个人太过拘泥于事物的某些显著的外部因素，观察就会被表象所迷惑，深入不下去。

（2）不要只是对无关的一些线索产生反应，这样会把观察、思维引入歧途。

（3）不要为自己喜爱或不喜爱之类的情感因素所支配。与自己的爱好、兴趣相一致的，就努力去观察，非要搞个水落石出不可；反之，则弃置一旁。这样使人的观察带有很大的片面性。

（4）不要受某些权威的、现成的结论的影响，以至于我们不敢越雷池半步，甚至人云亦云。这种观察毫无作用。

综合以上因素，我们可以画出利用观察力强化记忆的思维导图。

第四章
对症下药记忆法

第一节 外语知识记忆法

很多人在学习英语的过程中遇到的最多的问题就是记不住单词。这在很大程度上影响了对英语的学习兴趣，英语成绩自然上不去。一些人认为背单词是件既吃力，又没有成效的苦差事。实际上，若能采用适当的方法，不但能够记住大量的单词，还能提高对英语的兴趣。我们下面来简单介绍几种单词记忆的方法，这些方法你可以用思维导图的形式总结下来：

1. 谐音法

利用英语单词的发音的谐音进行记忆是一个很好的方法。由于英语是拼音文字，看到一个单词可以很容易地猜到它的发音；听到一个单词的发音也可以很容易地想到它的拼写。所以，如果谐音法使用得当，是最有效的记忆方法，可以真正做到过目不忘。

如英语里的 2 和 two，4 和 four。quaff n./v. 痛饮，畅饮。记法：quaff 音"夸父"→夸父追日，渴极痛饮。hyphen n. 连字号"–"。记法：hyphen 音"还分"→还分着呢，快用连字号连起来吧。shudder n./v. 发抖，战栗。记法：音"吓得"→吓得发抖。

不过，像其他的方法一样，谐音法只适用于一部分单词，切忌滥用和牵强。将谐音用于记忆英文单词并加以系统化是一个尝试。本书在前面已经讲过：谐音法的要点在于由谐音产生的词或词组（短语）必须和词语的词义之间存在一种平滑的联系。这种方法用于英语的单词记忆也同样要遵循这个要点。

2. 音像法

我们这里所说的音像法就是利用录音和音频等手段进行记忆的方法。该方法在记住单词的同时还可以训练和提高听力，印证以前在课堂上或书本里学到的各种语言现象等。

例：There's only one way to deal with Rome, Antinanase You mustserve her, you must abase yourself before her, you must grovel at her feet, you must love her.

3. 分类法

把单词简单地分成食品、花卉等，中等的难度可分成政治、经济、外交、文化、教育、旅游、环保等类，难一些的分类是科技、国防、医疗卫生、人权和生物化学等。这些分类是根据你运用的难度决定的。古人云"举一纲而万目张"，就是有了记忆线索，那么就有了记忆的保证。

简单的举例，比如大学一、二、三、四年级学生分别是 freshman、sophomore、junior、senior student，本科生是 undergraduate，研究生 postgraduate，博士 doctor，大学生 college graduates，大专生 polytechnic college graduates，中专生 secondary school graduates，小学毕业生 elementary school graduates，夜校 night school，电大 television university，函授 correspondence course，短训班 short-termclass，速成班 crash course，补习班 remedial class，扫盲班 literacy class，这么背下来，是不是简单了很多？而且有了比较和分类自然就有了记忆线索。

4. 听说读写结合法

听说读写结合记忆的依据是我们前面所讲到的多种感官结合记忆法。我们可以把所有要背的资料通过电脑录制到自己的 MP3 里去，根据原文可以录中文，也可以录英文，发音尽量标准，放录音的时候，一定要手写下来，具体做法是：

第一次听写放一个句子，要求每个句子、每个单词都写下来；以后的第二、第三次听写要求听一句话，只记主谓宾和数字等（口译笔记的初步），每听一段原文，暂停写下自己的笔记，然后自己根据笔记翻译出来；再以后几次只要听就可以了，放更长的句子，只根据记忆口述翻译就可以了，这个锻炼很有意思，能把你以前的学习实战化，而且能发现自己发音不准确的地方，能听到自己的声音，知道自己是否有这个那个的问题有待解决。

对英语知识的记忆，或许你会有自己一套行之有效的方法，你不妨用思维导图把它"画"下来。

学英语，记单词，应该走出几个误区：

（1）过于依赖某一种记忆方法。

现在书店里的那些词汇书都在强调自己方法的好处，包治所有词汇。其实这都是片面的，有的单词用词根词缀记忆好用，有的看单词的外观，然后发挥你的形象思维就记下了，有的单词通过把读音汉化就过目不忘。所以千万不要迷信某一种记忆方法。

（2）急功近利。

不要奢望一个月内背下一本词汇书。也有同学背了三天，最多坚持一个星期就没信心了。强烈的挫折感打败了你。接下来就没有动静了。所以要循序渐进，哪怕一天背两个单词，坚持下去就很可观。

（3）把背单词当作痛苦。

有些人背单词前要刻意选择舒适的环境，这里不能背，那里不能背。一边背单词一边考虑中午吃点什么补充脑力。其实，你的担心是多余的。背单词是挑战大脑极限的乐事，要学会享受它才对。

（4）一页一页地背。

有些同学觉得这页单词没背下，就不再往前翻。其实这样做效率非常低，遗忘率也高，挫折感强，见效也慢。

背单词就是重复记忆的过程，错开了时间去记忆单词，可能会多看几个单词，然后以一个长的时间周期去重复，这样达到了重复记忆的目的，减少大脑的厌倦。

第二节 人文知识记忆法

语文是青少年必修的基础学科。语文学习的一个重要环节就是记忆。中学阶段是人的记忆发展的黄金时代，如果在学习语文的过程中，青少年能够结合自身的年龄特点，抓住记忆规律，按照科学的记忆方法，必然会取得更好的学习效果。

下面简单介绍几种记忆语文知识的方法：

1. 画面记忆法

背诵古诗时，我们可以先认真揣摩诗歌的意境，将它幻化成一幅形象鲜明的画面，就能将作品的内容深刻地贮存在脑中。例如，读李白的《望庐山瀑布》时，可以根据诗意幻想出如下画面：山上云雾缭绕，太阳照耀下的庐山香炉峰好似冒着紫色的云烟，远处的瀑布从上飞流而下，水花四溅，犹如天上的银河从天上落下来。记住了这个壮观的画面，再细细体会，也就相当深刻地记住了这首诗。

2. 联想记忆法

这是按所要记忆内容的内在联系和某些特点进行分类和联结记忆的一种方法。

举一个简单的例子。如：若想记住文学作品和作者的名字，我们可以做这样的联想：

有一天，莫泊桑拾到一串《项链》，巴尔扎克认为是《守财奴》的，都德说是自己在突出《柏林之围》时丢失的，果戈理说是《泼留希金》的，契诃夫则认定是《装在套子里的人》的。最后，大家去请高尔基裁决，高尔基判定说，你们说的这些失主都是男的，而男人是不用这东西的，所以，真正的失主是《母亲》。这样一编排，就把高中课本中的大部分外国小说名及其作者联结在一起了，复习时就如同欣赏一组轻快流畅的世界名曲联想一样，于轻松愉悦中不知不觉就牢记了下来。

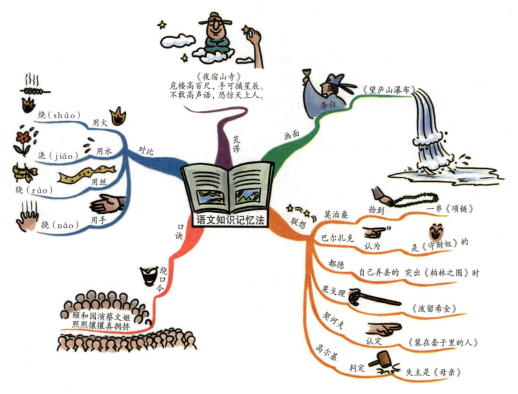

3. 口诀记忆法

汉字结构部件中的"臣"在常用汉字中出现的只有"颐""姬""熙"3个。有人便把它们组编成两句绕口令："颐和园演蔡文姬，熙熙攘攘真拥挤。"只要背出这个绕口令，不仅不会把混淆这些带"臣"的字，而且其余带"臣"的汉字，也不会误写。如历代的文学体裁及成就若归纳成如下几句，就有助于在我们头脑中形成清晰易记的纵向思路。西周春秋传《诗经》，战国散文两不同；楚辞汉赋先后现，《史记》《乐府》汉高峰；魏晋咏史盛五言，南北民歌有"双星"；唐诗宋词元杂剧，小说成就数明清。

4. 对比记忆

汉字中有些字形体相似，读音相近，容易混淆，因此有必要加以归纳，通过对比来辨别和记忆。为了增强记忆效果，可将联想记忆法和口诀记忆法也参入其中。实为对比、归纳、谐音、联想、口诀五法并用。

（1）巳（sì）满，已（yǐ）半，己（jǐ）张口。其中巳与4同音，已与1谐音，己与几同音，顺序为满半张对应4、1、几。

（2）用火烧（shāo），用水浇（jiāo），绕（rào），用手挠（náo）；靠人是侥（jiǎo）幸，食足才富饶（ráo），日出为拂晓（xiǎo），女子更妖娆（ráo）。

（3）用手拾掇（duō），用丝点缀（zhuì），辍（chuò）学开车，啜（chuò）泣噘嘴。

（4）输赢（yíng）贝当钱，蜾蠃（luǒ）虫相关，羸（léi）弱羊肉补，嬴（yíng）姓母系传。

（5）乱言遭贬谪（zhé），嫡（dí）咕用口说，子女为嫡（dí）系，鸣镝（dí）金属做。

（6）中念衷（zhōng），口念哀（āi），中字倒下念作衰（shuāi）。

（7）言午许（xǔ），木午杵（chǔ），有心人，读作忤（仵）（wǔ）。

（8）横戌（xū）点戍（shù）不点戊（wù），戎（róng）字交叉要记住。

（9）用心去追悼（dào），手拿容易掉（diào），棹（zhào）桨划木船，私名为绰（chuò）号。

（10）点撇仔细辨（biàn），争辩（biàn）靠语言，花瓣（bàn）结黄瓜，青丝扎小辫（biàn）儿。

5. 荒谬记忆法

比如在背诵《夜宿山寺》这首诗时，大部分同学要花五分钟才能把它背出来，可有一位同学只花了一分钟就背出来了，而且丝毫不差，这是什么原因呢？是不是这位同学聪明过人呢？

在同学们疑惑时，他说出了背诵的窍门：这首诗有四句话，只要记住两个词："高手""高人"，并产生这样的联想：住在山寺上的人是一位"高手"，当然又是一位"高人"。背诵时，由每个词再想想每句诗，连起来就马上背诵出来了。看来，这位同学已经学会用奇特联想法来记忆了。

运用奇特联想法记忆古诗的例子很多，如《古风》："春种一粒粟，秋收万颗子。四海无闲田，农夫犹饿死。"——"粟子甜（田）死了。"

语文有时需要背诵大段大段的文字。背诵时，应先了解全段文字的大意，再把全段文字按意思分成若干相对独立的层。每层选出一些中心词来，用这些中心词联结周围一定量的句子。回忆时，以中心词把句子带出来，达到快速记忆的效果。如背诵鲁迅散文诗《雪》中的一段：

"但是，朔方的雪花在纷飞之后，却永远如粉，如沙，他们决不粘连，撒在屋上、地上、枯草上，就是这样。屋上雪是早已就有消化了的，因为屋里居人的火的温热。别的，在晴天之下，旋风忽来，便蓬勃地奋飞，在日光中灿灿地生；光，如包藏火焰的大雾，旋转而且升腾，弥漫太空，使太空旋转而且升腾地闪烁。"

我们把诗文分为 3 层，并提出 3 个中心词：

（1）如粉。大脑浮现北方的纷飞大雪撒在屋上、地上、枯草上的图像。因为如粉，所以决不粘连。

（2）屋上。使我们想到屋内人生火，屋顶雪融化的图像。

（3）晴天旋风。想象一个壮观的场面：晴空下，旋风卷起雪花，旋转的雪花反射着阳光，在日光中灿灿地生光。

这样从中心词引起想象，再根据想象进行推理，背这一段就感到容易了。

意大利一所大学的教授做过这样的实验：挑选一位技艺中等的青年学生，让他每星期接受 3 ~ 5 天，每天一小时地背诵由 3 个数字、4 个数组构成的数字训练。

每次训练前，他如果能一字不差地背诵前次所记的训练内容，就让他再增加一组数字。经过 20 个月约 230 个小时的训练，他起初能熟记 7 个数，以后增加到 80 个互不相关的数，而且在每次联系实际时还能记住 80% 的新数字，使得他的记忆力能与具有特殊记忆力的专家媲美。

第三节 数学知识记忆法

学习数学重在理解，但一些基本的知识，还是要能记住，用时才能忆起。所以记忆是学生掌握数学知识，深化和运用数学知识的必要过程。因此，如何克服遗忘，以最科学省力的方法记忆数学知识，对开发学生智力、培养学生能力，有着重要的意义。

理解是记忆的前提和基础。尤其是数学，下面介绍几种在理解的前提下行之有效的记忆方法。

学好数学，要注重逻辑性训练，掌握正确的数学思维方法。

首先看思维导图：

在这里，主要有三种思维方法：

1. 比较归类法

这种方法要求我们对于相互关联的概念，学会从不同的角度进行比较，找出它们之间的相同点和不同点。例如，平行四边形、长方形、正方形、梯形，它们都是四边形，但又各有特点。在做习题的过程中，还可以将习题分类归档，总结出解这一类问题的方法和规律，从而使得练习可以少量而高效。

2. 举一反三法

平时注重课本中的例题，例题反映了对于知识掌握最主要、最基本的要求。对例题分析和解答后，应注意发挥例题以点带面的功能，有意识地在例题的基础上进一步变化，可以尝试从条件不变问题变和问题不变条件变两个角度来变换例题，以达到举一反三的目的。

3. 一题多解法

每一道数学题，都可以尝试运用多种解题方法，在平时做题的过程中，不应仅满足于掌握一种方法，应该多思考，寻找出一道题更多的解答方法。一题多解的方法有助于培养我们沿着不同的途径去思考问题的好习惯，由此可产生多种解题思路，同时，通过"一题多解"，我们还能找出新颖独特的"最佳解法"。

除此之外，还可以进行：

4. 口诀记忆法

将数学知识编成押韵的顺口溜，既生动形象，又印象深刻不易遗忘。如圆的辅助线画法："圆的辅助线，规律记中间；弦与弦心距，亲密紧相连；两圆相切，公切线；两圆相交，公交弦；遇切点，作半径，圆与圆，心相连；遇直径，作直角，直角相对（共弦）点共圆。"又如"线段和角"一章可编成：

四个性质五种角，还有余角和补角；

两点距离一点小，角平分线不放松；

两种比较与度量，角的换算不能忘；

角的概念两种分，三线特征顺着跟。

其中四个性质是直线基本性质、线段公理、补角性质和余角性质；五种角指平角、周角、直角、锐角和钝角；两点距离一点中，指两点间的距离和线段的中点；两种比较是线段和角的比较，三线是指直线、射线、线段。

5. 联想记忆法

联想是感受到的新事物与记忆中的事物联系起来，形成一种新的暂时的联系。主要有接近联想、对比联想、相似联想等。特别是对某些无意义的材料，通过人为的联想、用有意义的材料作为记忆的线索，效果十分明显。如用"山间一寺一壶酒……"来记忆圆周率"3.14159……"等。

6. 分类记忆法

把一章或某一部分相关的数学知识经过归纳总结后，把同一类知识归在一起，就容易记住，如："二次根式"一章就可归纳成三类，即"四个概念、四个性质、四种运算"。其中四个概念指二次根式、最简二次根式、同类二次根式、分母有理化；四种运算是二次根式的加、减、乘、除运算。

第四节　化学知识记忆法

和数学一样，要牢牢记住化学知识，就必须建立在对化学知识理解的基础上。在理解的基础上，我们可以尝试以下几种方法：

1. 简化记忆法

化学需要记忆的内容多而复杂，同学们在处理时易东扯西拉，记不全面。克服它的有效方法是：先进行基本的理解，通过几个关键的字或词组成一句话，或分几个要点，或列表来简化记忆。这是记忆化学实验的主要步骤的有效方法。如：用六个字组成："一点、二通、三加热"，这一句话概括氢气还原氧化铜的关键步骤及注意事项，大大简化了记忆量。在研究氧气化学性质时，同学们可把所有现象综合起来分析、归纳得出如下记忆要点：

（1）燃烧是否有火；

（2）燃烧的产物如何确定；

（3）所有燃烧实验均放热。

抓住这几点就大大简化了记忆量。氧气、氢气的实验室制法，同学们第一次接触，新奇但很陌生，不易掌握，可分如下几个步骤简化记忆。

（1）原理（用什么药品制取该气体）；

（2）装置；

（3）收集方法；

（4）如何鉴别。

如此记忆，既简单明了，又对以后学习其他气体制取有帮助。

2. 趣味记忆法

为了分散难点，提高兴趣，要采用趣味记忆方法来记忆有关的化学知识。如：氢气还原氧化铜实验操作要诀："氢气早出晚归，酒精灯迟到早退。前者颠倒要爆炸，后者颠倒要氧化。"

针对需要记忆的化学知识利用音韵编成，融知识性与趣味性于一体，读起来朗朗上口，易记易诵。如从细口瓶中向试管中倾倒液体的操作歌诀："掌向标签三指握，两口相对视线落。""三指握"是指持试管时用拇指、食指、中指握紧试管；"视线落"是指倾倒液体时要观察试管内的液体量，以防倾倒过多。

3. 编顺口溜记忆

初中化学中有不少知识容量大、记忆难、又常用，但很适合编顺口溜方法来记忆。

如学习化合价与化学式的联系时可记为"一排顺序二标价、绝对价数来交叉，偶然角码要约简，写好式子要检查。"再如刚开始学元素符号时可这样记忆：碳、氢、氧、氮、氯、硫、磷；钾、钙、钠、镁、铝、铁、锌；溴、碘、锰、钡、铜、硅、银；氦、氖、氩、氟、铂和金。记忆化合价也是同学们比较伤脑筋的问题，也可编这样的顺口溜：钾、钠、银、氢＋1价；钙、镁、钡、锌＋2价；氧、硫－2价；铝＋3价。这样主要元素的化合价就记清楚了。

4. 归类记忆

对所学知识进行系统分类，抓住特征。如记各种酸的性质时，首先归类，记住酸的通性，加上常见的几种酸的特点，就能知道酸的化学性质。

5. 对比记忆

对新旧知识中具有相似性和对立性的有关知识进行比较，找出异同点。

6. 联想记忆

把性质相同、相近、相反的事物特征进行比较，记住他们之间的区别联系，再回忆时，只要想到一个，便可联想到其他。如记酸、碱、盐的溶解性规律，不要孤立地记忆，要扩大联想。

把一些化学实验或概念可以用联想的方法进行记忆。在学习化学过程中应抓住问题特征，如记忆氢气、碳、一氧化碳还原氧化铜的实验过程可用实验联想，对比联想，再如将单质与化合物两个概念放在一起来记忆："由同（不同）种元素组成的纯净物叫作单质（化合物）。"

7. 关键字词记忆

这是记忆概念的有效方法之一，在理解基础上找出概念中几个关键字或词来记忆整个概念，如：能改变其他物质的化学反应速度（一变）而本身的质量和化

化学知识记忆法

一点
二通
三加热

氢气还原氧化铜

趣味

氢气平出晚迟逃，酒精灯迟到早退。
前者颠倒要爆炸，后者颠倒要氧化。

顺口溜

钾、钠、银、氢 +1 价
钙、镁、钠、锌 +2 价

酸
通性
+活泼金属（Zn、Fe…）＝盐＋H
+碱性氧化物（Fe₂O₃、CuO…）＝盐＋水

特点
浓硫酸 H₂SO₄

觅水性
可做某些气体的干燥剂
（H₂、O₂、CO₂等）

归类

简化
复习
便于
总结
基础知识

思维导图
整理
清晰
明晰
目标

排布规律
补电子
高→远
低→近
Nucleus

形象记忆

关键字词
联想

催化剂内涵
一变：化学反应速度
二不变：本身的质量和化学性质

溶解性

规律
碱
酸
盐

新知识
旧知识

173

学性质在化学反应前后都不变（二不变）这一催化剂的内涵可用："一变二不变"几个关键字来记忆。

8. 形象记忆法

借助于形象生动的比喻，把那些难记的概念形象化，用直观形象去记忆。如核外电子的排布规律是："能量低的电子通常在离核较近的地方出现的机会多，能量高的电子通常在离核较远的地方出现的机会多。"这个问题是比较抽象的，不是一下子就可以理解的。

9. 总结记忆

将化学中应记忆的基础知识总结出来，用思维导图写在笔记本上，使得自己的记忆目标明确、条理清楚，便于及时复习。

第五节　历史知识记忆法

很多同学会对历史课产生浓厚的兴趣，因为它的内容纵贯古今、横揽中外，涉及经济、政治、军事、文化和科学技术等各个领域的发展和演变。但也由于历史内容繁杂，时间跨距大，记起来有一定的困难。所以很多人都有一种"爱上课，怕考试"的心理。这里介绍几种记忆历史知识的方法，帮助青少年克服这种困难，较快地掌握历史知识。

1. 归类记忆法

采取归类记忆法记忆历史，使知识条理化、系统化，不仅便于记忆，而且还能培养自己的归纳能力。这种方法一般用于历史总复习效果最好。

我们可以按以下几种线索进行归类：

（1）按不同时间的同类事件归纳。

比如：我国古代八项著名的水利工程、近代前期西方列强连续发动的5次大规模侵华战争、20世纪30年代日本侵略中国制造的5次事变、新航路开辟过程中的4次重大远航、二战中同盟国首脑召开的4次国际会议，等等。

（2）把同一时间的不同事件进行归纳。

如：1927年：上海工人第三次武装起义、"四一二"反革命政变、李大钊被害、"马日事变""七一五"反革命政变、"宁汉合流"、南昌起义、"八七"会议、秋收起义、井冈山革命根据地的建立、广州起义。

归类记忆法既有利于牢固记忆历史基础知识，又有利于加深理解历史发展的全貌和实质。

2. 比较记忆法

历史上有很多经常发生的性质相同的事件，如农民战争、政治改革、不平等条约，等等。这些事件有很多相似的地方，在记忆的时候，中学生很容易把它们互相混淆。这时候采取比较记忆是最好的方法。

比较可以明显地揭示出历史事件彼此之间的相同点和不同点，突出它们各自的特征，便于记忆。但是，比较不能简单草率，要从各个方面、各个角度去细心进行，尤其重要的是要注意搜求"同"中之"异"和"异"中之"同"。

如，中国的抗日战争期间，国共两党的抗战路线比较。郑和下西洋与新航路的开辟的比较。德、意统一的相同与不同的比较。对两次世界大战的起因、性质、规模、影响等进行比较，中国与西欧资本主义萌芽的对比。中国近代三次革命高潮的异同等。

用比较法记忆历史知识，既能牢固记忆，又能加深理解，一举两得。

3. 歌谣记忆法

一些历史基础知识适合用歌谣记忆法记忆。例：记忆中国工农红军长征路线："湘江、乌江到遵义，四渡赤水抛追敌，金沙彝区大渡河，雪山草地到吴起。"中国朝代歌："夏商西周继，春秋战国承；秦汉后新汉，三国西东晋；对峙南北朝，隋唐大一统；五代和十国，辽宋并夏金；元明清三朝，统一疆土定。"

应当注意的是，编写的歌谣，形式必须简短齐整，内容必须准确全面，语言力求生动活泼。

4. 图表记忆法

图表记忆法的特点是借助图表加强记忆的直观效果，调动视觉功能去启发想象力，达到增强记忆的目的。

秦、唐、元、明、清的疆域四至，可画直角坐标系。又如隋朝大运河图示，太平天国革命运动过程图示，中国工农红军长征过程图示等等。

5. 巧用数字记忆法

历史年代久远，几乎每年都有不同的大事发生。如果要对历史有一个全面的了解，就必须记住年代。但历史年代本身枯燥乏味，难于记忆。有些历史年代，如封建社会起止年代，只能死记硬背。但也有些历史年代，可以采用一些好的方法。

（1）抓住年代本身的特征记忆。

比如，蒙古灭金，1234 年，四个数字按自然数顺序排列。马克思诞生，1818 年，两个

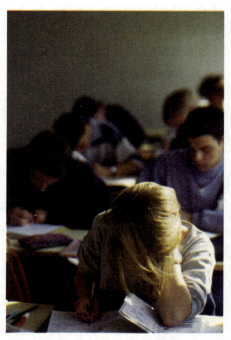

实验证明，让学生自己控制学习的节奏有助于提高教学效率。

18。

（2）抓重大事件间隔距离记忆。

比如：第一次国内革命战争失败，1927年；抗日战争爆发，1937年；中国人民解放军转入反攻，1947年。三者相隔都是10年。

（3）抓重大历史事件的因果关系记年代。

比如：1917年十月革命，革命制止战争，1918年第一次世界大战结束；巴黎和会拒绝中国的正义要求，成为1919年五四运动的导火线；五四运动把新文化运动推向新阶段，传播马克思主义成为主流，1920年共产主义小组出现；马克思主义同工人运动相结合，1921年中国共产党诞生。

（4）概括为一二三四五六来记。

比如：隋朝的大运河的主要知识点：一条贯通南北的交通大动脉；用了二百万人开凿，全长两千多公里；三点，中心点是洛阳、东北到涿郡、东南到余杭；四段是永济渠、通济渠、邗沟和江南河；连接五条河：海河、黄河、淮河、长江和钱塘江；经六省：冀、鲁、豫、皖、苏、浙。

（5）分时间段记忆。

比如："二战"后民族解放运动，分为三个时期，第一时期时间为1945年至20世纪50年代中，第二时期为20世纪50年代中至20世纪60年代末，第三时期为20世纪70年代初至现在。将其概括为三个数，即10、15、20多；因是"二战"后民族解放运动，记住"二战"结束于1945年，那么按10、15、20多三个数字一排，就可牢固记住每个时期的时间了。

6. 规律记忆法

历史发展有其规律性。提示历史发展的规律，能帮助记忆。例如，重大历史事件，我们都可以从背景、经过、结果、影响等方面进行分析比较，找出规律。如：资产阶级革命爆发的原因虽然很多，但其根源无非是腐朽的封建政权严重地阻碍了资本主义的发展。

在学习过程中，我们可以寻找具有规律性的东西，如：在资产阶级革命过程中，英国、法国、美国三国资产阶级革命爆发的原因都是：反动的政治统治阻碍了国内资本主义的发展，要发展资本主义，就必须起来推翻反动的政治统治。而三国的革命，又都有导火线、爆发标志、主要领导人、文件的颁布等。在发展资本主义方式上，俄国和日本都是通过自上而下的改革来完成的，意大利和德意志则是通过完成国家统一来进行的。

7. 荒谬记忆法

想法越奇特，记忆越深刻。如：民主革命思想家陈天华有两部著作《猛回头》《警世钟》，记法为一边想"一个叫陈天华的人猛回头撞响了警世钟，一边做转头动作，同时发出钟声响。"军阀割据时，曹锟、段祺瑞控制的地盘及其支持者可联想为"曹锟靠在一棵日本梨（直隶）树（江苏）上，饿（鄂——湖北）得快干（赣——江西）了。段祺瑞端着一大碗（皖——安徽）卤（鲁——山东）面（闽——福建），这（浙江）也全靠日本撑着呀！"

当然，记忆的方法多种多样，还有直观形象记忆法、联系实际记忆法、分解记忆法、重复记忆法、推理记忆法、信号记忆法、卡片记忆等等。在实际学习中，要根据自己的实际情况，选择适合自己的记忆方法。只要大家掌握了其中的一种甚至几种方法，学习历史就不再是可望而不可即的事了。

第六节 物理知识记忆法

物理记忆主要以理解为主，在理解的基础上我们在这里简单介绍几种物理记忆方法。

1. 观察记忆法

物理是一门实验科学，物理实验具有生动直观的特点，通过物理实验可加深对物理概念的理解和记忆。例如，观察水的沸腾。

（1）观察水沸腾发生的部位和剧烈程度可以看到，沸腾时水中发生剧烈的汽化现象，形成大量的气泡，气泡上升、变大，到水面破裂开来，里面的水蒸气散发到空气中，就是说，沸腾是在液体内部和表面同时进行的剧烈的汽化现象。

（2）对比观察沸腾前后物理现象的区别。沸腾前，液体内部形成气泡并在上升过程中逐渐变小，以至未到液面就消失了；沸腾时，气泡在上升过程中逐渐变大，达到液面破裂。

（3）通过对数据定量分析，可以得出沸腾条件：①沸腾只在一定的温度下发生，液体沸腾时的温度叫沸点；②液体沸腾需要吸热。以上两个条件缺少任何一个条件，液体就不会沸腾。

2. 比较记忆法

把不同的物理概念、物理规律，特别是容易混淆的物理知识，进行对比分析，并把握住它们的异同点，从而进行记忆的方法叫作比较记忆法。例如，对蒸发和沸腾两个概念可以从发生部位、温度条件、剧烈程度、液化温度变化等方面进行对比记忆。又如串联电路和并联电路，可以从电路图、特点、规律等方面进行记忆。

3. 图示记忆法

物理知识并不是孤立的，而是有着必然的联系，用一些线段或有箭头的线段把物理概念、规律联系起来，建立知识间的联系点，这样形成的方框图具有简单、明了、形象的特点，可帮助我们对知识的理解和记忆。

4. 浓缩记忆法

把一些物理概念、物理规律，根据其含义浓缩成简单的几个字，编成一个短语进行记忆。例如，记光的反射定律时，把涉及的点、线、面、角的物理名词编成一点（入射点）、三线（反射光线、入射光线、法线）、一面（反射光线、入射光线、法线在同一平面内）、二角（反射角、入射角）短语来加深记忆。

记凸透镜成像规律时，可用"一焦分虚实，二焦分大小""物近、像远、像变大"短语来记忆。即当凸透镜成实像时，像与物是朝同方向移动的。当物体从很远处逐渐靠近凸透镜的一倍焦距时，另一侧的实像也由一倍焦距逐渐远离凸透镜到大于二倍焦距以外，且像距越大，像也越大，反之亦然。

5. 口诀记忆法

如力的图示法口诀。

你要表示力，办法很简单。选好比例尺，再画一段线，长短表大小，箭头示方向，注意线尾巴，放在作用点。

物体受力分析：

施力不画画受力，重力弹力先分析，摩擦力方向要分清，多、漏、错、假须鉴别。

牛顿定律的适用步骤：

画简图、定对象、明过程、分析力；选坐标、作投影、取分量、列方程；求结果、验单位、代数据、作答案。

6. 三多法

所谓"三多"，是指"多理解，多练习，多总结"。多理解就是紧紧抓住课前预习和课上听讲，要认真听懂；多练习，就是课后多做习题，真正掌握；多总结，就是在考试后归纳分析自己的错误、弱项，以便日后克服，真正弄清自己的优势和弱点，从而明白日后听课时应多理解什么地方，课下应多练习什么题目，形成良性循环。

7. 实验记忆法

下面介绍一些行之有效的物理实验复习法：

（1）通过现场操作复习。

把实验仪器放在实验桌上，根据实验原理、目的、要求进行现场操作。

（2）通过信息反馈复习。

就那些在实验过程中发生、发现的问题进行共同讨论，及时纠错，达到复习巩固物理概念的目的。

（3）通过是非辨析复习。

在实验复习中有意在仪器的连接或安装、实验的步骤、读数记数等方面设置一些错误，目的是让自己分辨是非，明确该怎么做好某个实验。

（4）通过联系复习。

在复习某一个实验时，可以把与之相关的其他实验联系起来复习。

第七节　地理知识记忆法

思维导图中几种行之有效的看图方法是很多学习高手总结出来的学习经验，对学习地理帮助很大，具体论述如下：

1. 形象记忆法

仔细观察中国地图，湖南就像一个人头像；山东就相当于一个鸡腿；黑龙江好像一只美丽的天鹅站在东北角上；青海省的轮廓则像一只兔子，西宁就好似它的眼睛。

把图片用生动的比喻联系起来就很容易记忆了。

地理知识的形象记忆是相对于语义记忆而言的，是指学生通过阅读地图和各类地理图表、观察地理模型和标本、参加地理实地考察和实验等途径所获得的地理形象的记忆。如学习"经线"和"纬线"这两个概念，学生观察经纬仪后，便能在头脑中形成经纬仪的表象，当需要时，头脑中的经纬仪表象便能浮现在眼前，以致将"经线"和"纬线"的概念正确地表述出来，这就是形象记忆。由于地理事物具有鲜明、生动的形象性，所以形象记忆是地理记忆的重要方法之一。尤其当形象记忆与语义记忆有机结合时，记忆效果将成倍增加。

下面有一些更加形象的例子可以帮助你记忆它们：

2. 简化记忆法

简化记忆法实际上就是将课本上比较复杂的图片加以简化的一种方法。比如中国的铁路分布线路图看起来特别的复杂，其实只要你用心去看，就能把图片分割成几个版块，以北京为中心可形成一个放射线状的图像。

3. 直观读图法

适用于解释地理事物的空间分布，如中国山脉的走向，盆地、丘陵的分布情况等。用图像记忆法揭示地理事物现象或本质特征，可以激发跳跃式思维，加快记忆。这种方法多用于记忆地理事物的分布规律、记忆地名、记忆各种地理事物特点及它们之间相互影响等知识。

例如，我国煤炭资源分布，主要有山西、内蒙古、陕西、河南、山东、河北等，省区名称多，很难记。可以用图像记忆法读图，在图上找到山西省，明确山西省是我国煤炭资源最丰富的省，再结合我国煤炭资源分布图，找出分布规律：它们以山西省为中心，按逆时针方向旋转一周，即可记住这些省区的名称，陕西以北是内蒙古、以西是陕西，以南是河南，以东是山东和河北。接着，在图上掌握我国煤炭资源还分布在安徽和江苏省北部，以及边远省区的新疆、贵州、云南、黑龙江。

4. 纵向联系法

学习地理也和其他知识一样，有一个循序渐进、由浅入深的过程。如中国气候特点之一的"气候复杂多样"，就联系"中国地形图""中国干湿地区分布"以及"中国温度带的划分"等图形，然后才能得出自己的结论。同时，你在此基础上又可以联系学习世界气候类型及其分布，这样你就可以把有关气候的章节系统地复习，以后碰到这方面的考题你就可以游刃有余了。

除此之外，还有几种值得学生尝试的记忆方法：

口诀记忆法

例1：地球特点：赤道略略鼓，两极稍稍扁。自西向东转，时间始变迁。南北为纬线，相对成等圈。东西为经线，独成平行圈；赤道为最长，两极化为点。

例2：气温分布规律：气温分布有差异，低纬高来高纬低；陆地海洋不一样，夏陆温高海温低，地势高低也影响，每千米相差6℃。

分解记忆法

分解记忆法就是把繁杂的地理事物进行分类，分解成不同的部分，便于逐个"歼灭"的一种记忆方法。如要记住人口超过1亿的10个国家：中国、印度、美国、印度尼西亚、巴西、俄罗斯、日本、孟加拉国、尼日利亚和巴基斯坦，单纯死记硬背很难记住，且容易忘记。采用分解记忆法较易掌握，即在熟读这10个国家的基础上分洲分区来记：掌握北美、南美、欧洲、非洲有一个，分别是美国、巴西、

高效学习 地理的方法

形象记忆
　轮廓
　　湖南
　　山东
　　黑龙江
　　青海
　位置关系
　　甘肃
　　宁夏
　　陕西

简化记忆
　复杂图片
　分割
　几个版块

看剖面图
　山脉
　　走向
　盆地
　　分布

纵向联系
　气候复杂多样
　系统的
　复习
　中国地形图
　中国温度带的划分
　中国干湿地区分布

181

俄罗斯、尼日利亚。其余 6 个国家是亚洲的。亚洲的又可分为 3 个地区，属东亚的是中国、日本；属东南亚的有印度尼西亚；属南亚的有印度、孟加拉国、巴基斯坦。

表格记忆法

就是把内容容易混淆的相关的地理知识，通过列表进行对比而加深理解记忆的一种方法。它用精炼醒目的文字，把冗长的文字叙述简化，使条理清晰，能对比掌握有关地理知识，例如，世界三次工业技术革命，可通过列表比较它们的年代，主要标志、主要工业部门和主要工业中心，重点突出，一目了然。这种方法有利于提高学生的概括能力，开拓学生的求异思维，强化应变能力，提高理解记忆。

归纳记忆法

就是通过对地理知识的分类和整理，把知识联系在一起，形成知识结构，以便记忆的方法。它使分散的趋于集中，零碎的组成系统，杂乱无章的变得有条不紊。例如，要记住我国的土地资源、生物资源、矿产资源的特点，可归纳它们的共同之处是类型多样，分布不均；再记住它们不同的特点，就可以把土地资源、生物资源和矿产资源的特点全掌握了。

荒谬记忆法

荒谬记忆法指利用一些离奇古怪的联想方法，把零散的地理知识串到一块在大脑中形成一连串物象的记忆方法。通过奇特联想，能增强知识对我们的吸引力和刺激性，从而使需要记忆的内容深刻地烙在脑海中。如柴达木盆地中有矿区和铁路，记忆时可编成"冷湖向东把鱼打（卡），打柴（大柴旦）南去锡山（锡铁山）下，挥汗（察尔汗）砍得格尔木，火车运送到茶卡"。

总之，地理记忆的方法多种多样，中学生根据不同的地理知识采取不同的记忆方法就可以达到记而不忘，事半功倍的效果。

第八节 时政知识记忆法

政治记忆的方法有很多种，这里简单介绍几种方法：

1. 谚语记忆法

谚语记忆法就是运用民间的谚语说明一个道理的记忆方法。

采用这种记忆方法的好处是：

（1）可激发自己的学习兴趣，促进学习的积极性，变厌学为爱学，变被动学习为主动学习；

（2）可拓宽自己的思路，提高自己思维的灵活性；

（3）能培养自己一种好的学习习惯，通过刻苦钻研，从而在自己的学习过程中克服一个个难题。

采用这种记忆法应注意以下几点：

（1）谚语与原理联系要自然，千万不能生造谚语，勉强凑合；

（2）谚语所说明的原理要注意准确性，千万不能乱搭配，不然就会谬误流传；

（3）谚语应是所熟悉的，这样才能便于自己的记忆。

例如，"无风不起浪""城门失火，殃及池鱼"……说明事物之间是相互联系的，是唯物辩证法的联系观点。

如"山外青山楼外楼，前进路上无尽头""刻舟求剑"等这些都说明了事物都是处于不停的运动、发展之中的，运动是绝对的，静止是相对的，这是唯物辩证法发展的观点。

2. 自问自答法

自己当教师提问，自己又作为学生对所提问题进行回答的方法，称之为"自问自答法"。

在学习过程中，对一些最基本的问题就可以用"自问自答法"进行。例如：

问：商品的两个基本属性是什么？

答：是使用价值和价值。

问：货币的本质是什么？它的两个基本职能是什么？

答：货币的本质是一般等价物。价值尺度、流通手段是它的两个基本职能。

自问自答法不仅可以用于基本概念和基本原理的学习中，对于一些较复杂的知识的学习也可用此法进行，而且效果也很好。

比较复杂的学习内容，经过自问自答，就会条理清晰，便于记忆和理解。所以，"自问自答法"是一种比较常用的理想的记忆方法。

3. 举一反三法

在学习过程中，对某个问题进行重复学习以达到记忆的目的的方法称之为举一反三法。

"举一反三"的记忆方法并不是说对同一问题简单重复 2 ~ 4 次，而是指对同一类问题从不同的角度，反复进行学习、练习、讨论，这样才能使我们较牢固地掌握知识，思维也较开阔，才能学得活、学得好、记得牢。

如对商品这一概念的理解，我们运用"举一反三法"，真正掌握了任何商品都是劳动产品，但只有用于交换的劳动产品才是商品；商品的价值是凝结在商品中无差异的人类劳动，如 1 件衣服能和 3 斤大米交换，是因为它们的价值是相等的。千差万别的商品之所以能够交换，是因为它们都有价值，有价值的物品一定有使用价值……如此从多种角度反复进行，就能牢固地掌握商品的基本概念及与它相关的一些因素，使我们真正获得知识，吸取精华。

4. 理清层次法

要善于把所学习的基本概念和原理进行分析，找出每一个层次的主要意思，这样就便于我们熟记了。

例如，我们学习"法律"这一基本概念，用"理清层次法"就较为科学。这个概念我们可以分解成这么几个部分：

（1）它是反映统治阶级的意志，维护统治阶级的根本利益的（法律不维护被统治阶级的利益）；

（2）由国家制定或认可的（没有这一点，就不能称其为法律）；

（3）用国家强制力的特殊的行为规则（国家通过法庭、监狱、军队来保证执行）。采用这种理清层次的方法，不仅便于熟记这一概念，而且也不易忘记。

5. 规律记忆法

这种学习方法就是要我们在学习中，注意找到事物的规律，以帮助我们牢记。在基本原理的熟记中，这种学习方法可谓是最佳方法。

例如我们根据对立统一规律就能熟记：内因和外因、主要矛盾和次要矛盾、矛盾的主要方面和次要方面、矛盾的特殊性和普遍性、量变和质变、新事物和旧事物等都会在一定的条件下互相转化。

"规律性记忆法"能以最少的时间熟记最多的知识。

在政治课的学习中，如果能把上面介绍的 5 种学习方法融会贯通，交替使用，无疑对提高学习效果是有积极意义的。

激发身体潜能

第一章
体能锻炼

第一节 生命在于运动

生命在于运动，健康也在于运动。健康谚语说得好，"铁不冶炼不成钢，人不运动不健康"，充分说明了运动对身体健康的重要性。

运用思维导图规划自己的生活，指导自己进行体能锻炼，意义巨大。

生命对于我们每个人而言既是宝贵的，也是脆弱的，人生苦短，犹如白驹过隙，珍惜生命自然离不开运动。

经常运动可以保持体力不衰，适当用脑可以保持脑力不衰。"流水不腐，户枢不蠹"，运动（体力的和脑力的）是延缓衰老、防病抗病、延年益寿的重要手段。

对儿童而言，运动能促进少年儿童身体的生长发育。比如骨骼、肌肉，锻炼和不锻炼就大不一样。坚持锻炼的少年儿童，肌肉、骨骼都比较结实粗壮，身高也比不锻炼的人要高。身高主要决定于下肢长骨，而长骨的生长则依靠两端的骺软骨板。

在儿童时期，长骨的骺软骨板的细胞不断分裂、增殖和骨化，使长骨纵向生长。细胞增殖需要大量的血液提供营养，体育锻炼能促使全身血液循环加快，增多骺软骨板中的血液量，从而促进细胞分裂和增殖，使骨骼增长更快。调查证明，同年龄、同性别的少年儿童，经常参加体育锻炼的比不参加的身高长 4 ~ 8 厘米。

运动还能增强体内各内脏器官的功能。经常运动的人，肺的容量比不运动的要大一倍以上；心肌发达，心脏的收缩力加强；胃肠道功能增强，消化好，饭量增加。

运动能增强体质，提高机体的抵抗力和对自然环境的适应能力，从而预防疾病发生。在体育锻炼过程中，自然界的各种因素也会对人体产生作用，如日光的照射、空气和温度的变化以及水的刺激等，都会使人体提高对外界环境的适应力。

所以，经常参加体育运动的人，不仅身体壮实，而且活泼、聪明，反应敏捷，接受新事物也快，平时极少生病。体育运动还能使人体态健美。

根据思维导图原则，可试着画一幅健身的思维导图。

第二节　刀闲易生锈，人闲易生病

健康谚语说"刀越磨越光亮，人越锻炼越健康"，又说"刀闲易生锈，人闲易生病"，说明人只有运动才能保持健康，事实也是这样。"用进废退"学说认为，人体器官经常使用就会发达，不用则会退化。

生活中有些人贪图安逸，凡事得过且过，人家说运动有利于健康，他们会说那就让不健康的人运动去吧，确实迂腐可笑。他们只顾眼前轻松，只知及时行乐。其实这眼前的安逸埋藏着病根，对健康有害无利。

从心理上看，懒散的人在事业中逃避风险，凡事追求四平八稳，用习惯性思维处理日常事务。这会钝化人的锐气，使人目光短浅、胸无大志。天长日久，大脑功能就会逐渐退化，使思维变得迟钝，判断分析能力下降，人就变得怕烦喜静，懒散健忘，寂寞无聊，还极易产生烦躁、忧愁、痛苦等不良情绪，这样的情绪又会诱发疾病的产生。

从行为上看，懒散的人遇事就躲，生活中追求舒适安逸，工作中追求轻松简单，机体缺乏锻炼，大脑活动较少，体能消耗相对减少，热量的摄入大于消耗，收支失去平衡，极易造成肥胖。肥胖又易引发高血压、糖尿病、心脏病等慢性非传染性疾病，严重危害身体健康。

从病理上看，人体就像一架灵敏度极高的复杂机器，要想不让机器生锈，就得不断运转。要不断运转，就得有任务。一个精力充沛、勤奋肯干的人要是突然无事可做，会因为无所事事而变得懒懒散散，精神萎靡不振，以后遇到曾经做过的事，再做起来也会觉得生疏。医学上把这种现象称为"病态惰性"。人一旦为惰性所左右，机能便会在不知不觉中衰退，免疫力就会下降。

现代科学研究证明，勤于用脑的人，大脑能不断释放出内啡肽等特殊生化物质，脑内的核糖核酸含量也比很少思维的同龄人平均高出 10%～20%。相反，不爱动脑的人，脑内核糖核酸含量水平就会大大降低。

惰性往往使人越闲越懒，越养越懒，进而百病缠身，不利于身体健康。

为了摆脱懒惰，避免恶性循环，根据以上内容，我们可以画出清晰的思维导图。

第三节 运动能让你身心健康

科学研究发现，运动可以改善人的心理状态，消除忧郁沮丧等不良情绪，达到增强身心健康的作用。旅游、栽花、散步是有效地解除不良情绪的好办法；赛球、健美操、登山、跳舞等集体性娱乐活动，可以使机体神经和肌肉松弛，迅速消除紧张和忧郁，并产生欢快感。

人体是一个整体，人的健康与情绪有密切关系。要想保持愉快稳定的情绪和健康的心理状态，更好地适应外部环境的变化，那就请运动吧，相信运动会给你带来意外的收获。

运动是消除心中忧郁的一种好方法。体育活动一方面可使注意力集中到活动中去，转移和减轻原来的精神压力和消极情绪；另一方面还可以加速血液循环，加深肺部呼吸，使紧张情绪得到放松。因此，应该积极参加体育活动。

运动可使人心情愉快，轻松活泼，在振奋心情上比服用任何良药都更有效。研究证明，情绪和情感是客观刺激物影响大脑皮质活动的结果。在情绪活动中机体所发生的外在表现和内在变化是与神经系统多种水平的机能相联系的，是大脑皮层和皮层下中枢协同活动的结果。

通过体育运动如跑步、疾走、游泳、打羽毛球、排球、篮球、足球、骑自行车、登山等能加强心搏，促进血液循环及消化系统的新陈代谢，使大脑得到充分的氧气和营养物质，能使大脑皮质的兴奋和抑制恢复平静，从而达到改善不佳心情的目的。这些运动应每周坚持 3 ~ 5 天，每次至少 30 分钟。

运动不仅影响生理参数，也影响性格特征，尤其对情绪的稳定有很大作用。参加体育活动可以使人精神高度集中，是控制精神紧张和心理失调的有效途径。它们有助于消除过度紧张和疏导被压抑的精力，对于解除或减轻不佳心情，保持心理健康是很有益的。参加体育竞技，可以为不良情绪提供一个"排泄口"，使遭到挫折而产生的冲动提升为向前的动力。

因此，对社会生活中受到不平等待遇的人以及向往公平竞争的人们来说，运动场无疑是一个很好的发泄场所和实现自己理想的场所。一些心理学家通过大量研究肯定了体育运动对情绪的排泄作用。

这些学者们认为，体育运动不仅仅是消闲或锻炼身体，它还具有心理医疗的价值。它像一种净化剂，通过社会认可的渠道，使参加者被压抑的情感和精力得到宣泄和升华，从而使受伤的心灵得以痊愈。

经常运动，能使你保持精神舒畅、精力充沛，从而增加应付现实生活中种种困难的能力。所以，都来参加运动吧，选择适合自己的运动，可以让你和自然更加接近，并将得到日光与运动的叠加益处，增强体质，改变不佳心情。

第四节　运动，益智健脑的良方

美国科学家在过去 35 年内对 400 名 21 ~ 84 岁的成年人进行了语言能力、感觉速度、空间定向及计算思维等方面的测试研究。结果表明，25% 常参加运动锻炼的人，在智力和反应方面明显高于未参加锻炼的同龄人，可见，运动能益智健脑。

运动锻炼何以能益智健脑？

运动可提高血糖含量。大脑活动所需的能量主要来源于糖。大脑本身储备糖极少，只有当人体血液每 100 毫升中血糖达 120 毫克时，脑功能活动才能正常，如果血糖降至每 100 毫升 50 毫克左右时，人就会疲乏、思维迟钝、工作效率下降。食物是血糖的供给源，运动能使人食欲大增，消化功能增强，可促进食物中淀粉转化为葡萄糖，并源源不断地提供给脑神经细胞使用。

大脑需要氧气和其他营养物质。科学实验表明，常从事运动的人，心脑血管会更具有弹性，血液循环也更加通畅。研究数据显示，喜欢运动的人血液循环量比一般人高出 2 倍，这样能够向大脑组织提供更充足的氧气和营养物质，使大脑活动更自如，思维更敏捷。

运动也是一种积极的休息方式。适量运动时运动中枢兴奋，可有效快速地抑制思维中枢，使其得到积极的休息。

有人做过实验：思考的神经连续工作 2 小时，然后停下来休息，至少需要 20 分钟才能消除疲劳，而用运动方式则只需 5 分钟疲劳就消除了。说明运动确能使大脑的紧张状态得到缓解。这有助于大脑思维功能的合理应用，促使工作学习效率提高。

运动促使大脑释放一些有益的生化物质如内啡肽等。这些物质对促进人的思维和智力大有益处。

为了让自己更加聪明、灵活，请多多参加体育锻炼吧！这是益智健脑的最佳选择。

第五节 有氧运动是你的最佳选择

一位法国医学家蒂素曾经说过："运动的作用可以代替药物，但所有的药物都不能代替运动。"其实这里的运动指的是有氧运动而不是无氧运动。

所谓"有氧运动"，就是指能增强体内氧气的吸入、运送及利用的耐久性运动。在整个运动过程中，人体吸入的氧气和人体所需要的氧气量基本相等，即吸入的氧气量基本满足体内氧气的消耗量，没有缺氧的情况存在。

有氧运动的特点是强度低，有节奏，不中断，持续时间长，方便易行，容易坚持。它在增强人体体质方面有如下优势：

1. 有氧运动是最好的减肥运动方式

它能直接消耗脂肪，使脂肪转化成能量被机体组织消耗掉。据医生长期观察发现，减肥者如果在合理安排食物的同时，结合有氧运动，不仅减肥能成功，并且减肥后的体重也会得到巩固。

2. 有氧运动促进人体代谢活动

有氧代谢运动使人体肌肉获得比平常高出 8 倍的氧气，从而使血液中的蛋白质增多，供应全身营养物质充足，使人体内免疫细胞增多，促进人体新陈代谢，使人体内的致癌物及其有害物质、毒素等及时排出体外，减少了机体的致癌因子和

有氧运动的好处

150 次 / 分钟
每周至少 3 次
30 ~ 60 分钟
游泳
慢跑
有节奏
强度低
易坚持
不中断
方便
减肥
有益
代谢
频率
时长
例
特点
促进
标准
延缓
衰老
有氧
减少
利于
提高
身体
体能
醒脑
素质
耐力
力量
柔韧性

致病因子，保证了健康。

3.有氧运动延缓了人体组织衰老

有氧代谢运动可明显提高大脑皮层和心肺系统的机能，促使周围神经系统保持充沛的活力，并且使体内具有抗衰老的物质数量增加，推迟肌肉、心脏以及其他各器官生理功能的衰老和退化，从而延缓了机体组织的衰老进程。

4.有氧运动提高身体机能素质

它可以提高人体耐力素质，发展练习者的柔韧、力量等身体素质。

5.有氧运动对于脑力劳动者非常有益

加拿大多伦多大学健康教育家莱斯通过对 800 人的长期观察和 300 多个有关实验发现，当人们感到大脑疲劳时，到室外跑步，可以使大脑的功能恢复到 58%，而不做运动改吃药的话，大脑的功能只能恢复到 40% ~ 50%。有人便总结出来：慢跑是最佳的有氧运动，对醒脑有奇效。

6.有氧运动具备恢复体能的功效

这是一种积极的恢复方式。如果人们在非常疲劳的时候，加入一个令人兴奋的健康群体里进行健身运动，对未来的情绪及体力的调整最为明显。如在健身房中伴着优美的音乐做有节奏的健身运动等。

"无氧运动"则是指高强度剧烈运动，运动过程中氧气的吸入量不能满足身体的需要，人体处于缺氧状态，无氧运动对糖尿病人来说不太适宜。

有氧运动锻炼，应当掌握适当的运动量，一般每周应至少参加 3 次，每次持续 30 分钟以上。年龄不同的人其运动强度也应有所区别，最适宜的强度是：20 ~ 30 岁的人，运动时心率应维持在 140 ~ 160 次／分；40 ~ 50 岁的人，运动时心率应维持在 120 ~ 135 次／分；60 岁以上的老年人，运动时心率应控制在 100 ~ 124 次／分之间。

在选择有氧代谢的运动项目方面，也要根据年龄和体质，因人而异。一般来说，20 ~ 30 岁的人，可选择强度稍大，具有冲击力的有氧运动项目，如：12 分钟跑、障碍跑、武术、篮球、足球等；30 ~ 40 岁的人可选择爬山、自行车、健美操运动等；40 ~ 50 岁的人可选择健步走、慢跑、爬台阶等；50 ~ 60 岁的人可选择游泳、打保龄球等；60 岁以上的老年人可以选择一些轻松平缓、无拘无束、运动量不大的运动项目，如散步、轻快步行、太极等。

第六节 作出改善身体健康状况的思维导图

通过你在上一节中对自己身体的一番评价，相信你已经判断出自己是处在健康、患病还是亚健康状态了吧。

如果你确认自己是处在健康状态，那的确应该受到恭喜，但根据世界卫生组织的有关调查情况来看，世界上 80% 以上的人都处在亚健康和患病的状态，何况今天的健康者明天也有可能会患病，所以，我们每个人都有必要为自己绘制一张能够不断改善身体健康状况的思维导图。

为了使你绘制的思维导图科学、周密、行之有效，建议在绘制之前要根据自己的实际情况学习一些有关的医学保健知识。学习的方法大致有以下几种：

（1）系统地学习卫生保健知识。由于人体保健知识的面很宽，有关的内容很多，需要学习者投入较多的时间和精力。

（2）根据自己的健康状况学习有关的卫生保健知识。比如糖尿病人首先学习有关糖尿病的治疗知识，孕妇学习孕期的保健知识等。

（3）根据自己所处的生理阶段学习有关的卫生保健知识。比如青少年学习青春发育期的卫生保健知识，中年人学习更年期的卫生保健知识。

（4）学习适应面比较广的卫生保健知识。比如如何建立平衡科学的膳食、如何减轻自己的亚健康症状、如何挑选适合自己的锻炼方式等。

在掌握了必要的卫生保健知识后，你就可以根据自己的身体健康状况绘制一张能够不断改善你的身体健康状况的思维导图了。

获得均衡全面的营养是激活身体潜能的物质基础。为了激发身体潜能还必须注意吸收人体必需的六大营养素。

如果把人体比喻为一架非常精确、非常复杂的机器，那么营养素就是使这架机器能够正常运转的能源和润滑油。营养素的来源是靠我们每天摄取的食物中获得的，它能够满足人类用于修补旧组织、增生新组织、产生能量和维持生理活动的需要。

食物中可以被人体吸收利用的物质叫营养素。目前已知的 40 多种营养素可以被分为 6 大类，即蛋白质、脂肪、碳水化合物、维生素、矿物质和水，这就是人体所必需的 6 大营养素。前三者因为在体内代谢后产生能量，故又称产能营养素。

（1）蛋白质。如果把人体当作一座建筑物，那么蛋白质就是构成这座大厦的建筑材料。人体的重要组成成分：血液、肌肉、神经、皮肤、毛发等都是由蛋白质构成的；蛋白质还参与组织的更新和修复；调节人体的生理活动，增强抵抗力等。

（2）脂肪。是组成人体组织细胞的一个重要组成成分，它被人体吸收后供给热量，是同等量蛋白质或碳水化合物供给能量的 2 倍，是人体内能量供应的重要的储备形式；脂肪还有利于脂溶性维生素的吸收，维持人体正常的生理功能；体表脂肪可隔热保温，减少体热散失，支持、保护体内各种脏器，以及关节等不受损伤。

（3）碳水化合物。是人体最主要的热量来源，参与许多生命活动，是细胞膜及不少组织的组成部分；可维持正常的神经功能；促进脂肪、蛋白质在体内的代谢作用。

（4）维生素。是维持人体正常生理功能必需的一类化合物，它们不提供能量，也不是机体的构造成分，但膳食中绝对不可缺少，如某种维生素长期缺乏或不足，即可引起代谢紊乱，以及出现病理状态而形成维生素缺乏症。

（5）矿物质。是人类不可缺少的又一类营养素，它包括人体所需的元素，如钙、磷、铁、锌、铜等。矿物质是构成人体组织的重要原料，帮助调节体内酸碱平衡、肌肉收缩、神经反应等。

（6）水。是人类和动物（包括所有生物）赖以生存的重要条件。水可以运转生命必需的各种物质及排除体内不需要的代谢产物；促进体内的一切化学反应；通过水分蒸发及汗液分泌散发大量的热量来调节体温；关节滑液、呼吸道及胃肠道黏液均有良好的润滑作用，泪液可防止眼睛干燥，唾液有利于咽部湿润及吞咽食物。

了解了以上人体所需要的营养和相关知识后，你可以试着画出改善自己身体健康状况的思维导图。

第七节　思维导图激活你的身体潜能

身体潜能就是你身体中潜在的能量，它与心理潜能一起，构成人的潜能系统。潜能并不神秘，它乃是人的身体、心理发展的前提条件或可能性。

科学家告诉我们，人的身体中存在巨大潜能，充分挖掘这种潜能，是使人得到全面提高的重要途径。身体潜能是一个有机系统，它与兴趣、欲望、本能、情感、精神、意志、性格等诸多内在因素融合为一体，需要我们用科学的方法来进行挖掘。

人的身体中存在着巨大的潜能，而充分挖掘这份潜能，是使人全面提升的重要途径。

对于每一个人来说，充分发掘、利用自己的身体潜能，是创造积极人生、走向成功的重要条件。

思维导图的诞生，使得我们激活自己的身体潜能有了科学的、系统的方法，让我们从重新审视自己的身体开始，全面地思考一下有关身体健康、心理健康的问题，作出能够使我们的身体潜能充分被发掘的思维导图，对自己来一番脱胎换骨的改造吧！

1. 重新审视你的身体

如果有人问你：你了解自己的身体吗？你肯定会说，当然了解！但听了下面这个故事，你也许会怀疑自己的结论：

有一位老人，在年近60岁马上

面临退休之际，获得了一次到西藏出差的机会，他感到自己很幸运，高兴地去了，想趁此机会好好地观光一下。

这天，当他在拉萨的小巷里闲逛的时候，突然听到身后传来一阵低沉的吼叫声，转身一看，一条牛犊大小的浑身披着黝黑色的长毛的藏獒，一边吼叫着一边向他奔来。

他吓得冷汗一下冒出来，拼命地沿着小巷向前奔跑，藏獒在身后紧追不舍，就在马上就要扑到他身上的危急时刻，他看到眼前出现了一堵墙，天哪，原来这是一个没有出口的死胡同！这时，藏獒呼呼的喘息声他已经听得清清楚楚，他的大脑里此时只有一个念头：逃！

他闭着眼纵身一跳，竟然跳上了那个一人多高的墙头！藏獒向上扑了几次，都没能扑到他，悻悻地走了。

当他返家后把这个惊险的故事讲给家人听的时候，大家都惊呆了：他一向身体比较瘦弱，也不爱锻炼，由于有比较严重的哮喘病，每年都要入院治疗一两次，让他纵身跃上一人多高的墙头，这是大家想也不敢想的事呀！

我们可能都听到过类似的故事：情急之下，人确实能爆发出他自己也不敢想象的巨大潜能；我们也看到过很多科学家报告的他们的研究成果，证明在人类的身体中还有很多潜能没有被挖掘出来：比如人类脑细胞的使用比例只有百分之几，人类的平均寿命只有应达寿命的1/2左右，人类的记忆能力、计算能力、创造能力如果得到科学发掘还可大幅度提高等等。

2. 你是最神奇的，最可贵的

有人曾经做过一个调查，向不同年龄、不同行业的人提出一个问题：你认为这个世界上什么动物最神奇？答案是五花八门的——有人说是感觉灵敏、善解人意的狗，有人说是能飞越大洋、跋涉万里而从不迷路的鸿雁，有人说是矫健无比的"美丽杀手"美洲豹，有的则说

神经元的结构

细胞体

树突

轴突

突触

➡ 神经信息的流向

神经元是一种非常特殊的细胞，专门负责神经信息的传递。

当之无愧者应是历经劫难仍能顽强生存，且有惊人的繁殖能力的蟑螂……

听完他们那饶有兴致的诉说后，我们应该用最肯定的语调向他们说道："不，不对，你应该知道，大自然中，最神奇、最可贵的动物应该是人！就是你，就是我，就是我们每一个人！"

是的，不知你是否认真想过，我们人类的身体是世界上最精密、最复杂、最神奇的构造，且不用说人类创造的科学技术、文学艺术、社会管理等等的巨大社会成果是其他动物的能力根本达不到、也不可想象的，就是人类最常见、也是最可爱的一个表情——笑，也是所有的其他动物无论经过怎样的训练也学不会的。

人的大脑共有100亿～150亿个神经细胞，每天能记录大约8600万条信息。据估计，人的一生能凭记忆储存100万亿条信息。每一秒钟，你的大脑进行着10万种不同的化学反应。根据神经学家的部分测量，大脑的神经细胞回路比今天全世界的电路线网络还要复杂1400多倍。但人的大脑和机器截然不同，它可能在运转中修复，在修复过程中照样运转。例如脑的某部分完全破坏后，另一部分经过训练可以代替损坏部分的功能。

一个成人体内共有1000多万亿个细胞。最大的是卵细胞，直径约200微米。人体皮肤约有500万个毛囊，200多万个汗腺。皮脂腺一昼夜可分泌20～40克皮脂。人的头发有10万根，每天要长0.35毫米；一个健康人24小时内要掉30～40根头发，如不再生10年后就可成为光头。

其实每个人都应该认识到，我们的躯体，不仅仅是受之于父母，也是受之于我们人类的祖先——想当年我们人类仅仅是四肢着地行走、没有语言、不会制造使用工具的类人猿，可经过数万代人对身体不懈的开发而形成的进化，使今天的现代人的身体构造与当年的类人猿相比已经发生了很大的变化。

想想吧，能够生在今天、拥有如此珍贵的身体的我们，更应该好好地保护自己，努力地开发自己，以不枉此生，以不愧对后人！

3. 准确评价你的健康状况

我们的身体如此珍贵，相信每个人都想好好保护它，使它健康而充满活力。当然，身体越健康，它的潜能也才能被更大程度地激活和挖掘。但问题是，你是否对自己的健康状况进行过科学、准确的评价呢？

世界卫生组织对健康的定义是：没有疾病和身体强壮，而且人的生理和心理状况与社会处于完全适应的完美状态。为了进一步使人们完整和准确理解健康的概念，世界卫生组织规定了衡量一个人是否健康的大准则：

（1）有充沛的精力，能从容不迫地担负日常生活和繁重工作，而且不感到过分紧张与疲劳；

（2）处事乐观，态度积极，乐于承担责任，事无大小，不挑剔；

（3）善于休息，睡眠好；

（4）应变能力强，能适应外界环境的各种变化；

（5）能够抵抗一般性感冒和传染病；

（6）体重适当，身体匀称，站立时，头、肩、臂位置协调；

（7）眼睛明亮，反应敏捷，眼睑不易发炎；

（8）牙齿清洁，无龋齿，不疼痛；牙龈颜色正常，无出血现象；

（9）头发有光泽，无头屑；

（10）肌肉丰满，皮肤有弹性。

根据有关专业人员的调查：人群中符合世界卫生组织健康标准者约占15％，患有各种疾病者也约占15％，而处于亚健康状态者却占65％左右。亚健康状态是指无器质性病变的一些功能性改变。它是人体处于健康和疾病之间的过渡阶段，在身体上、心理上没有疾病，但主观上却有许多不适的症状表现和心理体验。

另据世界卫生组织研究报告：人类1/3的疾病通过预防保健是可以避免的，1/3的疾病通过早期的发现是可以得到有效控制的，1/3的疾病通过信息的有效沟通能够提高治疗效果。因此，我们对健康的维护不仅仅是对疾病的治疗，更重要的是在疾病没有到来之前的"防患"。

第二章

改变思维，会吃才健康

第一节 粗粮：昨日忆苦饭，今天健康餐

　　如今吃粗粮是一种新时尚，更是一种新思维。因为很多"富贵病"可能是由于人们吃得过精过细而导致的。于是，浓香的玉米、金灿灿的小米粥、清香的毛豆已经成为餐桌上的新宠，在吃惯了细米白面后，人们发现对健康最有益处的还是粗粮。

　　粗粮含有丰富的营养素。如燕麦富含蛋白质；小米富含色氨酸、胡萝卜素；高粱富含脂肪酸及丰富的铁；薯类含胡萝卜素和维生素 C。

　　粗粮还具有一定的药性。如玉米被公认为是世界上的"黄金作物"，它的纤维素要比精米、精面粉高 4～10 倍。纤维素可加速肠部蠕动，排除大肠癌的致病因素，降低胆固醇吸收，预防冠心病。荞麦含有其他谷物所不具有的"叶绿素"和"芦丁"。荞麦中的维生素 B_1、维生素 B_2 比小麦多两倍，烟酸是其 3～4 倍。荞麦中所含烟酸和"芦丁"都是治疗高血压的药物，荞麦对糖尿病也有一定疗效。

　　新鲜的糙米比精米对健康更为有利，因粮食加工得愈精，维生素、蛋白质、纤维素损失愈多。粗粮中的膳食纤维，虽然不能被人体消化利用，但能通肠化气，清理废物，促进食物残渣尽早排出体外。

全谷食品是纤维素的主要来源。

粗粮还有减肥的功效，如玉米含有大量镁，镁可加强肠壁蠕动，促进机体废物的排泄，对于减肥非常有利。玉米成熟时的花穗玉米须，有利尿作用，也对减肥有利。

粗粮虽营养丰富，对健康有利，但是也不能随便吃，还要遵循三大原则：

一是粗细搭配，要求食物要多样化，"粗细粮可互补"；

二是粗粮与副食搭配，粗粮内的赖氨酸含量较少，可以与牛奶等副食搭配补其不足；

三是粗粮细吃，粗粮普遍存在感官性不好及吸收较差的劣势，可以通过把粗粮熬粥或者与细粮混起来吃解决这个问题。

具体如何吃粗粮要分年龄分人群：胃肠功能较差的老年人（60岁以上）及消化功能不健全的儿童要少吃粗粮，并且要做到粗粮细吃；中年人尤其是有"三高"、便秘等症状者、长期坐办公室者、接触电脑较多者、应酬较多的人则要多吃粗粮；运动员、体力劳动者由于要求尽快提供能量则要少吃粗粮。

另外，不同病情的人群也要区别吃粗粮。患有胃肠溃疡、急性胃肠炎的病人的食物要求细软，所以要尽量避免吃粗粮；患有慢性胰腺炎、慢性胃肠炎的病人要少吃粗粮。

第二节 常吃素，好养肚

时下素食风行全球，这是因为现代医学证明，适当地多吃素食对人的身心健康有诸多益处。

素食越来越受到人们的青睐，因为它确实给人们的健康带来太多的益处。以下是人们对素食的一些新思维、新观点：

1. 素食可提高人体免疫力

有关资料表明，长期吃素的人，机体抗肿瘤的能力比长期吃肉的人强两倍，患心血管疾病、癌症、痛风、关节炎、肾功能衰竭、大脑痴呆症等疾病的比率也比普通人小。

2. 吃素者没有便秘之忧

现代医学已经证实，肉食是导致人们便秘的一个直接原因。由于肉食纤维质较少，被人体摄入后在肠道中移动的速度比起谷物和蔬菜等植物类食物要慢4倍左右，加之我们人类的消化道较长，大肠弯曲多皱，吃进的肉食不能及时排出体外，从而导致了便秘。

3. 吃素者更聪明

现代医学研究证实，人聪明与否，主要取决于脑细胞间传递信息的速度。当人的体液呈碱性状态时，脑细胞间传递信息的速度和效果均处于最佳状态，人就变得聪明；而体液呈偏酸性状态时，大脑反应迟钝，动作缓慢，学习和工作的效率均处于低下状态，人就显得笨拙。

众所周知，肉类属酸性食品，摄入人体后会使体液趋于酸性；而蔬菜、水果属碱性食品，摄入人体后会使体液趋于碱性。由此看来，肉食不仅会使人肥胖，也会使人变得迟钝；素食不仅会给人带来健康，也会使人变得聪明。

4. 吃素可以吃出美丽

用素食方法来减肥相当有效，素食能使血液变为微碱性，促进新陈代谢活动，从而把蓄积体内的脂肪及糖分燃烧掉，达到自然减肥的目的。经常食素者全身充满生气，脏腑器官功能活跃，皮肤显得柔嫩、光滑、红润，吃素堪称是由内而外的美容法。

5. 吃素可以吃出文化

素食，表现出了回归自然、回归健康和保护地球生态环境的返璞归真的文化理念。吃素，除了能获取天然纯净的均衡营养外，还能额外地体验到摆脱了都市的喧嚣和欲望的愉悦。

吃素真的能让你更健康、美容，少患病等。但是，如果长期吃素，则不利于健康。

长期吃素，营养不平衡。如果我们长期吃素，动物蛋白、动物脂肪、脂溶性的维生素得不到补充，人体的免疫功能就会减弱，供给人体的热量也会不足。

长期吃素，营养不完善。虽然人体所需要的 80% 的热量和 50% 的蛋白质是由粮食、豆类供应的，也是 B 族维生素的重要来源。蔬菜可供应日常所必需的几种维生素（A、B_2、C、K 等）和无机盐（钾、钙、铁、钼、铜、锰等）。果品类也含有丰富的无机盐和维生素，但营养仍不够，需要肉类来补充。肉类食品为动物性食品，含有较高的热量，较多的优良蛋白质，丰富的脂类物质，足量而平衡的 B 族维生素和微量元素。

所以，吃素也要讲究方法，要与荤食相搭配。

第三节 健康油，为健康做主

"油"是我们日常生活中每天必不可少的调味品，看似平常，但是却与身体健康休戚相关，科学地吃油和选择油类，可以改善我们的体质，美化我们的容颜。

据营养专家介绍，其实我们每天吃什么样的油，即摄入什么样的脂肪对身体健康非常重要，在人们每天摄入的蛋白质、脂肪、碳水化合物、维生素、矿物质、水等 6 大营养元素中，脂肪占了总热量的 35%，而脂肪总量的 76% 以上又是来自每天吃的油。

我们日常饮食中的油脂来源主要是两部分，一是烹调用的植物油，一是动物性食物中的脂肪。注意调配好这两部分油脂的量和质，就可以使油脂消费科学合理了。

吃油的量应该适当才是最重要的。中国营养学会膳食平衡宝塔内推荐的食用油的使用量为每人每天 25 克。同时，从健康的角度考虑，营养专家建议，在油脂摄入量适宜的前提下，应尽量减少动物性油脂的摄入。

大豆油、花生油、菜籽油、玉米油、芝麻油、橄榄油等，由于脂肪酸构成的不同，所以各具营养特点。茶油、橄榄油及菜籽油的单不饱和脂肪酸含量较高。许多研究表明：单不饱和脂肪酸可以调节血脂，防止动脉粥样硬化，从而降低心血管疾病危险。芝麻油、花生油、玉米油、葵花籽油则富含亚油酸。大豆油则富含两种必需脂肪酸——亚油酸和亚麻酸。这两种必需脂肪酸具有降低血脂、胆固醇及促进孕期胎儿大脑的生长发育的作用。而单一油种的脂肪酸构成不同，营养特点也不同。

科研人员发明了一种脂肪酸比例合理的植物调和油，以玉米油、葵花籽油、花生油、菜籽油和大豆油等多种植物油为原料，其脂肪酸比例合理，可以有效地帮助平衡人体所需的膳食脂肪酸。尤其值得称道的是，这种调和油保留了花生油、芝麻油等油种具有的特殊香味，炒菜时色香味俱佳。

因此，对大多数人来说，吃脂肪酸配比合理的调和油是一种既健康又实惠的选择！

建议您在选择油类时应注意以下 6 点：

（1）远离饱和脂肪酸含量高的油类，一般动物脂肪含饱和脂肪酸较多，所以不宜多吃动物油（如猪、牛、羊油）。

（2）选择单不饱和脂肪酸含量在 70% 以上的油类，如野茶油、橄榄油。

（3）选择富含 Ω–3 亚麻酸的油类，如野茶油、核桃油。

（4）避免 Ω–6 亚油酸含量超过 15% 的油类，如红花油、葵花籽油、花生油、芝麻油、玉米油。

（5）多不饱和脂肪酸中的 Ω–6 亚油酸和 Ω–3 亚麻酸的比例最好是 4 : 1。

（6）是否含有维生素 E。维生素 E 是抗氧化剂，可以减少氧化型 LDL（低密度脂蛋白胆固醇）的形成，降低发生动脉粥样硬化的可能性。

第四节 吃鱼，健康生活每一天

古往今来，国人非常注意食补，素有"药补不如食补"之说。早在《素问》中就有"谷肉果菜，食养尽之"的说法。补养食品在于精选，在补养食品繁多的种类中，其榜首莫过于鱼。

鱼，不仅是美味佳肴，而且是美容、食疗的上品，常食鱼有益于身体健康。

1.DHA 活化脑细胞

鱼类含有丰富的 DHA（二十二碳六烯酸，俗称"脑黄金"）。DHA 可以使大脑细胞的分子构造变得更为柔软而有弹性，可以大幅提高内部信息（脑波等）传导的速度，也就是可以让脑部神经的传导更为灵活，人就变得更聪明了。

2.EPA 抑制癌细胞

虽然大家对 DHA 已耳熟能详，而对 EPA（二十碳五烯酸）还是相当的陌生，但是 EPA 却有抑制癌细胞扩散的重要功能。

鱼含有丰富的DHA，不仅营养美味，而且还有美容、食疗之功效。

3. 鱼肉是心脏保护神

在鱼肉的营养成分之中，有一种成分对人体也相当的重要，那就是愈吃愈苗条的不饱和脂肪酸。不饱和脂肪酸，可以减少血液中的胆固醇浓度，防止血栓的发生，是心脏、血管的保护神。

4. 减缓骨质疏松症

骨质疏松症是现代女性产后的最大困扰，然而，在鱼类的骨头（包含鱼刺）之中，却有含量极为丰富的优良钙质，配合鱼肉中所含的维生素 D（可以帮助钙质吸收），是人类补充钙质的最佳来源。

5. 防老年痴呆

多吃鱼和鱼油，可以保护您免受老年痴呆症的侵袭。法国研究人员对 1674 名老人进行了为期 2 年、5 年、7 年饮食情况的随访，结果显示，每周至少吃一次鱼或海产品的老人患痴呆症的危险会明显降低。

鱼的确是个好东西，味道好，营养又好，还有那么好的保健功效。但是鱼的烹调也是有讲究的。

烹调鲜鱼最好的方法是：煮、蒸、嫩煎、微波加热，这样 $\Omega-3$ 脂肪酸（DHA 和 EPA）会最大限度地保留。如用煮的方法则应连汤饮用，$\Omega-3$ 脂肪酸就不会损失。

用油炸鱼的做法不值得提倡，因为在炸鱼的过程中，50% ~ 60% 的 $\Omega-3$ 脂肪酸会丧失掉，而且油中含有的亚油酸会被鱼吸收，亚油酸在体内转化为前列腺素 E2，如摄取过量易引发癌症。

烧鱼的时间不宜过长，否则 $\Omega-3$ 脂肪酸也会受损。烧焦或烤焦的鱼的焦烟部分一定不可食用，因会产生强致癌物质。

还要注意的是，有资料称，致癌物质最常存在于鱼皮中，所以该资料建议最好不要吃鱼皮。也有资料称，鱼腹腔内壁有一层黑膜，是鱼腹中各种有害物质的淀积层，因此，在剖鱼洗鱼时，应该清除其中的黑膜。

第五节 多吃水果，健康美丽不请自来

美国癌症研究院指出：每天至少摄取 5 份蔬菜、水果，就可以降低 20% 的患癌症风险。吃水果不但可以抗癌，而且还可以预防其他疾病，让你更健康，更美丽。

水果中含有丰富的维生素 B_1、B_2、C、A 等多种维生素类物质，还有氨基酸、有机酸、酶和铁、钙、磷等多种微量元素，以及糖类、纤维素等。这些物质在人体的生理活动中，起着极为重要的作用，以维生素 C 来说，它具有抑制黑色素、中和自由基、降低血浆胆固醇等作用，故常吃水果不仅可使皮肤变白、滋润、细腻肌肤，而且还有预防心血管疾病、防癌、抗癌等作用。

又如水果中的维生素 A、P 等物质，对夜盲、皮肤角化、高血压等有疗效……可见，水果是人们生长发育、健康长寿不可缺少的食物之一。然而，如何健康吃水果也是有学问的。

1. 吃水果的最佳时间

为饭前 1 小时，饭后 2 小时。但由于条件的限制，我们最好饭后吃水果，因为有些水果是不适合在空腹状态下进食的。

2. 不宜空腹吃的水果

西红柿：含有大量的果胶、柿胶酚、可溶性收敛剂等成分，容易与胃酸发生化学作用，凝结成不易溶解的块状物。这些硬块可将胃的出口——幽门堵塞，使胃里的压力升高，造成胃扩张而使人感到胃胀痛。

柿子：含有柿胶酚、果胶、鞣酸和鞣红素等物质，具有很强的收敛作用。在胃空时遇到较强的胃酸，容易和胃酸结合凝成难以溶解的硬块。小硬块可以随粪便排泄，若结成大的硬块，就易引起"胃柿结石症"，中医称为"柿石症"。

香蕉：含有大量的镁元素，若空腹大量吃香蕉，会使血液中含镁量骤然升高，造成人体血液内镁与钙的比例失调，对心血管产生抑制作用，不利健康。

橘子：橘子含有大量糖分和有机酸，空腹时吃橘子，会刺激胃黏膜。

甘蔗和鲜荔枝：空腹时吃甘蔗或鲜荔枝切勿过量，否则会因体内突然

果汁里含有丰富的维生素，既营养美味，又可以预防疾病。

渗入过量高糖分而发生"高渗性昏迷"。

山楂：山楂的酸味具有行气消食作用，但若空腹食用，不仅耗气，而且会增加饥饿感并加重胃病。

3. 吃水果的禁忌

西瓜：西瓜性寒，经常腹泻，脾胃虚弱者以及产期妇女都不宜多食，以免中寒损伤脾胃。

山楂：味酸，患胃病及十二指肠溃疡和胃酸过多者不宜食用。山楂具有化瘀消滞的性能，故妊娠妇女及患习惯性流产和先兆流产的人，忌食山楂，免得伤胎。

甘蔗：甘蔗含糖量为70%左右，故糖尿病患者忌食，脾胃虚寒者慎用。

杏：鲜果不宜多吃，免伤脾胃；阴虚咳嗽、大便溏泄者忌服杏仁。

荔枝：性温燥，多食易化热生火，故皮肤易生疮疖者及胃热口苦者忌食。

杨梅：血热火旺者不宜多食，有"多食发疮致疾""损齿及筋"的说法。

香蕉：溃疡病和胃酸过多者忌服。

桃：溃疡病及慢性炎症者忌食。桃与龟鳖肉相反，忌同食。

枣：生食易损脾作泻，味甘、中满者忌食。枣忌与葱同食，同食则易引起脾脏不和；枣忌与鱼同食，同食则易令人腰腹疼痛。

白果：味甘苦涩，有小毒，多食令人胸部气壅。白果忌鱼，不可同食。

桂圆：性温而滋腻，内有痰火、停饮、湿阻中满者忌食。

石榴：不宜多吃，食之过多可损伤肺气，损伤牙齿，助生痰湿。

樱桃：味甘，性湿。食之过多，可发虚热或令人呕吐。

李子：味甘酸，性平。吃李子后不宜多喝水，否则易发生腹泻。多食易助湿生痰，损伤脾胃，尤其脾胃虚弱者，更应少吃。

梨：味甘而微酸，性凉。食多伤脾胃，尤其脾胃虚寒、呕吐清涎、大便溏泻、腹部冷痛等病人及产妇，更应慎重。

葡萄：患有高血压病的人，在服用降压药的同时不宜过多食用葡萄，因两者有协同作用；患有慢性肠炎的病人不宜过多食用葡萄，因其可导致腹泻。

4. 每天吃水果的量

吃水果也要有个量，掌握一天吃两种水果，每种不超过拳头大小（或大约一饭碗的量），这样一般不易出问题。

只要我们认真遵守吃水果的原则，那么健康和美丽一定会不请自来的，不相信，就试试看！

5. 10 种对健康最有利的水果

排名第一的是苹果，因为苹果中富含纤维物质，可以补充人体足够的纤维质，降低心脏病发病，还可以减肥。

排名第二的是杏，含有丰富的 β－胡萝卜素，能够很好地帮助人体摄取维生素 A。

排名第三的是香蕉，钾元素的含量很高，这对人的心脏和肌肉功能很有好处。

第四是黑莓，同等重量黑莓中纤维物质的含量是其他水果的 3 倍多，对心脏健康很有帮助。

第五是蓝莓，多吃可以减少尿路感染的概率。

第六是甜瓜，维生素 A 和维生素 C 的含量都很高，是补充维生素的理想食物。

第七是樱桃，能帮助人保护心脏健康，不仅如此，樱桃还具有美容功效，更兼有食疗保健的作用，如脾虚腹泻、补中益气、祛风胜湿、肾虚腰腿疼痛、活动不灵等。

第八是越橘，能帮助减少尿路感染的概率。

第九是葡萄柚，维生素 C 的含量很高，而且经医学研究证明，佛罗里达葡萄柚（也叫西柚）含有大量的抗氧化元素，而且葡萄柚所含热量极低，每个只有大约 60 卡。

第十是紫葡萄，其类黄酮等物质能对心脏提供三重保护作用。

可见，吃水果是一门很大的学问，我们平时应该多加学习，运用思维导图学会怎么吃水果，有益无害。

第六节　菇类，健康食品中的宠儿

在回归自然饮食观念盛行的今天，人们正在不懈地探求健康食品。有关专家研究认为，在迄今已知食品中，菇类从营养和保健观点来看，将可能成为 21 世纪人类健康食品的重要来源。

菇类是菌体最大、最高等的真菌，能供人类食用的有 500 多种，人们比较熟悉的有蘑菇、香菇、平菇、金针菇、木耳、银耳、猴头菇等。所有菇类都具有独特的香味、相当高的营养价值和药用价值。

在美国菇类被称为"上帝食品"，在日本被誉为"植物性食品的顶峰"，我国则把菇类称为"山珍"，菇类被公认是三高一低（高蛋白、高维生素、高矿物质、低脂肪）的健康食品。

菇类营养丰富，味道鲜美，它和粮食、肉类等合理搭配是人类极好的食谱。新鲜蘑菇含蛋白质 3% ~ 4%，比大多数蔬菜高得多，干蘑菇则高达 40%，大大超过肉、鱼、禽、蛋中的蛋白质含量，且其氨基酸组成平衡，尤其是赖氨酸和亮氨酸丰富。菇类是多种维生素的宝库，含有丰富的维生素 B_1、B_2、B_{12} 和 C 等，蘑菇中含维生素 B_1、B_2 比肉类高，含维生素 B_{12} 奶酪和鱼还高，是膳食中维生素 B_2（植物性食品一般不含）的最佳来源，对素食者来说更具重要意义。

专家认为，成年人每天吃 25 克鲜蘑菇，就可满足一天维生素的需求。另外，菇类还含丰富的钠、钾、钙、铁、锌、碘等无机盐和三磷酸腺苷、酪氨酸酶等。随着研究的深入，菇类中还含有降血脂、降血糖及对细菌、病毒有抑制作用的特殊物质，有的还有抗癌效应。因此，现代营养学对菇类的健身作用又有新的评说。

菇类所含多糖物质具有免疫功能。菇类含有己糖醇、木糖醇、海藻糖及甘露醇等多糖体。最近研究证明，菇类多糖体是目前最强的免疫剂之一，具有明显的抗

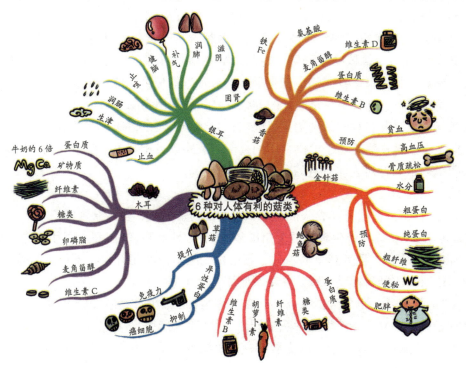

癌活性，可使肿瘤患者降低的免疫功能得到恢复。

这类物质对癌细胞并没有直接的杀伤力，它的奥秘在于刺激机体内抗体的形成，从而提高并调整机体内部的防御体系，也就是中医所说的扶正固本作用。菇类多糖能增强体内网状内皮细胞吞噬癌细胞的作用，促进淋巴细胞转化，激活 T、B 细胞形成抗体。

此外，它还能降低甲基胆蒽诱发肿瘤的发生率，并对多种药物具有增效效应。癌症患者在接受治疗期间，多吃菇类既可增加营养，又能调整脏腑功能，为患者提供同疾病作斗争的物质基础。免疫功能低下的人，吃菇类也有助于防止癌症的发生。

菇类所含植物固醇具有降血脂作用。植物固醇的生理效应能降低血清胆固醇水平。菇类中含有丰富的"香菇素"即属植物固醇。

据实验，人吃进动物脂肪后，一般血清胆固醇都有暂时升高现象，以促进脂肪的消化，若同时进食香菇，则血清胆固醇非但不高，反而略有下降，且不影响脂肪消化。这是因为植物固醇能调节脂肪、蛋白质、糖类和盐的甾类激素。临床应用表明，植物固醇对降低血清胆固醇浓度，防治动脉硬化的发展，具有确实的疗效，且无不良副反应。

菇类含有抗病毒的"干扰素诱生剂"。在正常情况下，人体对病毒有一套防御机制，当机体受病毒侵袭时，受到刺激的细胞，马上会释放出一种低分子糖蛋白，嵌入病毒颗粒内，使病毒的增殖受到抑制，这种物质称为干扰素。已知菇类中含有能刺激人体细胞的白细胞释放干扰素，故被称为"干扰素诱生剂"，如香菇、双孢蘑菇等含的双链核糖核酸等。因此，常吃菇类对病毒引起的疾病，如流感、肝炎、麻疹、腮腺炎、红眼病、脑炎等，均有很好的免疫功能。

科学家预言，菇类不仅是最好的健康食品，而且用它的独特成分，研制开发多种菇类保健食品和各种特效药物是可能的，它将为人类的健康作出更大的贡献。

据悉，菇类食物是属于可供食用的真菌，家族成员相当多，以下我们可以用思维导图来表示 6 种对人体有益的菇类（见上页）。

据图我们知道：

（1）香菇：香菇营养成分很高，含有丰富的蛋白质、多达 9 种的氨基酸、铁、B 族维生素、可转化为维生素 D 的麦角甾醇，能有效地预防贫血、高血压和骨质疏松。

（2）金针菇：含有高量的水分、粗蛋白、纯蛋白及粗纤维，不仅滋味鲜美，其粗纤维对促进肠胃蠕动、预防便秘及肥胖，有很好的功效。

（3）鲍鱼菇：水分含量极高，并含有多量的蛋白质、糖类、纤维素、胡萝卜素及少量维生素 B，味淡性温、热量低，是可以常吃的食品。

（4）草菇：新鲜草菇的维生素 C，比柑橘的含量高 6 倍，常吃草菇，对于免疫力的提升颇有助益。还有一种能抑制癌细胞生长的异性蛋白，是极佳的抗癌食物。

（5）木耳：蛋白质含量是牛奶的 6 倍，钙、磷、铁纤维素含量也不少，此外，还有甘露聚糖、葡萄糖等糖类，及卵磷脂、麦角甾醇和维生素 C 等。

（6）银耳：中医认为有固肾、滋阴、润肺、补气、健脑、止咳、润肠、生津、止血的功效，是著名的滋补食品。

第七节 粥，世间第一大补品

现在，人们对健康的要求与日俱增，新的一种时尚健康的"吃生活"开始在我们身边蔓延。喝粥已经成为时尚健康人士新的一种生活方式，这种传统的滋补养身饮食在经历了时间的考证后，重新活跃在了饮食的大舞台上。

粥是指在较多量的水中加入米或面，或在此基础上再加入其他食物或中药，煮至汤汁稠浓，水米交融的一类半流质食品。

其中，以米为基础制成的粥又称稀饭；以面为基础制成的粥又称糊。《随园食单》在谈到粥时曾指出见水不见米，非粥也；见米不见水，非粥也。必使水米融洽，柔腻如一，而后谓之粥。进一步明确了汤、饭、粥的区别。

粥的种类很多，如以原料不同有：面粥、麦粥、豆粥、菜粥、花卉粥、果粥、乳粥、肉粥、鱼粥及食疗药粥等。

在烹调上，一般将粥分为普通粥和花色粥两大类。其中，普通粥是指单用米或面煮成的粥，花色粥则是在普通粥用料的基础上，再加入各种不同的配料，制成的粥品种繁多，咸、甜口味均有，丰富多彩。以广式咸味粥为例，常见的如鱼片粥、干贝鸡丝粥、肉丝粥等。

粥还包括了食疗药粥。它作为我国食粥的特色，集传统营养科学与烹饪科学于一体，对增进国民的健康发挥着更为重要的作用。根据传统营养学的理论，以各种养生食疗食物为主，或适当佐以中药，并经过烹调加工而成的具有相应养生食疗效用的一类粥品，又属于药膳的一个组成部分。

粥在传统营养学上占有重要地位。它与汤食一样，也具有制作简便、加减灵活、适应面广、易于消化吸收的特点，甚宜养生保健长期食用，曾被誉为世间第一补人之物。

不仅如此，清代黄云鹄在其《粥谱》中还谓粥于养老最宜：一省费，二味全，三津润，四利膈，五易消化，对食粥养生大力推崇。

陆游也极力推荐食粥养生，认为能延年益寿，并专作一首著名的《食粥诗》，诗中写道："世人个个学长年，不司长年在目前。我得宛丘平易法，只将食粥致神仙。"

粥多在早晨进食，以适应人体肠胃空虚的生理特点。正如北宋文人张耒在《粥记》中所说："每晨起，食粥一大碗，空腹胃虚，谷气便作，所补不细，又极柔腻，与肠胃相得，最为饮食之妙诀。"不仅晨起宜食粥，苏东坡还提倡晚上进食白粥，认为它能推陈致新，利膈益胃，粥后一觉，尤妙不可言。

治疗粥则要因人、因症而异，治疗热证宜冷服，治疗寒证宜热食，以辨证为准。我国北方冬季寒冷，可进食温补性粥，如羊肉粥、生姜粥、葱白粥、狗肉粥等。南方温暖多湿，则以清补、化湿粥为宜。

另外，根据不同情况，也可以与不同粥合用，如慢性泄泻患者则宜用山药粥和扁豆粥合用，止泻效果较好；习惯性便秘的人，可选择芝麻粥与松子仁粥合食，以增强通便作用；高血压与高血脂患者可选用芥菜粥、荷叶粥、玉米粉粥、何首乌粥等交替食用，疗效更好。

随着国民生活水平的提高和对饮食养生保健需求的日益增加，粥也将发挥其更大的作用。

第八节 请为脂肪"平反"

动物肉类中含有大量脂肪。

"生命不息，减肥不止"是很多女性所倡导的生活理念。在以骨感为美的今天，对于脂肪，那真是深恶痛绝。可是你知道吗，没有了脂肪你将失去更多。

现在减肥的女士见了奶，要低脂甚至脱脂才喝；肉，不敢多吃一点点；冰激凌，更是拼了命的只咽口水。如此还不够，还要喝减肥茶、吃减肥药甚至吸脂，一副誓把每一寸脂肪都消灭掉的豪情壮志。

但是，脂肪的好处你知道吗？缺少了脂肪会出现什么问题你知道吗？脂肪是保持你皮肤细腻光洁的必需你知道吗？那么，给你几个爱脂肪的理由吧！

（1）结构功能脂肪是人体必要的构成物质，包括每个细胞的膜，都基本上是由脂肪作为主要结构的。可以说，没有脂肪，便没有了人体。

（2）提供能量。人体每日需要的热量约有 30% 是由脂肪提供的，这些能量支撑着人体正常的生理活动。可以说，没有脂肪给我们提供能量，我们几乎是寸步难行，更不要说跑跑跳跳做运动、生机勃勃做工作了。

（3）储存能量。脂肪细胞储蓄了大量的脂肪，当摄入的能量超过消耗的能量时，脂肪便把储存的能量释放出来供人体消耗。所以，胖人比瘦人耐饿，因为，胖人储存的脂肪多。

（4）供给必需脂肪酸。必需脂肪酸是细胞的重要构成物质，具有多种生理功能，促进发育，维持皮肤和毛细血管的健康，并参加胆固醇的代谢。在男性，还参与精子的形成等重要工作。

（5）保护身体组织。脂肪是器官、关节和神经组织的隔离层，可避免各组织相互间的摩擦，对心、肺、胃等器官起保护和固定作用。当我们受到外力的冲击时，脂肪可以保护我们的器官不会破裂出血。

（6）维持体温。脂肪是热的不良导体，皮下脂肪可阻止身体表面散热，在寒冷的冬天，帮助我们保持正常的体温。胖人冬天即使穿得少一点也比瘦人抗冻，就是这个道理。

（7）促进脂溶性维生素的吸收。脂肪是脂溶性维生素 A、D、E、K 的载体，如果摄入的食物中缺少脂肪，那么这些维生素将无法被人体吸收和利用，从而影响正常的新陈代谢，降低人体的免疫功能，各种疾病便也随之找上门来。林黛玉就是最典型的例子。

（8）美容作用。脂肪令皮肤紧绷有弹性，如果缺少脂肪，则人体的毒素便不能有效地排除，令皮肤粗糙灰暗。各种斑、痘也会驻足你的脸上。

这些理由可以让你爱上脂肪了吗？爱自己，爱健康，就爱脂肪吧，我们每天必须摄入一定量的脂肪，一般成人至少50克左右。科学家们告诫人们：一定不要禁食脂肪，以免造成对健康的损害。

第九节 学会吃点"苦"

我国历来有"苦口良药"之说，存在于食物中的苦味物质与药中的基本一样。多吃苦味的食品对健康是大有裨益的。

中国中医研究院专家认为，苦味食品多含氨基酸、维生素、生物碱、苦味质等，某些苦味的植物，是维生素的重要来源。维生素对于正常的人体细胞不起破坏作用，但对癌细胞却能产生较强的杀伤力。那么苦味食品对健康有什么具体作用呢？

（1）吃苦味食品能促进食欲，帮助消化。苦味食品能刺激舌头上的味蕾，激活味觉神经，刺激胃液和胆汁的分泌，溶解脂肪，促进食物消化，使人吃得有滋味，精力也更旺盛。

（2）常吃苦味食品不仅对保护心脑血管有益，而且能提神益思，消除疲劳。苦味物质具有增强心肌和血管壁弹性的作用，有益于提高微血管弹性和扩张血管的功效。因此，苦味食品能预防血压上升、动脉硬化而造成的心脏血管疾病。由于生物碱在生理上具有刺激中枢神经系统、引起兴奋、加强肌肉收缩的作用，所以能使机体解除疲劳。

（3）常吃苦味食品能泄热通便、排毒清肠。中医认为，苦味属阴，能除燥湿，有疏泄作用。苦味物质还能清除人体内的污物和有害物质，促使肠道内有益菌群繁殖，抑制有害菌群生长，使其保持正常平衡状态，并使体内的毒素和积热随粪便排出体外，具有"除邪热，祛污浊，清心明目，益气提神"之功效。

苦味浓浓的各种食物赏心悦目、目不暇接。苦味食品包括：自报苦味的：苦瓜、苦菜、苦丁茶。苦而不宣的：芹菜、莴笋、荞麦、芥蓝、咖啡、啤酒。而野生的山蘑子、曲曲菜、马奶子、橘柚、广柑、柠檬等都是很好的苦味食品。

苦味食品虽有不少好处，倘若没有节制地食用，也会伤及身体。

苦味食品不宜过量食用，否则易引起恶心、呕吐、腹泻、败胃、消化不良等不适症状。这是因为胃液的功能是分解蛋白质、淀粉等，可是如果吃了太多苦寒性的东西，会使得胃液甚至胃酸分泌过多，造成胃痛或者胃酸过多，会使患有胃溃疡的人病情更加严重，这些现象就是中医学上所讲的"苦寒伤脾胃"。

另外，苦味食物有解湿除燥、促进内分泌的功效，当热天人体消化酶功能出现障碍，味觉衰退和减弱时，吃点苦味食物就会使之恢复正常。所以中医认为，一年四季均应适当吃些苦味食物，夏季尤为适宜。

第十节 向汤泡饭说 "不"

吃饭的时候，尤其是吃米饭，如果能泡一点菜汤，不仅味道不错，还省去了喝汤的环节。相信很多人都有这样的想法。其实这种做法是极不科学的。

常吃汤泡饭对你的胃来说是没有好处的，尤其对小孩和老人不利。口腔是人体的第一大消化器官，我们吃东西的时候，首先要咀嚼食物，充分利用这一道消化工具将食物初步分解消化，因为坚硬的牙齿可以将大块的食物切磨成细小的粉末、颗粒状，便于下咽，也方便下一步继续消化吸收。同时更重要的是在不断咀嚼的过程中，口腔中的唾液腺才有唾液不断分泌出来，咀嚼的时间长，唾液的分泌就多。唾液能把食物湿润，其中有许多消化酶，有帮助消化吸收及解毒等功能，食物在口腔中较好地得到初步消化和分解，胃的消化吸收工作就减轻了负担，对肠胃健康是十分有益的。

汤泡饭是汤和饭混在一起的，由于包含水分较多，饭会比较松软，很容易吞咽，人们因此咀嚼时间减少，食物还没经咀嚼烂就连同汤一起快速吞咽下去，这不仅使人 "食不知味"，而且舌头上的味觉神经没有刺激，胃和胰脏产生的消化液不多，这就加重了胃的消化负担，日子一久，就容易导致胃病的发作。

就小孩来说，由于汤泡饭会有大量的汤液进入胃部，会稀释胃酸，影响消化吸收。其次，小孩的吞咽功能不是很强，如果长期吃汤泡饭，由于吞咽速度过快，还容易使汤汁米粒呛入气管，造成危险。再者，吃饭本要细嚼慢咽才能食出滋味和营养，长期的汤泡饭会使小孩养成囫囵吞枣的坏习惯，不利于健康。

对老人而言，身体的各项机能远远不如年轻人好，消化吸收功能也同样会随年龄增加而减弱，长期吃汤泡饭会比年轻人更容易得胃肠道疾病。但是为使食物能顺利地吞咽下去，老年朋友可以在吃饭前先喝几口汤，给消化道增加一点 "润滑剂"，以防止干硬的食物刺激消化道黏膜，当然也可以将米饭适当地煮得松软一点。

常言道："饭前先喝汤，胜过良药方。"这话是有科学道理的。因为从口腔咽喉、食道到胃，犹如一条通道，是食物的必经之路。在吃饭前先喝几口汤，就等于给这段消化道加点 "润滑剂"，使食物能顺利下咽，防止干硬食物刺激消化道黏膜。另外，在吃饭中途不时地进点汤水也是有益的。

第十一节 生食，吃下健康陷阱

现在，"生吃活食" 似乎成为时尚，不少人认为这样可使营养更丰富，味道更鲜美。有些人甚至兴起吃活蛇、活蛙、活禽。其实，万事都不能绝对化，专家认为 "生吃活食" 不能作为一种饮食习惯进行倡导。

不能吃的食物

皮肤晒皮炎
水肿
皮肤瘙痒
疾病
污染
泡菌
毒花粉
含光类光感物质
新鲜木耳
蜂蜜
豆浆
全身
毒素
豆素
蛋白酶抑制剂
中毒
机草
氧化二秋水仙碱
秋水仙碱
黄花菜
抗生物蛋白
门尺菌
鸡蛋
沙门菌
呕吐
腹泻
面部浮肿
腹泻
肠道清物
木肿
发炎
菜豆
素菜
茅片虫
螃蟹和龙虾
青鱼
肺吸虫
肝吸虫卵
肝硬化
损伤
发炎
肠道
肠膀
肝脏
肺脏
冻伤
凝集素
血糖
中毒
入肺
入脑
发炎

有些食物是不能生吃的，因为生吃这些食物会给你的健康带来莫大的伤害，不能生吃的食物包括：

1. 河鱼

肝吸虫卵在河塘的螺蛳体内发育成尾蚴，并寄生在鱼体内，若吃了生的河鱼，肝吸虫就会进入人体发育成虫，可使人体产生胆管炎，甚至发展成肝硬化。据某医院对胆管类患者调查统计：其中爱吃生鱼片者，约占 60%，肝硬化患者中，爱吃生鱼的占 50%。

2. 螃蟹和龙虾

生螃蟹带有肺吸虫的囊蚴虫和副溶性弧菌，龙虾则是肺吸虫的中间寄主，生吃螃蟹和龙虾后，肺吸虫进入人体，会造成肺脏损伤，严重者会使肠道发炎或肠道水肿充血。据统计，因吃生螃蟹和龙虾，门诊患者中，引起肺脏损伤者达 4000 余名，引起肠道发炎患者 3000 余名，引起肠道水肿充血者 2000 余名。

3. 荸荠

常吃生荸荠，其中的姜片虫就会进入人体并附在肠黏膜上，可造成肠道溃疡、腹泻或面部水肿。据某医院 2006 年 3 月报告，门诊患者中，因生吃荸荠而遭到姜片虫侵犯以致肠道溃疡者达 400 余名，患腹泻者 158 名，面部水肿者 15 名。

4. 鸡蛋

蛋清所含的抗生物蛋白在肠道内与生物素结合后，会阻碍人体对生物素的吸收。生鸡蛋还常含有沙门氏菌，会使人呕吐、腹泻。

5. 鲜黄花菜

鲜黄花菜含有秋水仙碱，进入人体形成氧化二秋水仙碱，极毒，食用 3 ~ 20 毫克就可致死。

6. 新鲜木耳

新鲜木耳含叶林类光感物质，生吃新鲜木耳后，可引起日光性皮炎，严重者出现皮肤瘙痒、水肿和疼痛。

7. 蜂蜜

在酿制蜂蜜时，有时无意中会采集一些有毒的花粉，这些有毒的花粉酿进蜂蜜以后，人吃了生蜜就容易发生中毒。另外蜂蜜在收获、运输、保管的过程中，又很容易被细菌污染。因此，生蜂蜜不可食用。

8. 豆浆

豆浆味美可口，其营养价值并不比牛奶低。但饮用未煮沸的豆浆，可引起全身中毒。因为生豆浆中含有一些有害成分——抗胰蛋白酶、酚类化合物和皂素等。抗胰蛋白酶影响蛋白质的消化和吸收；酚类化合物可使豆浆产生苦味和腥味；皂素刺激消化道，引起呕吐、恶心、腹泻，从而破坏红细胞，产生毒素，以致引起全身中毒。

9. 豆角

豆角包括扁豆、芸豆、菜豆、刀豆、四季豆等。吃豆角容易中毒，是因为豆角里面含有一种毒蛋白"凝集素"，这种物质在成熟的或较老的豆角中最多。豆角应该煮沸或用急火加热 10 分钟以上，这样"凝集素"就会被除掉。吃炒豆角或者用豆角做馅时，要充分加热，吃凉拌豆角也要煮 10 分钟。

10. 白糖

白糖中常有螨虫寄生，生吃白糖很容易得螨虫病。螨是一种全身长毛的小昆虫，肉眼看不见，螨在糖中繁殖很快。若螨虫进入胃肠道，就会引起腹痛、腹泻、形成溃疡。若进入肺内，会引起咯血、哮喘。若进入尿道，可引起尿路炎症。因此，白糖最好不要生吃，食用前应该进行加热处理（一般加热到 70℃左右保持 3 分钟就可以了）。

以上几种食物最好不要生吃，否则对你的身体健康会带来很大的影响，但是有些蔬菜生吃可以最大限度地留住营养，并有防癌抗癌和预防多种疾病的神奇作用。

适宜生吃的蔬菜有胡萝卜、黄瓜、西红柿、柿子椒、莴苣等。生吃的方法包括饮用自制的新鲜蔬菜汁，或将新鲜蔬菜凉拌，可酌情加醋，少放盐。而包心菜、甜菜、花菜等，可通过绞碎、发酵产生活性酶后再食。

胡萝卜也可每天细嚼慢咽 15 克，每天 1 次，长期坚持，就可起到抗癌的奇效。生吃黄瓜最好不要削皮，黄瓜富含维生素 C。

柿子椒含有丰富的维生素 C，据测试，每 1000 克柿子椒含有 70 ～ 120 毫克维生素 C，含维生素 A 达 40 多个国际单位，如果每天生吃柿子椒 50 克，就可满足人体一天对维生素 C 的需求。

西红柿烫了以后维生素 C 便发生变化，吃起来发酸。而生吃莴苣最好是先剥皮，洗净，再用开水烫一下，拌上作料腌上 1 ～ 2 小时再吃。

不过，生吃蔬菜要注意营养、健康和卫生的统一，提防"病从口入"。在生吃瓜果蔬菜时，必须进行消毒处理。通常可在瓜果蔬菜经水冲洗后，再用开水浸烫几分钟；或者用清洗消毒剂清洗。凉拌蔬菜时，加上醋、蒜和姜末，既能调味，又能杀菌。

血液病患者可生吃卷心菜、菠菜或饮其生鲜蔬菜汁液，因为菜中的叶酸有助于造血功能的恢复；高血压、眼底出血患者，宜每早空腹食鲜番茄 1 ～ 2 个，可有显著疗效；咽喉肿瘤患者，细嚼慢咽青萝卜或青橄榄等，可使肿瘤很快消失。

第三章
选择适合你的运动方式

第一节 步行，最完美的运动方式

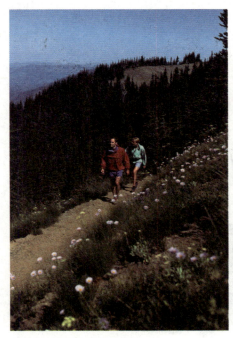

步行是一种有效的运动方式。

世界卫生组织经过充分的研究，从对中老年人安全有效、保健防病的角度出发，于1992年提出：最好的运动是步行。

当今世界群众体育锻炼的观念发生了急剧的变化，健身的方法趋向于科学、安全、简单化。

以往许多人认为，不吃苦就练不好身体，现在人们则认为，过多、过于剧烈的运动对健康未必有益，而适度的运动已成为一种时尚，这就是目前在国际上较为流行的有氧代谢耐力运动，如步行、跑步、骑自行车、登楼梯、健身操、跳绳、打太极拳等，在这诸多运动中，步行是世界卫生组织指出的世界上最好的运动。

步行对健身有6点好处：

（1）步行是可以长期坚持的锻炼方式，它不受时间、地点限制，动作缓和，不易受伤，因此"走为百练之祖"。步行健身的人与坐着的人相比，肺活量较大。

（2）步行健身是增强心脏功能的有效手段之一。大步疾走可使心脏跳动加快，心搏量增加，血流加速，对心脏是一种很好的锻炼。如果心率能达到每分钟110次，保持10分钟以上，则心肌与血管的韧性与强度大有增进，从而减少心肌梗死与心脏衰竭病的发作。

（3）步行健身在预防肥胖和减肥方面有明显益处。长时间步行和大步疾走，能增加能量的消耗，促使体内脂肪的利用，起到很好的减肥作用。

（4）步行锻炼还有助于促进人体内糖类代谢的正常化。饭前饭后散步是防治糖尿病的有效措施，研究结果表明，中老年人如果以每小时 3 公里速度散步 1 ～ 2 小时，代谢率可提高 50%。

（5）步行是一种需要承受体重的锻炼，有助于延缓和防止骨质疏松症，延缓退行性关节的变化，预防和消除关节炎的某些症状。

（6）能促进食欲和消化，从而增加营养的摄取量。

步行虽然是很好的运动方式，但也要掌握一些要领。

首先要掌握三个字：三、五、七。具体地讲就是最好一次要走 3 公里（大约为 8000 步），时间在 30 分钟以上；一个礼拜最少运动 5 次；运动后心跳要达到 170 次 / 分钟。这个数字的计算是用运动后的心跳次数加年龄得出来的。如 50 岁的话，应运动到心跳 120 次 / 分钟为最佳状态。身体好的可以多一些，身体差的可以少一些。另外，步行运动也要做到适量，过量运动对身体是有害的，甚至会造成猝死。

第二节 跑步，最健身的运动方式

早在两千多年前古希腊的山岩上就刻下了这样的字句："如果您想强壮，跑步吧！如果您想健美，跑步吧！如果您想聪明，跑步吧！"我国民间也有俗话说："人老先从腿上老，人衰先从腿上衰。"跑步是见效最快、锻炼最全面的一种运动。

跑步是基本的活动技能，是人体快速移动的一种动作姿势。跑步和走路的主要区别在于两腿在交替落地过程中有一个腾空阶段。跑步是最简便而易见实效的体育健身内容。

近两三年来，跑步已成为国内外千百万人参加的群众健身运动，是深受广大群众所欢迎的健身项目。人们普遍认为跑步是最好的健身方法。跑步可以促进身体最根本性的器官的健康，增强心、肺、血液循环系统及其耐久力，而心血管系统的健康是身体健康的最重要标志。

跑步是一项全身性运动，尤其是依靠离心肺较远的下肢做周期性的跑步动作，推动人体向前移动，对人体影响较大。

跑步是一项实用技能，运用它锻炼身体，对正在成长的青少年来讲，是发展速度、耐力、灵巧、协调等运动素质，促进运动器官和内脏器官机能的发展，增强体质的有效手段。对中老年人来说，确是保持精力与体力、延年益寿、强身祛病的好方法。

跑步的主要健身作用有：

1. 增强心肺功能

跑步对于心血管系统和呼吸系统有很大影响和作用。青少年坚持跑步锻炼，可发展速度耐力，促进心肺的正常生长发育。中老年人坚持慢跑，就是坚持有氧代谢的身体锻炼，可保证对心脏的血液、营养物质和氧的充分供给，使心脏的功能得以保持和提高。实践证明，有的坚持长跑的中老年人，其心脏功能相当于比他年轻 25 岁的不经常锻炼的人的心脏。肺部功能的情况也大体如此。

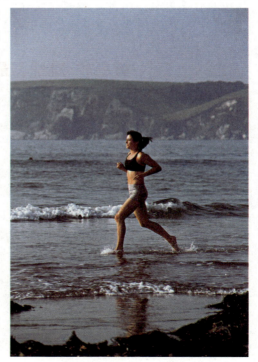

慢跑是进行伸展运动前的热身方式之一。

2. 促进新陈代谢，有助于控制体重

超重和肥胖往往是患病的危险因素，而活动少则是引起超重和肥胖的重要原因之一。因此，控制体重是保持健康的重要原则之一，尤其对中年人来讲更是如此。跑步锻炼既促进新陈代谢，又能消耗大量能量，减少脂肪存积。对于那些消化吸收功能较差而体重不足的体弱者，适量的跑步就能活跃新陈代谢功能，改善消化吸收，增进食欲，起到适当增加体重的作用。可见跑步是控制体重、防止超重和治疗肥胖的极好方法。

3. 增强神经系统的功能

户外或郊外跑步对增强神经系统的功能有良好的作用，尤其是消除脑力劳动的疲劳，预防神经衰弱。坚持跑步锻炼的人有共同体会，就是跑步不仅在健身强心方面有着明显的作用，而且对于调整人体内部的平衡、调剂情绪、振作精神也有着极好的作用。

跑步的确是最健康的运动方式，那么最"聪明"的跑步方法是什么呢？

方法：每周 3 ~ 4 次、每次 30 ~ 40 分钟的跑步对身体健康有益，有助于保持机体的柔韧性，增强灵活度，增加力量和耐力；同时减少压力，降低心脏病风险，维持健康的体重。

此外，需要注意的是，单独跑步者在途中往往会产生孤独感，这种孤独感对身体没有什么好处。由此，专家建议开展体育活动，尤其是跑步，最好是几个人结伴进行，这样做更有益于大脑健康。

第三节　跳绳，最健脑的运动方式

英国健身专家玛姆强调说，跳绳能增强人体心血管、呼吸和神经系统的功能。他的研究证实，跳绳可以预防诸如糖尿病、关节炎、肥胖症、骨质疏松、高血压、肌肉萎缩、高血脂、失眠症、抑郁症、更年期综合征等多种病症，更重要的它能使你的大脑更加聪明。

跳绳是一项运动量较大的活动，如果一个人连续跳绳 5 分钟，就相当于跑步 1000 米，跳绳 8 分钟的运动量相当于快速骑自行车 4 公里。

人在跳绳时，以下肢弹跳和后蹬动作为主，手臂同时摆动，腰部则配合上下肢活动而扭动，腹部肌群收缩以帮助提腿。

同时，跳绳时呼吸加深，胸背、膈部所有与呼吸有关的肌肉都参加了活动。因此，在跳绳时，大脑处于高度兴奋状态，经常进行这种锻炼，可增加脑神经细胞的活力，有利于提高思维能力。

从中医针灸经络学来看，跳绳对全身经络都有刺激作用。跳绳时，手握绳头，不停地做旋转运动，能刺激手掌与手指的穴位，从而疏通手部经脉，使手、上肢

部的六条经脉气血畅流上输于脑。人体另外六条经脉起止于脚部，跳绳能促进四肢六条经脉的气血循环。

因此，跳绳可通经活络，从而达到醒脑、健脑作用。

弹跳活动与跳绳有着相同的锻炼效果。

弹跳活动主要锻炼肌肉组织的协调以及眼球的运动。弹跳以下肢的运动为动力，并且需要眼球的配合。由于身体不断震动，物体反复在视网膜上成像，眼球就需要不停地运动加以调节。

弹跳活动可以强壮骨骼和肌肉，提高心肺功能，改善血液循环。

跳绳和弹跳还可以刺激淋巴液的产生，从而增强人体的免疫功能。

做弹跳活动时需要使用专门的蹦床。当然也可以选择一个质量好的弹簧床垫作为运动的器材。

虽然跳绳是个不错的健身方法，但不小心很容易受伤，所以要注意以下事项：

（1）跳绳者应穿质地软、重量轻的高帮鞋，避免脚踝受伤；

（2）绳子软硬、粗细适中。初学者通常宜用硬绳，熟练后可改为软绳；

（3）选择软硬适中的草坪、木质地板和泥土地的场地较好，切莫在硬性水泥地上跳绳，以免损伤关节，并引起头昏；

（4）跳绳时需放松肌肉和关节，脚尖和脚跟需用力协调，防止扭伤；

（5）胖人和中年妇女宜采用双脚同时起落。同时，上跃也不要太高，以免关节因过于负重而受伤；

（6）跳绳前先让足部、腿部、腕部、踝部做些准备活动，跳绳后则可做些放松活动。

第四节　游泳，最减肥的运动方式

游泳是一种全身性运动，不但可以提高你的心肺功能，锻炼你几乎所有的肌肉，还可以减肥，几个月的工夫就能使你"脱胎换骨"，还你健美的身材。

在水中人的骨骼得到了充分的放松，可以有机会"伸一下懒腰"，这对于保持挺拔的身体很有好处，对于正在长身体的青少年，经常坚持游泳锻炼可以让你长成一个"高个子"。

1. 游泳消耗的能量大

这是由于游泳时水的阻力远远大于陆上运动时空气的阻力，在水里走走都费力，再游游水，肯定要消耗较多的热量。同时，水的导热性大于空气24倍，水温一般低于气温，这也有利于散热和热量的消耗。因此，游泳时消耗的能量较跑步等陆上项目大许多，故减肥效果更为明显。

图中这位游泳者通过锻炼提高了自己的速度、体力和毅力。她对呼吸肌的锻炼次数增多，这会使她的肺活量迅速增大。同时，游泳能使她保持适当体重，有助于塑造体形。

2.可避免下肢和腰部运动性损伤

在陆上进行减肥运动时，因肥胖者体重大，使身体（特别是下肢和腰部）要承受很大的重力负荷，使运动能力降低，易疲劳，使减肥运动的兴趣大打折扣，并可损伤下肢关节和骨骼。而游泳项目在水中进行，肥胖者的体重有相当一部分被水的浮力承受，下肢和腰部会因此轻松许多，关节和骨骼的损伤的危险性大大降低。

3.可享受天然的按摩服务

游泳时，水的浮力、阻力和压力对人体是一种极佳的按摩，对皮肤还可起到美容的作用。

人在水中活动的阻力比在陆地上大 12 倍，手脚在水中运动时，你一定能感受到那强大的阻力，所以背部、胸部、腹部、臀部和腿部的肌肉在游泳当中能够得到很好的锻炼，游泳运动员身上那线条鲜明的肌肉，就是最好的证据。

游泳也是一项激烈的运动，而且水的传热速度比空气要快，即人在水中丧失热量的速度会很快，大量的热量会在游泳当中消耗掉。身上那些多余的脂肪，也会悄悄地"溶解在水中"。

要想获得良好的锻炼效果，还需要有计划地进行锻炼：初练者可以先连续游 3 分钟，然后休息 1 ~ 2 分钟，再游 2 次，每次也是 3 分钟。如果不费很大力气便完成，就可以进入到第二阶段：不间断地匀速游 10 分钟，中间休息 3 分钟，一共进行 3 组。

如果仍然感到很轻松，就可以开始每次游 20 分钟，直到增加到每次游 30 分钟为止。如果你感觉强度增加的速度太快，就可以按照你能够接受的进度进行。另外，游泳消耗的体力比较大，最好隔一天一次，让身体有一个恢复的时间。

游泳时人的新陈代谢速度很快，30 分钟就可以消耗 1100 千焦的热量，而且这样的代谢速度在你离开水以后还能保持一段时间，所以游泳是非常理想的减肥方法。对于比较瘦弱者，游泳反而能够让体重增加，这是由于游泳对于肌肉的锻炼作用，使肌肉的体积和重量增加的结果，可以说游泳可以把胖人游瘦了，把瘦人游胖了，可以让所有的人都有一个流畅的线条。

鉴于上述的原因，肥胖者确实可将游泳减肥作为自己主要的减肥运动。但在游泳前，须做好准备工作，同时必须注意安全，防止发生意外事故。

不过，女性游泳必须注意三点：

（1）忌饭前饭后游泳。

空腹游泳影响食欲和消化功能，也会在游泳中发生头昏乏力等意外情况；饱腹游泳亦会影响消化功能，还会产生胃痉挛，甚至呕吐、腹痛现象。

（2）忌剧烈运动后马上游泳。

这样会使心脏负担加重；体温的急剧下降，会导致抵抗力减弱，引起感冒、咽喉炎等。

（3）忌月经期游泳。

月经期间女性生殖系统抵抗力低弱，游泳易使病菌进入子宫、输卵管等处，引起感染。

第五节 体操，最健美的运动方式

现在时尚运动的种类真是越来越多，可以让人在不知不觉中练出好身材，还丝毫不觉得乏味。

瑜伽已不再稀奇，舍宾、街舞、普拉提这样的词汇更是层出不穷，令人应接不暇。而形体操作为一种时尚健康的运动方式，越来越受到广大时尚、爱美人士的欢迎。

当今社会，由于生活水平的提高，以及"运动不足病"和"现代文明病"的产生，使人们越来越关注自己的健康状况。

同时，人们对体育运动的需求也因此变得日趋强烈。如今，体育已不仅是人们活动肢体和获得心理调节的主要手段，而且它已成为人们健身娱乐的时尚消费。然而，健美操是目前最受人欢迎的一种体育运动。因为健美操，尤其是健身健美操，

双脚分开站立，一只手放臀上，另一只手举过头顶，然后慢慢地向身体一边倾斜，之后再向身体另一边倾斜，以重复以上动作。

双脚并拢站立，然后一条腿从膝盖处开始向后弯曲，双手从身体后面抓住脚以舒展脚筋和四头肌。

双脚并拢站立，身体向前弯曲，让背部呈水平状态，然后双手高举过背并交叉在一起，维持15秒。

对增进人体的健康很有益，我们可以用一幅思维导图表示。

具体表现在以下几方面：

1. 增强体能

健美操是一项具有锻炼实效的运动项目。经常参加该项运动的锻炼，可提高关节的灵活性，使肌肉的力量增强，韧带、肌腱等结缔组织的柔韧性提高，使心肺系统的耐力水平提高。

与此同时，由于健美操是由不同类型、方向、路线、幅度、力度、速度的多种动作组合而成的，因此，参加健美操还可提高人的动作记忆和再现能力，提高神经系统的灵活性、均衡性，从而有利于改善和提高人的协调能力。

2. 塑造美的形体

一个人的形体是由姿态和体型两部分组成的。良好的身体姿态是形成一个人的气质风度的重要因素。通过长期的健美操锻炼，不仅可改善人们不良的身体状态，使其逐渐形成优美的体态，从而在日常生活中表现出一种良好的气质与修养，给人以朝气蓬勃、健康向上的感觉，而且经常参加健美操运动，还可帮助人们消除体内和体表多余的脂肪，维持人体能量收支的平衡，降低人的体重，保持健美的体型。尤其是力量练习，可使人的骨骼粗壮、肌肉的围度增大，从而弥补人们先天的体型缺陷，使人变得匀称、健美。

3. 缓解人的精神压力

随着时代的发展，社会上的竞争日趋激烈，这使得人们在享受科学技术所带来的舒适生活和各种便利的同时，也受到了来自方方面面的精神压力。长期的精神压力不仅会引发躯体上的疾病，同时还会造成人们心理上的疾病。

而健美操作为一项充满青春活力的体育运动，它可使人们在轻松欢乐的气氛中进行锻炼，从而忘却自己的烦恼和压抑，使心情变得愉快，精神压力得到缓解，进而使自己拥有最佳的心态，且更具活力。

4. 增强人的社会交往能力

现代社会中，人与人之间关系的难以处理，往往是心理不正常的一个主要原因。健美操运动则可起到调节人际关系，增强人的社会交往能力的作用。

目前，无论是国外还是国内，人们参加健美操锻炼的方式是去健身房，在健美操教练的带领和指导下，进行集体练习。而参加锻炼的人都是来自社会各阶层的。

因此，这种锻炼方式扩大了人们的社会交往面，把人们从工作和家庭的单一环境中解脱出来，可接触和认识更多的人，开阔眼界，从而也为自己的生活开辟了另一个天地。而在这种能使人的心灵和情操得到陶冶和净化，身心得到全面协调发展的健康的活动中，大家一起跳，一起锻炼，每个人都能心情开朗，解除戒心，互相交谈或交流锻炼的经验，相互鼓励。

体操是最佳健美的运动

气质
修养
显
匀称
健美
形体
整洁
缓解
压力
轻松
愉悦
肌肉
韧带
心肺
体能
增强
增进
保健
例
保持
上体
上
肢
美容操
下肢减瘦
水中健美操
促进
功能
上体
下肢
恢复
增强
增加范围
多
少
社交能力

225

这不仅可增进人们彼此之间的了解，产生一种亲近感，从而建立起融洽的人际关系，而且有些人还会因此成为终身的朋友。

5. 医疗保健功能

健美操作为一项有氧运动，其特点是强度低、密度大，运动量可大可小，容易控制。

因此，它除了对健康的人具有良好的健身效果外，对一些病人、残疾人和老年人而言，也是一种医疗保健的理想手段。

如：对于下肢瘫痪的病人来说，可做地上健美操和水中健美操的练习，以保持上体的功能，促进下肢功能的恢复。总之，只要控制好运动的范围和运动量，健美操练习就能在预防损伤的基础上，达到医疗保健的目的。

综上所述，健美操锻炼不仅能强身健体，同时它还具有娱乐的功能，可使人在锻炼中得到一种精神上的享受，满足人们的心理需要，对增进人们的健康十分有益。

第六节 运动也要"量体裁衣"

人们往往根据自己的兴趣选择运动方式，但常常并不适合自己，从而造成更大的伤害。健康专家认为，不同人群应该根据自身特点，选择不同的运动方式，即所谓的"运动处方"。

量体裁衣制定"运动处方"，要根据自己的年龄、身体结构、身体状况等，按个体差异，为自己设计一个适合自己的"运动处方"，以达到强身健体的目的。

首先从年龄方面考虑，要选择符合自己年龄阶段的运动方式。

1. 20 岁左右

这个时段身体功能处于鼎盛时期，心律、肺活量、骨骼的灵敏度、稳定性及弹性等各方面均达到最佳状态。从运动医学角度讲，这个时期运动量不足比运动量偏高更对身体不利。

锻炼可隔天进行一次，每次 20 ~ 30 分钟增强体力的锻炼，方法是试举重物，负荷量为极限肌力的 60%，一直练到肌肉觉得疲劳为止。如多次练习并不觉得累，可以加大器械重量 10%，必须使主要肌群都得到锻炼。20 分钟的心血管系统锻炼，方法是慢跑、游泳、骑自行车等，强度为脉搏 150 ~ 170 次/分钟。这些运动能消耗大量的热量，强化全身肌肉，并能提高耐力与手眼的协调性。

2. 30 岁左右

此时段人的身体功能已超越了顶峰。这时如忽视身体锻炼，对耐力非常重要的摄氧量会逐渐下降。此时身体的关节常会发出一些响声，这是关节病的先兆。为了使关节保持较高的柔韧性，应多做伸展运动，还要注意心血管系统的锻炼。

锻炼隔天一次，每次进行5~30分钟的心血管系统锻炼，强度不要像20岁时那样大。20分钟增强体力的锻炼，与20岁时相比，试举的重量要轻一些，但做的次数可多一些。5~10分钟的伸展运动，重点是背部和腿部肌肉。

方法是：仰卧，尽量将两膝提拉到胸部，坚持30秒钟；仰卧，两腿分别上举，尽量举高，保持30秒钟。这个年龄阶段的人可以选择攀岩、滑冰、武术或踏板运动来健身，除了减重，这些运动能加强肌肉弹性，特别是臂部与腿部的肌肉，还有助于加强活力、耐力，能改善你的平衡感、协调感与灵敏度。

3. 40岁左右

超过40岁的人选择运动项目不仅应有利于保持良好的体型，而且能预防常见的老年性疾病，如高血压、心血管疾病等。

锻炼每星期进行两次，内容包括：25~30分钟的心血管锻炼，中等强度，如慢跑、游泳、骑自行车等。10~15分钟的器械练习，器械重量要比30岁时的轻一些，重量太大会损害健康，但次数不妨多些。

为防止意外，最好不使用哑铃，而用健身器械。5~10分钟的伸展运动，尤其要注意活动各关节和那些易于萎缩的肌肉。周三加一次45分钟增强体力的锻炼，不借助器械，可用俯卧撑、半蹲等，重复多组，每组约20次，数量依自己的承受力而定。

40岁左右的人应选择具有低冲击力的有氧运动，如爬楼梯、网球等运动。

4. 50岁左右

应选择游泳、重量训练、划船以及高尔夫球。

5. 60岁以后

应该多散步、跳交际舞、练瑜伽或进行水中有氧运动等。正如美国健身专家约翰·杜尔勒《身体、思维及运动》一书中解释他的健康生活观念时所说："人与生俱来便各自不同，个人的身体类型显示不同的遗传因素，不同的身体构造对不同的运动都会产生一定的影响。"

如果你觉得游泳很沉闷，又不想常到健身房跳健身舞，或者对打网球没有好感，可能这些都是不适合你的运动。要解决这个问题其实很简单，关键在于界定你所属的思维——身体类型，再根据你的特别需要，选择要做的运动。

健身运动的窍门在于根据你的身体状况，要留意身体何时感觉舒服与痛楚。杜尔勒说："运动不应有伤身体；只要选择与你身体适合的运动，并持之以恒，就有可能改变你的一生。"

处于不同病态的人也要选择符合自己的运动处方，在进行锻炼时一定要考虑自身的健康状况。

6. 糖尿病人的运动处方

步行、慢跑、游泳和骑自行车等。强度控制在最大心率的50%~70%范围内。

频度为每周 5 ~ 7 次，每天运动时间为 40 ~ 60 分钟。

7. 肥胖病人的运动处方

每天坚持 30 分钟以上中等强度的运动。体重较大的病人过度运动会损伤关节，最好采用游泳等锻炼形式。

8. 高血压病人的运动处方

血压稳定的病人可每天参加 20 ~ 30 分钟的步行、游泳、打太极拳、骑自行车等运动锻炼。有并发症的病人应根据医生的指导进行锻炼。

9. 骨质疏松病人的运动处方

严重骨质疏松的病人运动量和形式不当，可能促使骨折发生，也可损伤关节。轻中度病人可多参加直立着地运动，重度病人应根据医生指导进行特殊形式的锻炼，卧床病人做被动运动。

10. 冠心病病人的运动处方

冠心病病人应适量运动，促进冠状动脉的侧支循环，减低心肌梗死的死亡率和复发率。运动量和时间要循序渐进，运动前要做充分的准备活动和整理活动。

运动时放点音乐，会使运动变得更有乐趣。一边运动，一边欣赏音乐，使注意力不总是落在运动的"辛苦"上。那些能伴随音乐节奏进行的运动，既锻炼身体，也是一种令人愉悦的享受。

第七节 选好运动"时间表"

日常生活中，有人喜欢起早锻炼，有人喜欢晚间锻炼，还有人习惯在工作中抽空练一会儿。事实上，运动也有自己的"时间表"，如果能够选择最佳的时间段，运动的效果会事半功倍。

我国早有闻鸡起舞的习惯，在晨曦朦胧的清晨，湖边、公园、林荫道上到处都是晨练的人们。但从医学、保健学的角度看，清晨并不是锻炼身体的最佳时间。

其主要原因是，夜间植物吸收氧气，释放二氧化碳，清晨阳光初露，植物的光合作用刚刚开始，空气中的氧气相对较少，二氧化碳的浓度较高。如果更早锻炼，效果更差。在大中城市里，清晨大气活动相对静止，各种废气不易消散，是一天中空气污染较严重的时间。

另一方面，从人体的生理变化规律来看，人经过一夜的睡眠，体内的水分随着呼吸道、皮肤和便溺等丢失，机体的水分入不敷出，使全身组织器官以至细胞都处于相对的失水状态。当机体水合状态不良时，由于循环血量减少，血液黏稠度增加，轻者会影响全身血液循环的速度，不能满足机体在运动时对肌肉组织的供血供氧，因而运动时易出现心率加快、心慌气短、体温升高现象，严重时，特别是在身体有疾患的情况下，突然由静止状态转为激烈运动状态易诱发血栓及心肌梗死。

从心脑血管疾病的发病时间和病人的死亡时间来看，患心脑血管疾病的病人在早晨6～8时死亡的占较大比例。从早晨醒来以后到上午10时，可以说是心脑血管疾病的高发时间。从早晨6时左右，人的血压开始增高，心率也逐渐加快，到上午10时左右达到最高峰，此时若有剧烈活动最易发生意外。研究发现，心脏的冠状动脉血流量，在早晨最少，最容易导致心脏供血不足。研究还发现，血小板的聚集力自早晨6～9时明显增强，血液的黏稠度也增加，因而最容易引起心脑血管梗死。

那么一天中运动的最佳时间是什么时候呢？

是傍晚。因为一天内，人体血小板的含量有一定的变化规律，下午和傍晚的血小板量比早晨低20％左右，血液黏稠度降低6％，早晨易造成血液循环不畅和心脏病发作的危险，而下午以后这个危险的发生率则降低很多。

傍晚时分，人体已经经过了大半天的活动，对运动的反应最好，吸氧量最大。另外，心脏跳动和血压的调节以下午5～6时最为平衡，机体嗅觉、触觉、视觉也在下午5～7时最敏感。

不过，说运动的最佳时间在傍晚，不是说大家只能在傍晚活动，运动是人性化的活动，融合了人的生理、心理、习惯等多方面的因素，而这些都会对身体活动的效果产生影响，我们上面所说的一天中的最佳运动时间是指对一般生理因素而言的。

每个人的性情、作息习惯及工作性质有别，不能要求人人都能在这个时间锻炼。运动的关键是能形成习惯，如果能根据自己的心理和作息规律，选择一天中固定的时间进行运动，并形成运动的习惯，能持之以恒坚持下去，都会对身体有益。如果条件许可，形成在傍晚锻炼的习惯，将是最佳的选择。

需要注意的是，有几个时间段不宜运动：

（1）进餐后。

进餐后需要较多的血液流向胃肠道，帮助消化食物、吸收养分。

如果此时运动，就会使血液流向四肢，影响人体的消化。长此以往，胃肠功能受到损害，易患胃肠疾病；老年人与体弱者进餐后易发生餐后低血压，大脑供血相对减少，外出活动时易跌倒；患有肝、胆疾病的人餐后运动，影响肝脏分泌胆汁，可能使病情加重。

因此，应对俗话说的"饭后百步走"稍加修正，即最好进餐后休息30～45分钟再到户外活动。

（2）饮酒后。

如果这时去运动，不但影响肝脏分解酒精的速度，与此同时，酒精通过血液循环会加速进入大脑、肝脏等器官，对其功能产生不良影响。

（3）情绪差。

运动时应保持乐观的心情，当生气、悲伤时，尽可能不要做激烈的运动。因为人的情绪直接影响着身体的生理机能，激烈的运动会影响器官功能的发挥。但可以参加一些强度不大的、非竞赛性、非身体对抗性的有氧运动，如慢跑、游泳、羽毛球等。

第八节 反常运动的健康奇迹

习惯了遵循太多规则的我们，现在选择反常。反常地走、反常地跑、反常地笑……反出健康、反出美丽、反出一个新的自我！

反常运动能创造健康的奇迹，那么反常运动具体有哪些呢？下面我们来一一为您揭晓：

首先我们用思维导图来表示反常思维。

1. 赤足行——激活你的"第二心脏"

根据生物全息理论，足底是很多内脏器官的反射区，被称为人的"第二心脏"。赤脚走路时，地面和物体对足底的刺激有类似按摩、推拿的作用，能增强神经末梢的敏感度，把信号迅速传入内脏器官和大脑皮层，调节植物神经系统和内分泌系统。

另外，经常使双脚裸露在新鲜空气和阳光中，还有利于足部汗液的分泌和蒸发，增进末梢血液循环，提高抵抗力和耐寒能力，预防感冒或腹泻等症。赤足走的另一种功效是释放人体内积存过多的静电。对于幼儿来说，足底皮肤与地面的摩擦还可增强足底肌肉和韧带的力量，有利于足弓的形成，避免扁平足。

2. 倒走——加强对小脑的锻炼

我们习惯于向前走，但这使肌肉分为经常活动和不经常活动两个部分，影响了整体的平衡。其实早在古籍《山海经》中就有了关于倒走的记载，道家人士也常以此法健身。

倒走与向前走使用的肌群不同，可以弥补后者的不足，给不常活动的肌肉以刺激。现代医学研究证实，倒走可以锻炼腰脊肌、股四头肌和踝膝关节周围的肌肉、韧带等，从而调整脊柱、肢体的运动功能，促进血液循环。

长期坚持倒走对腰腿酸痛、抽筋、肌肉萎缩、关节炎等有良好的辅助治疗效果。

更重要的是，由于倒走属于不自然的活动方式，可以锻炼小脑对方向的判断和对人体的协调功能。对于青少年来说，倒走时为了保持平衡，背部脊椎必须伸展，还有预防驼背的功效。

3. 水中跑——打造完美生理曲线

人在水中活动的受阻感是在空气中的800多倍，水的散热性也远大于空气，是空气的28倍多。若完成同样的动作，人在水中与在陆地相比要多用6倍以上的力

反常运动新思维

小脑
腰背肌
抽筋
关节炎
镇痛
辅疗

第二心脏
蒸发
汗液
静电
利于
释放
激活

倒夫
"
水中跑

受阻感
800多倍
打造
完美
曲线

养足感

倒立
给
脏器
减压
改善
血液
循环

沙上跑
肾上腺
激素
白皙

231

气，消耗的热量也是在陆地上的 3 倍多。因此，水中跑能大大促进人体新陈代谢，加快体内糖原分解，防止脂肪过分堆积，同时能增强食欲、促进消化吸收。

由于水中跑还可以调节神经系统功能、减轻疲劳，所以对预防神经衰弱、改善脑部血液循环，防止动脉硬化也很有效果。另外，水流的按摩作用还能减少肌肤的松弛与老化，使肌肤光洁、富有弹性。长期坚持水中跑还可以调节人的姿势与脊柱的生理弯曲，打造完美的生理曲线。

4. 沙上跑——愈跑愈白皙

沙上跑与赤足行有异曲同工之妙，二者都强调对足底的刺激。在粒粒细沙上慢跑能刺激副肾上腺组织，促进激素分泌，使肌肤变得白皙而富有光泽。

而且时机最好选在热浴之后，因为热浴后的足底对体内"信号"的传递更为敏感。如果你恰好与大海为邻，可以每天早晨或傍晚在沙滩上跑两三分钟。如果你担心在沙滩上慢跑会晒黑皮肤，可以在室内设计一间沙屋。目前，在英国已出现许多家庭内沙屋运动俱乐部。

5. 倒立——给脏器减压

倒立对人体来说是一种逆反姿态。倒立时全身各关节、器官所承受的压力减弱或消除，某些部位肌肉松弛，同时血液加快涌向头部，可对因站立引起的各种病痛起到预防作用，并且改善血液循环，增强内脏功能，起到松弛肌体的健身效果。

思考是智慧，反思是爱智慧，倒立是反思的一种体姿。倒立时不仅有机会锻炼身体，还有机会反思自己的健康和人生。倒立行就是在前进中不断地反思，这大概就是身心健康的结合点吧。人们都说，患难兄弟，手足情深，我们现在让手来体会一下足的辛苦，让手足换位思考，知道在哪儿干都不容易。

我们需要注意的是，做反常运动如水中跑时要热身后再进入水中；赤脚走路时不要踩到尖锐物；倒走时不要向后扭头，不要跌倒；倒立时注意手部不要受伤，并且心血管疾病患者不宜进行。

第九节 运动后 7 不宜

"强度适宜，方法得当，安排合理"的健身运动有益健康之观点，已被当今越来越多的健身者所认可。然而，有些运动者同样运动适时定时定量，但始终未能获得健身之益，反而被一些疾病缠身。究其原因，这多与健身运动后违背科学的作为有关。

鉴于此，健身运动后人们应注意以下"7 不宜"：

1. 不宜立即休息

剧烈运动时人的心跳加快，肌肉、毛细血管扩张，血液流动加快，同时肌肉有节律性地收缩会挤压小静脉，促使血液很快地流回心脏。此时如立即停下来休息，肌肉的节律性收缩也会停止，原先流进肌肉的大量血液就不能通过肌肉收缩流回心脏，造成血压降低，出现脑部暂时性缺血，引发心慌气短、头晕眼花、面色苍白甚至休克昏倒等症状。

所以，剧烈运动后要继续做一些小运动量的动作，待呼吸和心跳基本正常后再停下来休息。

2. 不宜马上洗浴

剧烈运动后人体为保持体温的恒定，皮肤表面血管扩张，汗孔开大，排汗增多，以方便散热，此时如洗冷水浴，会因突然刺激使血管立即收缩，血液循环阻力加大，心肺负担加大，同时机体抵抗力降低，人就容易生病；而如洗热水澡则会继续增加皮肤内的血液流量，使血液过多地流进肌肉和皮肤中，导致心脏和大脑供血不足，轻者头昏眼花，重者虚脱休克，还容易诱发其他慢性疾病。

所以，剧烈运动后一定要休息一会儿再洗浴。

3. 不宜暴饮

剧烈运动后口渴时，有的人就暴饮开水或其他饮料，这会加重胃肠负担，使胃液稀释，既降低胃液的杀菌作用，又妨碍对食物的消化。

而喝水速度太快也会使血容量增加过快，突然加重心脏的负担，引起体内钾、钠等电解质发生一时性紊乱，甚至出现心力衰竭、心闷腹胀等，故运动后不可过量过快饮水，更不可饮喝冷饮，否则会影响体温的散发，引起感冒、腹痛或其他疾病。

4. 不宜大量吃糖

有的人在剧烈运动后觉得吃些甜食或糖水很舒服，就以为运动后多吃甜食有好处。其实，运动后过多吃甜食会使体内的维生素 B_1 被大量消耗，人容易感到倦怠、食欲不振等，影响体力的恢复。

因此，剧烈运动后最好多吃一些含维生素 B_1 的食品如蔬菜、肝、蛋等，如你运动后爱吃甜食则更应多吃蔬菜等食品。

5. 不宜饮酒

剧烈运动后人的身体机能会处于高水平的状态，此时喝酒会使身体更快地吸收酒精成分而进入血液，对肝、胃等器官的危害就会比平时更甚。长期如此，可引发脂肪肝、肝硬化、胃炎、胃溃疡、痴呆症等疾病。运动后就是喝啤酒也不好，它会使血液中的尿酸急剧增加，使关节受到很大的刺激，引发炎症，造成痛风等。

6. 不宜吸烟

运动后吸烟因人体新陈代谢加快，体内各器官处于高水平工作状态，而使烟雾大量进入体内，还会因运动后的机体需要大量氧气又得不到满足而更易受一氧化碳、尼古丁等物质的危害，此时吸烟比平时对你的危害更大，同时氧气吸收不畅还影响机体运动后的恢复过程，人更易感到疲劳。

7. 不宜降温过快

刚练完大汗淋漓时，到风扇前揭开衣服猛吹，或在过冷的空调下直吹，以及拧开水龙头，让冷水直冲身体，实现"快速降温"，是好多人认为爽心的做法。

殊不知，这种"快速冷却"的方式，常常会快活一时，难受几天。运动后毛孔处于扩大状态，经过突然的冷刺激，毛孔迅速缩小，这对身体极其不利，容易受寒邪的侵扰，甚至引发各种疾病。

其实，运动后应该做一些放松整理活动，如放松徒手操、步行、放松按摩、呼吸节律放松操等，恢复到运动前的安静状态。这样有助于避免运动健身后头晕、乏力、恶心、呕吐、眼花等不良生理反应。

第十节 "轻体育"+交替运动让自己时尚起来

"轻体育"也称"轻松体育"或"快乐体育"，是欧美体育学者新近提出的一种大众健身运动形式，它对人的健康非常有益，大家不妨试一试。

"轻体育"的宗旨是静不如"动"，这是"轻体育"概念的精髓所在。"轻体育"概念提倡利用一切可以利用的时空，让身体获得轻度的运动。崇尚"轻体育"概念的人认为，动比静好，轻度运动比中、重度运动好。轻度运动对于身体免疫功能的促进效果比中、重度运动要好。

"轻体育"几乎没有什么约定俗成的固定运动方式，它更像一种概念，引导你利用一切可利用的时间、地点，为自己添加一点运动量。

慢走，是其中最让人乐于接受的方式之一。你不必特意为它安排时间，在你出去买东西、外出公干、逛街时，你就可以顺便完成慢走锻炼。

听音乐时，你可以随节奏轻轻摇摆；站着说话时，你可以顺便做做扩胸运动。只要你领悟了"轻体育"的灵魂，任何运动形式都可以成为一种有效的健身方式。"轻体育"不追求运动量，而强调以调节身体功能为主；不要求大段完整的时间，主张利用茶余饭后的零散时间见缝插针地活动身体的关节部位，时间可长可短，完全

锻炼过程

图中的跑步者在锻炼过程中心跳和呼吸频率都加快，他每分钟的心跳可能超过200次，每分钟的呼吸可能超过40次。由于运动产生热量，他的体温也会略微升高。随着他的体力增强，这些指数会迅速降低。恢复期也是衡量一个人的健康状况的标准，健康人的心率和呼吸频率在运动结束后大约5分钟内就能恢复至正常状态。

依具体情况而定。而且，"轻体育"对技术和器械的要求极低，哪怕毫无运动基础的人，只要有健身愿望，就可以立即进入角色，然后只需按照自己的意愿运动就足够了，又没有什么经济负担可言。你可以单独活动，自己一个人静悄悄地进行，也可以在音乐的伴奏中活动，当然也可以集体活动。

健康专家认为，下列一些"轻体育"运动对人的健康非常有益，大家不妨试一试：

1. 原地高抬腿

站立原地后，双手握虚拳，双脚轮流提起，双臂随之自然摆动。可根据身体状况，选择提腿的高度和交换的速度。

2. 踮脚退步跑

先测量来回的步数，然后背向目标，目视前方，头正身直，双手握虚拳置于腰间，踮起双脚，小跑步向后退去，同时摆动双臂，默数步数。此法对腰肌劳损、腰椎病以及腰、腿、脚骨质增生等患者，尤有益处。

3. 强力登楼跑

以力所能及的速度不用扶手上下楼，下楼时亦可退行，但每次只能跨一节台阶。此法可增强人的肺活量，增大髋关节的活动幅度，使下肢肌肉得到锻炼，且能加强腰腹的肌肉活动，有消除赘肉、强筋壮骨之功效。

4. 旋转慢步跑

先在原地练习顺时针和逆时针旋转，不求快速只求匀速。一般能习惯于顺逆时针各转三圈，即可在跑步过程中不时旋转，并逐步增加旋转的频率和速度及圈数。旋转慢跑可产生一种离心力，可明显改善全身血液循环。

5. 赤足原地跑

地上放一块洗衣板或旧塑料澡盆，铺上一些小石子（鹅卵石），光脚在上面慢速原地跑，天冷可穿软底鞋或厚袜子。人的脚底有成千上万的神经末梢，与大脑紧密相连，以卵石或洗衣板的凸出部位刺激双脚底，有较好的健身效果。

总之，只要你在有意识地轻微地"动"你的身体，你就已经在从事"轻体育"运动了。如果你能以"不以善小而不为"的态度持之以恒，在不知不觉中，就已经轻松惬意地完成了一项锻炼。

另外，"轻体育"不仅适合平时闲暇的人，而且特别适合为工作和生活而忙不迭的上班族们，因为轻体育时间要求松、运动方式活、技术要求低。

此外，交替运动效果也比较好。

我们在生活中会发现，某些动作已成为定式。大多数人都用右手写字、吃饭，大多数人都习惯用手做一些精巧的事，大多数人都向前走路……其实，这都是再正常不过的事了。这时一种名为"交替健身"的方法，深受人们的追捧。

运动专家指出，经常进行交替运动，能使人体各系统生理机能交替进行锻炼，

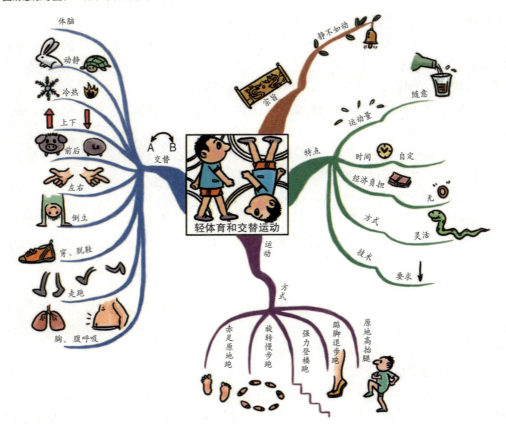

是自我保健的一种好措施。交替运动主要包括以下几个方面：

1. 体脑交替

要求人们一方面进行跑步、打球等体力锻炼；另一方面要进行看书、写作、下棋等脑力锻炼。不仅可以增强体力，而且还可以使大脑延缓衰老。

2. 动静交替

要求人们一方面不断进行体力和脑力的活动锻炼；另一方面要求人们每天抽一定时间使体、脑都安静下来，让全身肌肉放松，去除头脑中的一些杂念，以利于调节全身的循环系统。

3. 冷热交替

冬泳和夏泳、冷水澡和越野跑都是"冷热交替"的典型运动。"冷热交替"不仅能帮助人适应季节和气候的变化，而且对人的体表代谢有显著改善作用。

4. 上下交替

经常慢跑尽管使腿部肌肉得到了锻炼，但上肢却没有得到多少活动。如果再参加一些频繁活动上肢的运动项目，如掷球、打球、玩哑铃、拉扩胸器等，则可使上下肢得到均衡的锻炼。

5. 前后交替

一般的运动都是"往前"，如果同时也做一些"后退"的运动，如后走、后弯、仰泳等，不仅使上下肢反应更灵敏，大脑思维更活跃，对老年人的腰背腿痛也有疗效。

6. 左右交替

平时习惯用左手、左腿者，不妨多活动右手、右腿；相反，平时惯用右手、右腿者，不妨多活动左手、左腿。"左右交替"活动的好处，不仅使左右肢体得以"全面发展"，而且还使大脑左右两半球也得以"全面发展"。

7. 倒立交替

科学证明，经常进行倒立交替（即头朝下脚朝上）运动，可改善血液循环，使耳聪目明，记忆力增强；对癔症、意志消沉、心绪不宁等精神性疾病也有功效。

8. 穿、脱鞋走路交替

足底有着与内脏器官相联系的敏感区，赤足走路时，敏感区首先受刺激，然后把信号传入相关的内脏器官和与内脏器官相关的大脑皮层，引发人体内的协调作用，达到健身的目的。

9. 走跑交替

这是人体移动方式的结合，更是体育锻炼的一种方法。做法是先走后跑，交替进行。走跑交替若能经常进行，可增强体质，增加腰背腿部的力量，对防止中老年"寒腿"、腰肌劳损、脊椎间盘突出症有良好的作用。

10. 胸、腹呼吸交替

一般人平时多采用轻松省力的胸式呼吸，腹式呼吸仅在剧烈运动下采用。另外，经常的胸、腹交替呼吸，有利于肺泡气体的交换，可以明显减少呼吸道疾病的发生，对老年慢性支气管炎、肺气肿病人尤为有益。

请根据自身情况以及轻体育和交替运动的原则自己去设想创造。

轻体育和交替运动不失为一种有益的尝试，生活中按规律行事的事情实在太多，现在你不妨试试交替运动，一定会给你一个意想不到的收获。

第四章
睡出好体能

第一节 打呼噜也会引起多种病

为了正确认识打呼噜是怎么回事，我们先用思维导图来表示。

20% 的心脏病，15% 的高血压、糖尿病、肾病、癫痫、痴呆等诸多疾病都是由恶性打鼾造成身体各个器官供氧量不足而引起的并发症。病情长期得不到控制，不但会使病情加剧，还有可能引起猝死现象。

打呼噜，医学上称为鼾症，也称睡眠呼吸暂停综合征。打呼噜危害极大，轻者头痛、头晕、咽喉干燥、疼痛、胸闷气短、记忆力减退、免疫力下降。重者能诱发心脑血管疾病甚至导致猝死、痴呆、性功能减退等，已经被列为危害人类健康的高危因素。有研究统计，有 50% ~ 90% 的睡眠呼吸暂停综合征患者患有高血压，他们突发心脑血管意外的概率是正常人的 8.5 倍。

据估计，目前全球每天约有 3000 人死亡和鼾症有关，每小时呼吸暂停超过 20 次的鼾症病人 5 年病死率为 11% ~ 13%，8 年病死率达 37%，比例相当高。

现在医学研究证实，打呼噜发生的主要原因为鼻和鼻咽、口咽和软腭及舌根三处发生狭窄、阻塞，再加上睡眠时咽部软组织松弛、舌根后坠等导致气流不能自由通过咽部的气道，振动咽部软组织就会发出一种巨大的鼾声——打呼噜。

对于打鼾，要像对待其他疾病一样，将预防摆在第一位。

首先，要注意改变不良生活习惯，忌烟酒，少用安眠药，否则容易抑制呼吸，加重打鼾和憋气。

其次，对仰卧位鼾声加重、侧卧位时减轻者，其睡眠姿势要尽量避免仰卧体位，以防止舌根后坠而阻塞气道，必要时在医师指导下制作乒乓球背心或高尔夫球背心，即在睡衣的后背正中处缝一个小口袋，将一个乒乓球或高尔夫球放入口袋内并固定，使其不能仰卧。

再次，是防止肥胖。肥胖者要在医师的指导下积极减肥，避免颈部脂肪堆积而使气道变窄。如果鼾声较重，或已经被诊断为睡眠呼吸暂停综合征的患者，应请睡眠呼吸障碍专科医师治疗。

睡眠呼吸暂停综合征除了打鼾外，常伴随一些其他表现，如发现以下症状应马上就医：

（1）鼾声响亮但时有间断，数秒至数秒后鼾声再起；

（2）夜间反复憋醒，不自主翻动，甚至昏迷、抽搐；

（3）晨起感觉睡得不够，仍然很疲惫；

（4）醒来后头痛、头晕，并感口干、口苦；

（5）白天易打瞌睡，注意力不易集中或记忆力明显下降；

（6）脾气变得暴躁易怒，晨起血压更高；

（7）夜尿增多。

第二节 睡不够，小心疾病找上你

现代心理学认为，梦是人在睡眠时由体内外各种刺激引起大脑的各种影像活动，是人的正常生理和心理活动的结果。如果睡眠无梦，你要多加小心，这可能是你患病的征兆。

每个正常人都做梦。有的人醒后能够回忆起来，有的人不能回忆或已经遗忘，

睡眠时刻

睡眠模式

正常的睡眠模式包括规律性的起伏。睡眠过程中轻度睡眠和深度睡眠多次交替往复。随着睡眠时间的增加，深度睡眠程度减弱。在快速眼动睡眠时，人体的呼吸和心率减弱。在深度睡眠时，肌肉活动最少，心率和血压也降至最低点。

自觉没有做梦，这与觉醒时睡眠所处不同时相有关。一个典型的睡眠，第一个梦大约出现在入睡后的90分钟，梦境的持续时间平均10分钟，一夜内大约要做4～6个梦，有1～2小时的睡眠是在梦中度过的。

生理学和心理学告诉人们，一般的梦是一种正常的生理现象，是心理活动的组成内容，不会给人的心身健康和睡眠带来危害。心理学家认为：

1.适量做梦可以排除大量的精神垃圾

生活中，有很多不能被客观现实、道德理智所接受的各种本能的要求和欲望，已经被遗忘了的童年时期不愉快的经历，心理上的创伤等被压抑在潜意识中，在某种契机作用下，就会以各种变相的方式出现，如心理、行为或躯体的各种障碍等。

睡眠状态时，人的自主意识停止，潜意识的内容开始表演，以梦的形式表达出

许多梦境是一个完整的事件，这个事件由连续的、生动清晰的图像构成，例如上图中的实验对象，他在梦境中经历了车祸和紧急抢救。

来，缓解精神上的紧张和焦虑。从某种意义上讲，梦代表了愿望的满足。

2. 梦是信息储存升华的过程

人在做梦时，新旧知识重新组合，去芜存菁，然后有序地存入记忆的仓库，形成网络，便于提取和随时应用。

3. 梦可以帮助进行创造性思维

许多专家教授的发明创造和学术上的突破无不受益于梦的启迪，比如门捷列夫排出元素周期表，凯库勒发现苯环的化学结构式等。据调查显示：英国剑桥大学70%的学者认为他们的成果曾在梦中得到启示。

4. 梦是大脑功能得到锻炼和完善的需要

人类的脑细胞约有 100 亿～140 亿。专家估计，普通人仅仅使用了其中的4%，还有高达 96% 没有开发，就算像爱因斯坦这样的天才也只用了不到 10%。睡眠时，休眠状态的脑细胞部分脱抑制活跃起来，加之体内外各种环境的刺激，形成了梦境，进一步改善大脑的功能。

无梦睡眠往往是大脑受损或患病的征兆。如痴呆儿童的有梦睡眠明显少于正常儿童，患慢性脑病综合征的老人有梦睡眠明显少于正常老人等。

任何事情都有个度，过犹不及。持续不断及强烈而深度的梦境会侵占正常的睡眠时间，在大脑皮层留下深深的痕迹，使大脑得不到良好的休息而感到疲劳、头晕等。至于噩梦连连，则是一种睡眠障碍，或是患有某种疾病的预兆，须及时就医。

第三节 午睡片刻有奇效

社会竞争的激烈，生活节奏的加快，使得很多人埋头工作，无暇顾及午休。其实，经过了一个上午的工作和学习，人体能量消耗较多，午饭后小睡一会儿能够有效补偿人体脑力、体力方面的消耗，对于健康是大有裨益的。

中午容易使人昏昏欲睡，于是，上班族禁不住瞌睡，就会趴在桌上眯一觉；老人们则是倒在床上，可能一睡就是一个多小时。到底午睡有什么好处，怎样才能达到最佳效果呢？

午睡可使大脑和身体各系统都得到放松和休息，午睡过程中，人体交感神经和副交感神经的作用正好与原来相反，从而使机体新陈代谢减慢，体温下降，呼吸趋慢，脉搏减速，心肌耗氧量减少，心脏消耗和动脉压力减小，还可使与心脏有关的激素分泌更趋于平衡。这些对于控制血压具有良好的效果，有利心脏的健康，可降低心肌梗死等心脏病的发病率。

午睡可提高机体的免疫机能，增强机体的抗病能力。睡眠不足会引起机体的疲劳，如果长期如此就会进入恶性循环，虽无明显器质性病变，但机体的免疫功能减弱，抵抗力下降，导致产生疾病的因素增多。

午睡固然可以帮助人们补充睡眠，使身体得到充分的休息，增强体力、消除疲劳、提高午后的工作效率，但午睡也需要讲究科学的方法，否则可能会适得其反。

　　首先，午饭后不可立即睡觉。刚吃完饭就午睡，可能引起食物反流，使胃液刺激食道，轻则会让人感到不舒服，严重的则可能产生反流性食管炎。因此，午饭后最好休息 20 分钟左右再睡。

　　其次，午睡时间不宜过长。午睡实际的睡眠时间达到半个小时就够了；习惯睡较长时间的，也不要超过一个小时。因为睡多了以后，人会进入深度睡眠状态，大脑中枢神经会加深抑制，体内代谢过程逐渐减慢，醒来后就会感到更加困倦。

　　再次，午睡最好到床上休息，采取右侧卧位。不少人习惯坐着或趴在桌上午睡，这样会压迫身体，影响血液循环和神经传导，轻则不能使身体得到调剂、休息，严重的可能导致颈椎病和腰椎间盘突出。现在医院在临床诊疗中，已经发现越来越多二三十岁的年轻人，因为睡眠习惯不佳而导致这方面的疾病。专家建议，应该养成在需要休息时上床睡觉的习惯。对于实在没有条件又需要午睡的白领，至少也应该在沙发上采取卧姿休息。

专家最后还要提醒你，午睡之后，要慢慢起来，适当活动，可以用冷水洗个脸，唤醒身体，使其恢复到正常的生理状态。对于那些没有午睡习惯的人，顺其自然是最好的方式。

午睡是一种需求和享受，享受午睡可以充分休息和放松心情，但午睡并非必需。对于没有这种需求的人，强迫自己午睡，反而可能扰乱生物钟，导致疲劳和困倦。

第四节 失眠致病不容忽视

权威调查表明，中国大约有 3 亿多成年人患有失眠等睡眠障碍，20% ~ 30% 的人有不同程度的睡眠疾病，40% 以上的老年人在睡眠方面存在问题。睡眠障碍是困扰人类健康的一个难题，经常失眠对健康的危害很大。

失眠症状很不好确定，一般可分为两大类，一种是原发性失眠，一种是继发性失眠。根据时间的长短又可分暂时性失眠、短期失眠和长期失眠三种。

它的主要症状有：

（1）难入睡，晚上睡得不安，时醒时睡，醒后难入睡，时而发噩梦，梦后醒来难入睡，甚至通宵达旦不能入睡；

（2）精力不集中，胡思乱想，萎靡不振，注意力分散，记忆力减退，疲倦乏力，心烦易怒，头昏脑涨；

（3）因睡眠不足，没精打采而影响正常工作，使能力不能发挥；

（4）睡眠时间经常少于 6 小时。

失眠症状的内、外表现：

（1）外在表现：起床后感到关节僵直，无精打采，疲倦乏力，头昏不舒；面色灰黄，皱纹增多，脱发白发增多，衰老加快。

（2）内在表现：免疫力下降，细胞老化，各器官超负荷运行受损，神经处于紧张状态，易引起神经衰弱，思路不清晰，精力无法集中，动作无法协调，不能明确表达自己的意思，感到烦躁不安、易怒。

长期失眠对健康危害很大，主要有以下几方面的内容：

1. 睡眠不足引发疾病

睡眠不足，可刺激胃上腺，减少胃部血流量，降低胃的自我修复能力，使胃部黏膜变薄，从而增加胃溃疡和癌基因生长机会，易引发胃病及癌症等疾病。

医学家认为：发病癌变细胞是在分裂中产生的，而细胞分裂多半是在人的睡眠中进行的。一旦睡眠规律紊乱、睡眠不足，就会影响正常细胞分裂，有可能导致细胞突变，产生癌细胞，从而很难控制这种突来袭击而致癌变。

经常睡不好的最大坏处就是带来压力，而人在压力下所分布的激素则会使人长粉刺、面疮、斑点或其他不雅观的突起点。

严重失眠或睡眠不好还会使人减弱抗病毒能力，会引发脱发、掉牙及牙龈炎、牙周炎等疾病。专家还指出：人体合成所需的各种营养素，只能在睡眠和休息时才能很好地完成。

2. 失眠有损大脑智力

经常失眠，长期睡眠不足或质量太差，有损伤大脑功能，会使脑细胞衰退老化加快，并引发神经衰弱、脑血栓、中风等脑血管疾病。睡眠不好，会导致精神不振，无精打采，头昏脑涨，智力、记忆力下降，反应迟缓，思维迟钝，语言不清，思路不明，情绪消沉，精力无法集中，动作不协调，工作效率也会降低。

3. 失眠减寿命

睡眠不足会缩短人的寿命。对一批年龄18～27岁身体健康的青年人进行试验，限制他们每晚只睡4小时，6天后对他们身体的各项指标进行测试，发现他们的新陈代谢和内分泌正在经历60岁以上老人才有的变化过程；后6天让他们每晚睡12

个小时，以补足前6天睡眠不足，结果测试他们的各项指标又恢复到年轻人的状态。

失眠可以不用失眠药物，只要改善自己的生活习惯，也能有效地预防失眠。

1. 生活有规律

工作、学习、生活要有规律，人体像"生物钟"那样，有一定规律，不要随意打乱，要准点不要错点。人在日常生活中也应照规律办事，做到按时作息，按时就寝。

2. 精神愉快

精神支配一切，睡眠也是一样，保持愉快乐观的情绪，就能保持神经系统的稳定。避免过多的忧愁、焦虑，尽量减轻思想负担，使心情舒畅，全身松弛。

3. 运动锻炼

提高人体素质是非常重要的，因为睡眠对大脑的抑制性首先在运动中形成，体力疲劳有助于这个抑制性的产生。经常加强运动锻炼，适当参加一些体力劳动，如常走、常跑、常散步，做游泳、登山、骑自行车等运动，能促进血液循环及新陈代谢，减轻精神压力，使精神处于松弛状态，有利于入睡。

4. 饮食合理

晚餐绝不过饱，最好吃6～7成饱，不宜多喝酒、多饮咖啡、浓茶，更不宜吃油腻或煎炸不易消化及辛辣刺激的食物。因为夜间消化系统几乎停止运转，也不需要能量，进入休眠状态。

所以在睡前2～3小时不宜吃东西，特别是晚餐绝不可过饱，否则食物停留在体内，致使酶和酸不能把它们变成能量，同时感到饱胀而产生不舒感，影响入眠。

如有条件的话，晚餐或睡前可选择一些助眠食品，如牛奶、食醋、莴笋、桂园、核桃、红枣、莲子、苹果、橘子、香蕉、橙子、梨子等，或睡前喝一杯白开水也可助眠。

5. 环境舒适

卧室整洁美观，空气新鲜流通，环境安静，无喧闹杂音，这对良好的睡眠很重要。如喧闹嘈杂、阴暗潮湿、空气混浊、二氧化碳含量高、气味难闻、温度过热或冷，在这样的环境里是睡不好觉的。因此，我们要努力营造一个安静、舒适、和谐的睡眠环境。

为了全面并正确地认识失眠，特绘制一幅思维导图（见上页）。

第五节 睡懒觉，弊端多

许多人都有睡懒觉的习惯。尤其在双休日和节假日，喜欢睡懒觉的人更是长时间赖在床上，甚至连肚子咕咕叫也不想起来。殊不知，这不仅不利于身体健康，而且还会引发多种不良后果。

睡懒觉不仅是一个坏习惯，而且还不利于健康。研究表明，睡懒觉至少有7大

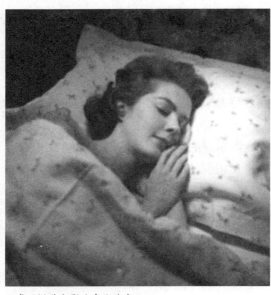

经常睡懒觉会影响身体健康。

危害。

1. 肥胖

时常赖床贪睡，又不注意合理饮食（摄入多量的肉食和甜食），加上不爱运动，三管齐下，能量的储备大于消耗，以脂肪的形式堆积于皮下。只需一年半左右时间，你就会发现自己成了一个小胖子，增加了心脏负担和患病的机会。

2. 导致身体衰弱

当人活动时，心跳加快，心肌收缩力增强，血量增加；当人休息时心脏也同样处于休息状态。如果长时间的睡眠，就会破坏心脏活动和休息的规律，心脏一歇再歇，最终使心脏收缩乏力，稍一活动便心跳不已、疲惫不堪、全身无力，因此只好躺下，形成恶性循环，导致身体衰弱。

3. 对呼吸的"毒害"

卧室的空气在早晨最混浊，即使虚掩窗户，也有 23% 的空气未能流通。不洁的空气中会有大量细菌、病毒、二氧化碳和尘粒，这时对呼吸道的抗病能力有影响，因而那些闭门贪睡的人经常会有感冒、咳嗽、咽炎等。高浓度的二氧化碳又可使记忆力、听力下降。

4. 肌张力低下

一夜休息后，早晨肌肉和骨关节变得较为松缓。如醒后立即起床活动，一方面可使肌张力增高，另一方面通过活动，肌肉的血液供应增加，使骨组织处于活动的修复状态。同时将夜间堆积在肌肉中的代谢物排出，这样有利于肌纤维增粗、变韧。睡懒觉的人，因肌组织错过了活动的良机，起床后时常会感到腿软、腰骶不适、肢体无力。

5. 影响肠胃道功能

一般来说，一顿适中的晚餐，到次晨 7 时左右基本消化殆尽，此刻，胃肠按照"饥饿"信息开始活动起来，准备接纳和消化新的食物。赖床者由于不按时进餐，使胃肠经常发生饥饿性蠕动，久之易得胃炎、溃疡病。

6. 破坏生物钟效应

人体激素的分泌是有规律性的，赖床者体内生物钟节律被扰乱，结果白天激素上不去，夜间激素水平降不下，让人饱尝夜间睡不着、白天心情不悦、疲惫、打哈欠等"睡不醒"的滋味。

7. 妨害神经系统正常功能

睡懒觉的人睡眠中枢长期处于兴奋状态，时间久了便会疲劳。而其他中枢由于受到抑制的时间太长，恢复活动的功能就会相应变慢，因而感到昏昏沉沉，无精打采。

第六节　开灯与面对面睡觉破坏免疫功能

日常生活中，为了获得良好的睡眠。一方面我们要改变开灯睡觉的习惯。另一方面要睡得舒适安稳，应创造有利于睡眠的必要条件和环境，这包括无光线干扰、不吃得过饱、室内不冷不热、空气清新。其中光线是第一位的。

最近，医学科研人员研究证实，入睡时开灯将抑制人体内一种叫褪黑激素物质的分泌，使得人体免疫功能降低。经常值夜班的如空姐、电信、医生、护士等夜班一族，癌症的发病率比正常人要高出两倍。医学家警告，开灯睡觉不但影响人体免疫力，而且容易患癌症。

科学家们对美国、芬兰、丹麦地区空姐所做的流行病学调查显示，空姐在飞机上工作近 15 年后，乳癌发生概率增加两倍，约 100 名资深空姐中就有 1 人患乳癌。另有学者以 200 多位成年人来做研究，发现只要 1 次在凌晨 3 时到 7 时，坐在灯光下不睡觉，便会让这些成年人的免疫能力显著下降。

因此，从较安全的立场出发，人们应避免日夜颠倒和改变夜间入睡开灯的习惯。医学家还进一步发现，有变压器的电器用品，应让其尽量远离床头，比如床头音响、闹钟、调光型台灯、充电器，等等。因为这些电器的电波长期离人体太近，近距离的接触容易使人体荷尔蒙分泌改变。

鉴于此，专家警告使用这些电器最好远离床头 30 厘米比较保险。

在夜间当人体进入睡眠状态时，松果体分泌大量的褪黑激素。褪黑激素的分泌，可以抑制人体交感神经的兴奋性，使得血压下降，心跳速率减慢，心脏得以喘息，使机体的免疫功能得到加强，机体得到恢复，甚至还有毒杀癌细胞的效果。

但是，松果体有一个最大的特点，只要眼球一见到光源，褪黑激素就会被抑制闸命令停止分泌。一旦灯光大开，加上夜间起夜频繁，那么褪黑激素的分泌，或多或少都会被抑制而间接影响人体免疫功能，这就是为什么夜班工作者免疫功能下降，较易患癌的原因之一。

如果人们长期生活在日夜颠倒的环境条件下，自然免疫功能会下降。而夜班工作者，要在下班之后入睡时，尽量将室内的光线调整到最黑的限度，使大脑中的松果体分泌足够的褪黑激素，以保证人体正常的需要，使疲惫的机体尽快得到恢复。

另外一方面，需要我们注意的是，面对面睡觉不利于健康。

在日常生活中，夫妻之间、母子之间面对面睡觉是很常见的，因为这种睡姿可表达夫妻间的恩爱和母亲对孩子的关心。其实，这种睡法是不卫生的，不利于双方的身体健康。

我们知道，人体内脑组织的耗氧量最大。一般情况下，成人脑组织的耗氧量占全身耗氧量的 1/6 左右。两个人面对面睡觉时，双方长时间吸收的气体大部分是对方呼出来的"废气"，会导致氧气吸入不足。氧气吸入不足易使睡眠中枢的兴奋性受到抑制，出现疲劳，因而容易产生睡不深或多梦等现象。

同时，因睡眠中枢兴奋受到抑制而出现的疲劳，其恢复过程比较缓慢，使人醒后仍感到昏昏沉沉、萎靡不振。两人经常面对面睡觉，还有可能引起大脑的睡眠中枢兴奋和抑制功能发生障碍，出现记忆力减退，思维能力下降，以致影响工作和学习。

另外，夫妻间也不宜睡一个被窝，还是同床异被好。同睡一个被窝，两个人挨得太近，同样存在面对面睡觉的弊端，对健康不利。

同床异被有三大好处：首先可以减少肩部受寒透风的机会；其次有利于各自的深呼吸和深睡眠，可以少吸入一些二氧化碳，多吸入一些氧气；再就是有益于培养夫妻感情，俗话说"小别胜新婚"，暂时"分隔"也是一种小别，一旦小聚将更有情趣。

第七节 将睡眠姿势和方式重新设定

睡眠的姿势主要有仰卧、俯卧和侧卧三种，究竟哪种姿势最科学合理呢？

俗语说："立如松，坐如钟，卧如弓。"睡眠姿势以略为弯曲的侧睡为最好。因为侧睡时脊柱略向前弯，四肢容易放到舒适的位置，使全身肌肉得到较为满意的放松。

　　而仰卧时，手习惯于放置胸部，会因手压迫心脏及胸部，影响到心跳及呼吸，导致做噩梦；仰卧时，舌根部往后坠缩，易导致呼吸不畅而打鼾并影响到睡眠。俯卧位则会使心脏和肺部承受较大压力，影响到呼吸和血液循环功能，还会因腹部有较强压迫感，导致睡眠不实。

　　在侧睡姿势中，又以右侧睡最为理想，因为心脏在胸腔内的位置偏左，向右侧睡时，心脏受压小，可以减轻其负担，有利于排血，这一点对心脏病患者更为重要。

　　此外，胃通向十二指肠以及小肠通向大肠的口部都向右侧开，因而右侧卧位有利于胃肠道内容物的顺利运行。肝脏位于右上腹部，右侧睡时它处于低位，因此供应肝脏的血多，这对于食物的消化、体内营养物质的代谢及药物的解毒，以及肝组织本身的健康等都有利。

　　有人曾做过统计，在睡眠姿势中，侧卧占35%，仰卧占60%，俯卧占5%。为什么仰卧者比例这样大呢？因为有人担心侧卧会引起脊柱弯曲而变成脊柱畸形。

　　其实，完全不必过虑。

　　实际上，人们在整夜睡眠过程中，有20～30次辗转反侧。这些翻动是在自觉和不自觉中进行的，目的是求得舒适的体位，以消除疲劳。有人用慢速电影记录人在熟睡中的姿势，很少有人采取某一种姿势睡上10～15分钟。

　　在患某些疾病情况下，必须采取特殊的睡眠姿势。如双侧肺结核的病人，不宜侧睡，以仰卧为宜；一侧肺部有病变，侧卧时要朝患侧睡，以利病情恢复；一侧胸腔内积水时，病人往往向病侧卧睡；而心力衰竭或哮喘发作时，不能平躺，必须取半侧卧位。

　　为了提高睡眠质量，睡觉时必须给自己"松绑"。睡觉时如何给自己"松绑"呢？做到以下几点就可以了。

摄影师席尔多里·斯巴尼亚拍下的一系列关于睡眠的定时照片。每帧照片隔15分钟。他拍摄它们是为艺术创作，但神经生理学家霍伯森指出这些照片对睡眠研究的价值，因为图中人的姿势变化与脑的变化吻合。有一连几帧姿势没有变化——例如从上排第五帧起，其后睡姿发生变化，统称表示快速眼动睡眠或开始做梦。

1. 不要戴胸罩

戴胸罩睡觉容易致乳腺癌。其原因是长时戴胸罩会影响乳房的血液循环和淋巴液的正常流通，不能及时除体内有害物质，久而久之就会使正常的乳腺细胞癌变。

2. 不宜戴假牙睡觉

戴着假牙睡觉是非常危险的，极有可能在睡梦中将假牙吞入食道，使假牙的铁钩刺破食道旁的主动脉，引起大出血。因此，睡前取下假牙清洗干净，这样做既安全又有利于口腔卫生。

3. 不宜戴隐形眼镜

人的角膜所需的氧气主要来源于空气，而空气中的氧气只有溶解在泪液中才能被角膜吸收利用。白天睁着眼，氧气供应充足，并且眨眼动作对隐形眼镜与角膜之间的泪液有一种排吸作用，能促使泪液循环，缺氧问题不明显。

但到了夜间因睡眠时闭眼隔绝了空气，眨眼的作用也停止，使泪液的分泌和循环机能相应减低，结膜囊内的有形物质很容易沉积在隐形眼镜上。诸多因素对眼睛的侵害，使眼角膜的缺氧现象加重，如长期使眼睛处于这种状态，轻者会代偿性使角膜周边产生新生血管，严重者则会发生角膜水肿、上皮细胞受损，若再遇细菌便会引起炎症，甚至溃疡。

不要戴表

睡眠时戴着手表不利于健康。因为入睡后血流速度减慢，戴表睡觉使腕部的血液循环不畅。如果戴的是夜光表，还有辐射的作用，辐射量虽微，但长时间的积累也可导致不良后果。

第八节 睡觉的其他 3 个方面

1. 裸睡好处多

裸睡，是一种保健方法，它廉价，无须任何费用；它简单，人人可以掌握；它舒适，人人不愿放弃。更重要的，它更健康、更舒适。

有的人有裸体睡觉的习惯，而有的人则认为裸睡不文明。那么裸睡究竟是否可取呢？裸睡到底有哪些好处呢？

（1）裸睡有种无拘无束的自由快感，有利于增强皮腺和汗腺的分泌，有利于皮肤的排泄和再生，有利于神经的调节，有利于增强适应和免疫能力。

（2）裸睡对治疗紧张性疾病的疗效极高，特别是腹部内脏神经系统方面的紧张状态容易得到消除，还能促进血液循环，使慢性便秘、慢性腹泻以及腰痛、头痛等疾病得到较大程度的改善。同时，裸睡对失眠的人也会有一定的安抚作用。

（3）裸睡不但使人感到温暖和舒适，连妇科常见的腰痛及生理性月经痛也得到了减轻，以往因手脚冰凉而久久不能入睡的妇女，采取裸睡方式后，很快就能入睡了。

专家明确指出，穿着紧身内裤睡觉有损健康。因此，作为健康的生活方式，您不妨尝试一下裸睡。

人的皮肤有很多功能，诸如吸收、免疫以及进行气体交换等。专家认为，穿了内衣，影响皮肤进行气体交换，不利于新陈代谢，对此半信半疑的人试了后发现，原有的肩膀酸痛竟奇迹般地消失，而且觉睡得很香。另据一些体验过的人说：脱掉内衣睡觉果然很舒服，对一些常见病，如阴道炎、痔疮、脚气或打呼噜等均有好处。

但裸睡也应注意两点：

一是不应在集体生活或小孩同床共室时裸睡；

二是上床睡觉前应清洗外阴和肛门，并勤洗澡。

时刻想拥有健康与美丽的都市人，临睡觉前不妨彻底脱光内衣，体验"睡美人"的超然感受。

所以，我们选择睡衣一定要选择轻薄柔软、全棉织的，以减少对皮肤的刺激；颜色要选择淡雅的，有利于安神宁神；款式不能过小，因为紧束着胸、腹、背部等部位睡觉时，会做噩梦。

2. 定时觉醒健康来

在过去，什么时候醒来是听其自然的，虽然有不少人醒来的时间比较固定，但却认为那是碰巧，也未拿它当回事。现在人们却把定时觉醒作为一件大事来对待，这里面有不少奥妙呢！

一个人能够定时醒来，是他的生物钟运转良好的表现，具体地说，专司入睡和觉醒的生物钟称为"醒觉钟"（常称为"头部时钟"），定时觉醒可保证它的正常运转。

睡眠比吃饭更重要，不吃饭至少可活 7 天，若喝水可维持二十多天，但不睡觉最多可维持 5 天。从养生保健的角度来看，定时觉醒比睡眠更重要。睡了一夜，到了清晨便会自然地醒来，由于司空见惯，"从来如此"，人们面对如此现象反而见怪不怪，觉得平淡了。

而生物钟学说发现，从睡着到醒来，人体内部有许多生物钟在急剧地变化，例如血压、体温、心跳、脉搏、肾上腺皮质激素的分泌都在此时加快和增强，有了这些才可导致觉醒。

有的人"头部时钟"相当准，每天自动醒来的时间差不多，这是一个好习惯，应该坚持下去。

不过，觉醒之后，不要马上起床，即在床上躺半分钟，坐起之后，停半分钟，然后，双腿垂下床沿，再半分钟，最后再站起来行走，这就是国际上流行的"三个半分钟养生法"。

3. 晨练后不宜睡"回笼觉"

很多人喜欢早起锻炼，尤其是老年人。但是，有些老人在晨练后喜欢回家补上一个"回笼觉"，觉得这样才能够劳逸结合，能更好地休息养神。殊不知，这是不科学的，晨练后睡回笼觉不仅对身体不利，还会影响晨练的效果。

人体经过晨练后，全身器官的功能都会由缓慢逐渐加速，并引起神经系统的兴奋增强，由此四肢活动灵活，思维敏捷活跃，此时应该坐下来吃点早餐，读读书报，或者喝杯茶，听听音乐……这样可使心情逐渐安定，精神愉悦。

晨练后如果马上回去睡回笼觉，会对身体造成以下伤害：

（1）经晨练后人体心跳加快，精神亢奋，躺在床上不但不能马上进入睡眠状态，同时肌肉还因晨练产生的代谢产物乳酸等不容易消除，反而让人觉得四肢松软乏力，精神恍惚。

（2）晨练后再睡"回笼觉"对人体心脏和肺部功能的恢复不利。

（3）经晨练后人体产生的热量升高，如果重新钻进被子里睡觉，汗还没有消失，极易得感冒。

年龄对睡眠的影响

这两幅图显示了人在 25 岁和 70 岁时睡眠模式的区别。人在 70 岁时的深度睡眠时间（第 3 阶段和第 4 阶段）约是 25 岁时的 1/4，而瞌睡或清醒时间（第 1 阶段）约是 25 岁时的 4 倍。老年人做梦的时间也比较短。二者轻度睡眠时间（第 2 阶段）差别不大。

磨砺社交技能

第一章

思考能力

第一节 带着思考去工作

思考是通往问题解决的必要之路。面临问题，如果你不能积极思考，将之妥善解决，那么，问题就会成为你工作的负担，这样，不只是你本人的不幸，更是企业的不幸。

在全世界 IBM 管理人员的桌上，都摆着一块金属板，上面写着"Think"（想）。这个字的精粹，是 IBM 创始人华特森创造的。

有一天，寒风刺骨、阴雨连绵，华特森一大早就主持了一项销售会议。会议一直进行到下午，气氛沉闷，无人发言，大家开始显得焦躁不安。

IBM 创始人华特森 登上《时代周刊》封面

这时，华特森在黑板上写了一个很大的"Think"，然后对大家说："我们共同缺的，是对每一个问题充分地去思考，别忘了，我们都是靠脑筋赚得薪水的。"

从此，"Think"成了华特森和公司的座右铭。

无独有偶，著名的微软公司也十分重视思考的价值。微软公司的创始人兼 CEO 比尔·盖茨曾多次说道："如果把我们顶尖的 20 个人才挖走，那么，我告诉你，微软就会变成一家无足轻重的公司。"

新闻记者史卓斯在与微软公司接触了 3 个月后写道："据我观察，微软不像昔日的 IBM 那样，在墙上挂着训斥员工'要思考'的牌子，而是将'思考'彻彻底底地植入微软的血液。"

微软的最高管理层研究院的核心大约由 10 来个人组成。他们管理关键产品，组织非正式的监督组来评估每个人的工作。许多在各项目工作的高级技术人员，组成了研究院的外围。其中一些人还是公司的元老，从微软建立之初便一直在这里工作。微软公司就是靠这些出类拔萃的人物和比尔·盖茨合理的管理制度，在竞争中走向成功的。

思考让 IBM、微软这些公司成为行业的领导者，对于我们个人来说，善于思考也是一项十分重要的成功喜悦。

有人调查过很多企业的成功人士，从他们身上发现了一个共同的规律：最优秀的人，往往是最重视找方法的人。他们相信凡事都会有方法解决，而且是总有更好的方法。

作为华人首富，李嘉诚的名字可谓家喻户晓。他之所以能成为首富，也并非没有规律可循：从打工的时候起，他就是一个找方法解决问题的高手。

有一次，李嘉诚去推销一种塑料洒水器，连走了好几家都无人问津。一上午过去了，一点儿收获都没有，如果下午还是毫无进展，回去将无法向老板交代。

尽管刚开始进行得不太顺利，但是他仍然不断地鼓励自己，精神抖擞地走进了另一栋办公楼。当他看到楼道上的灰尘很多时，突然灵机一动，没有直接去推销产品，而是去洗手间，往洒水器里装了一些水，将水洒在楼道里。十分神奇，经他这么一洒，原来很脏的楼道，一下变得干净起来。这一来，立即引起了主管办公楼的有关人士的兴趣，一下午，他就卖掉了十多台洒水器。

在做推销员的整个过程中，李嘉诚都十分注重分析和总结。他将香港划分成几片，对各片的人员结构进行分析，了解哪一片的潜在客户最多，便抽出大部分的时间专攻这些地区。短短的一年下来，李嘉诚一个人的业务量比公司所有的推销员业务量的总和还多。

三菱经济研究所的所长町田一郎氏曾说："现在是用头脑思考，而不是用身体决胜负的时代。"

有些人则会说："我太忙了，连考虑的时间也没有！""以前的人也都是这么做的啊！"这些人总爱找借口逃避工作中的困难。这种做法是很不可取的。

我们都知道，一个好的创意，可以让一个濒临破产的企业起死回生，能让一个名不见经传的公司名声大噪，也能让一个成功的企业扩大战果，再创辉煌。所以，每个公司的老板都很重视员工思考能力的培养，将是否善于思考当成衡量一个员工能否晋升的重要标准。一个不能够在工作中主动思考的员工是无法做好自己的工作的，当然，他们也无法跨入优秀员工的行列，也就难以得到老板的器重。

第二节 方法就在自己身上

"与其诅咒黑暗,不如点起一支蜡烛。"面对问题,诅咒和抱怨帮不了我们什么,相反,只会加深我们解决问题的难度。事实上,解决问题的关键就在我们自己手中,你要解决问题,让自己成为问题的主宰,还是向问题妥协,让自己成为问题的一部分,决定权完全在你自己手中。

吕思在一家广告公司做创意文案。一次,一个著名的洗衣粉制造商委托吕思所在的公司做广告宣传,负责这个广告创意的好几位文案创意人员拿出的东西都不能令制造商满意。

没办法,经理让吕思把手中的事务先搁置几天,专心完成这个创意文案。

接连几天,吕思在办公室里抚弄着一整袋的洗衣粉在想:"这个产品在市场上已经非常畅销了,人家以前的许多广告词也非常富有创意。那么,我该怎么下手才能重新找到一个点,做出既与众不同,又令人满意的广告创意呢?"

有一天,他在苦思之余,把手中的洗衣粉袋放在办公桌上,又翻来覆去地看了几遍,突然间灵光闪现,他想把这袋洗衣粉打开看一看。

于是找了一张报纸铺在桌面上,然后,撕开洗衣粉袋,倒出了一些洗衣粉,一边用手揉搓着这些粉末,一边轻轻嗅着它的味道,寻找灵感。

突然,在射进办公室的阳光下,他发现了洗衣粉的粉末间遍布着一些特别微小的蓝色晶体。审视了一番后,证实的确不是自己看花了眼。

他便立刻起身,亲自跑到制造商那儿问这到底是什么东西。得知这些蓝色晶体是一些"活力去污因子"。因为有了它们,这一次新推出的洗衣粉才具有超强洁白的效果。

明白了这些情况后,吕思回去便从这一点下手,绞尽脑汁,寻找最好的文字创意,因此推出了非常成功的广告。

一位人力资源培训师在课堂上打了一个很有趣的比喻:他将方法比成人身上的"虱子",只要你用力去找,就一定能够找到。

海尔公司在进入美国市场时,刚开始并不了解该怎么做,于是他们聘请了一个美国当地人作为管理者,张瑞敏让他自己提出年薪,不管多少钱,都不打折扣地答应,但是同时也提出条件,美国十大连锁企业,海尔的产品至少要进去一半。

那个美国人说根本不可能,GE、惠尔普、美泰克是美国的前三强,它们要进去,都花了很长时间。

张瑞敏坚决不同意,他认为海尔跟在人家后边,永远不会有市场。最后美国人就同意了,他想出了一些很有创意的措施。

那个美国人就在阿肯瑟州,在沃尔玛的总部外边,树立了一个巨大的海尔广

几何图形的消失

大多数视觉的魔术和观察力的错觉对我们影响不了很长时间，因为它们的秘密一般来说很明显。但是被称为"矛盾的几何现实"或"几何图形的消失"的引人注目的一组概念是如此巧妙，以至于它们会继续激发人们的好奇心，成为我们谈论的话题，即使我们了解了它们的原理，还会怀疑自己的洞察力。

最伟大的美国难题发明家山姆·洛伊德是这类最著名的"从地球上消失"的难题的发明者。麦尔·史多福和其他许多人大大丰富了这种形式的题目，创造了巧妙的变形，并使这个原理更加完善。

矛盾的几何现实包括分割和重新排列总面积或总长度的部分。经过重新排列，这些图形的一部分就消失了。

解释存在于隐蔽分配原则，马丁·加得纳这样为它命名，它依赖于眼睛对重新排列的东西的不敏感。人们经常注意不到各部分之间多出来的小空隙或重新排在一起的图片的长度，所以就相信它们有相同的长度或面积。

三角形花园

用这9块木板做成一个等边三角形的围栏，它们的长度用米表示（9块木板都必须用上）。

答案如下：

257

告牌。

沃尔玛的总经理经常在工作时间向窗外眺望，一眺望就看到了这个广告牌，他就问这个海尔是个什么品牌？是哪儿的？

底下人就去了解了，说海尔是中国的，这个品牌也不错，而且广告牌上有地址、电话，在美国有总部，可以联系一下。就这样，海尔和沃尔玛"接上头"了。

不怕问题、困难，就怕不想；就好像一把钥匙开一把锁，每一个问题都有解决的办法。而这把解决问题的钥匙，就在我们自己身上。

"与其诅咒黑暗，不如点起一支蜡烛"，这句话是克里斯托弗斯的座右铭，它也应当成为指导我们工作和生活的一条准则。通过诅咒和抱怨，我们什么也改变不了，黑暗和恐惧仍然存在，而且还会因为人们的逃避和夸大而增加问题解决的难度。

然而，如果我们果断地采取行动，及时寻找解决问题的方法，哪怕我们只做了一点点努力，也会使我们朝着克服困难、解决问题的方向迈进一步。同时，我们还可能在积极努力的过程中寻找到不同的、更便捷的解决问题的方法。因为解决问题的关键就在我们身上。

第三节 突破自我，才能够突破困境

突破自我，才能够突破现实的困境。

有一条小河从遥远的高山上流下来，流过了很多个村庄与森林，最后它来到一个沙漠。它想：我已经越过了重重的障碍，这次应该也可以越过这个沙漠吧！当它决定越过这个沙漠的时候，它发现河水渐渐消失在泥沙之中，它试了一次又一次，总是徒劳无功。

于是，它灰心了。"也许这就是我的命运，我永远也到不了传说中那片浩瀚的大海。"它颓废地自言自语。

这时候，四周响起了一阵低沉的声音："如果微风可以跨越沙漠，那么河流也可以。"原来这是沙漠发出的声音。

小河流很不服气地说道："那是因为微风可以飞过沙漠，可是我却不可以。"

"因为你坚持你原来的样子，所以你永远无法跨越这个沙漠。你必须让微风带着你飞过这个沙漠，到达你的目的地。你只要愿意放弃你现在的样子，让自己蒸发到微风中。"沙漠用它低沉的声音建议道。

这种建议超出了小河的想象。"放弃我现在的样子，然后消失在微风中？不！不！"小河流无法接受这样的事情，毕竟它从未有过这样的经验，叫它放弃自己现在的样子，那不等于自我毁灭吗？"我怎么知道这是真的？"小河流这么问。

"微风可以把水汽包含在它之中，然后飘过沙漠，等到了适当的地点，它就把这些水汽释放出来，于是就变成了雨水。然后，这些雨水又会形成河流，继续向前进。"沙漠很有耐心地回答。

"那我还是原来的河流吗？"小河流问。

"可以说是，也可以说不是。"沙漠回答，"不管你是一条河流或是看不见的水蒸气，你内在的本质从来没有改变。你之所以会坚持你是一条河流，因为你从来不知道自己内在的本质。"

此时，小河流的心中，隐隐约约地想起了自己在变成河流之前，似乎也是由微风带着自己，飞到内陆某座高山的半山腰，然后变成雨水落下，才变成今日的河流。于是，小河流终于鼓起勇气，投入微风张开的双臂，消失在微风之中，让微风带着它，奔向它生命中的归宿。

生命是一个不断改变以适应外界变化的过程。只有不断地调整自己的心态，积极改变，才能战胜生活中的重重困难，顺利地走向成功。

海尔刚刚拓展海外市场的时候，很多人不理解，海尔守着中国市场，完全可以吃大块的肉，可到了国外市场，或许只有喝汤的份儿。

对此，张瑞敏的看法不同，他觉得海尔之所以要走出去，并不是因为他们强大到什么都不怕，相反，是因为想到不出去的后果更可怕，所以才出去。

如果不出去，就很难知道竞争对手有什么样的实力，有什么样的规则。所以，张瑞敏曾提出一个口号叫作"国门之内无名牌"，必须走出去，锻炼和提高自己的竞争能力。

张瑞敏说："海尔刚刚出去的时候，只是刚刚进小学的一个小学生，但是我们的对手可能是大学生或者是研

只有突破自我，才能突破困境，实现自我的提升。

究生，我们根本不可能和人家对话。

"虽然小学生是一定要败给大学生的，但这个小学生是为了想成为大学生才出去的，所以，我们要老老实实地向人家学习，慢慢地提高自身的竞争能力。"

有人问张瑞敏："如果先把小学生培养成大学生，再出去跟他们较量，会不会更好一些呢？"

张瑞敏回答道："在这个环境里头永远培养不出大学生来，打个比方来说，你要游泳，但是你老是在岸上，不下水，在地面上学习这些动作，即使这个动作学习得再好、再漂亮，你也永远不会成为游泳高手。

"所以，必须在水中学习游泳，进去之后可能会喝几口水，可能会受一些挫折，但是最终你一定会成功。"

张瑞敏之所以冒天下之大不韪，选择到美国设厂，为的就是四个字：先难后易。

虽然海尔的国际化进程一开始并不被一些保守人士所接受，然而据海尔自己披露，自1998年以来，海尔在美国的销售量年均增长率达115%，市场份额也在不断扩大，海尔的公寓冰箱及小型冰箱已占美国30%以上的市场份额，海尔冷柜已占12%的份额，海尔酒柜已占有50%以上的份额。

就像一个企业一样，我们自身也会面临许多层出不穷的问题，当我们遇到困境和难题的时候，也应当像海尔一样，要勇于自我挑战和自我超越，只有突破了自我，才能够突破困境。

第四节 依靠想象获得创意

想象力是创意和方法的沃土，俗话说"不怕做不到，只怕想不到"。面对工作中的种种问题，只要你能够主动发挥想象，充分利用各种现有的条件和资源，那么再难的问题都能够找到有效的解决方法。

美国华盛顿广场有一座宏伟的建筑，这就是杰弗逊纪念馆大厦。这座大厦历经风雨沧桑，年久失修，表面斑驳陈旧，政府非常担心，派专家调查原因。

调查的最初结果认为侵蚀建筑物的是酸雨，但后来的研究表明，酸雨不至于造成那么大的危害，最后才发现原来是冲洗墙壁所含的清洁剂对建筑物有强烈的腐蚀作用，而该大厦墙壁每日被冲洗的次数大大多于其他建筑，因此，腐蚀就比较严重。

问题是为什么要每天清洗呢？因为大厦被大量的鸟粪弄得很脏。为什么大厦有那么多鸟粪？因为大厦周围聚集了很多燕子。

为什么燕子专爱聚集在这里？因为建筑物上有燕子爱吃的蜘蛛。为什么这里的蜘蛛特别多？因为墙上有蜘蛛最喜欢吃的飞虫。

为什么这里的飞虫这么多？因为飞虫在这里繁殖得特别快。为什么飞虫在这里繁殖得特别快？因为这里的尘埃最适宜飞虫繁殖。

为什么这里的尘埃最适宜飞虫繁殖？其原因并不在尘埃，而是尘埃在从窗子照射进来的强光作用下，形成了独特的刺激，致使飞虫繁殖加快，因而有大量的飞虫聚集在此，以超常的激情繁殖，于是给蜘蛛提供了丰盛的大餐。

蜘蛛超常的聚集又吸引了成群结队的燕子往返流连，

生活中，有些"荒唐"的方法却也能立竿见影，成功解决问题。

燕子吃饱了，自然就地方便，给大厦留下了大量粪便……

因此，解决问题的最终方法是：拉上窗帘。结果，杰弗逊大厦至今完好。

可见，解决问题不仅要靠智慧，而且也要靠想象力，借助想象力的翅膀飞越问题所在的圈子，以一个更高更远的视角去审视问题，问题的答案自然就会水落石出。

有一位思想家说过一句很著名的话："生活中不是缺少美，而是缺少发现美的眼睛。"

我们也可以把这句话换一种说法：在我们的工作中并不缺乏创意和方法，而是缺乏能够带来创意和方法的想象力。

在工作当中，我们经常会遇到各种各样的偶然事件。假如我们能够利用这些偶然的机会，充分发挥自己的想象，挖掘对自己有用的信息，我们就会发现工作中处处充满了创意和机遇。

乔治是一家知名杂志社的编辑。在他年轻时，有一回，他看见一个人打开一包纸烟，从中抽出一张纸条，随即把它扔在地上。乔治拾起这张纸条，见上面印着一个著名女演员的照片，下面有一行字："这是一套照片中的一幅。"他把纸片翻过来，发现背面是空白的。

乔治拿着这张纸片边走边想："如果把印有照片的纸片充分利用起来，在它的背面印上人物的小传，价值就会提高了。"于是，他找到印刷这种纸烟附件的公司，向经理说明了他的想法。这位经理立即说："如果你给我写这些东西，我会付给你丰厚的薪酬。"

这就是乔治最早的写作任务。后来，他的业务与日俱增，又聘请了一些人来帮自己工作。就这样，他渐渐成了一位著名的编辑。

爱因斯坦说过："想象力比知识更重要，因为知识是有限的，而想象力概括着世界上的一切，并且是知识进化的源泉，严格地说，想象力是科学研究中的实在因素。"

爱因斯坦如此推崇想象，是因为他知道想象力是一个人干好工作的起码要求，想象力是人类进步的主要动力，没有了想象，人类将永远停滞在野蛮落后的状态之中。

想象力是创新的翅膀，是创意的源泉，有时候一个小小的创意就能够为你带来意想不到的成功。

李娟在一家大公司做会计，公司的贸易业务很繁忙，节奏也很紧张，往往是上午对方的货刚发出来，中午账单就传真过来了，随后才是快递过来的发票、运单等。她的桌子上总是堆满了各种讨债单。

讨债单实在太多，而且都是千篇一律的要钱，她常常不知该先付给谁好。经理也一样，总是大概看一眼就扔在桌上，说："你看着办吧。"但有一次经理却马上说："付给他。"而这也是仅有的一次。

那是一张从巴西传真过来的账单，除了列明货物标的价格、金额外，大面积的空白处写着一个大大的"SOS"，旁边还画了一个头像，头像正在滴着眼泪，线条虽然简单，但却很生动。

这张不同寻常的账单一下子引起了李娟的注意，也引起了经理的重视，他看了便说："人家都流泪了，以最快的方式付给他吧！"

经理和李娟心里都明白，这个讨债人未必在真的流泪，但他却成功了，一下子以最快的速度讨回了大额货款。因为他多用了一点心思，把简单的"给我钱"换成了一个富含人情味的小幽默、小花絮，仅此一点，就让自己从千篇一律中脱颖而出。

想象力是创意和方法的沃土，俗话说，不怕做不到，就怕想不到，只要我们每个人能充分利用现有的条件和资源，就一定能找到解决问题的有效方法。

第五节 用新思维改写工作中的"不可能"

一切皆有可能。不敢向高难度的工作挑战，是对自己潜能的画地为牢，只能使自己无限的潜能化为有限的成就。如果你想取得事业上的辉煌成就，使自己成为公司发展的关键力量，你就要丢掉心中的限制，积极利用新思维，寻找新方法，用行动改写工作中的"不可能"。

在自然界中，有一种十分有趣的动物，名叫大黄蜂。曾经有许多动物学家、物理学家、社会学家联合起来研究大黄蜂。

　　根据动物学的观点，所有会飞的动物，其条件必须是体态轻盈、翅膀宽大，而大黄蜂却跟这个观点反其道而行。大黄蜂的身躯十分笨重，而翅膀却出奇的短小。依照动物学的理论来讲，大黄蜂是绝对飞不起来的。

　　而物理学家的论调则是，大黄蜂身体与翅膀的这种比例，从流体力学的观点来看，同样是绝对没有飞行的可能。

　　可是，在大自然中，只要是正常的大黄蜂，却没有一只是不能飞的，甚至于，它的飞行速度并不比其他能飞的动物差。这种事实的存在，仿佛是大自然和科学家们开了一个大玩笑。

　　最后，社会学家揭开了这个谜。谜底很简单，那就是——大黄蜂根本不懂"动物学"与"流体力学"。每只大黄蜂在它长大之后，就很清楚地知道，它一定要飞起来去觅食，否则就会被活活饿死！这正是大黄蜂之所以能够飞得那么好的奥秘。

　　我们不妨从另外一个角度来设想，如果大黄蜂能够接受教育，明白了生物学的基本概念，而且也了解了流体力学。那么，这只大黄蜂，它还能够飞得起来吗？

　　在你的工作和生活中，很多人在无意之间向你灌输了许多"不可能"的思想，这些思想会给你的心灵"设限"，制约你潜能的发挥，但是，如是你把这种种的"不可能"从心头抛开，你就能够到达你平时难以企及的高峰。

　　1992 年底，78 岁的 IBM 仿佛患上了老年痴呆症，一下子陷入了亏损额 50 亿美元的泥坑里，举步维艰。

　　昔日威风八面的蓝色巨人变成没人理睬的乞丐。GE 的杰克·韦尔奇与 SUN 的麦克尼里等专家、高手都拒绝高薪，不愿意去挽救 IBM。

　　后来，IBM 费尽力气，终于说服了路易·郭士纳前去执掌 IBM 的帅印。于是，被媒体描述成"一只脚已经踏进了坟墓"的 IBM，迎来了这位对 IT 行业完全陌生的新 CEO，后来被世人津津乐道的传奇人物郭士纳先生。

　　不过，当时大家知道郭士纳先生要接掌 IBM 时，很多人向他投去了怀疑的眼光或冷嘲热讽的态度。他们认为：一

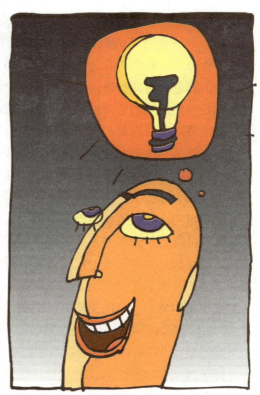

积极利用新思维寻找新方法，将工作中的"不可能"变为"可能"。

个靠经营食品业起家的人，一个对计算机完全外行的人，又如何能担当得起这一重任呢？

但是，随着时光的流逝，郭士纳先生给大家的结果是惊喜！因为，今天我们已经看到，一个当初亏损81亿美元的IBM公司，如今已经变为销售额高达860亿美元，赢利77亿美元的行业楷模。公司的股票价值增值了800%，市值增长了1800亿美元。

这些惊人的数字，就是当初那位计算机行业的"门外汉"路易·郭士纳先生带领IBM员工们创造出来的。这是一个给那些怀疑"门外汉"做不了专业活的人的最好反击。

郭士纳先生的成功带给我们这样一个启示：世上无难事，只怕有心人。面对困难，只要你勇于尝试，利用新思维，积极寻求解决方案，那么"不可能"也能够变为"可能"。

张小姐从旅游学院毕业不久，就到一家著名饭店当接待员。参加工作不久，她就遇到了一个棘手的问题。

那天，一位来自美国的客人焦急地向值班经理反映：来中国前，他就预订了法国——日本——香港——北京——西安——深圳——新加坡的联票。但是，由于疏忽，一张去西安的机票没有及时确认，预定的航班被香港航空公司取消了。这一下他急了，他到西安是去签订合同的。如不能及时赶到，将造成很大的损失。

酒店的老总当即安排张小姐和另外一位老接待员解决这一问题。她们一起到民航售票处，向民航的售票员介绍了有关情况，希望她能够帮忙解决这一问题。

但售票员的回答是："是香港航空公司取消的航班，和我们没有关系。"

还有其他办法吗？再重新买票已经来不及了，因为票已经全部售完了。

于是她们再一次向售票员重申："这是一个很重要的外国客人，如不能及时赶到会造成很大的损失。"但售票员的回答仍然是："对不起，我也无能为力。"

张小姐问："难道就再没有别的办法吗？"

售票员说："如果是重要客人，你们可以去贵宾室试试。"

她们立即赶到贵宾室。但在门口就被拦住了，工作人员要求她们出示贵宾证。这一下她们又傻眼了。此时此刻，到哪里去办贵宾证啊？

张小姐不甘心，又向工作人员重申了一遍情况，但工作人员还是不同意让她们进去。她突然动了一个念头，于是问了一句："假如要买机动票，应该找谁？"

回答是："只有找总经理。不过我劝你们还是别去找了，现在票紧张得很呢！"

碰了这么多次壁，同去的接待员已经灰心丧气了。她想：要找总经理，那恐怕更没有希望。于是，她拉着张小姐的手说："算了吧，肯定没希望了，还是回去吧，反正我们已经尽力了。"

那一瞬间，张小姐也有点动摇了，但很快她又否定了自己的想法，还是毫不犹豫地向总经理办公室走去。

见到总经理后，她将事情的来龙去脉又讲述了一遍。总经理听完之后，看着她满是汗水的脸，微微一笑，问："你从事这项工作多长时间？"

得知她刚刚参加工作，总经理被她认真负责的态度感动了，说："我们只有一张机动票了，本来是准备留下来给其他重要客人的。但是，你的敬业精神和对客人负责的态度让我非常感动。这样吧，票就给你了。"

当她把机票送到焦急的客人手上时，客人简直是喜出望外，酒店的总经理知道这件事后，当着所有员工的面对她进行了表扬。不久，她被破格提拔为主管。

一次，她对一个朋友讲述了这个故事。朋友问她："你为何能做到这点？"

她问答说："其实，当我的同事说一点希望也没有的时候，我也很想放弃，我已经被拒绝多次了，我也怕见到总经理后，仍然会遭到拒绝。

"但是，我不想放弃最后的一点希望。这件事让我明白了一个道理：无论遇到什么样的困难，只要你肯努力，不轻易放弃，总会找到解决办法的。"

西方有句名言："一个人的思想决定一个人的命运。"不敢向高难度的工作挑战，是对自己潜能的限制。

"职场勇士"与"职场懦夫"，在老板心目中的地位有天壤之别，根本无法并驾齐驱、相提并论。一位老板描述自己心目中的理想员工时说："我们所急需的人才，是有奋斗进取精神，勇于向不可能完成的工作挑战的人。"

第六节　思维不懈怠，心理也制胜

勇气是一个人战胜困难的法宝。有时候，我们缺乏的不是解决问题的智慧和毅力，而是缺乏战胜困难的勇气，心可以突破阻挠，粉碎障碍。面对困难，只要你永不懈怠，永不放弃，那么，所有的困难和障碍都能够被你征服。

有一位撑竿跳的选手，一直苦练都无法越过某一个高度，他失望地对教练说："我实在是跳不过去。"

教练问："你心里在想什么？"

他说："我一冲到起跳线时，看到那个高度，就觉得我跳不过去。"

教练告诉他："你一定可以跳过去，把你的心从竿上摔过去，你的身子也一定会跟着过去。"

他撑起竿又跳了一次，果然跳过去了。

心，可以超越困难，可以突破阻挠；心，可以粉碎障碍。只要你内心不放弃，所有的困难和障碍，都能够被你征服。

克鲁尔出生于美国一个工人家庭。由于家庭经济不富裕，他边打工边学习。在校期间成绩优秀，文笔很好，被选为校刊主编，把刊物办得很有生气，得到校长、老师、同学们的好评。18岁那年进了耶鲁大学，两年后，他离开耶鲁大学，进了陆军宪兵队。

克鲁尔热爱学习，肯于钻研，他不甘心就此放弃学习，便辞别宪兵队，又到拉特格斯大学学习。由于在校级橄榄球比赛中表现突出，被选为橄榄球队队长。后来被选入全美橄榄球队。

他的一篇学术论文引起了《新闻周刊》的注意，他们采访了克鲁尔，并从中了解到克鲁尔今后的打算，当律师或投身广告事业，不过主意未定。

这个消息被杨·鲁比肯广告公司的一位高级副经理知道了，马上打电话邀请克鲁尔到公司来，并诚恳地说："到广告公司，我们将为你提供一个好的发展平台，而且你的专业知识也有可能用得上。"克鲁尔就这样选择了广告行业。

1971年，克鲁尔被董事长奈伊破格提升为主管国内广告业务的总经理，1980年，43岁的克鲁尔被任命为总经理，执掌着拥有24亿资产的杨·鲁比肯广告公司的大权。

克鲁尔的信条之一："困难是暂时的，只要努力，最终就能战胜它。"20世纪70年代初，杨·鲁比肯公司经营出现了危机，一些高级员工纷纷辞职，另找出路，克鲁尔也曾动摇过。董事长奈伊挽留他，并让他把设计部整顿一下，克鲁尔接受了这一任务。他认为设计部是广告公司兴衰存亡的关键部门。

他分析了设计部杂乱、骄纵的症结所在，那就是明明在广告设计上大有所为，可他们的力气总不花在点子上。有时候，他们把客户想解决的问题压根儿给忘了。根据上述分析，克鲁尔设计了一套改造设计部的程序。

首先整顿设计部的领导班子，克鲁尔选拔了一批精明、强干、勤劳、能吃苦的骨干；其次是坚决改变设计部工作各行其是，不尊重客户的风气。克鲁尔抓住要害问题，经过半年多夜以继日的奋斗，终于使设计部焕然一新，公司很快打开了新局面，扭转了颓势。

从此，克鲁尔也从普通的设计业务人员，一跃成为出类拔萃的管理者，成为主管复杂的服务性企业的实干家。

1974年，西荣斯床垫公司突然宣布，终止委托杨·鲁比肯公司经办广告业务。克鲁尔知道后，马上召集公司设计人员，开了一个极短的会议，仅仅用了36个小时，就准备出了一整套配有布景和音乐的全新广告——"西荣斯床垫公司"的专题广告艺术宣传。

通过演员们生动、风趣的演出，给企业界人士留下了深刻的印象。不出一小时，西荣斯床垫公司宣布，鉴于杨·鲁比肯公司出色的广告宣传，该公司将继续委托它经办广告业务。这次富有极大的挑战性的广告战，是克鲁尔打得最漂亮的广告战。

　　克鲁尔在企业遭遇困难时不是找理由逃避，而是积极寻找解决问题的方法。他把一个运动员在运动场上夺魁称雄的拼搏精神运用到企业经营中，永不懈怠、进取不停，从而使自己在职场中屡屡得胜。

　　勇气是战胜困难的法宝。有时候我们不是缺乏解决问题的毅力和智慧，而是缺乏战胜困难的勇气。

　　成功者与失败者之间的分水岭，有时并不在于他们之间有天大的差距，而在于一点小小的勇气。当我们超越众人禁锢得有些麻木的思想，勇敢地迈出那一步时，我们会惊喜地发现，原来成功的门对我们从不上锁。

　　很多时候，害怕困难的"消极思维"会使困难在想象中放大一百倍，而当你以积极的态度去面对时，就会发现那些问题与困难根本微不足道。

第七节　在问题中自我成长

　　如果你没有勇气离开陆地，那么你永远都无法发现新的海洋。如果你没有胆量接受生活的洗练，那么你永远也无法在问题中获得成长。逃避问题和障碍，它就会困扰你一辈子，如果你迎难而上，克服了这个障碍，它就会成为你成长路上的一块垫脚石。

　　有人问某位登山专家："如果我们在半山腰，突然遇到大雨，应该怎么办？"

　　登山专家说："你应该向山顶走。"

　　"为什么不往山下跑？山顶风雨不是更大吗？"

　　"往山顶走，固然风雨可能更大，却不足以威胁你的生命。至于向山下跑，看来风雨小些，似乎比较安全，但却可能遇到暴发的山洪而被活活淹死。"登山专家严肃地说，"对于风雨，逃避它，你只能被卷入洪流；迎向它，你却能获得生存！"

　　问题是成长的机会。主动反省，你才能够在问题中不断地完善自我。勇敢地接受问题的磨砺，不断地反省和改进自己的工作，相信每一个问题都能够变成你成长的垫脚石。

工作场合

过去，女性很少能在公司中担任高级职位，但是现在有许多女性都身处重要职位。女性处理同下属关系的方式可能不同于男性。

　　反省是一个人不断完

善自我的最佳途径，一个人只有不断反省自我的不足，才能够在问题中不断进步。

林佳是一名在英国学习人力资源的留学生，有一次她从朋友那里得知英国一家知名品牌公司要为它在中国的分公司招聘中层管理人员，于是决定去应聘。该公司对人才的要求很高，内容包括相关的专业知识和美感、创造力、领导才能，等等。

林佳在首次面试中表现得十分自信，也很出色，加上自己是中国人，学成之后回国发展，比其他竞争者更有优势，她认为得到这个职务是十拿九稳的。但没想到的是：面试后，主考官并没有立即录用她，对此她十分不解。

林佳有一个很好的习惯，那就是她十分善于自省。初次面试回去之后，她开始认真思索为何没有一举成功，会不会是自己哪方面与要应聘的企业文化有所冲突。

她突然想到一个情景：进门的时候，主考官的目光在她齐腰的长辫子上停留了一会儿。她意识到，问题可能就出在这一头她留了 10 多年的长发上。

因为她应聘的公司，是一家世界著名、以经营服饰和珠宝为主的企业，办事干练是公司员工的总体风格。招聘的主考官，就是一头齐耳的短发，显得特别精明能干。

她想：是不是因为这条长辫子，让主考官担心自己无法融入企业的整体文化呢？

在一些外国人的印象中，辫子恐怕仍然是保守的象征。于是，林佳咬牙做了一个非同寻常的举动：剪去了留了多年、一直视为珍宝的及腰长发，并选择了一款与主考官风格相近的套装去复试。

她的分析一点没有错，当她再次出现在主考官面前时，主考官首先看到的就是她那一头短发，然后眼中闪过一丝赞许，会心一笑，说："看来你已经准备好了。"

复试十分顺利，很快，林佳就进入了自己梦寐以求的机构。

长辫子是林佳个人的所爱，但是当她认识到自己珍爱的东西，也许是与企业整体风格有冲突的东西时，便毅然决然地将其放弃，最终，赢得了企业的认可。

主考官看到的不只是她剪掉的及腰长辫，更是这种在取舍之间展现的内在职业素养。

主动反省，问题就能变成我们成长的机遇。如果你不懂得在问题中主动反省，那么你永远也无法获得进步，也很难在事业上有所成就。

每一个人都应该永远记住这个真理，只有不断挑战自我、超越自我的人，才是一个前途远大的人。你想赢得事业上的成功和人生的辉煌，就应当在工作和生活中养成善于自省的好习惯，把工作中的问题变成自己成长的机遇。

理想的反省时间是在一段重要时期结束之后，如周末、月末、年末。在周末用几个小时去思索一下过去 7 天中出现的事件。月末要用一天的时间去思索过去一个月中出现的事情，年终要用一周的时间去审视、思索、反省一年生活中遇到的每一件事。

自我反省的时间越勤越有利。

假如你一年反省一次，你一年才知道优缺点，才知道自己做对了什么，做错了什么。假如你一个月反省一次，你一年就有了12次反省机会。假如你一周反省一次，你一年就有52次反省机会。假如你一天反省一次，你一年就有365次反省机会。反省的次数越多，犯错的机会就越少。

一个从不犯错误的人是懦夫，一个总是犯错误的人是傻子。一个人要拥有成功的人生就要学会在失败和错误中学习成长。在这里有几条从错误中学习的方法可以供你参考：

（1）诚恳而客观地审视周遭的情势。不要归咎别人，而应反求诸己。

（2）分析失败的过程和原因。重拟计划，采取必要措施，以求改正。

（3）在重新尝试之前，想象自己圆满地处理工作或妥善处理问题时的情景。

（4）把足以打击自信心的失败记忆一一埋藏起来。它们现在已经变成你未来成功的肥料了。

（5）重新出发。

（6）一个希望从错误中学习并期待成功的人，可能必须反复实践以上步骤，然后才能如愿以偿。重要的是每尝试一次，你就能够增加一次收获，并向目标更近一步。

第二章
社交能力

第一节 利用思维导图提高情商

著名 GOOGLE 公司中国区总裁李开复曾说："情商意味着：有足够的勇气面对可以克服的挑战、有足够的度量接受不可克服的挑战、有足够的智慧来分辨两者的不同。"自 20 世纪 90 年代以来，一个新的名词"情商"被人们普遍使用，有研究者甚至认为，一个人的成功，情商因素远远大于智商因素。

那么什么是情商呢？情商是怎么被人们发现的，这个概念又是谁提出来的？我们能不能把握自己的情商呢？

科学研究的结果表明，人的情商不是一成不变的，是可以通过对大脑的开发及科学的训练得到不断提高的。大量的实践证明思维导图就是可以引导大家迅速提高情商的有力工具。

情商就是情绪商数，情绪智力，情绪智能，情绪智慧。也就是我们经常说的理智、明智、理性、明理，主要是指的你的信心，你的恒心，你的毅力，你的忍耐，你的直觉，你的抗挫力，你的合作精神等等一系列与人素质有关的反映程度。它是一个人感受理解、控制、运用表达自己以及他人情绪的一种情感能力。

1995 年，美国哈佛大学心理学教授丹尼尔·戈尔曼提出了"情商"（EQ）的概念，认为"情商"是一个人重要的生存能力，是一种发掘情感潜能、运用情感能力影响生活各个层面和人生未来的关键品质因素。戈尔曼认为，在成功的要素中，智力因素固然是重要的，但情感因素更为重要。

丹尼尔·戈尔曼在其所著的《情感智商》一书中说："情商高者，能清醒了解并把握自己的情感，敏锐感受并有效反馈他人情绪变化的人，在生活各个层面都占尽优势。情商决定我们怎样才能充分而又完善地发挥我们所拥有的各种能力，包括我们的天赋能力。"丹尼尔·戈尔曼所偏重的是日常生活中所强调的自知、自控、热情、坚持、社交技巧等心理品质。

为此，他将情商概括为以下 5 个方面的能力：

（1）认识自身情绪的能力；

（2）妥善管理情绪的能力；

（3）自我激励的能力；

（4）认知他人情绪的能力；

（5）人际关系的管理能力。

哈佛心理学家麦克利兰研究一家全球餐饮公司，发现高情商的人中，87% 业绩突出，奖金额领先，其所领导的部门销售额超出指标15% ~ 20%。而情商低的人，年终考评成绩很少取得优秀，其所领导的部门业绩低于指标20%。所以，著名的二八法则告诉我们：成功的 20% 靠智商，80% 靠情商。

在这里，有三种提升情商的途径：

1. 学会控制情绪是提升情商的前提

很多人在情绪发作过后，错已铸成的时候，才后悔当初没有控制好自己的情绪，其实问题的所在并不是他没有控制情绪的能力，而是他没有在日常生活中养成控制自己情绪的习惯，没有认识到失去控制的情绪是可以随时将人带入天堂或地狱的。

情商较高的人往往能有效地察觉出自己的情绪状态，理解情绪所传达的意义，找出某种情绪和心境产生的原因，并对自我情绪作出必要和恰当的调节，始终保持良好的情绪状态。

情商较低的人则因不能及时地认识到自我情绪产生的原因，而无法有效地对情绪进行控制和调节，导致消极情绪如雾一样弥漫心境，久久难以消退。

所以，要想完善自己的行为，必须从头脑开始打造自己。而要打造高情商，就要通过反复的实践去领悟，让思想逐渐感化自我。我们要通过加强修养逐渐学会控制自己的情绪，如果你能够成为驾驭自己情绪的主人，你未来的人生肯定会更加美好。

2. 培养自信心是提升情商的基础

自信，是一个人做任何事情的基础、获取成功的基石。怀着自信的心态，一个人就能成为他希望成为的样子。

生活中蕴藏着这样一个道理，强者不一定是胜利者。但是，胜利者都属于有信心的人。一个不能说服自己能够做好所赋予任务的人，不会有自信心。

平时，对自信习惯的培养很重要。对事情进行分析，找出事情获得成功的关键因素，对非关键性因素，自己的非能力，要正确面对，要学会抓大放小。

一个具有自信心的人，通常会认为自己有智慧、有能力，至少不比别人差；有独立感、安全感、价值感、成就感和较高的自我接受度。同时，有良好的判断力、坚持己见，具有良好的合作精神和适应性。

一个自信的人，不会在任何困难面前轻易低头。你觉得自己将无一是处，你就不会再向更高的目标努力。因为良好的自我心像表现出来就是自信心。

3. 用幽默感提升情商层次

在幽默大师查理·卓别林眼里，幽默是智慧的最高体现，具有幽默感的人最富有个人魅力，他不仅能与别人愉快相处，更重要的是拥有一个快乐的人生。

幽默能使生活变得轻松，使你生活在愉快的氛围里。生活虽然说起来充满了喜怒哀乐，但是谁都盼望自己的生活中多一些欢乐，少一些忧愁和烦恼。幽默的语言可以对人们的生活做出恰当的喜剧性反映，它通常会带给人们极大的趣味性和娱乐性，有时它还可以消除生活中的一些窘境，减少那些不愉快的情绪，给生活带来轻松和乐趣。

幽默在人们生活中的重要性，如同生物对于阳光、水和空气的需要。对疲乏的人们，幽默就是休息；对烦恼的人们，幽默就是解药；对悲伤的人们，幽默就是安慰；对所有的人，幽默就是力量！

第二节　用爱心和诚信编织自己的社交网络

生活中，当你迫切需要有一位知心朋友、一份新工作、一栋新房子或提升你的专业技能时，你可以去找专业人士咨询介绍。但是如果你拥有一个完好的社交网，你完全可以不花这份"冤枉"钱，你所需要的一切建议都可以从人际网中免费获得，而且是最快速、最安全、最可靠的。

当然，这个前提是你必须用爱心和诚信来编织。同时你需要建立一个自己的朋友档案。

那么，平时应该怎样建立自己的朋友档案呢？

首先，你可以把上学时的同学资料做一个记录整理出来，当毕业几年甚至几年后，你会有很多同学分散在各种不同的行业，有的可能已经在某个行业小有成就。当你需要帮忙时，凭着你们原来的同窗关系，他们一定会帮你忙的。这种同学关系还可从大学向下延伸到高中、初中、小学，如能充分运用这种关系，这将是你一笔相当大的资源和财富。当然，要建立起这些同学关系，你得经常与他们保持联系，并且随时注意他们对你的态度。

其次，整理你身边朋友的资料，对他们的具体情况做个详细记录。他们的住所、电话、工作等。工作变动时，也要在你的资料上随时修正，以免需要时找不到人。

同学和朋友的资料是最不能疏忽的，你还可以在档案中记下他们的生日，并在他们生日时寄上一张贺卡，或者一份精美礼物，这样你们的关系一定会突飞猛进。平时注意保持这种关系，到你有事相求时，他们一定会尽力相助，万一他们自己帮不了你，也可能动用自己的关系网为你帮忙。

同时，在应酬场合中认识的"朋友"也不能忽略，尽管你们只交换过名片，还谈不上交情。这种"朋友"面很广，各行业各阶层都有，所以你应该保留好这些名片，并且在名片上尽量记下这个人的特征，以备再见面时能"一眼认出"。

现代社会，电脑已经成为很多人不可缺少的办公设备，因此你也可以用电脑建立一个朋友档案。也有人用笔记簿，还有人用名片簿，这些都各有长处。

不管你使用什么方法，在建立这种档案时，有几点你必须记住：每个朋友对你都有用处，每个朋友都不可放弃，每个朋友都要保持一定的关系。

人与人之间的感情是在相处中慢慢培养出来的，人与人之间关系也会随着感情的加深而加深。在现代社交中，不仅要拥有自己的朋友档案，还要学会如何与他人和谐相处，这样才能将"社会关系"这张网编织完美。

那么，怎样才能使自己广结人缘并与他人和谐相处？

要想与人和谐相处，最起码应该做到以下几点：

（1）要学会真诚地欣赏和赞美别人的长处，因为每个人的身上都有自己闪光的一面，所以学会欣赏并赞美别人，是赢得友谊的第一步；

（2）在与人相处时，不要处处争强好胜，处处显得比对方强，这样容易引起对方的反感，甚至引发矛盾；

（3）在与人交往中，应学会分享别人的喜怒哀乐，注意给他人以支持和鼓励；

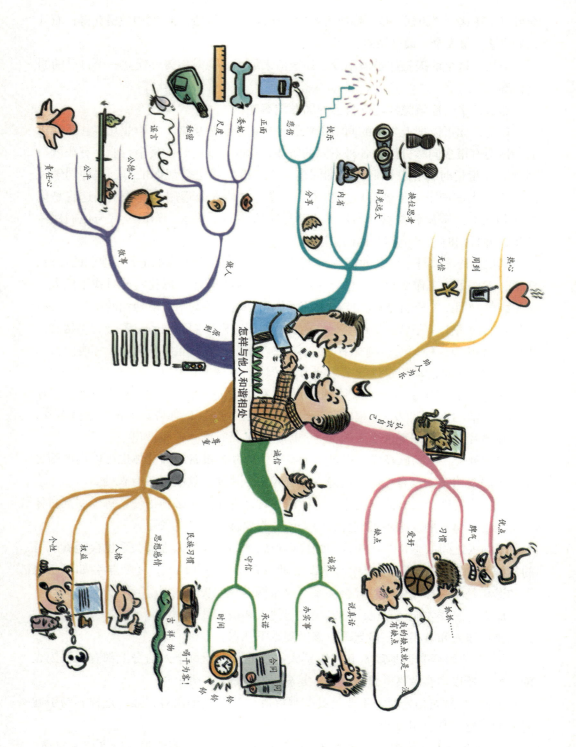

怎样与他人和谐相处

责任心
公平
公德心
诚言
秘密
尺度
委婉
正面
悲伤
快乐
分享
内省
目光远大
换位思考
做事
做人
原则
尊重

热心
周到
无怨
助人为乐
认识自己

优点
脾气
习惯
爱好
缺点
合同
我的缺点就是一没
有缺点。
说真话
抓抓……

诚信
减实
守信
承诺
办实事
时间

个性
权益
人格
思想感情
民族习惯
吃亏为家!
吉祥物

274

（4）要学会尊重和认可他人的独特性，尊重他人的隐私权，给他人以独处的空间和时间。

只有当我们了解了他人和自我之后，才会积极主动地与他人交往，取得他人的认可和接受，以乐观向上的态度面对生命的每一天，学会善待自己，善待他人，是与他人和谐相处的基础。

生活中，只有你懂得了怎样与人和谐相处之后，才能结交更多的好朋友，学习到更多的东西，甚至帮助你迈向更大的成功。相反，也许你很能干，聪明过人，可是不懂得维护自己的"网络"，搞得关系紧张，人们不喜欢你，那么很多人为的机遇就会与你失之交臂，到头来你将一事无成。

现在，请你找出一张空白纸出来，画一幅表示你人际关系的思维导图，称量一下自己与人交往中，爱心和诚信的重量是多少？接下来，你就知道该怎么做了。

第三节　换位思维法

换位思考是人际交往的重要方面，可以避免争端，有效缓和人与人之间的矛盾。

换位思考的一个特点是，必须站在对方的立场去感受和思考。如果我们总是站在自己的位置上去"猜想"别人的想法及感受，或是站在"一般人"的立场上去想别人"应该"有什么想法和感受。那么，可想而知，会有一个什么样糟糕的结果。

有时候，我们看起来是在为对方思考，但是，你不仅没有因此而得到别人的感激，甚至还惹起别人的反感。当事情的后果不如我们所想象或期待时，我们也多半觉得委屈，觉得"出力不讨好"。那么，事情是不是真的这样呢？还是有其他原因？

仔细分析就会发现，这种换位思考并不是真正的换位思考，而是以本位主义来了解别人的想法及感受，这并非真正地为别人着想，因为它忽略了"对方"真正的想法及感受。这样导致的结果有可能使彼此间的关系变得更加紧张，因为大家都没有彼此完全理解或欣赏对方的观点。

比如，A、B两个人以前是很好的伙伴，这次闹了矛盾，A总觉得是B伤害了自己，他就认为是B不好。而B认为是A伤害了自己，他也觉得A不好。如此下去，两人的误会越来越深，甚至到了无法调和的地步。

但是，运用思维导图就可以化解开两人的矛盾，给双方提供一个交流的平台，避免更负面的影响。

另外，还可以借助思维导图的发散性和无所不包的本质，使矛盾双方把各自的问题放在一个更为宽广和积极的环境下加以分析考虑。

不得不承认的是，在使用思维导图较为广泛的地方，不少人因为制作思维导图，真正地互换位置对对方考虑，最终成功挽救了彼此间的友谊。

比如，面对 A、B 两个的误解，我们同样可以用思维导图化解，但前提是，两人都完全认可并理解思维导图的理论和应用方面的有效作用。

首先，矛盾双方可以分别制作一个思维导图，把自己体会到的问题和对方在交流时表现出来的问题罗列出来。

比如，A 在中央图像的上下两端画上两个人的人脸，中间由一条粗线连接，然后围绕两人表现出一些基本的人性特征。

A 在中间连接线的左边标出影响两人的消极特征，是对两人不利的方面；在连接线的右边标出两人的积极特征，而且是有助于解决问题的方面。

同时，A 还可以在图形的左边列出引起两人矛盾的环境因素，而右边可以相应地列出可以克服冲突问题的一些特征品质和方法。

另外，A 为了表达换位思考的重要性，达到消除误会的目的，还可以在消极的一面画上表示交流被完全封闭，彼此听不进任何意见的图像，代表着冲突、争斗和不团结；在积极的一面画上笑脸，表示创造、友善、幸福和高效率。

B 也需要制作一幅单独的思维导图，把自己对冲突事件的认识，喜欢以及讨厌对方的一些方面罗列出来，包括解决问题的方案。

为了使问题细化、客观，两个人也可以分别画三幅思维导图，把喜欢对方、讨厌对方、解决方案分别绘制出来。

然后，两人可以坐在一起进行正式讨论，两人也可以轮流表达自己的观点，可以先针对负面的消极的思维导图，再讨论积极的思维导图，最后一起探讨解决的方案。

两人在探讨过程中，允许一方发表意见，另一方只是聆听，一定要听对方讲完。或者在事先准备好的白纸上，把对方的观点全面而准确地做成思维导图。当另一方发表意见的时候，互相轮换，一方同样制作思维导图。

最后的关键是，两人彼此交换意见，包括探讨解决问题的方法。紧接着，两人可以把双方意见中一致的地方找出来，并确定一个行动方案，使冲突得到最大程度的化解。

第四节　悉心倾听，开启对方的心门

倾听是一门艺术，运用思维导图，同样可以艺术地帮助我们。

古罗马诗人帕布利琉斯·赛勒斯曾经表示：一个人对他人感兴趣的最好、最简单、最有效的方法就是倾听他们说话——真正在听，关注他们说的每一句话，而不是站在那里盘算自己接下来该说些什么话题或奇闻逸事！

积极的悉心的倾听，能够表明你对对方的重视和尊重，能够轻易获得对方的好感，是走进他人内心的钥匙。

其实，倾听别人说话就是这样，你若能耐心地听对方倾诉，这就等于告诉对方"你说的东西很有价值"、"你是一个值得我结交的人"。无形中，对方的自尊得到了满足。这样，彼此心灵间的交流就会使双方的感情距离越来越近。可见，善于倾听无形中起到了褒奖对方的作用，是建立良好人际关系的一个必要的手段。

倾听既是一门学问，又是一门艺术。

交谈与倾听过程中，其实是按照一定的顺序进行的，不是想说什么就说什么，想什么时候说就什么时候说。即，需要双方的相互配合才能使谈话进行下去。

在这里，为你介绍几种倾听的艺术，供你参考：

（1）创造一个适合交谈和倾听的环境。比如环境很安静，能使对方达到身心放松的状态；

（2）在倾听对方说话过程中，要适时地表现出积极的身体语言，你能获取比对方说的话本身更多的内容；

（3）利用眼睛的优势，热情的目光可以表明你对聆听非常感兴趣，因而也仍然对他人感兴趣；

（4）客观看待一些容易触发我们负面情绪的词汇，试着用更开放的态度去看待它们；

（5）学会一边聆听一边注意思考对方的身体语言，及时捕捉到对方的弦外之音，但不能表现出走神儿；

（6）在不必要的情况下，尽量不要打断对方的讲话，注意对方的陈述；

（7）如果要插话的话，注意你讲话的时间不能太长，千万不要使对方变成你的聆听者；

（8）注意把握最核心的问题，如果对方的讲话已经脱离主题，你可以巧妙地把话题拉回来；

（9）心态要保持平和，充满耐心，自己更不能有偏见，不要造成争论的发生；

（10）不要随意猜测对方的意思，更不宜提前说出你的结论；

（11）在某些场合可以做笔记，不仅有助于你的聆听，也会让对方感觉到你对他讲话内容的重视；

（12）聆听时要懂得随声附和，并配合对方的表达速度而进行思考，跟着对方的节奏走，遇到不懂的问题要提出疑问，并得到确认。因为这些语意不清或不了解的话，可能就会造成以后彼此的误会；

（13）最后，当你耐心地听完对方的谈话后，自己也应该说一些和对方的话题有关的话。比如对对方说："我对这些方面也很感兴趣。"接着可以继续说下去，甚至使自己变说话者，对方变成聆听者。这样经过及时交换位置的谈话也是交流取得成功的关键所在。

第五节　如何打造个人品牌

美国商业图书《个人品牌》的两位作者戴维·麦克纳利和卡尔·D.斯皮克指出，要想利用企业智慧来推动个人成功，要想拥有和谐愉快的生活，你就要像那些"品牌明星"们一样，建立起自己强有力的个人品牌，让大家都真正理解并完全认可你。

你想知道 21 世纪最巧妙的职场成功法则吗？答案就是打造个人品牌。美国著名管理专家汤姆·彼得斯曾说："大公司都了解品牌的重要性……现在，在个人主义时代，你必须拥有你自己的个人品牌。"

在经济活动中，品牌的概念有很准确的定义：品牌是买主或潜在买主所拥有的一种印象或情感，描述了与某组织做生意或者消费其产品或服务时的一种相关体验。

将品牌的概念放在个人角度去考虑，那就是：你的品牌是他人持有的一种印象或情感，描述了与你建立某种关系时的全部体验。

你的品牌就是你的身价！美国电影明星伍迪·艾伦说："只要在工作中为人所知，那么，你就成功了90％。"对一个演员来说，这是至理名言。而对于职场来说，个人品牌同样重要。

个人品牌的价值影响到你在职场上的成功与否，而提升你的品牌价值无疑是最关键的一步。那么，怎样打造自己的个人品牌，为自己在职场成功打下基础呢？

眼镜和心理定式
人们常常认为戴眼镜的人比不戴眼镜的人更有智慧，尤其是戴眼镜的女性。

1. 给自己的个人品牌进行定位

你想成为什么类型的员工？你的个人特长在哪儿？你的个性适合从事什么样的工作？你目前的工作有价值吗？不同的人会有不同的职场定位。找出自己在职场存在的独特价值，是个人品牌定位的关键。

阿西莫夫是一个科普作家，同时也是一个自然科学家。一天，当他正埋头进行科学研究的时候，突然意识到："我不能成为一个一流的科学家，却能够成为一个一流的科普作家。"

于是，他把全部精力放在科普创作上，终于成了当代著名的科普作家。

打造个人品牌的第一件事，就是找出自己与他人不同的特质，给自己一个准确的定位，然后沿着这种定位不懈地努力下去。

2. 树立良好的外在形象

俗话说："佛靠金装，人靠衣装。"你的外在形象直接影响着别人对你的评价、估量，你穿着得体，无形中就抬高了自己的身价，别人就容易答应你的要求。

一个人的外貌的确很重要，穿着得体的人给人的印象就好，这等于在告诉大家："这是一个重要的人物，有智慧、有成就、可靠。大家可以尊敬、追随、信赖他。他自重，我们也尊重他。"反之，一个穿着随便的人给人的印象就差，它实际在告诉大家："这是个没什么作为的人，太马虎、没有效率、没有地位。"

人的第一印象是最深刻的。长相凶恶的人令人害怕，缺乏自信的人总是让人觉得猥琐。一些人之所以很容易博得别人的欢心，正是因为他能给人良好的第一印象，这正体现了外在形象的重要性。

3. 打造你的强者气质

一个人能否成就伟业，关键不在于他目前拥有什么，而在于将来能做什么，即是否具有潜能、爆发力等强者素质。假如你具有强大的领导能力和开拓能力，具备成才的优良素质，即使现在身无分文、毫无社会地位，仍可保持一种吸引人的巨大魅力，让接触你的人佩服你、尊敬你。这就是一种强者气质。

其实，考验一个人是否具备强者气质，不在创业之始，甚至不在成就事业之后，而是在开拓事业的过程中，尤其表现在突然遭受重大挫折之时，即距离成功目标的道路越长，遭遇波折越大，越能体现一个人是否坚强，越能检验一个人的耐力和勇气。事实上，任何一个具备强者气质，并终成大业者，都是在磨难与痛苦中接受历练而成熟起来的。

拥有了强大的实力，优良的气质，一个人才能成就一番事业。

4. 提高自己的个人品质

正如企业品牌、产品品牌一样，个人品牌也要有知名度、美誉度，尤其是忠诚度。也可以说，个人品牌就是能力和品质，其最基本的特征是具备两个高质量——

个人业务技能和人品的高质量。即，既要有才更要有德，具有人格力量和人格魅力。

一个人仅仅工作能力强，而个人品质不高，是建立不起良好的个人品牌的，即使是暂时建立了，也不能持久，更不能令人信服。个人品牌讲究持久性和可靠性。拥有良好个人品牌的人，他的工作态度和工作能力是受周围的人所肯定的，其也必定能为企业创造更大的价值。这样的人，受企业欢迎，让他人尊重，并且为社会所需。

5. 不给你的"品牌"抹黑

不给你的"品牌"抹黑，简单地说，就是不要让人对你的印象变坏，例如说你懒惰、势利、邪气、不忠、无情、粗鲁、阴险……一旦你被这样评论，那么你的个人品牌度必定降低，虽然你事实上并不是那样的人；而在关键时刻，这些评语极有可能对你造成伤害。

6. 要有一技之长

在当今社会，全才不过是天方夜谭，于是，专家出现了。专家其实只意味着他对某个专业的某个细节了解得比别人多一点而已。既然我们已经无法成为全才，那么，不妨试着去了解某个专业的某些细节吧，越细越好，这样，当别人有疑问时，首先想到的肯定会是你。

小陈在参加一家县级杂志社的招聘考试时，面对学历高、专业对口的众多竞争对手，却意外地成了一匹黑马。原来小陈擅长撰写新闻评论，多年的潜心经营使他在这个县城小有名气，形成了个人特色鲜明的"职业品牌"，而招聘方正缺这种在某个领域能独当一面的专业人才。

在求职过程中，一些求职者虽然学历高、知识面广，却被拒之门外，其中一个很重要的原因便在于他们十八般武艺样样都通晓一二，但没有一样拔尖，不具备出奇制胜的利器，也就失去了令人刮目相看的"职业品牌"。

21世纪是品牌时代，在职场中也应尽快建立起自己的个人品牌，从而成为能让老板和同事记住的人，说到你，能让人马上想到你许多与众不同的优点，比如你的业务能力、你的亲和力等。在这个有着充分选择自由的时代，如果在职场中具有了自己的个人品牌，就会有更多选择的机会和更多向上发展的机遇。

第六节　关照别人等于关照自己

钓过螃蟹的人或许都知道，篓子中放了一群螃蟹，不必盖盖子，螃蟹是爬不出去的，因为只要有一只想往上爬，其他螃蟹便会纷纷攀附在它的身上，结果是把它拉下来，最后没有一只出得去。

企业里常有一些分子，不喜欢看同事的成就与杰出表现，天天想尽办法破坏与打压，殊不知，这样既害了别人也耽误了自己。时间一久，企业里只剩下一群互相牵制、毫无生产力的"螃蟹"。

每个人从开始正式工作那天起直到退休，总在与同事打交道。雇用、解聘、受命、指示、挨批评、受表扬……几乎无时不在以同事为参照物，无时不在周旋、生存于同事圈。

与不同时期的同事建立包含友谊色彩的私交，可以说对事业、对工作、对生活都是极其有利的。大凡胸怀大志并取得成功的人都善于从自己的同事那里汲取智慧和力量，以及获得无穷的前进动力。

一个员工若想得到老板的赏识，就必须与同事建立良好的人际关系。而良好人际关系的基础，绝不会是自大、自负的结果，而应是在做好自己工作的基础上，懂得为其他同事着想，必要时帮助同事处理某项工作。

职场中，我们应对同事心怀感恩，即使你凭一己之力得来的成果，也不可独占功劳。让那些属于同一部门，曾经协助过你的同事一起来分享这份荣耀吧！

别担心你所扮演的角色会被人遗忘，因为你的所作所为在上司眼中瞧得清清楚楚，如果自己一味卖弄、夸耀，反而会落得邀功之嫌，当然，同事也会觉得十分反感。

相对的，如果大大方方地和同事分享功劳，一方面可以做个顺水人情，另一方面上司也会认为你很懂得搞好人际关系，而给你更高的评价。

可是卖这份人情的手法必须做得干净利落，不可矫揉造作，更不可对同事抱着"施恩"的态度，或希望下次有机会讨回这份人情。所谓放长线、钓大鱼，将目光放远才是上策。

第七节 学会分享，微笑竞争

一个人学会与别人共享自己的力量，人生的成功才能得到最完整的发挥。

成功必须从欲望出发，而欲望是通过行动来实现的。成功的开始，就在于我们独处时候的所思所为，而真正成功的奉献，则会凌驾一己之私的范围。

圆通成熟的个性，不可避免地会在对服务人群的献身上表现出来，它开始时可能是一种内在的精神较量，继而向外寻求更丰富的知识和谅解。成功并不是行为的本身，它是用来判定我们本身价值的东西。成功最终必然会影响到他人和我们自己的生活。

当一个人能公开对自己及他人承认，并非自己能独立获得这些成就，所以不能独享荣耀时，一种完美和谐的感觉会在其内心和人际关系中逐渐浮现。相互的感激与温暖的友谊使彼此不但共享成功的果实，且借由相互鼓励而不断地成长。

只要当过足球守门员都知道，球队的胜利不是他一个人的功劳。大部分的足球守门员都了解队友在前线防守的重要性。因为有了队友的防卫，球才不会轻易地被对方抢走，自己才可能打出漂亮的成绩。那些清楚这个事实，并能公开、大方地赞美队友的人，是值得嘉许的，因为在他们身上具有令人赞赏的风度及雅量。

每位父母都知道，即使拥有财力的单亲家庭也不可能独立地抚养一个孩子长大成人。有智慧的父母懂得感谢别人对他们的帮助，无论这些帮助是来自于师长、邻居或亲朋好友。

这样做并不会贬低父母的价值，相反地，他们为孩子开启了一扇窗，让孩子了解每个人都可能在其生命中扮演重要的角色。他们教导孩子尊敬及看重他人，同时，父母也因此在这个抚养的过程中，感受着来自他人的帮助与支持。

每位企业领导者都知道，他的成功是员工们一起努力的结果。大方地赞许这件事吧！感谢那些每天勤奋工作的人，为他们喝彩，称赞那些为这个团体努力工作的人，因为嘉许员工，和他们分享成功，公司会得到更多。

可见，要想获得成功，就要学会与人分享。即使在竞争中，也是如此。

"物竞天择，适者生存"，这是竞争的本质和普遍规律，也是自然界、人类社会得以前进的动力所在。竞争是与人争利，合作则是与人共利。看似矛盾的两者其实相生相克，互为补充。

在成功的道路上，合作与竞争有许多相通的地方。合作与竞争，可以说伴随着人类的出现而几乎同时出现。从原始社会到今天的社会主义社会，合作与竞争不仅没有削弱，消亡，相反，随着时间的推移和社会的进步，合作与竞争的趋势在增强。

随着人类生存空间的不断拓展，交往的不断扩大，科技的不断发展，合作与竞争的联系也在日益加强。在向知识经济时代过渡的征途中，高科技的发展水平和发展速度已经超乎了人的想象，不论是国与国之间、组织与组织之间，抑或是具体的个人之间，竞争与合作已经成为不可逆转的大趋势。

实际上，任何一个人，任何一个民族、国家都不可能独自拥有人类最优秀的物质与精神财富，而随着人们相互依赖程度的进一步加深，那种一人打天下的思想多少显得有些幼稚。封闭的个人和孤立的企业所能够成就的"大业"将不复存在，合作与团队精神将变得空前重要。

缺乏合作精神的人将不可能成就事业，更不可能成为知识经济时代的强者。我们只有承认个人智能的局限性、懂得自我封闭的危害性、明确合作精神的重要性，我们才能有效地以合作伙伴的优势来弥补自身的缺陷，增强自身的力量，才能更好地应付知识经济时代的各种挑战。

比如说，当年微软和苹果争雄时，因为微软公司的"兼容"，允许各大电脑厂商使用自己的操作系统而使自己迅速发展为世界软件业巨头，相反，苹果的"不兼容"则使自己的路越来越窄。

如今的成功，不再是孤立的含义，在全球化的浪潮中，共赢成为主流，而如果想要与人共赢，就必须与人分享，在分享中微笑竞争。

第三章
合作共赢

第一节 有一种成功叫共赢

21世纪是一个全球一体化的共赢时代，合作已成为人类生存的重要手段。随着科学知识向纵深方向发展，社会分工越来越精细，人不可能再成为百科全书式的人物。每个人都要借助他人的智慧完成自己人生的超越，所以这个世界既充满了竞争与挑战，又充满了合作与快乐。

合作共赢不仅使科学王国不再壁垒森严，同时也改写了世界的经济疆界。我们正经历一场转变，这一转变将重组政治和经济，将没有仅属于一国的产品或技术，没有仅属于一国的公司，也没有仅属于一国的工业。至少将来不再有我们通常所知的仅属于一国的经济。留存在国家界限之内的一切，是组成国家的公民。

所以，在这样一个大背景之下，共赢心态成为人们走向成功所必备的一种心态。在这个纷繁复杂的社会中，每个人都需要别人的帮助。适应他人固然要心胸宽广和虚心学习，但如果仅仅是单方面地适应，则可能仍然得不到他人的支持与帮助。因此，具备施与心，还要具备帮助他人适应你的能力和习惯。

随着社会发展，竞争也越来越激烈，合作共赢成为人们走向成功的重要手段。

与对手竞争夺取成功是我们的奋斗目标。但合作共赢也是成功的一大趋势。人在通往成功的路上更多的是战胜自己，而不是战胜他人，更多的是与他人相互合作，而不是相互争斗。

我们所说的竞争是合作前提下的竞争，是竞争与合作的对立统一。试想，纵然你获取了万贯财产，可是由于品行问题搞得众叛亲离，成了孤家寡人，哪里有一点幸福感可言？成功与幸福始终是相伴而行的。缺乏情感的冷冰式的成功实际上是暂时的，伴随这样的成功而来的，更多的是痛苦，而不是喜悦。

人生在世，离开合作，谁也无法生存。因此，我们一方面提倡竞争，另一方面主张合作共赢。我们不能单纯为了小范围的个人利益而相互争斗，我们应该为了大范围内的共同利益而合作。多帮助他人，才可能得到更多的帮助。

俗话说得好，"投之以桃，报之以李"，今天你帮助他人，他可能不会马上报答，但他会记住你的好处，也许会在你不如意时给你以回报。退一万步来说，你帮助别人，他即使不会报答你的厚爱，但可以肯定的是，他日后至少不会做出对你不利的事情。如果大家都不做不利于你的事情，这不也是一种极大的帮助吗？

举个例子来说，中国人喜欢用筷子做餐具，用过筷子的人都知道，只有将两支独立的筷子放在一起才能夹起你想要吃的东西。这两支筷子也蕴含了一个道理，那就是和他人共赢会赢得更多。

曾经有一名商人在一团漆黑的路上小心翼翼地走着，心里懊悔自己出门时为什么不带上照明的工具。忽然前面出现了一点光亮，并渐渐地靠近。灯光照亮了附近的路，商人走起路来也顺畅了一些。待到他走近灯光时，才发现那个提着灯笼走路的人竟然是一位盲人。

商人十分奇怪地问那位盲人说："你本人双目失明，灯笼对你一点用处也没有，你为什么要打灯笼呢？不怕浪费灯油吗？"

盲人听了他的问话后，慢条斯理地回答道："我打灯笼并不是为给别人照路，而是因为在黑暗中行走，别人往往看不见我，我便很容易被人撞倒。而我提着灯笼走路，灯光虽不能帮我看清前面的路，却能让别人看见我。这样，我就不会被别人撞倒了。"

这位盲人用灯火为他人照亮了本是漆黑的路，为他人带来了方便，同时也因此保护了自己。正如印度谚语所说："帮助你的兄弟划船过河吧！瞧，你自己不也过河了！"

全球化的发展，使得人们之间的共同利益越来越多，与别人合作共赢，会使自己走向成功的更深一层。共赢是一种卓有远见和雄心的成功心态，也是新世纪新背景下新时代的要求。由于当代科学技术和社会的发展，对于一个立志开拓，希望获得成功的人来说，已经不仅仅需要个体的精进，而且还需要知识的高度集结作为成功的基石。

因此，你越是善于从群体中求知，越是不断地开拓新的求知领域，你就越有益于人与人之间的优势互补，使你的智能结构越是完美，越是富有应变能力，进而越是能够应付变化繁复的社会发展和科学技术的发展。

你要想成为 21 世纪的高效能人才、未来的成功者，就一定要有共赢之心，这是时代的要求，更应为每一个欲成大事者所共识。

第二节 用"沟通"抹去"代沟"

一个不善沟通的人就不会有良好的人际关系，更不用说与别人合作，达到共赢，拥有成功的事业了。从某一层面上来说，一个人沟通所能达到的程度决定了他事业的品质。

我们每个人都是一个独立的个体，每个人都有不同的观念，不同的文化背景，不同的价值观，甚至有不同的语言。

但在社会这个群体中，个体便会聚集起来。一个人要把自己的想法向别人表达清楚需要沟通，一个人要从别人那里得到什么，也需要沟通。

人和人之间存在着差异，就必然会有代沟。如果想要消除它，沟通是必不可少的。要拥有良好的沟通品质和沟通效果，最好遵循以下几个原则：

（1）多谈对方感兴趣的话题；

（2）多谈对方熟悉的事情；

（3）多谈对对方有利有益的事情；

（4）多用推崇、赞美的语言；

（5）多听少说。80％用于听，20％用于说；

（6）多问少说。80％用于问，20％用于说；

（7）多谈轻松的话题。

由上我们可以看出，在沟通中，学会倾听是至关重要的。不同的倾听会带来不同的结果：

（1）完全不用心的倾听。这种人心不在焉，只沉迷于自己的内心世界，这样就会产生很深的代沟，甚至无法抹去。

（2）假装在倾听。这种人好像是在

专心地倾听

这似乎是一场严肃的谈话。这个年轻人似乎正在思索他刚才听到的话语。在准确而完整地听完对方的话语之后，他需要对这些内容进行理解，然后才可能提出恰当的问题，或是做出适当的评价，对方在听到这些回应之后将会展开进一步的讨论。

用身体语言倾听，有时还会复述别人的话来做回应，但实际上并未有实质上的沟通。

（3）选择性的倾听。这种人只沉迷于自己感兴趣的话题和自己关心的事情，虽然有所沟通，但却容易产生歧义。

（4）留意地倾听。这种人全心全意地凝神倾听，可惜他始终从自己的角度出发，看似沟通，但却从己方想对方，代沟没有完全消除。

（5）同理心倾听。站在对方角度倾听，实现了与人的同步理解沟通。

沟通并无好坏之分，唯有去考虑其优点和缺点，才能解决问题。

想要拥有同理心，同步是第一步。在实际的沟通中，彼此认同既是一种可以直达心灵的技巧，又是沟通的动机之一。这样，在认同这个态度上，外在技巧和内在动机就结合得比较完美。认同经由同步而来，沟通关系都是从同步开始跨出第一步的。并且，认同的目的几乎就是达到同步，这就形成了一个奇妙的过程：同步——认同——同步。

作为沟通的第一步，同步指的是沟通双方彼此经过协调后所形成的、有意要达到同样目标时所采取的相互呼应、步调一致的态度。它意味着沟通在经过彼此的默许和暗示之后正走在通向顺利的路上。

只有当沟通双方站在对方的角度看问题时，同步才会开始。于是，彼此都寻找到共同点。各种共同点综合起来，沟通的可行性就大了。所以说，要沟通就得寻求同步。

如此看来，如果想与人很好的沟通，就要做到同理心倾听，这样做，就能够实现真正的沟通，使合作无阻碍，为共赢铺平道路。在对与人倾听的几种层次区分之后，你就可能通过观察判断，采取相应的配合措施，从而达到与他人有同感。

有了同感就可以更加顺畅地沟通。这其中相当重要的是投其所好。站在对方的角度，发现对方的兴趣立场，"知己知彼，才能百战不殆。"

无论是在哪种场合下与人交际，总是可以通过很多渠道了解到对方的喜好。对他人喜好之物表示兴趣，可以顺利地找到沟通的共同点。

但要做好投其所好并不是容易的，这个问题不适合主动挑起，更多的是要暗示，因为不经意和他人的兴趣爱好相一致，更令他人兴奋。

如果主动挑起话题，往往达不到效果。比如说一个喜欢书法的人，你要是主动去和他大谈特谈书法，他可能很厌烦，因为这方面他是专家，你所说的在他看来一句都说不到点子上。如果你无意中表示出兴趣来，让他来谈论，你们的沟通就会很迅速地达到融洽。不经意地表达出和别人一样的兴趣爱好，会让别人主动趋近自己。

寻找对方的兴趣点，达到知己知彼，沟通才能够畅通无阻，没有代沟，使合作无间，携手共赢，走向成功之路。

第三节 合作才能出好牌

打牌往往有两个人是合作伙伴，两个人通力合作，优势互补，就可能在牌局中取胜，而不善于合作的人，就可能将好牌打成烂牌。

当雁鼓动双翼时，对尾随的同伴具有推动的作用，雁群排开成 V 字形时，会比孤雁单飞增加70%的飞行距离。蚂蚁的合作精神也令人震惊：在洪水肆虐的时候，蚂蚁迅速抱成团，随波漂流。蚁球外层的蚂蚁，有些会被波浪打落冲走。但只要蚁球靠岸，或能依附一个大的漂流物，蚂蚁就得救了。

人与人之间的相互交往是人功成名就的重要前提之一，集体与集体之间的精诚合作是它们共同取得利益的重要途径。对此，我国古代一位名人曾经说："合群得力，离群失援；得力则胜，失援则败。"正如一位成功的领导者在接受记者采访时说的："我的成功，10%是靠我个人旺盛无比的进取心，而90%全仗着我拥有的那支强有力的团队。"

团结就是力量。如果人心所向，众志成城，就会以最小的付出获得最大的收获。日本在二战后短短数十年就成为经济强国，很大一部分原因就是日本企业员工的团体精神。日本的企业成员不一定有血缘关系，但凡是进入某一企业共同工作者，即被认为是这一"家"的成员，这就是团体意识。

单打独斗的个人英雄主义时代早已过去了。领导虽然位高权重，但是如果缺少一批忠心耿耿的下属，还是很难成就大事的。任何组织现在需要的不仅是面面俱到的领导人才，更需要整个团队的合作精神。

管理大师威廉·戴尔在《建立团队》一书中指出："过去被视为传奇英雄，并能一手改写组织或部门的强硬经理人，在现今日趋复杂的组织下，已被另一种新型经理人取代。这种经理人能将不同背景、不同训练和不同经验的人，组织成一个有效率的工作团体。"

良好的合作可以优势互补，大大提高工作效率。

对企业组织管理有丰富经验，以负责教育培训工作而闻名于世的威廉·希特博士完全支持这一观点，他认为经理人要用"参与式"管理替代专断式管理。他说："与其试着由一个人来管理组织，为何不让整个组织一起分担管理的功能？"

如果没有下属的分工合作与齐心支持，领导的能力再强，也不会将公司管理得好。

1933 年，正当经济危机在美国蔓延的时候，哈理逊纺织公司却是祸不单行，一场大火将公司化为灰烬。哈理逊公司 3000 名员工失业，生活没有了保障。就在这个时候，董事会作出了一项惊人的决定：向全公司员工继续支薪一个月。消息传来，员工们惊喜万分，纷纷打电话或写信向董事长亚伦·傅斯表示感谢。

一个月后，正当他们为下个月的生活费发愁的时候，他们又收到公司的第二封信，董事长宣布：再支付全体员工一个月的薪酬。接到信后的第二天，这些员工纷纷回到公司，自发地清理废墟，擦拭机器，还有一些人主动去联系一些已经中断联系的客户。

员工们使出浑身解数，夜以继日地工作，恨不得一天干 24 个小时。3 个月后，哈理逊公司重新走上了正轨。当初反对傅斯这样做的人不得不佩服傅斯的智慧与精明。亚伦·傅斯站在灭顶灾难的边缘，以他超出常人的胆识和魄力赢得了人心，以他恒久的努力赢得了团队的力量，最后取得了事业的成功。

博取了人心，凝聚了合力，还有什么可以阻挡成功的步伐？"众人"齐心定能扭转乾坤，利益也有了保证。

人生的牌局上，我们都想着取得更大的成功，而与人合作就是最大的一张智慧牌。只有与他人合作，我们才会在成功的路上走得更远。

第四节　多用"我们"这个词

有一位心理学家，做过一项有名的实验，就是选编了三个小团体，并且分派三人饰演专制型、放任型、民主型的三位领导人，然后对这三个团体进行意识调查。

最终结果显示，民主型领导人所带领的这个团体，表现了最强烈的同伴意识。而其中最有趣的，就是这个团体中的成员大都使用"我们"一词来说话。

很多听过演讲的人，大概都有这样的感受：就是演讲者说"我这么想"比"我们是否应该这样"使你觉得和对方的距离更远。因为"我们"这个字眼，也就是要表现"你也参与其中"的意思，所以会令对方心中产生一种参与意识，按照心理学的说法，这种情形是"卷入效果"。

小孩子在玩耍时，经常会说"这是我的东西"或"我要这样做"，这种说法是因为小孩子的自我显示欲直接表现所造成的。

但有时在成人世界中，也会出现如此说法，而这种人不仅无法令对方有好印象，可能在人际关系方面也会受阻，甚至在自己所属的团体中，形成被孤立的局面。

人心是很微妙的，同样是与人交谈，但有的说话方式会令对方反感，而有的说话方式却会令对方不由自主地产生妥协之心。

事实上，我们在听别人说话时，对方说"我""我认为……"带给我们的感受，与人交流时，要注意措辞，多用"我们"可以引导彼此间的共同意识，促进人际间的交流。

将远不如他采用"我们……"的说法，因为这种说法可以让人产生团结意识。

在与人交谈时，我们要注意措辞，多说"我们"。用"我们"来做主语，以此来制造彼此间的共同意识，对促进我们的人际关系将会有很大的帮助。

"我"在英文里是最小的字母，千万别把它变成你语汇中最大的字。

"我们"带给你的是更多的凝聚力和向心力，而"我"仅少一字，就会产生截然不同的效果。

一次聚会，一位男士在讲话的前三分钟内，一共用了36个"我"。他不是说"我"，就是说"我的"，如"我的公司""我的花园"，等等。随后一位熟人走上前去对他说："真遗憾，你失去了你的所有员工。"

那个人怔了怔说："我失去了所有员工？没有呀，他们都好好地在公司上班呢！"

"哦，难道你的这些员工与公司没有任何关系吗？"

亨利·福特二世描述令人厌烦的行为时说："一个满嘴'我'的人，一个独占'我'字、随时随地说'我'的人，是一个不受欢迎的人。"

在人际交往中，"我"字讲得太多并过分强调，会给人突出自我、标榜自我的印象，这会在对方与你之间筑起一道防线，形成障碍，影响别人对你的认同。

因此，懂得语言艺术的人，在语言传播中，总会避开"我"字，而用"我们"开头。下面的几点建议可供借鉴：

1. 尽量用"我们"代替"我"

很多情况下，你可以用"我们"一词代替"我"，这可以缩短你与大家的心理距离，促进彼此之间的感情交流。

例如，"我建议，今天下午……"可以改成"今天下午，我们……好吗？"

2. 说话时应用"我们"开头

在员工大会上，你想说："我最近做过一项调查，我发现40%的员工对公司有不满的情绪，我认为这些不满情绪……"

如果你将上面这段话的三个"我"字转化成"我们"，效果就会大不一样。说"我"有时只能代表你一个人，而说"我们"代表的是公司，代表的是大家，员工们自然容易接受。

3. 非得用"我"字时，以平缓的语调淡化

不可避免地要讲到"我"时，你要做到语气平淡，既不把"我"读成重音，也不把语音拖长。

同时，目光不要逼人，表情不要眉飞色舞，神态不要得意扬扬，你要把表述的重点放在事件的客观叙述上，不要突出做事的"我"，以免使听的人觉得你自认为高人一等，觉得你在吹嘘自己。

尽管"我们"比"我"只多一字，但这一字之差值千金。学会多用"我们"这个词，把你和他人联系起来，这样才更能得到别人的信赖，与人携手合作，走向共赢之路。

第五节　亮出你诚信的"信用卡"

梅耶·安塞姆是赫赫有名的罗特希尔德家族财团的创始人，18世纪末他住在法兰克福著名的犹太人街道时，他的同胞们常常遭到残酷迫害。

虽然关押他们房子的门已经被拿破仑推倒了，但此时他们仍然被要求在规定的时间回到家里，否则将被处以死刑。他们过着一种猥琐和屈辱的生活，生命的尊严遭到践踏，所以，一般的犹太人在这种条件下很难过一种诚实的生活。

但实践证明，安塞姆不是一个普通的犹太人，他开始在一个不起眼的角落里建立起了自己的事务所，并在上面悬挂了一个红盾。他将其称之为罗特希尔德，在德语中的意思就是"红盾"。他就在这里干起了借贷的生意，迈出了创办横跨欧陆的巨型银行集团的第一步。

当兰德格里夫·威廉被拿破仑从他在赫斯卡塞尔地区的地产上赶走的时候，他还拥有500万的银币。兰德格里夫把这些银币交给了安塞姆，并没有指望还能把它们要回来，因为他相信侵略者们肯定会把这些银币没收的。

但是，安塞姆这位犹太人却非常聪明，他把钱埋在后花园里，等到敌人撤退以后，就以合适的利率把它们贷了出去。

当威廉回来的时候，等待他的是令他喜出望外的好消息——安塞姆差遣他的大儿子把这笔钱连本带息送还了回来，并且还附了一张借贷的明细账目表。

在罗特希尔德这个家族的世世代代当中，没有一个家庭成员为家族诚实的名誉带来过一丝的污点，不管是生活上的还是事业上的。

如今，据估算，仅"罗特希尔德"这个品牌的价值就高达4亿美元。人与人在交往中，最害怕的便是别人的欺骗、不守信用，这样的人即使再有才干也会让别人远离他，因为他已臭名昭著；而诚实的人，他的诚信会赢得别人的信任，会为自己赢取一份良好的声誉。

诚信是一张信用卡，你积累的信用越多，从中取得的利益也就越多。

　　波士顿市长哈特先生说，他目睹了诚实和公平交易的深入人心，90%的成功生意人都是以正直诚实著称的，而那些不诚实的人的生意最终都走向破产。

　　他说："诚实是一条自然法则，违背它的人会得到报应，受到应有的惩罚，就像万有引力定律不可违背一样，诚实的定律也是不可违背的。违背的结果就是受到惩罚，不可逃脱的惩罚。或许他们可以暂时地逃避，但最终却无法逃避公平。商人拥有顾客们所需要的东西，同时商人也需要顾客所拥有的东西。

　　"当交易发生的时候，如果双方都是诚实的，那么双方都会受益。对资本家和工人来说，诚实对双方都是有利的。如果资本家不能诚实地对待工人，那么资本家不会赢得利润；反之亦然。

　　"就像90%的成功人士的经验所证明的，这是一条在生活中的方方面面都行得通的法则。"

　　其实，不仅是生意往来，人和人任何一种交往，都缺不了诚信这张信用卡。

　　在所有的品质中，诚信是与人沟通合作最为关键的一条。越是诚实的人，就会吸引越多的合作伙伴。

　　"诚信"二字乃是我国五千年文明中所凝练的一种精神品质，是中华民族的传统美德，是中国商道中备受推崇的道德信条，也是他们得以发迹和发展的基础。

　　而在现代社会中，诚信具有更重要的意义。人们之间的社会行为从功能上说，以合作活动和交换活动为主。无论是工厂、农村、机关、公司中，人们的工作都是以合作的方式进行，甚至在一个家庭中也少不了合作。交换与传递在合作中必不可少。

　　最典型的是在商业合作领域，买卖、委托、招聘、雇佣等，几乎每一种合作或交换都涉及守信、守约。在个人与个人之间，群体与群体之间体现了守信守约的多层次性。

　　现代社会，法律只能保证最低道德底线的诚信，一个人若想成功，只有靠长时期的立诚守信行为才能建立起信誉，信誉本身是有价值的，它是一个人、一个企业的通行证、信用卡，处世讲求诚与信，这是我们这个古老民族在现代社会的座右铭。

　　人们在相互交流沟通过程中，只有做到诚信，才能够心无芥蒂，无间合作。心往一处用，劲往一处使，大家都能够信任对方且全力以赴，就能够更快、更好地达到既定目标，甚至还会有很多计划外的收益，取得更大的共赢效果。

　　能够达到共赢的人手中都有一张"信用卡"——以诚信处世。讲信义、重承诺，他们在平时便会收益不断，在危难之时就能获得别人的帮助。

　　诚信，不仅是做人的准则，也是处世的原则和方法。我们要以诚信的态度处世。讲信义、重信义，这样的人才会为世人所接受，也才会在危难之时获得帮助，才能与人合作，达到共赢。

第六节　相信你的"战友"

如果你相信别人，别人也会相信你。你以什么样的态度或方式对待别人，别人也会以什么样的态度或方式来对待你。

信任是合作的基础，而相互合作的人们就像战场上同一沟壑的战友，你要相信你的"战友"。

艾恩塞德在《圣经真理》一书中讲了一个小故事，说明没有相互间的信赖，是一件多么愚蠢的事。

有位叫波特的人搭乘一艘豪华游轮前往欧洲，当他上船之后发现要和另外一位乘客住同一间舱房。他进去看了一下住宿的地方之后，就跑到事务长的办公室询问是否可以把金表和一些贵重物品都寄放在保险箱里头。

这位波特先生告诉事务长，他通常不会这么做，不过他去舱房看过之后，觉得这位同屋的先生看起来不怎么可靠，所以才决定把贵重的物品寄放到保险箱。

这位事务长接下波特先生的贵重物品之后说："没有问题，波特先生，我很乐意帮你保管，其实和你同屋的那位先生已经来过我这儿了，他也是因为同样的理由要寄放贵重物品。"

德里斯·科尔曾说过："人们对服务机构的满意程度可以从他们的信赖度充分显示出来。"你和你信赖的人共事吗？他们是否同样也信任你呢？这两个问题的答案可以充分显示出工作环境的品质。

爱德华兹·戴明说："要是没有信赖感，人与人之间或是团队与团队、部门与部门之间就没有合作的基石。"

"没有信赖的基础，每个人都会试图保护自己眼前的利益；但是这么做却会对长期的利益造成损害，并且会对整个体系造成伤害。"

无以计数的企业曾经在爱德华兹·戴明的建议协助之下，让公司的表现达到最高的境界。爱德华兹·戴明的经验显示出，信赖对于品质、创新、服务和生产力的重要性在全世界都是同样适用的。

信赖是人与人之间最高贵、最重要的情谊，人们最值得骄傲的就是自己可以受到别人的信任，自己的所作所为能够无愧于心，并与人坦诚地沟通互信。学习去信任我们的"战友"，同时也学习让自己成为值得信任的人。

有这样一则故事，讲得就是信赖带给人的成功。

艾伦决定要沿着钢索走过尼亚加拉瀑布。他知道，走钢索的关键是训练。于是他在后院建起了一个临时场地进行练习。开始时他把钢索调到离地 18 英寸，并开始进行前后平衡练习。渐渐地，他把钢索的高度不断加高直到离地 35 英尺。

然后，在练习中他再增加椅子、独轮车和自行车。很快，他的宏大目标就传了出去，并上了报纸。他开始出名，有些人开始对他能否完成这一奇迹的能力进行打赌。

一天，他的一个朋友走过来说："你知道，我相信你一定能够成功。"

艾伦问："为什么你会这样想？"

"从你开始的那天起，我差不多每天都在观察你，你很棒。事实上，你聪明极了，我想你能在一条绳子上走过尼亚加拉瀑布。我相信你的能力。"

他受到鼓舞。"真的吗？"他非常高兴地问。"当然是真的，你已经准备就绪了。"

"那太好了，我今天做出了同样的决定。实际上，我正在安排在尼亚加拉瀑布上面拉起绳子。明天是一个大好的日子。既然你相信我的能力，我带一辆独轮车上去，请你坐进去，然后我带你过去。"

朋友欣然答应。并说："我相信你，就会支持你，我不仅用心支持你，而且还会用行动来支持你。"

艾伦原只是随意说说，他认定这位朋友不敢坐上独轮车，和他一起来走钢丝，和他一起冒生死风险，哪想他会答应，他心里非常高兴。他说："谢谢您对我的信任。我要积极做一个值得您信任的人。"

最后，艾伦带着朋友成功地走过了尼亚加拉瀑布。他成功之后获得了很多荣耀和赞誉。这位朋友也因此得到了人们的赞扬和敬重。伙伴之间的相互信赖，是能够共同合作走向共赢的基石，在合作中，众志成城，把共同的奋斗当作一场战斗，你的伙伴，将是给予你帮助的最好"战友"。

第七节　与人牵手，快乐合作

现代社会是一个充满竞争的社会。

正所谓"物竞天择，适者生存"，可以说，竞争是无处不有、无时不在的。竞争者与合作者作为竞争与合作的主体及对象，与竞争合作相伴而生、相伴而灭。

合作与竞争看似水火不相容。其实不然，合作与竞争有许多联通的地方。

合作与竞争不仅没有削弱、消亡，相反，两者之间的关系随着社会的发展和进步而不断加强。

而且，随着人类社会交往范围的不断扩大，人与自然斗争的不断深化，合作与竞争的关系也日益密切。在知识经济时代中，高科技的发展水平和发展速度已经超出了人们的想象，通讯、交通等的发展使人们之间的沟通与交流变得空前容易，不论是国与国之间、组织与组织之间，抑或是具体的个人之间，竞争与合作已经成为不可逆转的大趋势。

在这样的一个时代里，进行交流与合作的成本将大幅度降低，而效率则将大幅度提高。实际上，人们只有承认个人智能的局限性，懂得自我封闭的危害性，明确合作精神的重要性，才能有效地以合作伙伴的优势来弥补自身的缺陷，从而增强自身实力，应对各种挑战。

与人合作，共同发展。

与人"牵手"才能快乐合作。若想成大事，必须学会"牵手"，一方面可以弥补自己的不足，另一方面可以形成一股合力。团结才有力量，只有与人合作，才会众志成城，战胜一切困难，产生巨大的前进动力。因此说合作是生存的保障实不为过。

没有合作就如一盘散沙，没有太大的作用。但是如果建筑工人把它掺在水泥中，就能成为建造高楼大厦的水泥板和水泥墩柱。如果化工厂的工人把它凝结冷却，它就变成晶莹透明的玻璃。单个人犹如沙粒，只要与人合作，就会起到意想不到的变化，变成有用之才。要共赢，就要学会与人合作，从而使自己的事业向前发展。

关于"牵手"合作，有这样一则故事：

从前，有两个饥饿的人得到了一位长者的恩赐：一根渔竿和一篓鲜活硕大的鱼。其中，一个人要了一篓鱼，另一个要了一根渔竿，于是，他们分道扬镳了。

得到鱼的人原地就用干柴搭起篝火煮起了鱼，他狼吞虎咽，还没有品出鲜鱼的肉香，连鱼带汤就被他吃了个精光，不久，他便饿死在空空的鱼篓旁。另一个人则提着渔竿继续忍饥挨饿，一步步艰难地向海边走去，可当他看到不远处那蔚蓝色的海洋时，他连最后一点力气也使完了，他也只能眼巴巴地带着无尽的遗憾撒手人间。

又有两个饥饿的人，他们同样得到了长者恩赐的一根渔竿和一篓鱼。只是他们并没有各奔东西，而是商定共同去找寻大海。他俩每次只煮一条鱼，经过遥远的跋涉，来到了海边，从此，两人开始了捕鱼为生的日子。

几年后，他们盖起了房子，有了各自的家庭、子女，有了自己建造的渔船，过上了幸福安康的生活。

无论是得鱼还是得"渔"，都只是解决饥饿的一方面，两者拼合起来，才能达到应有的效果。前两个人不懂这个道理，结果被饿死。我们若想成功，就要学习后两个人的合作精神。如果你有着成大事的抱负，你就要处理好与社会的关系，要学会与人"牵手"。

每个人难免会碰到对自己横挑鼻子竖挑眼的人，如果你对这种人表示极其厌恶，则无疑显示出自己度量的狭小。

由于生活经历、生活环境、学识、修养的不同，每个人都具有独特的思维模式、性格、爱好及缺点。如果你觉得与人相处很困难，那么，以下的意见能使你获得启示。

首先，学会真诚赞美别人。

其次，与人相处时，学会随和幽默，开些无伤大雅的玩笑无疑是增进人与人之间情感的良方。

最后，不要做令人讨厌的"长舌妇""长舌公"。

无论你跟谁"牵手"，要想业绩辉煌，首要条件是学会与对方合作。要达到此目的，你不妨先向他提出善意的想法。跟对方好好分工合作，处处采取客观态度，不分彼此地合作，才能够达到默契，共享来之不易的成果！

第八节 共赢是具有远见的和谐发展

共赢，是具有远见的和谐发展，它不仅利人利己，而且还可以促进良性发展，让自己与分享者得到更多的利益，更有利于自己的长远发展。

《龟兔赛跑》是大家熟知的故事。但在新的环境下，又出现了新的续篇。故事的原文是：有一只乌龟和一只兔子进行了一场比赛。飞快的兔子带头冲出，奔驰了一阵子，眼看它已遥遥领先乌龟，于是它便在树下睡着了，而步伐缓慢的乌龟却在它睡觉时仍努力前行，终于超过兔子获得冠军。

这是从小伴随我们长大的龟兔赛跑故事的版本。寓意：笨鸟先飞，只要刻苦，就能成功。但在续篇中，故事还在继续。

兔子输了本来胜券在握的比赛，为此非常不服气。它决定再来另一场比赛，而乌龟也同意。这次，兔子全力以赴，从头到尾，一口气跑完，领先乌龟好几公里。

看到这里，很多人都为兔子松了一口气，相信兔子一定能报上次失利的一箭之仇。

这故事还没完。

这下轮到乌龟要好好检讨了，它很清楚，照目前的比赛方法，它不可能击败兔子。它想了一会儿，把比赛路线改变了一下。兔子飞驰而出，极速奔跑，直到碰到一条宽阔的河流。而比赛的终点就在几公里外的河对面。兔子呆坐在那里，一时不知怎么办。

这时候，乌龟却一路慢悠悠而来，走入河里，游到对岸，继续爬行，完成比赛。

人算不如天算，可怜的兔子虽然这次全力以赴，但却输在了乌龟的机智上，再次败北。看来人不只能依靠先天条件，还要学会为自己创造条件。

故事还没结束。这时可能有人会说，你烦不烦呀，长篇大论扯了这么半天，都还没有到正题上。不用着急，前面的都是铺垫，现在故事正式开始。

这下，兔子和乌龟成了惺惺相惜的好朋友。它们一起检讨，两个都很清楚，在下一次的比赛中，它们可以表现得更好。

所以，他们决定再赛一场，但这次是同队合作。它们一起出发，这次可是兔子扛着乌龟，直到河边。在那里，乌龟接手，背着兔子过河。到了河对岸，兔子再次扛着乌龟，两个一起抵达终点。比起前次，它们都感受到一种更大的成就感。

龟兔赛跑无数次，按一般思维来说，只能有一方获得胜利。但这次的乌龟和兔子变得非常智慧，它们结成同盟，携手完成了比赛，乌龟从兔子那里获得了速度，兔子从乌龟那里获得了游泳的能力，这种竞赛方式实在是大大的共赢。

人类社会的历史发展过程就是一部人类智慧发展的历史，在此基础上，共赢思想的产生是人类又一次智慧结晶的重组。

随着社会发展的步伐加快，人类所面临的机遇与挑战也越来越多，越来越复杂，在这种现状下，摈弃单纯的敌视对抗就是最好的生存方式，这种理念就是共赢。唯有共赢，人类与自然才能共存共荣，共同发展；携手共赢，人与人才会互惠互利，利益互享。

而传统的思维过程中，人们所尊崇的游戏规则往往是自己赢，不管他人如何。在这种观念的支配下，竞争双方为了争取"赢"，投入了大量的人力物力，来对付对方，这样的结果，常常是两败俱伤，谁也没有得利。因此，改变传统的"输赢"观念，树立全新的"共赢"观念成为现代社会生存与发展的必备素质。

由此可见，共赢是一种卓有远见的和谐发展，既利人，又利己；既合作，又竞争；既相互比赛，又相互激励……达到的效果远远比单赢要大得多、远得多。

第九节　完美合作的前提是感恩

万科老总王石说过："我的灵感来自团队。我给外界的错觉是因为个人能量非常大而成就了万科的今天。其实不是这样。我对万科的价值是选择了一个行业，树立了一个品牌，培养了一个团队。"后者的价值最大。的确，团队的力量是企业家最大的资本，聚集了一批优秀的职业经理人，富有激情的万科团队推动着万科与时俱进。

连万科老总王石都知道和团队并肩作战的重要性，而且承认万科能取得今天的成绩主要依靠团队的力量。但我们有不少员工却觉得自己可以单独完成这个完成那个，而完全忽略了与团队合作。

在动物界里，有一种特别注重团队作战的动物，它就是蚂蚁。让我们来听听蚂蚁自己是怎么说的：

我们蚂蚁过着群体生活，从蚁王到工蚁有明确的任务，没有等级特权、没有内耗，每个个体都自觉维护整个群体的利益。组织有序、分工明确、各司其职、忠于职守、坚韧不拔是我们组织的特色。

正是由于有了这种团结互助的蚂蚁文化，一些个体比我们个体强大成千上万倍的动物灭绝了，但个体渺小的我们却能渡过一个个难关，顽强地生存下来，在地球的各个角落代代繁衍、连绵不断。

在非洲丛林中，号称"丛林之王"的狮子往往长期处于饥饿之中，是什么原因呢？原来狮子捕猎的时候都是独来独往，而丛林里另一种食肉动物——鬣狗，则是成群活动，大的鬣狗群有数百只，小的也有几十只，它们很少自己猎食，而是等狮子把猎物杀死以后，从这个丛林之王嘴里抢食！

虽然单个的鬣狗对于强大的狮子来说根本不值一提，可是成群的鬣狗团结起来却让这个丛林之王却步——争夺的结果，往往是狮子在旁边看鬣狗分享自己辛苦狩猎的成果，等到鬣狗吃完了拣一些残羹冷炙聊以果腹。

蚂蚁、鬣狗合作中产生的 1+1 > 2 的力量令人称叹。不过，企业中也同样存在像狮子一样的人，他们能力超群、才华横溢，自以为比任何人都强，连走路的时候眼睛都往上看，他们藐视职场规则，不屑于同事的任何意见，甚至连上司的意见也置若罔闻，在以团队合作为主的企业里，他们几乎找不到一个可以合作的同事和朋友。

在工作中，我们要善于与每个团体成员进行有效的沟通，并保持密切的合作。而不要丢弃了自己团队工作的荣誉感，为求个人的表现，打乱了团队工作的秩序。

一个好的团队能鼓舞成员的信心，激发其工作热情，从而达到企业与个人的双赢。

这样，才能够保证团队工作的精神不被破坏，也不会对自己的职业生涯造成致命的伤害。

阿邦是一家营销公司中数一数二的营销员。他所在的部门里，曾经因为团队协作的精神十分出众，而使每一个人的业务成绩都特别突出。

后来，这种和谐而又融洽的合作氛围被阿邦破坏了。

前一段时间，公司的高层把一项重要的项目安排给阿邦所在的部门，阿邦的主管反复斟酌考虑，犹豫不决，最终没有拿出一个可行的工作方案。而阿邦则认为自己对这个项目有了十分周详而又容易操作的方案。为了表现自己，他没有与主管磋商，更没有向他贡献出自己的方案。而是越过他，直接向总经理说明自己愿意承担这项任务，并向他提出了可行性方案。

他的这种做法，严重地伤害了部门经理的感情，破坏了团队精神。结果，当总经理安排他与部门经理共同操作这个项目时，两个人在工作上不能达成一致意见，产生了重大的分歧，导致了团队内部出现了分裂，团队精神涣散了。项目最终也在他们手中流产了。

所以说，一个人只有从团队的角度出发考虑问题，才能获得团队与个人的双赢结果。而且很多时候，一个团队所能给予一个人的帮助，更多地在于精神方面。

一个积极向上的团队能够鼓舞每一个人的信心，一个充满斗志的团体能够激发每一个人的热情，一个时时创新的团队，能够为每一个创造力的延展提供足够的空间，一个协调一致，和睦融洽的团队能给每一位成员一份良好的感觉。

培养自己的团队协作精神吧，在团队中感染积极的氛围，让自己在团队中工作得更顺利、更融洽、更美好！

第十节 欣赏别人的事业风景

大概每个人都会或多或少存在一些嫉妒心，无法面对那些比我们优秀的人，这一点正是阻挡大多数人迈向成功的绊脚石。羡慕和嫉妒只会使自己将自己的注意力集中在别人的优点和自己的缺点上，无法保持一颗平常心，这样就不能在工作中取长补短，更不能提升自我的能力。

嫉妒就是拿别人的优点来折磨自己。别人年轻他嫉妒，别人长相漂亮他嫉妒，别人身体健康他嫉妒，别人有才学他嫉妒，别人事业有成他嫉妒，别人的妻子贤淑他嫉妒，别人学历高他嫉妒……

西方有一句谚语："好嫉妒的人会因为邻居的身体发福而越发憔悴。"所以，好嫉妒的人总是40岁的脸上就写满50岁的沧桑，嫉妒不仅会影响到我们的健康与生活，更严重的是，嫉妒会影响到我们的工作心情，是我们职业发展过程中最大的心理障碍。

在社会中，嫉妒常常是当自己的才能、名誉、地位或境遇被他人超越，或彼此距离缩短时所产生的一种由羞愧、愤怒、怨恨等组成的多种情绪体验，它带有明显的敌意，甚至会产生攻击诋毁他人的行为，不但危害他人，给人际关系造成极大的障碍，最终还会摧毁自身。

嫉妒所带来的后果是严重的，它阻断了人与人之间的正常交流，更不用提合作共赢了，连沟通都成了问题。

金无足赤，人无完人，谁都会有自己的缺点。相反"尺有所短，寸有所长"，每个人也都有自己的优点。我们只有能够欣赏别人的事业风景，善于发现别人的优点，才能好好地利用这些优点为自己服务。

拿破仑一生中指挥过众多大战役，并屡屡得胜，一个重要原因就是善于用人。拿破仑懂得，人总是各有所长，各有所短。因此，他选拔将才从不要求十全十美。

他善于发现别人的优点和长处，并利用它来为自己服务。按这一原则，他果断选择了贝赫尔做他的参谋长。他说："贝赫尔缺乏果断，完全不适于指挥任务，但却具有参谋长的一切素质。他善于看地图，了解一切搜索方法，他对于最复杂的部队调动是内行。"这样的人，对一切都喜欢自作决定的拿破仑来说，无疑是一位最理想的参谋长。

钢铁大王安德鲁·卡内基曾经亲自预先写好他自己的墓志铭："长眠于此地的人懂得在他的事业过程中起用比他自己更优秀的人。"

大部分美国人都有一种特长，就是善于发现别人的优点，并能够吸引一批才识过人的良朋好友来合作，激发共同的力量。这是美国成功者最重要的、也是最宝贵的经验。

任何人如果想成为一个企业的领袖，或者在某项事业上获得巨大的成功，首要的条件是要有一种鉴别人才的眼光，能够识别出他人的优点，并在自己的道路上利用他们的这些优点。

面对别人的成功，我们应该做到两点：

（1）学会坦诚面对。

培养豁达的人生态度，要有宽阔的胸襟，将心比心地、设身处地为别人着想。要知道，"天外有天，人外有人"是正常的。

（2）转化嫉妒，化嫉妒为动力。

无论在何种环境中，每个人都要在具有竞争的条件下客观地对待自己。不要把比自己优秀的人当成自己的敌人，要当成自己前进的动力。学会赞美别人，把别人的成就看作是对社会的贡献，而不是对自己权利的剥夺或地位的威胁。将别人的成功当成一道美丽的风景来欣赏，你在各方面将会达到一个更高的境界。

第十一节　共赢是利己利人的互利合作

有些人认为只要有利可图就为"赢"，手段可以忽略不计，为了能"赢"，千方百计损害他人利益。但这种耗尽人力物力、顾此失彼的赢不叫"赢"，反叫"输"。

共赢观念在人脑中的植入，无疑改变了传统思维中那种你死我活的残酷的竞争意识。如今，有些人已深知要以良好的合作、共同获利作为互补共赢的生存主题。

"胜者为王，败者为寇"成了一种格格不入的思想，因为战场上的败者，总会有一天想方设法把战胜过他的人拉下来，让其成为更大的败者，与其如此，何不走利益共享之道呢？

如果我们放开眼界，倡导共赢规则和利益的共同分享，提出"你好，我好，大家好"的口号，我们就会和我们的朋友乃至同行取得共同发展。因此，利益共享不仅是追求幸福的必由之路，同时也是发展的动力之源。就像面对一桌山珍海味，是孤单的独享还是几个朋友一起分享快乐呢？

共赢思维是人与人或人与自然之间更好的、和谐的共处方式。当然，它不是逃避现实，也不是拒绝竞争，而是以理智的态度求得共同的利益。

中国有句老话："一个巴掌拍不响。"本义是指靠匹夫之勇，很难成就大事。诚然，经营自己的事业，需要自力更生，也是为业之道。但是个体力量与群体力

现今社会，无论是企业还是个人，共赢都是一种利人利己的互利合作。

量相比总是很小的、有限的。如果在自力更生的基础上，有选择地借助外界的力量，形成合力，为我所用，那么竞争实力就会倍增，抵抗经营风险的能力就倍增，从而达到你赢我也赢的共赢大道。

"越是本事大的人，越要人照应。"这其实是个很简单的道理，"众人拾柴火焰高，你越有本事，所做的事越大，就越需要别人的帮助。虽然这世上有天才，却没有全才，脱离别人，是无法生存的。"这是简单浅显的道理，但也是真理。

社会在变革，时代在前进。进入现代社会之后，每一个员工在企业中的作用已被高度重视——"人是最重要的资源""决定性的因素"。

一种共赢的经济思想，正在当前的中国兴起，"死店活人开，经营靠人才""善用人者胜"。

要想互利合作，就要妥善处理好人与人的关系，让人们在共同的信念下，自愿自觉互助互惠，为企业效力、献身。

中国古代的宽厚待人，力求和谐的思想，正可以融入新的共赢哲学体系，成为其中不可或缺的要素。

可以说，我们目前提倡的以人为本、以和为贵、以德为范的人文型的管理以及其中的重要组成部分——用人之道，正是传统文化与现代共赢思想的有机结合。卓越的东方型的共赢方法、用人之道，原本是中国人自己的创造成果，而不是外国引进的全新的东西。

在十分讲究共赢的日本，也大讲"和为贵"、大讲"人和"。认为"和"是人们向往并争取达到的境界，想方设法要求维持和谐的气氛，形成上下一致的命运共同体，消灭内部纠纷。

俗话说得好，"家和万事兴""人和百业兴"，若能坚持共赢心态，与他人合作，就可以达到双赢的结果。"你好，我好，大家好"不再是一句空话，而会成为人们在人生竞争中的一种良性趋势。

职场成功秘诀

第一章
个人发展

第一节　保持做事的秩序性

每件事情，若想做到有始有终，就必须改变我们的习惯思维。

曾经，美国西北铁路公司前总裁每天埋头在办公室里，处理着好像没完没了的工作。他第一次到心理诊所的时候，已处在精神崩溃的边缘，他的脸上写满了焦虑、紧张。他告诉医生，在他的办公室里有三张大写字台，上面堆满了东西，他每天都把全部的精力投入到工作，可工作似乎永远都干不完。

在与医生仔细地交谈以后，他回到办公室的第一件事就是清理办公桌，最后只留一张写字台，不仅如此，他还改变了自己以前的工作方法，现在他在做每一项新计划前，都会将手头的事情做完，让自己的思路更加清晰，工作随之更有条理化了。

保持做事的秩序性，可以减轻工作对自身的压力，提高工作效率，恢复身体的健康。

高效的工作，从某种意义上说，也就是换一种思维方式，合理安排好自己工作的秩序，这样将大大节省你的时间和精力，有利于你工作的展开。

1. 理出一个秩序

在一项新计划开始之前，我们应该让手头上的计划一一实现，这样才能让我们更加清晰地思考。

博恩·崔西在《简单管理》一书中写道："我赞美彻底和有条理的工作方式。一旦在某些事情上投下了心血，带着明确的目的去做事，就可以减少重复，这样就能够大大提高工作效率。"

有秩序是一个人做事有目的的重要前提。

歌德说过："选择时间就等于节省时间，而不合乎时宜的举动则等于乱打空气。"没有一个合理有序的工作秩序，做起事来必定像无头苍蝇一样乱撞，这样，要高效率地工作就是不可能了。

试想，如果一个经理整个上午要见客户，要处理资料，又要写年度报告，而他又不懂得合理安排自己的工作秩序，这样即便找个材料都会花半天时间，哪有效率可言。

工作的有序性，体现在对时间的支配上，首先要有明确的目的性，很多成功人士就指出，如果能把自己的工作任务清楚地写下来，便很好地进行了自我管理，就会使得工作条理化，因而使得个人的能力得到很大的提高。

只有明确自己的工作是什么，才能认识自己工作的全貌，从全局着眼观察整个工作，防止每天陷于杂乱的事务之中。

明确办事目的，将使你正确地掂量每件工作的轻重，弄清工作的主要目标在哪里，防止不分轻重缓急，耗费时间又办不好事情。

只有明确自己的责任与权限范围，才能摆脱自己的工作与上下级的工作以及同事工作中的互相扯皮和打乱仗现象。

有一种使工作明确化的简单方法，就是填写自己应做工作的清单。

首先试着在一张纸上毫不遗漏地写出你需要做的工作。凡是自己必须干的工作，且不管它的重要性和顺序怎样，一项也不漏地逐项排列起来，然后按这些工作的重要程度重新列表。

重新列表时，你要试问自己：如果我只能干此表当中的一项工作，首先应该干哪一件事呢？然后再问自己：接着该干什么呢？用这种方式一直问到最后一项。这样自然就按着重要性的顺序列出自己的工作一览表。其后，对你要做的每一项工作应该怎么做，根据以往的经验，在每项工作上总结出你认为最合理有效的方法。

为了使工作条理化，不仅要明确你的工作是什么，还要明确每年、每季度、每月、每日的工作及工作进程，并通过有条理的连续工作，来保证正常速度执行任务。而这些都可以用思维导图轻松地体现出来。

在这里，为日常工作和下一步进行的项目编出目录，不但是一种不可估量的时间节约措施，也是提醒人们记住某些事情的手段。可见，制定一个合理的工作日程是多么重要。

工作日程与计划不同，计划在于对工作的长期计算，而工作日程表是怎样处理现在的问题。比如今天还有明天的工作，就是逐日推进的计划。有许多人抱怨工作太多又杂乱，其实是由于他们不善于制定日程表，无法安排好日常工作，有时候反而抓住没有意义的事情不放，不得不被工作压得喘不过气来。

2. 自制任务清单

为了使自己的工作做得更加有条理，我们可以根据人力资源管理专家的意见自制一张任务清单。清单的内容主要分为三个部分：任务分类、任务安排、任务总结。

任务分类的主要目的是向自己传达一种对待任务的态度。在这一部分当中，你的任务被分为四个类别：必须及时完成的工作，必须完成但可以稍微拖后的工作，完全没有必要完成的工作，时间允许的情况下最好能够完成的工作。这样，在填写清单的时候，你就可以根据自己的工作内容把自己的任务分门别类。

任务安排有些类似于工作日志，其主要目的就在于帮助自己明确每天的工作内容。

任务总结是指每个星期结束的时候，将由你自己根据自己的实际任务完成情况填写这部分内容，这样便可以检验自己的工作完成得如何。

毫无疑问，你的所有问题都将借用思维导图的帮助而清晰下来。在平时，不妨多用用思维导图。

第二节 养成把每件事画下来的习惯

在做事之前要习惯于把要做的事写下来，当然，我们建议用思维导图直接画下来。然后再进行缜密的分析，让自己更有计划地前行，这样会使你事半功倍，卓越而高效。

郭德纲的相声《梦中婚》中描述一个建筑工人在拿到图纸以后，看了一眼就去施工，结果把一口井建成了一支烟筒。这虽然很可笑，但笑过之余，也值得我们深思：正因为那个人在做事之前没经过仔细分析，结果闹出了笑话。

无独有偶，有这样一个广泛流传的管理故事，说的是一群伐木工人走进一片树林，开始清除矮灌木。当他们费尽千辛万苦，好不容易清除完一片灌木林，直起腰来准备享受一下完成了一项艰苦工作后的乐趣时，却猛然发现，不是这片树林，而是旁边那片树林才是需要他们去清除的！有多少人在工作中，就如同这些人，常常只是埋头工作，甚至没有意识到需要自己做的并非自己想的那样。

这种看似忙忙碌碌、最后却发现自己背道而驰的情况是非常令人沮丧的，这也是许多效率低下，不懂得卓越工作方法的人最容易犯的错误，他们往往把大量的时间和精力浪费在一些无用的事情上。

为了避免这种情况在工作中发生，其实方法很简单，只要养成把每件事写下来的习惯，在做事之前认真思考，整理出一套简单而严格的工作步骤，这样你就会少走弯路而直达目的地。

1. 思考充分再行动

在工作中，有很多人总是低头做事，他们匆忙如自然界中的蚂蚁，却没有多少实质的收获，对他们来说，草率行事，冒冒失失是自己最好的写照。

冒失是一种轻率的表现，是指对任何事情都不能深思熟虑，只凭一时冲动匆忙做出决定，有时不计后果。冒失的人懒于思考，轻举妄动，为了迅速摆脱由动机斗争带来的内心痛苦和紧张情绪，他们不考虑主、客观条件和后果就贸然抉择，草率行事；他们生活节奏快，做事匆忙，往往一件事未干完，又去做另一件事，或几件事一起干。

这样工作的人，往往效率都很低。"凡事预则立，不预则废"，一个人只有知道如何安排工作，制定一个高明的工作进度表，才能高效率地办事，而制订这样一个工作进度表，首先就要养成勤于动笔的习惯，拿出一张纸，然后用笔记下你所要做的事，再排列出每一件事的先后顺序。最后按照这张表严格地执行。相信你一定会在短期内完成自己的工作任务。

2. 写下你的步骤

从事计划顾问多年的李冲，年薪超过 30 万。有一次宴会上，同行问他为什么他会比他的同事赚的钱多。他想了一会儿，回答说："我每次在开始工作之前，都会将工作步骤写下来，通过仔细分析，总结出最好的方法时，才去行动。"

同行们请他谈谈他最好的方法，于是，李冲向人们讲述了他成功的诀窍——

第一步，我坚持深入调查，了解情况。

我对地方商业界的消息很灵通，哪个人被提升我都一清二楚，哪家公司有潜能、有发展，我也了如指掌。无论开会、聊天、度假，我都在搜集资料。我的专长就是对年轻的公司，特别是那些对年金或利润分红计划有兴趣的公司最有经验。

第二步，坚持打电话找公司里的高级经理。

首先我向他介绍我的身份来历、我的公司、我的资格以及我擅长的投资事业。然后，我会要求预约详谈。因为我的坦诚以及我从不利用欺骗来取得拜访客户的机会，所以

基本上我都能如愿以偿。

第三步，坚持登门拜访——我称之为出诊。

谈话之间，我尽可能地了解顾客的投资计划、性情、职业以及个人背景。我很少谈到我自己和公司的事情，而我提出的问题足以向他证明我很在行。

通常在谈话结束时，还没有具体的计划产生，可我已经敲开一扇门了。

第四步，坚持在拜访之后以个人名义写短信，告诉顾客很高兴与他见面，我们公司正在研究制订具体方案。

这封私人信件很有效，它是一种诚意的表示，而且会让顾客觉得自己特殊而重要。

第五步，发出信后，隔两三天我就坚持再打电话过去。

首先再一次向他致意，然后表示我愿竭力效劳，帮他成为成功的投资者。最后我约定第二次见面的时间。

当我第二次见客户时，会随身带几个方案去。尽管多数不会有什么结果，可我绝不强求，我的打算是建立长远的关系。

无论是做销售还是从事别的事业都和钓鱼一样，如果你太急躁，鱼儿都吓跑了。如果是我主动表示时间太局促，不好起草合同，特别是关系到大笔金额时，顾客就会愿意再考虑跟我合作的可能性

第二次见面后，事情就容易了，我可以打电话或亲自与顾客讨论计划。我会随时与顾客保持联系，直到成交为止。有时要磨上好几年工夫，然而机会一到，我就会签上五六个合同。好的钟表行走都是十分规律，不快也不慢的。有智慧的人做事也绝不会急于求成，也不会拖沓。他们做事总是有条不紊，不慌不忙。

高效率的人不是一有想法就马上去做，等发现偏差再去调整，而是像李冲那样一开始就把事情计划好，想好怎么做，把所有事情都想好，理清。

因为没有时间而赶着把事情做完的人，通常事后要花更多的时间把第一次没做好的事情做好。这样不仅浪费了工作时间，更降低了做事的效率。

有些人认为做事不匆忙是一件很容易的事情，只需要每一次做事时注意一下就行，其实一个人做事不急于求成是一种习惯，你会发现一个做事匆忙的人做所有的事情都是冒冒失失，他们是凭着自己的直觉在做事。要想改变做事急于求成的缺点，首先就是要在做每一件事情前把它们写下来写成计划和目标，而且形成习惯。

第三节 追踪记录承诺，说到更要做到

既然承诺，就一定要做到，善始善终才能让自己更高效。

我们来看下面一则故事：

耶鲁大学的教授克拉克从小有一个梦想，就是希望自己能像他心目中的英雄那样能改变世界，服务于全人类。不过，要实现他的目标，他需要受最好的教育，他知道只有在美国才能接受他需要的教育。

无奈的是，他身无分文，没办法支付路费，而且，他根本不知要上什么学校，也不知道会被什么学校招收。

但克拉克还是出发了，他必须踏上征途。他知道如果没有开始，就永远没有结果。他徒步从他的家乡尼亚萨兰的村庄向北穿过东非荒原到达开罗，在那儿他可以乘船到美国，开始他的大学教育。他一心只想着一定要踏上那片可以帮助他把握自己命运的土地，其他的一切都可以置之度外。

在崎岖的非洲大地上，艰难跋涉了整整五天以后，克拉克仅仅前进了40多公里。食物吃光了，水也快喝完了，而且他身无分文。要想继续完成后面的几千公里的路程似乎是不可能的，但克拉克清楚地知道回头就是放弃，就是重新回到贫穷和无知。

他对自己发誓：不到美国誓不罢休，除非自己死了。他继续前行。

有时他与陌生人同行，但更多的时候则是孤独地步行。大多数夜晚都是过着大地为床，星空为被的生活，他依靠野果和其他可吃的植物维持生命。艰苦的旅途生活使他变得又瘦又弱。

由于疲惫不堪和心灰意懒，克拉克几欲放弃。他曾想说："回家也许会比继续这似乎愚蠢的旅途和冒险更好一些。"

他并未回家，而是翻开了他的两本书，读着那熟悉的语句，他又恢复了对自己和目标的信心，继续前行。

要到美国去，克拉克必须具有护照和签证，但要得到护照他必须向美国政府提供确切的出生日期证明，更糟糕的是要拿到签证，他还需要证明他拥有支付他往返美国的费用。

克拉克只好再次拿起纸笔给他童年时起曾教过他的传教士写了封求助信。

结果传教士们通过政府渠道帮助他很快拿到了护照。然而，克拉克还是缺少领取签证所必须拥有的航空费用。

克拉克并不灰心，而是继续向开罗前进，他相信自己一定能通过某种途径得到自己需要的这笔钱。

几个月过去了，他勇敢的旅途事迹也渐渐地广为人知。关于他的传说已经在非洲大陆和华盛顿佛农山区广为流传。斯卡吉特峡谷学院的学生在当地市民的帮助下，寄给克拉克640美元，用以支付他来美国的费用。当克拉克得知这些人的慷慨帮助后，他疲惫地跪在地上，满怀喜悦和感激。

经过两年多的行程，克拉克终于来到了斯卡吉特峡谷学院。手持自己宝贵的两本书，他骄傲地跨进了学院高耸的大门。

这是一个有关"坚持"的故事。克拉克坚守自己的承诺，最终实现了自己的梦想。在工作中我们也应该像克拉克那样时时追踪自己的承诺，说到更要做到。

承诺一件事情需要的是决心与热忱；而完成自己的承诺，需要的却是恒心与毅力。缺少热忱，事情无法启动；只有热忱而无恒心与毅力，工作不能完成。

中国有许多优秀的传统和行为规矩，譬如家庭私塾教子弟写字，无论有什么事打扰，也不准写字只写一半。即使这个字写错了，准备涂掉重写，也要将它写完。其中的寓意在于，教育孩子从小养成善始善终的好习惯，将来做事才不会半途而废，轻易放弃。

在日常工作中，每个人都有一些未完成的工作——未缝完的衣服，未写成的稿件等等。那么请将它们找出来整理整理，静下心来继续完成它们。你会发现，一旦把它完成，你会觉得非常快乐。未完成时它们不过是些废物，而你在付出一半甚至 1/10 的心力完成后，它们都变成漂亮的成品和值得骄傲的业绩。许多事情并非我们无法去做，而是我们不愿意继续做。多付出一分心力和时间，就会发现自己其实有许多潜在的力量。

第四节 辨识事物发展模式，先预想结果

人脑非常擅长辨识模式。要发挥这项能力的方法就是预先想象自己渴望的结果，并尽可能地描绘细节。这样能够触发你的大脑辨识与观察实际达到目标所需培养的习惯、能力与方法。

迈克尔 19 岁在休斯敦大学主修计算机，他是一个狂热的音乐爱好者，同时也具有一副天生的好嗓子，对于他来说，成为一个音乐家是他一生中最大的目标。因此，只要一有时间，他就会投入到他热爱的音乐创作上。

由于写歌不是迈克尔的专长，所以他又找了一个名叫凡内芮的年轻人来合作。凡内芮了解迈克尔对音乐的热爱与执着。但是，当面对那遥远的音乐界及整个美国陌生的唱片市场时，他们却发现自己竟一点渠道也没有。

在一次闲聊中，凡内芮突然从嘴里冒出了一句话：

"What are you doing in 5 years？"（想象你 5 年后在做什么）

迈克尔还没来得及回答，他又抢着说："别急，你先仔细想想，完全想好，确定了再告诉我。"迈克尔思考了一会儿说："第一，5 年后，我希望在市场上能有一张得到大家肯定和欢迎的唱片；第二，5 年后，我要住在一个有很多很多音乐的地方，能天天与一些世界一流的音乐家一起工作。"

凡内芮听完后说："好，既然你已经确定了，我们就把这个目标倒过来看。如果第五年，你有一张唱片在市场上，那么你的第四年一定是要跟一家唱片公司签上合约。

"那么你的第三年一定是要有一个完整的作品，可以拿给很多很多的唱片

公司听，对不对？

"那么你的第二年，一定要有很棒的作品开始录音了。

"那么你的第一年，就一定要把你所有要准备录音的作品全部编曲，排练好。

"那么你的第六个月，就是要把那些没有完成的作品修饰好，然后让你自己可以一一筛选。

"那么你的第一个月，就是要把目前这几首曲子完工。

"那么你的第一个礼拜，就是要先列出一个清单，排出哪些曲子需要修改，哪些需要完工。"

凡内芮一口气说完了上述的这些话，停顿了一下，然后接着说："你看，一个完整的计划已经有了，现在你所要做的，就是按照这个计划去认真地执行每一步，一项一项地去完成，这样到了第五年，你的目标就实现了。"

说来也奇怪，到了第五年，迈克尔的唱片真的在北美畅销起来，他一天24小时几乎全都忙着与一些顶尖的音乐高手在一起工作。

可见，在脑海中预想结果是非常重要的，我们要时常在脑海中规划蓝图，然后让你的大脑自动填补达到目标所需条件的空白处。事情不见得会照计划发展，但你会为自己所做的事获得的最终成果，感到大吃一惊。

1. 想象一下你的目标，然后去实现它

奥林匹克运动会十项全能金牌获得者詹姆斯·卡特为了实现自己的目标，用运动器械装备了整个寓所，以便每天提醒他去实现自己的目标。

他将十项全能每个项目的器械放在他不训练时也能看到的地方，跨高栏是他最差的一项，他就将一个栏放在起居室的正中央，每天必须跨越30次；他的制门器是个铅球；杠铃就放在室外廊檐下；撑竿跳高用的杆子和标枪在沙发后竖立着；壁橱里放着他的运动制服、棉织套服和跑鞋。詹姆斯说这种不寻常的陈设在他准备在奥运会夺冠的过程中，帮助他改善了他的竞技状态。

如果你想让自己成为一个高效能人士，也应当像詹姆斯·卡特那样预想一下自己要达到什么结果，为你的目标创建一种经常提醒自己的方式。然后去实现它。

比如，你可以将你确定的目标和实施计划写在便笺上或是记事本上，并将它们有计划地放置在你的家中和办公室里，使你能够常常看到它们；或者将你对自己目标和实现计划的陈述录在磁带上，在你开车、做杂务、休息或思考时播放它们；将你的实施计划编辑在你的电脑屏幕保护屏上；或者，将你须首要实施的计划输入电脑，并用装饰纸打印出来，然后将这些纸悬挂在办公室、卧室的镜子上，甚至是冰箱上。

这样，你的目标和计划就常常出现在你的眼前，帮助你始终将注意力放在这些最重要的事情上面。

　　你也可以让你的梦想始终环绕着你，通过多种方法来建立自己的提示途径。采取什么方法并不重要，重要的是行动！布鲁斯的方法非常具有想象力，甚至有点出格了，但它的确帮助他实现了自己的目标。

　　在工作中，我们应该预想一下自己要得到一个什么结果，然后按照你想的去做，你的目标就一定能实现。

2. 预想结果，写下清单

　　先预想结果，实际上就是对未来行动纲领的早期决策。我们可以把它分为三个步骤：

　　第一步：写下你的计划，确立目标，探寻达到目标的各种方法，转化为每周或每天要做的事，编排每周或每天的做事次序并执行，定期检讨；

　　第二步：制订工作计划表；

　　第三步：目标计划检讨。

第五节　不要自我设限

　　一个高效能人士在工作上遇到困难的时候，是不会逃避的，而是积极地寻找解决的办法。外界的困难，不如意的条件，一个接一个的压力与挑战，是不能难倒他们的雄心和壮志的。

　　李达是香港某跨国集团公司的董事长。25 年前，他带着仅有的 30 元港币、穿着一双拖鞋来到香港，先从街边小贩做起，越做越大，后来创办了两家上市公司。

做事应当主动寻求突破，把不可能变为可能，假如遇到困难就退缩，给自己设限，则永远不能成功。

　　在谈到成功的经验时，他说："我之所以能有这样的发展，都源于任何问题我都愿意积极主动地去找解决方法。我认识很多企业界的成功人士，从他们身上我发现了一个共同的规律：一个做事高效的人，往往是一个最善于找方法的人。他们从不会为找不到解决问题的方法而绝望，相反，他们相信一定能找到更好的方法。"的确，在工作上遇到困难就退缩，给自己设限是永远也达不到高效的。

1. 寻找突破，把不可能变为可能

　　一名高效能人士在做事的时候，应当主动寻求突破，把不可能变为可能。一名

高效能人士在困难来临时，总是努力寻找方法，寻求新的突破，这样的人在人生中会比别人达到更高的高度。

在一家名叫天宇的天线公司，有一天总经理来到营销部，让大伙儿针对天线的营销工作各抒己见，畅所欲言。

营销部经理老王摇着胖乎乎的脑袋，无可奈何地说："人家的天线三天两头在电视上打广告，我们公司的产品毫无知名度，我看这库存的天线真够呛。"部里的其他人也随声附和。

总经理脸色阴沉，一语不发。扫视了大伙一圈后，把目光驻留在进公司不久的一位年轻人身上。总经理走到他面前，让他说说对公司营销工作的看法。

年轻人直言不讳地对公司的营销工作存在的弊端提出了个人意见。总经理认真地听着，不时嘱咐秘书把要点记下来。

年轻人告诉总经理，他的家乡有十几家各类天线生产企业，唯有001天线在全国知名度最高，品牌最响，其余的都是几十人或上百人的小规模天线生产企业，但无一例外都有自己的品牌，有两家小公司甚至把大幅广告做到001集团的对面墙壁上，敢与知名品牌竞争。

总经理静静地听着，挥挥手示意年轻人继续讲下去。

年轻人接着说："我们公司的老牌天线今不如昔，原因颇多，但归结起来或许就是我们的销售定位和市场策略不对。"

这时候，营销部经理对年轻人的这些似乎暗示了他们工作无能的话表示了愠色，并不时向年轻人投来警告的一瞥，最后不无讽刺地说："你这是书生意气，只会纸上谈兵，尽讲些空道理。现在全国都在普及有线电视，天线的滞销是大环境造成的。你以为你真能把冰箱推销给因纽特人？"

经理的话使营销部所有人的目光都射向年轻人，有的还互相窃窃私语。

霍英东的成功得益于他遇到困难找方法的良好习惯。

经理不等年轻人"还击"，便不由分说地将了他一军："公司在甘肃那边还有5000套库存，你有本事推销出去，我的位置让你坐。"

年轻人提高嗓门朗声说道："现在全国都在搞西部开发建设，我就不信质优价廉的产品连人家小天线厂也不如，偌大的甘肃难道连区区5000套天线也推销不出去？"

　　几天后，年轻人风尘仆仆地赶到了甘肃省兰州市天元百货大厦。大厦老总一见面就向他大倒苦水，说他们厂的天线知名度太低，一年多来仅仅卖掉了百来套，还有 4000 多套在各家分店积压着，并建议年轻人去其他商场推销看看。

　　接下来，年轻人跑遍兰州几个规模较大的商场，有的即使是代销也没有回旋余地，因此几天下来毫无建树。

　　正当沮丧之际，某报上一则读者来信引起了年轻人的关注，信上说那儿的一个农场由于地理位置关系，买的彩电都成了聋子的耳朵——摆设。

　　看到这则消息，年轻人如获至宝，当即带上十来套样品天线，几经周折才打听到那个离兰州有 100 多公里的金晖农场。信是农场场长写的。他告诉年轻人，这里夏季雷电较多，以前常有彩电被雷电击毁，不少天线生产厂家也派人来查，知道问题都出在天线上，可查来查去没有眉目，使得这里的几百户人家再也不敢安装天线了，所以几年来这儿的黑白电视只能看见哈哈镜般的人影，而彩电则只是形同虚设。

　　年轻人拆了几套被雷击的天线，发现自己公司的天线与他们的毫无二致，年轻人想，如果他们公司的天线若安装上去，也免不了重蹈覆辙。年轻人绞尽脑汁，把在电子学院几年所学的知识在脑海里重温了数遍，加上所携仪器的配合，终于使真相大白，原因是天线放大器的集成电路板上少装了一个电感应元件。

　　这种元件一般在任何型号的天线上都是不需要的，它本身对信号放大不起任何作用，厂家在设计时根本就不会考虑雷电多发地区，没有这个元件就等于使天线成了一个引雷装置，它可直接将雷电引向电视机，导致线毁机亡。

　　找到了问题的症结，一切都变得迎刃而解了。不久，年轻人将从商厦拉回的天线放大器上全部加装了感应元件，并将此天线先送给场长试用了半个多月。期间曾经雷电交加，但场长的电视机却安然无恙。此后，仅这个农场就订了 500 多套天线。同时热心的场长还把年轻人的天线推荐给存在同样问题的附近 5 个农林场，又给他销出 2000 多套天线。

　　一石激起千层浪，短短半个月，一些商场的老总主动向年轻人要货，连一些偏远县市的商场采购员也闻风而动，原先库存的 5000 余套天线当即告急。

　　一个月后，年轻人筋疲力尽地返回公司。而这时公司如同迎接凯旋的英雄一样，将他披红挂彩并夹道欢迎。营销部经理也已经主动辞职，公司正式下令任命年轻人为新的营销部经理。

　　这位年轻人的成功除了他背后有"不达目的誓不罢休"的毅力做支撑之外，还得益于他遇到困难找方法，不找借口，敢于突破困境的精神。

2. 用逆向思维解决困难

　　霍英东先生是中国香港立信建筑置业公司的创办人。在普通人的眼中，他是个财富的"宠儿"。"白手起家，短期发迹""鸿运高照，无端发达""轻而易举""一举成功"，等等，这些议论让霍英东的成功蒙上了一层神奇的色彩。

霍英东的发迹真的有秘诀吗？或者是一时走了红运？事实上，他的成功得益于他遇到困难找方法的良好习惯。例如他的起家主要就是运用了"先出售，后建筑"的高招。

霍英东的成功有一个可贵的品质，那就是不错过任何一个机会来发展自己的事业。朝鲜停战以后，霍英东慧眼独具，他看出了香港人多地少的特点，认准了房地产业大有可为。于是毅然倾其多年的积蓄，投资到房地产市场。

1954年，他着手成立了立信建筑置业公司。他每日忙于拆旧楼、建新楼，又买又卖，大展宏图，用他自己的话说，他"从此翻开了人生崭新的、决定性的一页！"

如果说霍英东早年经营航运业是他创业初期练兵的话，那么他超人的经营理念则在经营房地产业的过程中得到了充分的体现。在他以前的房地产业，都是先花一笔钱购地建房，建成一座楼宇后再逐层出售，或按房收租。而他则"变了个戏法"，即预先把将要建筑的楼宇分层出售，再用收上来的资金建筑楼宇，来了一个先售后建。这一先一后的颠倒，使他得以用少量资金办了大事情。

而且，有时他还采用分期付款的预售方式使人人都能买得起。霍英东的戏法真是高招，他开创了大楼预售的先河。为了推广先出售后建筑的"戏法"，霍英东率先采用了小册子及广告等形式广为宣传。

他说："我们开展各种宣传，以便更多的有余钱的人来买。譬如来港定居或投资的华侨、侨眷、劳累了半生略有积蓄的职员、赌博暴发户、做其他小生意胀满荷包的商贩，都可以来投资房地产。

"谁不想自己有房住？只有众多的人关心它、了解它、参与它，我们的事业才有希望。"霍英东的广告效果颇为不错。立信建筑置业公司在短短的几年里所营建、出售的高楼大厦就布满了香港、九龙地区，打破了香港房地产买卖的纪录。

现在，霍英东名下的公司有60余家，大部分都经营房地产生意，或与房地产关系密切；由他担任会长的香港地产建筑商会，经营着香港70%的建筑生意。

霍英东善于逆向思维，主动向自己提问，成就了成功创富的大业，其遇到困难找方法的精神很值得我们借鉴和学习。

下面故事中老李讨账的例子也是一个善用逆向思维的好例子。

10多年前，老李在一家建筑材料公司当业务员。当时公司最大的问题是如何讨账。产品不错，销路也不错，但产品销出去后，总是无法及时收到款。

有一位客户，买了公司10万元产品，但总是以各种理由迟迟不肯付款，公司派了三批人去讨账，都没能拿到货款。当时老李刚到公司上班不久，就和另外一位姓张的员工一起，被派去讨账。他们软磨硬磨，想尽了办法。最后，客户终于同意给钱，叫他们过两天来拿。

两天后他们赶去，对方给了一张 10 万元的现金支票。

他们高高兴兴地拿着支票到银行取钱，结果却被告知，账上只有 99920 元。很明显，对方又耍了个花招，他们给的是一张无法兑现的支票。第二天就要放春节假了，如果不及时拿到钱，不知又要拖延多久。

遇到这种情况，一般人可能一筹莫展了。但是他突然灵机一动，于是拿出 100 元钱，让同去的小张存到客户公司的账户里去。这一来，账户里就有了 10 万元。他立即将支票兑了现。

当他带着这 10 万元回到公司时，董事长对他大加赞赏。之后，他在公司不断发展，5 年之后当上了公司的副总经理，后来又当上了总经理。

这个精彩的讨账故事，博得了大家阵阵热烈的掌声。大家都很钦佩他凡事主动想办法的精神，而且一致认为：他能有今天的发展，与他这种精神密切相关。

第六节　定期检查自己行进的方向

我们要顺利地达到目的，就必须定期检讨自己的行进方向，合理地调整工作计划，放弃无谓的固执，顺利地到达自己的目的地。

某单位举办讲座，邀请北京某大学的一位教授给全体管理人员讲授《企业的可持续发展战略》。

在讲授之前，教授给大家出了一道有趣的思考题：

"很远的地方发现了金矿，为了得到黄金，人们蜂拥而去，可一条大河挡住了必经之路，你们会怎么办？"

一石激起千层浪，会场上顿时热闹起来。

有的说，游过去。有的说，绕道走。

但教授却笑而不语。

良久，教授才严肃认真地说："为什么非要去淘金，为什么不可以买一条船搞营运，接送那些淘金的人，这样照样可以发财致富！"

全体愕然。

教授接着说："人们为了发财，即使票价再贵，也心甘情愿买票上船，因为前面就是诱人的金矿啊！"

大家茅塞顿开。是啊，为什么不能换一种思维呢！

无论在生活中还是在工作中，定期检讨自己的行进方向，及时调整不合理的工作计划，改变固有的弊病，才可以让自己立于不败之地。

1. 自我反省

人们常说："成功源于自我分析""失败是成功之母""检讨是成功之父"。

都是在说明一个问题，那就是自我反省与成功之间有着紧密的联系。

人非圣贤，孰能无过，一个人可以犯错误，但不能同样的错误犯两次，如果一个人在做事中充满着错误，那么他的结果就无法正确。犯错不可怕，可怕的是不知错在哪里。

一个成功的人往往是一个自我反省的人，能够自我监督的人。

下面，向你介绍一下有用的术语：为了达到目标，计划中应该包括一把"成功量尺"。虽然有的人不喜欢让测量用的棍棒来指导行动，但是成功的人都强调，丈量是必要的。这种丈量其实是对自己进行的评价。

毫无疑问，个人事业的发展是阶段性的，在每一个不同的阶段，个人努力的方式、方法都会有所不同，取得的成绩、获得的进步也有大小、缓急的差别。此时，你必须对自己的发展情况进行丈量即评价。

比如说，你这一阶段事业发展的大致方向正确吗？这一种生产经营模式是否适合你的事业？还有更好的吗？这一阶段的发展情况怎样，与前一阶段发展情况相比是减缓、一致，还是加快了？其原因何在？诸如此类的自我反省、自我设问。

通过对这一系列问题的反省和研讨，我们能够对个人事业的发展情况有一个全面的、整体的了解。对这些成绩或问题的剖析，可以使我们获得有益的经验和改进的方法，从而使自己在发展个人事业的征程上走得更加坚定和充实。

自我反省的巨大的作用还在于对发展事业的自我督促上。比如说，你在这一个发展阶段上获得了成功的经验，取得了很大的进步，你就会在自我检讨中得出结论，受到启发，督促并警惕自己戒骄戒躁，发挥优势、长处以取得更大的成绩。而如果你在这一阶段的发展情况不很理想，那你就会吸取经验教训，总结失败原因，并思考解决的办法，督促并鞭策自己走好下一步。

卡耐基先生曾经访问了一位名叫罗比的人。

罗比与四名助手经营一家店铺，他凭着对每周收入情况的研究，来评估店铺的整个经营成绩。但是，他另外还决定改善与顾客的关系，只是一时不知道怎么评估这个目标。他说："当时觉得非常为难，如何才能测量工作人员的礼节态度是否

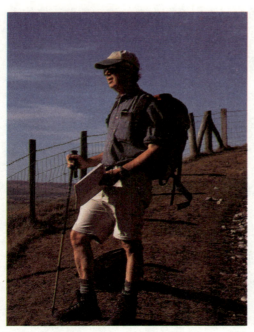

人生就像一场旅行，可以按需要改变计划。

进步了呢？"经过一番思考，罗比决定每个月抽样访问 20 名顾客，请他们对店内的服务质量做出等级评分。

他发现："以图表显示每个月的调查情况很有用，店内全体员工都很看重这件事，结果我们这个月的收入便提高了 21%。"

如果罗比没有自省，他就不可能有这样的结果。事业的目标也要能够进行丈量。人们需要自己建立成功的标准并寻找途径监督自己的进步，否则就没有俯瞰整体、全面的观点。把目标限定在一段时间范围内完成是非常有用的，有了起始日和截止日，就像即将面临绞刑，往往足以使人集中精力和心神，认认真真地去完成一件事。

2. 及时修正自己行进的计划

人生的旅程是一个不断变幻的景观，向前跨进，你就会看到不同的景观，再上前去又是另一番景象。因此，我们要顺利地达到自己的目的，就必须随时地检视自己的选择是否有偏差，合理地调整目标，适应变化。

富兰克林认为，坏的计划比没有计划更糟糕。这句话包含两层意思：首先，实施这个计划，必会导致我们有所改变；其次，我们必须具备调适能力，能够随时修正、改进这个计划。

我们着手做事，不论对错，都会得到反馈。而这些反馈的信息，大多是我们追求成功最初阶段时所无法获得的资讯，必须实际行动之后才产生的新资讯。这些资讯不仅充实我们既有的计划，而且还为我们调整目标提供了参考的依据。

辩证主义学者认为，世界万事万物都是在不断变化着的，一个人如果仅仅执着于过去的理念或目标，就会产生适应性上的困难。例如，一个制造电器用品的公司，在连续几年之中，该公司特别投注心力在某一个特殊产品的领域上，直到公司成为该产业的独占者为止。当该公司所生产的特殊产品不再为消费者所需求时，即是该公司应该结束的时候了！

这个情形就是，该公司将一个非永久需求的产品带进了一个有限的市场，整个企业的成与败都依赖这一产品。

因此，我们千万不能将自己的目的局限在某一个可能随时会结束的方向上！我们应该选择一个方向，能够包容改变，并由改变中吸取经验，获得利益。而不是让你其他附属的或次要的目标，影响或改变了最终的人生目标。它们存在只是为了帮助你早日达成人生目标，不是来改变你人生的方向。

在你人生的旅途中，附属次要目标在一段时间之后可能会扩展或甚至改变了方向，也可能创造出新的目标或去掉一些目标，但最终的目的只有一个：那就是要达成最终的人生目标。因为这个缘故，在人生道路前进时，要有调整方向的弹性。约瑟夫·基尔施纳德认为，"预期发生预料之外的事"是绝佳的人生格言。

正如前文所言，我们所生存的世界既复杂又动态，不断会有变化，因此，我们必须随时准备面对出乎意料的情况——这些情况会引我们走向未曾计划之处。我们必须知道，通往成功的道路往往迂回曲折，一定要预先做好准备。

从出发点 A 到终点 Z 不太可能是完全笔直的线，我们时而偏左，时而偏右。如目标定得足够清楚明确，在进行的过程中，可根据实际情况，将这一切迂回曲折，统统纳入我们的计划中。

假如内心有明晰的前景蓝图，信心坚强、计划周全，具备随时调节的灵活弹性，便能对人生路上的一切状况应付自如。前景蓝图和信心两者同样重要，一个人对自己期待获得的事物，或正要前往的方向欠缺明晰的蓝图，容易把事情变得既复杂又困难，迂回曲折，走许多冤枉路。

近代史上，有一群人特别成功，那就是第二次世界大战中，曾被囚禁于纳粹集中营而幸存的人。

赫姆瑞可博士在一本著作中，拿这群人和战前即迁居美国的同龄犹太人做比较，结果发现，平均而言，这批幸存者的教育程度较低，但日后的事业成就较大，收入较高，较热心从事社会服务工作。

赫姆瑞可探究原因，发现这些历经苦难折磨，却颇有成就的人，具有若干共同特质，其中最重要的两点是：随时准备主动展开新任务，且能针对环境变化，随时进行调整与调适。

查斯特·菲尔德爵士认为在制定目标的时候一定要保持一定的灵活性，以备我们在执行过程中不断地修正与调整。

你将发现，如果你立下的目标更加灵活，那么一些美妙的事情就开始发生，你会觉得更放松，但你不会损失任何生产力。你甚至可能会更加多产，因为你不必花费太多的精力在焦虑和烦恼上。

3. 学会制订备用计划

当环境因素的变化对计划的影响，不是表现为简单的数量或进度的变动，而是涉及大政方针的变动，即根本改变了原定的计划。这时的问题就不是对计划进行修改调整，而是要重新编制计划。

为了使计划工作在偶然事件发生时仍具有改变航道的灵活性，可以制订备用计划。所谓备用计划，就是编制计划时根据应变需要预先准备若干计划方案备用，并说明各备用计划的启用条件。当环境因素发生变化时，先对变化作出评价，然后决定是否需要启用备用计划，启用哪一备用计划。

第七节 追求高效能，而非高效率

美国零售业大王彭尼说过，不论他出多少钱的薪水，都不可能找到一个具有两种能力的人。这两种能力是：第一，能思想；第二，能按事情的重要程度来做事。因此，工作中的我们，如果不能作出正确的选择，那么唯一正确的事情就是停止手头上的事情，直到发现正确的事情为止。

做事不仅要讲方法，更要注意方向。只有方法和方向都正确，才能确保有一个好的结果。如果只注重方法而不重视方向，其结果可能是方法越正确，结果就错得越离谱。

尽管如此，在现实生活中，无论是企业的商业行为，还是个人的工作方法，人们关注的重点往往都在于前者：效率和正确做事。

博恩·崔西认为，工作中第一重要的

如何正确地做事与做正确的事是判断一个人做事能否提高工作效能的一个很重要的标准。

却是效能而非效率，是做正确的事而非正确地做事。"正确地做事"强调的是效率，其结果是让我们更快地朝目标迈进；"做正确的事"强调的则是效能，其结果是确保我们的工作是在坚定地朝着自己的目标迈进。

"正确地做事"是以"做正确的事"为前提的，如果没有这样的前提，"正确地做事"将失去目的性，变得毫无意义。

首先要做正确的事，然后才存在正确地做事。正确做事，更要做正确的事，这不仅是一个重要的工作方法，更是一种很重要的工作理念。任何时候，对于任何人或者组织而言，"做正确的事"都远比"正确地做事"重要。

安妮是微软公司的一名销售主管，她不仅是一个勤奋努力的员工，同时也是一个有主见，识大局，能够主动去做正确的事的员工。

有一次，安妮被公司派去参加一个销售专题讨论会，她很清楚自己的专长，特别是转型人才和国际化市场动态等问题，她计划在会上与业内精英做一个很好的交流并使自己有所提高。

但是，第一天她就遇到了麻烦，公司额外要求她来协调与会者的傍晚活动，这样可以更深层次地履行公司作为东道主的职责。本来为这次讨论会的成功作出贡献也是安妮的心愿，这也符合她的价值观和原则，她越思考越觉得这是她应当做的。

于是，她接受了，但她发现自己处于巨大的压力和忧虑之中，来回奔忙，试图满足每个人的要求，但由于抽不出时间来做原来想做的事而使自己变得很沮丧。

就在这种沮丧中，她突然停下来，问自己："等一等，我为什么要去做那些自己并不擅长的事呢？我有义务去执行公司派给的任务，但我又不必去做我不擅长的事啊！再说公司并不是不明白我的长处，我向他们说明我的处境，他们应该会派一名适合做这个工作的人来接替我的，难道不是这样吗？"

她深深吸了一口气，拨通了公司的电话，将自己目前的处境跟上司做了沟通。上司立即明白了她的想法，并做出了及时的调整，派出一名专门安排各种活动的公关经理接替了安妮的工作。

在这次研讨会上，安妮独特的见解和市场眼光赢得了业界人士的普遍赞扬，也给微软公司赢得了极大的荣誉和良好的影响。

经过这次经历以后，安妮每次接受任务时都会考虑哪些事是应该做的，怎么做才能取得最好的效果。也正是这样的工作作风，使她每次都能赢得公司的表彰，多次被评为公司的优秀员工。

能够做正确的事的人，是一个做事有重点、有方向的人，那么，我们要如何才能让自己做正确的事呢？

1. 以企业利益为重

在公司中，我们应当以企业利益为重，将公司的发展目标与自己做事的目的联

怎样正确做事

正确
问
看
听
想
多 实质
提出 问题

以 企业利益
自己
为重
必须作出哪些改变
从哪个地方开始
有哪些可用的工具与资源

沟通 专用
说明
提醒
工作安排
优先级
老板
聆听
聆听

等等
视
不

考虑
要做什么？
不要做什么？
什么才是最好的

对
目标
负责
主动性
能动性

系起来，站在全局的高度思考问题，这样可避免重复作业，减少错误的机会。

我们在工作中，必须处理的问题包括：我现在的工作必须作出哪些改变？可否建议我，要从哪个地方开始？我应该注意哪些事情，避免影响达到目标？有哪些可用的工具与资源？

2. 找出"正确的事"

工作的过程就是解决一个个问题的过程。有时候，一个问题会摆到你的办公桌上让你去解决。问题本身已经相当清楚，解决问题的办法也很清楚。

但是，不管你要冲向哪个方向，想先从哪个地方下手，正确的工作方法只能是：在此之前，请你确保自己正在解决的是正确的问题——很有可能，它并不是先前交给你的那个问题。搞清楚交给你的问题是不是真正的问题，唯一的办法就是更深入地挖掘和收集事实，问问题，多看，多听，多想，一般用不了多久，你就能搞清楚自己走的方向到底对不对。

3. 对目标负责

做正确的事要求我们对目标负责，要有高度的责任感，自觉地把自己的工作和公司的目标结合起来，对公司负责，也对自己负责；然后，发挥自己的主动性、能动性，去推进公司发展目标的实现。

4. 学会说"不"

一个人要做正确的事，就应当学会说"不"，不能让额外的要求扰乱自己的工作进度。对于许多人来说，拒绝别人的要求似乎是一件难上加难的事情。

拒绝的技巧是非常重要的职场沟通能力。在你决定该不该答应对方的要求时，应该先问问自己"我想要做什么"或是"不想要做什么""什么对我才是最好的"。

在做决定时我们必须考虑，如果答应了对方的要求是否会影响既有的工作进度，而且会因为我们的拖延而影响到其他人？而如果答应了，是否真的可以达到对方要求的目标？

5. 善用沟通的力量

沟通在提高工作效率中有着十分重要的作用，例如，你在工作中可能会出现"手边的工作都已经做不完了，又丢给我一堆工作，实在是没道理"这样的抱怨，这时候，如果你保持沉默，很可能会给老板留下办事不力的印象。

所以，如果你工作中出现了这种情况，你切不可保持沉默，而应该主动沟通，清楚地向老板说明你的工作安排，主动提醒老板安排事情的优先级，并认真聆听老板的意见，这样可大幅减轻你的工作负担。

老板是需要被提醒的，在工作中，我们应该时刻提醒自己，与老板的沟通是否充分，我们有没有适当地反映真实情况？如果我们不说出来，老板就会以为我们有时间做这么多的事情。况且，他可能早就不记得之前已经交代给你太多的工作。

第八节 提高工作效率，而不是延长工作时间

工作不是固体，它更像是一种气体，它会自动膨胀，并填满多余的空间。因此，时间管理专家并不鼓励你为完成工作任务而延长工作时间，那样只会把战线越拖越长。提高时间利用率，提高工作效率才是正确的解决之道。

有些人工作起来非常繁忙；似乎有许多事情要做，他们也常常为了完成任务而拼命加班，但是效果是必须注意的问题。

然而，现实中并非如此，许多人确实试图延长他们的工作时间，以完成更多的工作。但那是没有用的。工作不是固体，它像是一种气体，会自动膨胀。

因此，时间管理专家并不鼓励你为解决时间问题而延长工作时间。例如，一个计划到下班时还没写完，也许你会自然地对自己说"我会在晚上把它写完。"因为你把晚上当作了白天的延伸。不仅影响家庭和社会生活，还会降低工作效率，你成了整个事件中唯一的受害者。

熟悉安德鲁·伯利蒂奥的人都会说："看，安德鲁·伯利蒂奥真是太会珍惜时间了！"人们都知道，为了能成为一名出色的建筑师，他拼命地想要抓住每一秒钟的时间。

每天，他把大量的时间用在设计和研究上，此外，他还负责很多方面的事务，每个人都知道他是个大忙人。他风尘仆仆地从一个地方赶到另一个地方，因为他太负责了，以至于不放心任何人，每一项工作都要自己亲自参与才放心。时间长了，他自己也感觉到很累。

其实，在他的时间里，有很大一部分都浪费在管理其他乱七八糟的事情上。无形中，他增加了自己的工作量。

有人问他："为什么你的时间总是显得不够用呢？"

他笑着说："因为我要管的事情太多了！"

后来，一位教授见他整天忙得晕头转向的，但仍然没有取得令人骄傲的成绩，便语重心长地对他说："人大可不必那样忙！"

"人大可不必那样忙！"这句话给了他很大的启发，他就在听到这句话的一瞬间醒悟了。他发现自己虽然整天都在忙，但所做的真正有价值的事实在太少了！这样做对实现自己的目标不但没有帮助，反而限制了发展。

大梦初醒的安德鲁除去了那些偏离主方向的分力，把时间用在更有价值的事情上。很快，他的一部传世之作《建筑学四书》问世了。该书至今仍被许多建筑师们奉为"圣经"。

他的成功只是因为一句话："人大可不必那样忙！"

只知道延长工作时间，整天像一只无头苍蝇一样忙个不停的人是不会有高效率

的，我们来看一下发生在花旗银行的一位名叫江灵的新职员身上的事情就会明白这一点。

江灵是花旗银行业务部门的一名新职员，由于刚接手新工作，一时还未掌握正确的工作方法，所以工作起来感到特别吃力。经常加班，但任务仍然无法如期完成。

眼看业绩考核的日期就要到了，任务量还差一大截，万般无奈的她来到人力资源部主管心理咨询方面的王经理的办公室。

"怎么了，需要我帮什么忙吗？"看到江灵一脸忧虑地进来，王经理热情地问道。

"是这样的，王经理，"江灵好像不知道该怎么说，"我总是觉得自己有点不对劲，可又不知道到底是哪里出了问题。"

"那你可以告诉自己觉得究竟有什么不对劲的吗？"王经理笑眯眯地说。

"我的上司总是觉得我做事不够认真，可实际上，当我一旦开始认真做一件事情的时候，他又会觉得我速度太慢。"江灵满脸委屈地说。

"怎么会这样呢？"多年的咨询经验告诉王经理，"多提问，少插嘴"是提供有效咨询的关键。

"上个星期五下班之前，我的上司跟我谈了一次话，希望我能够在工作上更加认真一些。他说我最近写的两份关于液压器市场情况的报告都不是很理想，有很多问题都没有涉及，而且搜集的材料也不够全面。所以，这个星期一开始，当他交代我起草一份销售计划书的时候，我就暗下决心要努力把这件事情做好。"

"你是怎么做的呢？"王经理鼓励江灵继续说下去。

"我首先决定到网上找一份标准的销售计划书样本，要知道，虽然我已经帮上司起草过很多份报告，可销售计划书我还是第一次写。"

"哦，听起来并没有什么不对啊？为什么你会觉得不正常呢？"王经理接着问道。

"我知道这样做并没有什么不对，可问题是，搜索计划书样本用去了整整一天的时间。"

"用去了一天时间？"王经理惊讶地叫了起来，但另一方面，他也好像明白江灵的问题究竟出在什么地方了。

"你知道，王经理，对于我们很多人来说，早晨到办公室的第一件事就是打开计算机。"江灵不解地看着王经理说。

"没错，"王经理说，"我会首先查一下我的邮箱，看看有没有重要的邮件要回。"

"是的，我也一样。大约在 9 点 40 分的时候，我终于回复完了邮件，然后……"

"什么？你用了 40 分钟时间回复邮件？"王经理不禁又一次惊讶地叫了起来，

"好像只有高级经理和销售员才会用这么长时间回复邮件。"

"其实，很多邮件都是不用马上回复的，只不过我觉得及时回复是一种礼貌。然后我又帮小李翻译了一小段文章，你知道，小李的英语并不是很好。就这样，当我正要坐下来，准备专心寻找计划书样本的时候，我发现办公室的饮水机里已经没水了，于是我只好打电话叫人送水，并在放下电话之后把自己的办公桌稍微整理一下。"

"这些听起来好像并不是你的工作。"王经理不禁皱起眉头。

"是的，可我觉得做这些事情并不需要花费多少时间。"

"可我相信，等到你真正开始工作的时候，恐怕都已经是上午 11 点了。"没等江灵回答，王经理就接着说道，"我明白了，以前也有人向我咨询过一些跟你类似的问题。我建议他们把所有的琐事都放在一个固定的时间里处理。我们每个人一天的工作状态总是处于不断的变化之中，比如说我们早上的时候精力一般都比较充沛，而到了下午四点钟左右，我们就会比较疲劳，所以我总是把像回复那些并不重要的电子邮件，整理文件，或者是拨打维修电话之类的工作放到这段时间去完成。"

江灵点了点头，脸上露出满意的微笑："是啊，王经理，这样既不会耽误工作，又可以帮助赶走疲劳和困倦，就等于是比赛时候的中场休息。"

"没错，江灵，如果你能够为琐事留出足够的时间的话，你就会发现自己的工作效率大大提高了。这样你就会发现不用加班，你也能够将工作完成得很好。你也不用老抱怨时间不够用了。"

走出王经理的办公室，江灵感觉到自己的脚步轻快了许多，对自己的工作也更有信心了，因为她明白了这样一个道理：提高时间的利用率比延长工作时间更有效。

我们提倡在工作中提高效率，更快更好地完成任务，但是，并不是说要以延长工作时间甚至是牺牲自己的休息时间为代价。解决这一问题的关键仍是找方法，找到了适合自己的工作方法，不但能够保证工作高效地完成，你还能从中享受到工作的乐趣。

第九节　专注于有效的工作，忙在点子上

能够时刻专注于有效的工作是一个人提升工作效能的最佳方法。一个人只靠忙并不能保证取得良好的效果，只有善于把握重点，能够时刻忙于要事的人才能够取得好的结果，成为工作和辛勤劳动的受益者。

"最近比较忙"是很多人的口头禅，在讲究效率的当今社会更是如此。忙着工作，忙着赚钱，忙着学习，忙着消费……"忙"字成了很多人心头唯一的关键词。当然，只靠忙并不能直接为我们带来满意的结果。

专注于有效的工作，是一个人提升工作效能的最佳方法。也就是说，忙要忙在点上，要忙得有效率。

美国的时间管理之父阿兰·拉金说过，"勤劳不一定有好报，要学会聪明地工作"。

能够时刻忙于要事，专注于有效的工作是一个人提高工作效能的关键。区别一个人工作效能高低的一个重要标准不是看他有多么努力地工作，而要看他能不能时刻忙于要事，忙在点子上。

这一点对于员工来说尤其重要。一名员工如果无法分清什么工作是有效的，什么工作是无效的，那么他将会忙忙碌碌而一事无成。

詹妮是一家公司的职员，大学毕业后，在求职上并没有费多少周折，就顺利地进入了一家著名的跨国公司，因为她精明能干、善解人意，当然很受老板的赏识。进这家公司没有多久，她就由普通员工被提拔为经理助理。

为此，她工作更加敬业，每天的工作都帮老板安排得井井有条，和同事关系处理得也很好，单位的同事们都很友好地待她。

詹妮在这里的工作用她自己的话说是得心应手，心情也很舒畅。在这家公司里，与她同一届毕业的同学当中，她是做得最好的。所以，难免会有同学打电话来询问她一些关于工作上的事情。

善解人意的詹妮，每当接到电话，就积极地帮助他人出谋划策，帮他们解决很多工作上遇到的问题。

这样一来，她就无法专注于有效的工作上，经理也为此批评过她。

但詹妮依然故我，每天还是忙忙碌碌的，热心地做着她的很多分外事。

一次，总部的老板打电话过来，结果电话一直占线，而这一次老板的电话是通知詹妮的经理：有个重要的合同要与他协商。结果，老板一直等了半个多小时，才把电话打进来。了解电话占线不是因为詹妮的经理在洽谈别的生意，而是詹妮接了一个电话，正在热心地帮助别人，做那些无效的工作后，老板一句话没说就把电话挂了。

直到有一天，正当詹妮在修改一份公司报告时，老板从总部发过来一份传真：

詹妮很出色，也很努力，但是她没有很清楚地认识到哪些事才是对她和对公司最有效的。我希望下次见到的不是詹妮，而是一个能专注于有效工作的员工。

詹妮被辞退了，同事们都感到很吃惊。

后来，这家公司在招聘时，面试题中就多了一项——你认为什么样的工作才是有效的?

能够认识到什么样的工作才是有效的,会使你在工作中事半功倍,处处领先于别人。一名优秀的员工不仅要勤奋工作,还要时刻专注于有效的工作,不仅要正确地做事,而且还要做正确的事情。

王波是国内一家知名汽车配件公司的王牌销售员,他的主要客户都是家用汽车制造商。在公司,王波可是一位真正的风云人物。

由于销售业绩出众,他不仅收入颇高,而且在公司内部受到了极高的礼遇。他可以使用公司的 A 级会客室接见客人,甚至连公司高级管理层都经常向他请教一些关于市场的问题。

据公司内部传言,如果不是因为王波坚持不肯放弃销售员职位的话,他很可能已经升为公司的销售总监了。

和大多数销售员不同的是,人们很难看到王波慌慌张张地到处拜访客户,他也不会像许多销售员那样一到办公室就拿起电话拨个不停。跟这些销售员相比,王波显得镇静从容得多。

实际上,他大多数时候都是在等着接电话,因为他的很多客户会主动为他介绍更多新的客户。

"不断拜访新客户并不是一种错误的行为,"王波在公司内部刊物跟大家交流经验的时候这样写道,"但坦白地说,这并不是一个特别讲求效率的做法,尤其对于那些已经建立了一定客户基础的销售人员来说,维护已有的客户关系似乎更加重要。

"首先,那些曾经使用过我们公司产品的人往往会比较容易接受我们的产品,而且维护老客户的费用通常要比培养新客户的费用低一些。如果,你对我们的客户做一下仔细的分析,你就会发现这样一条规律:我们只需要投入 20% 的精力维持老客户,就可以获得 80% 的效果。如果说成为王牌销售员有什么秘诀的话,这就是我的秘诀。"

王波在这里不仅为我们提供了一种行之有效的方法,更重要的是为我们指明了工作的方向:要把工作重点转移到最有效的事情上,把握住正确的做事方向。

找出工作中有哪些不需要做的事情,可以让我们把精力都集中在有效的工作上。

有经验的园丁往往习惯于把树木上许多能开花结果的枝条剪去,一般人会觉得很可惜,但是园丁们知道,为了使树木能更快地茁壮成长,为了让以后的果实结得更饱满,就必须忍痛将这些旁枝剪去。否则,将来的总收成肯定要减少无数倍。

那些有经验的花匠也习惯于把许多快要绽开的花蕾剪去。这是为什么呢?这些花蕾不是同样可以开出美丽的花朵吗?花匠们知道,剪去其中的大部分花蕾后,可以使所有的养分都集中在剩下的少数花蕾上。等到这少数花蕾绽开时，一定可以成为罕见、珍贵、硕大无朋的奇葩。

做事就像培植花木一样，与其把所有的精力都消耗在无意义的事情上，还不如看准一项适合自己的重要事业，集中所有的精力，全力以赴、埋头苦干，肯定可以取得杰出的成绩。

世界上无数的失败者之所以没有成功，并不是因为他们的才干不够，而是他们不能集中精力，全力以赴地去做适当的工作，大好精力被浪费在东西南北各个方向上，而他们自己竟然从未觉察到这一问题。

如果把心中的那些杂念一一剪掉，使生命力的所有养料都集中到一个方面，那么他们将来一定会惊讶——自己的事业竟然能够结出那么美丽丰硕的果实。

第十节　开头就把事情做对

"第一次就把事情做对"，是一条优秀企业的效能定律，它要求员工在工作中找到正确的事情，之后用适当的方法将该做的事情一次就做到位。

如果你到华晨金杯汽车有限公司进行参观，首先映入眼帘的就是悬在车间门口的条幅——第一次就把事情做对。

"第一次就把事情做对"是著名管理学家克劳士比"零缺陷"理论的精髓之一。第一次就做对是最便宜的经营之道！第一次做对的概念是中国企业的灵丹妙药，同时也是我们提升工作效率的一个重要法则。

在我们的工作中经常会出现这样的现象：

——5%的人并不是在工作，而是在制造问题，无事必生非，他们是在破坏性地做。

——10%的人正在等待着什么，他们永远在等待、拖延，什么都不想做。

——20%的人正在为增加库存而工作，他们是在没有目标地工作。

——10%的人没有对公司作出贡献，他们是"盲做""蛮做"，虽然也在工作，却是在进行负效劳动。

——40%的人正在按照低效的标准或方法工作，他们虽然努力，却没有掌握正确有效的工作方法。

——只有15%的人属于正常范围，但绩效仍然不高，仍需要进一步提高工作质量。

无论做什么事，都要讲究到位，半到位又不到位是最令人难受的。在我们执行工作的过程中，"第一次就把事情做对"是一个应该引起足够重视的理念。如果这件事情是有意义的，现在又具备了把它做对的条件，为什么不现在就把它做对呢？

当我们被要求"第一次就把事情做对"时，许多人会反驳："我很忙。"因为很忙，就可以马马虎虎地做事吗？其实，返工的浪费最冤枉。第一次没做好，再重新做时既不快，花费也不少。忙要为效率忙，而不是在忙中出错。

若第一次没把事情做对，忙着改错，改错中又很容易忙出新的错误，恶性循环的死结越缠越紧。这些错误往往不仅让自己忙，还会放大到让很多人跟着你忙，造成巨大的人力和物资损失。

由此可见，企业中每个人的目标都应是"第一次就把事情完全做对"，至于如何才能做到在第一次就把事情做对，克劳士比先生也给了我们正确的答案。这就是首先要知道什么是"对"，如何做才能达到"对"这个标准。

第一次就把事情做对，会深深影响一家企业的营运，试想想看，若一位业务人员在第一次没有弄清客户的需求，就胡乱应答"可以""一切都没问题""我们可以做到"，等到客户签约后，才发现合约内容根本无法符合其需求，造成技术人员或研发人员需设法解决业务所承诺的各种答案，或造成已投入 20% 的心力正准备开始时，客户却表示因为内容不符，不想签约。那是多么可惜，也是多么浪费啊。有可能成为你的顾客的潜在客户，却无法成为你的顾客，浪费了不少位员工的时间及心力，却还是没有办法弥补第一次没把事情做对的后果。

企业在招募人才时，如果没有第一次就找到对的人，若没有在一开始就找到符合你企业文化的人，后续你可能会面临不断为这个头痛人物的所作所为收拾残局的问题。需要不断为他留下的各种小问题，进行处理及善后，也需要为他不能和企业成员融洽相处等各种后遗症，不断疲于奔波，解决处理。

其后续所花费的心力，远比当初谨慎选择一位适合的人才，要多 10 倍或 20 倍的心力及时间。由此而知，我们怎能不慎重呢？

另外在新进成员刚进公司时，也是所谓的"第一次"。第一次接触公司的文化、第一次尝试新工作的任务、第一次执行该公司的项目。

在第一次，就要养成新进人员的士气、团体作业的态度、颇具效益的做事方法。一旦良好习惯养成了，日后也不需花费太多时间，再纠正调整其做事方法及态度，反而可让新进成员上手后，运用其自身意志，以最适合企业属性及认知的方法来处理每件事。

而在数据或文件归档时，能第一次就把事情做对，更可为你省下不少时间，有多少次，我们翻箱倒柜，寻找一份两个月前所看过的数据，寻找一篇之前网络搜寻所找到的文章，少说也要花个 10 分钟到半小时来寻找吧！很多次，我们因为需要找寻一位联系人，而不停地将名片盒反复查看，只为找到这个人的名片，这都是第一次没有把事情做对所引发的后果。

另外，要把事情一次做对，还要求我们在工作中要认真思考，力争将问题一次性解决。

从前，有一位地毯商人，看到最美丽的地毯中央隆起了一块，便把它弄平了。但是在不远处，地毯又隆起了一块，他再把隆起的地方弄平。不一会儿，在一个新地方又再次隆起了一块，如此一而再，再而三的，他试图弄平地毯，直到最后他拉起地毯的一角，看到一条蛇溜出去为止。很多人解决问题，只是把问题从系统的一个部分推移到另一个部分，或者只是完成一个大问题里面的一小部分。比如，工厂的某台机器坏了，负责维修的师傅只是做一下最简单的检查，只要机器能正常运转了，他们就停止对机器做一次彻底清查，只有当机器完全不能运转了，才会引起人们的警觉。

总是满足于小修小补的态度如果不转变，将会给公司和个人带来巨大的损失。正确的做法是把问题想透彻，找出合理的方案，将问题一次性地彻底解决。

重复作业是造成一个人工作效率低下的重要原因。在很多人的工作经历中，也许都发生过工作越忙越乱，解决了旧问题，又发生了新故障，在忙乱中造成了新的工作错误，结果是轻则自己不得不手忙脚乱地改错，浪费大量的时间和精力，重则返工检讨，给公司造成经济损失或形象损失。

因此，我们要提高工作效率，就要懂得为效率忙的道理，要坚持"第一次就把事情做对"的工作理念。盲目的忙乱毫无价值，我们无论自己的工作再忙，也要在必要的时候停下来思考一下，用脑子使巧劲解决问题，而不是盲目地拼体力交差。第一次就把事情做好，把该做的工作做到位，这正是解决"忙症"的要诀。

第二章
团队发展

第一节 重视团队的力量

一滴水只有融入大海才能生存，才能掀起滔天巨浪。同样，一个人也只有融入团队才能生存成长。放眼一流的工作团队，它们之所以会出类拔萃，无非是它们的成员能抛开自我，彼此高度信赖，一致为整体的目标付出心力的结果。

看过德国足球队比赛的人应该都注意到了，这个被称为"日耳曼战车"的球队，频频在世界级的比赛中问鼎冠军，可整个球队却难以找出一个技术超群的个人球星。

一位世界著名的教练说："在所有的队伍当中，德国队是出错最少的，或者说，他们从来不会因为个人而出差错。从单个的球员看，他们是不完美的，德国队是脆弱的。可是他们11个人就好像是由一个大脑控制的，在足球场上，不是11个人在踢足球，而是一个巨人在踢，对对手而言那是非常可怕的。"

全队拧成一根绳，发挥团队的最大力量——这就是德国队的秘诀！

企业也是如此，企业是一艘巨大的航母，每一个员工都是它不可或缺的一部分。这艘航母能否朝着企业的预定目标前进，有赖于全体员工的精诚合作。只有每一个员工的力量都保持一致，企业前进的利箭才会以无坚不摧的力量射中靶心。

井深大刚进索尼公司时，索尼还是一个只有20多人的小企业。但老板盛田昭夫却对他充满信心地说："我知道你是一个优秀的电子技术专家，就像好钢要用在刀刃上一样，我要把你安排在最重要的岗位上——由你来全权负责新产品的研发怎么样？希望你能发挥榜样的作用，充分地调动其他人。你这一步走好了，企业也就有希望了！"

"我？我还很不成熟，虽然我很愿意担此重任，但实在怕有负重托呀！"虽然深井大对自己的能力充满信心，但是他还是知道老板压给他的担子有多重——那任何成功的企业拥有一个合作共赢的团队。

绝对不是靠一个人的力量能应付得来的。

"新的领域对每个人都是陌生的，关键在于你要和大家联起手来，这才是你的强势所在！把众人的智慧合起来，还能有什么困难不能战胜呢？"盛田昭夫很有信心。

井深大一下子豁然开朗："对呀，我怎么光想自己？不是还有 20 多名员工吗？为什么不虚心地向他们求教，和他们一同奋斗呢？"

他找到市场部的同事一同探讨销路不畅的问题，他们告诉他："磁带录音机之所以不好销，一是太笨重，一台大约 45 公斤；二是价钱太贵，每台售价 16 万日元，一般人很难接受，半年也卖不出一台。您能不能往轻便和低廉上考虑？"井深大点头称是。

然后他又找到信息部的同事了解情况。信息部的人告诉他："目前，美国已采用晶体管生产技术，不但大大降低了成本，而且非常轻便。我们建议您在这方面下功夫。"他回答："谢谢。我会朝着这方面努力的！"

在研制过程中，他又和生产第一线的工人团结合作，终于一同攻克了一个个难关，在 1954 年，试制成功日本最早的晶体管收音机，并成功地推向市场。索尼公司由此开始了企业发展的新纪元！

井深大深深地体会到团队的力量，从这次的成功经历中，井深大更加明白了一个道理：没有完美的个人，只有完美的团队。

当你成为团队中的一员时，"我"就变成了"我们"。你必须舍弃部分的自我，整个团队才有茁壮成长的可能。

在团队中，除了要让每个人都有自我成长、完成任务的机会之外，也要让整个团体为设定的远景目标而努力。如此一来，便能达成个人和团队的"双赢"。

第二节 打造高效能组织

"剥洋葱法"是目标管理的一种重要方法。根据组织需要，利用剥洋葱法对企业目标进行分析，由长期目标到短期目标层层分解，更有利于组织顺利地达到目标。

你可能会在年底为自己订下这样一个目标："我要在下一年中争取成为行业中最出色的业务员。"随后，你可能付出比以前更多的努力来实现自己的目标，然而，正如我们在前文中所说的，"罗马不是一天造成的"，你的目标是逐步实现的。

如果你在设定"宏图大计"时，能够运用剥洋葱法将你的"宏图大计"分成一个个小目标，那么在你实现每个小目标时，你就能备受鼓励，而且你会很清楚你现在该去干些什么。

1. 方法大意

实现目标的过程是由现在到将来，由短期目标到最终目标，一步步前进的；但是设定目标的最高效的方法则是与实现目标的过程正好相反，运用"剥洋葱法"，由将来到现在，由长期目标到短期目标层层分解。

2. 目标树

目标树是现代管理学中的一个重要方面。"剥洋葱法"告诉了我们进行目标分解的方向，而目标树则为我们进行目标分析提供了具体的路径。

（1）目标多杈树示意图：

树干代表目标；

每一根树杈代表由最终目的分解生成的大目标；

叶子代表实现大目标需要关注的因素或者子目标。

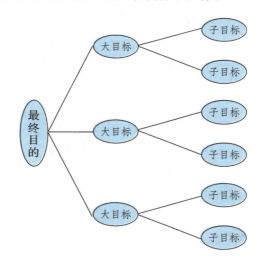

（2）在目标树中，大目标与子目标的关系：

子目标是实现大目标的策略；

大目标是子目标的结果；

子目标实现之"和"一定是大目标的实现。大目标实现之"和"则是最终目的的实现。

（3）如何描绘你的目标树：

首先，写下你的大目标和最终目的；然后思考实现最终目的有哪些策略，列出可能的策略并添加到目标树上的各级目标框内。其实，这些子目标是实现大目标和最终目的的步骤，在达到最终目的之前，首先是大目标和子目标的达到。接下来，再考虑完成每个大目标的因素，这些因素就是多权树的叶子。这样，你的目标很快就被描绘成一棵"枝繁叶茂"的大树了。同时，你的目的分析任务也就顺利完成了。

例如：你的最终目的是在今年的 9 月 30 日为公司赢得销售额 10 万元。

那么你的目标树如上图。

第三节　高效质量管理法

PDCA 循环法是一套高效质量管理法。将质量管理过程分为四个依序衔接的工作阶段：计划、执行、检查、修正再执行。严格遵循这一循环法，可以有效地提高质量管理效能和个人工作效能。

PDCA 循环法是在西方十分流行的一种行之有效的科学管理程序。这四个英文字母，分别代表计划（Plan）、执行（Do）、检查（Check）、修正再执行（Action）。PDCA 是一个科学的程序运作，在西方最早是由美国质量专家戴明博士倡导的。他是针对质量管理所提出的一个科学的程序运作。发达国家质量管理的实践证明：PDCA 循环法是一个行之有效的科学管理程序。PDCA 循环不仅是一种高效的质量管理方法，而且对于我们提高个人目的性和工作效能有很强的促进作用。

戴明博士把质量管理全过程分为四个依序衔接的工作阶段，即计划阶段、执行阶段、检查阶段和修正再执行阶段。这四个阶段是一个首尾相接的循环过程。

其实这并不是一门高深的学问，只要我们能解决一个"细"字，将这四个阶段又细分为八个便于操作的步骤，当你运用起"PDCA"循环法时就能够得心应手了。

PDCA 循环工作步骤表阶段步骤计划

阶 段	步 骤
计划阶段（P）	①设定目标　②搜索与目标相关的信息　③找出最佳方案　④制订计划工作表
执行阶段（D）	⑤按计划工作表执行工作
检查阶段（C）	⑥检查执行情况
修正再执行阶段（A）	⑦对检查结果作出修正　⑧修正后再执行

例如有一天，经理分配给你一项任务：让你对某区冷饮市场进行一项市场调查，并拟订一份市场调研报告。这本是让你大展身手的机会，但你却苦于不知从何着手而毫无头绪。为什么要进行调查？怎样进行市场调查？遇到问题怎样解决？调研报告怎样写？……各种各样的问题直砸得你眼冒金星，头脑发胀。但你若运用"PDCA"循环法，则思路会变得非常清晰。

下面我们提供一种 X 区冷饮市场调查的实施方案：

1．Plan：制订一份周全的计划。

本阶段你要明确六个问题。这六个问题简称为5W1H。

（1）为何制订此计划？（Why？）

（2）计划的目标是什么？（What？）

（3）何处执行此计划？（Where？）

（4）何时执行此计划？（When？）

（5）何人执行此计划？（Who？）

（6）如何执行此计划？（How？）

2．Do：计划好之后，着手将项目一步一步向前推进。

3．Check：在进行市场调研过程中，一定要记得检查，看项目的推进是否按原先的计划进行？当中有无纰漏和出现偏差？

4．Action：针对你的检查结果确定你的行动。

如果在市场调研过程中，发现计划偏离了原来的目的，或者发现原先的计划考虑不够周全，那你就要及时弥补、调整，以确保任务圆满完成。如果当中并无纰漏或偏差，当然是皆大欢喜，那你可以继续一如既往地进行。

第四节 日事日毕，日清日高管理法

长久以来，中国人做事都存在着很大的毛病，就是不认真，做事不到位，每天工作欠缺一点，天长日久，就成为落后的顽症。

组织需要建立一个管理机制来对付这个弊病，这套机制要承担下述功能：无论领导在或不在，企业都会持续良性地运转。OEC 管理法就是这样一种机制。其中"O"代表"Overall"，意为"全方位"；"E"代表"Everyone，Everything，Everyday"，意为"每个人，每件事，每一天"；"C"代表"Control and Clear"，意为"控制和清理"，即是全方位对每人、每天、每件事进行控制和清理。其本质就是把企业核心目标量化到人，把每一个细小的目标责任落实到每一个员工的身上。用一句话来概括就是："日事日毕，日清日高。"这是一种促使企业及每个员工、每项工作都能走上自我约束、自我发展、良性循环轨道的精细化管理方法。

其核心内容可以概括为 5 句话：总账不漏项，事事有人管，人人都管事，管事凭效果，管人凭考核。

总账不漏项是指把企业内所有事物按事务与物品归为两类，建立总账，使企业正常运行过程中所有的事与物都能在控制网络内，确保体系完整，没有漏项。

事事有人管、人人都管事，是指将总账中所有的事与物通过层层细化，落实到各级人员，并制定各级岗位职责及每件事的工作标准。为达到实时控制的目的，每个人根据其职责建立工作台账，明确每个人的管理范围、工作内容、每项工作的工作标准、工作频次、计划进度、完成期限、考核人、价值量等。为确保其完整性，每个人的台账由其上一级主管审核后方可生效。由于每个人的工作指标明确，工作中既有压力又有相对自主权，可以更好地发挥其主观能动性及自主管理的作用，真正树立起以人为本的思想。

管事凭效果，管人凭考核，是指任何人实施 OEC 日清日高模式的过程中，必须依据控制台账的要求，开展本职范围内的工作。这可使每个人在相对的自由度下进行创造性的能力发挥，力求在期限内用最短的时间，完成各自标准甚至高于标准的各项工作。

OEC 管理法由三个步骤构成：目标体系→日清体系→激励机制。首先是确立目标，日清是完成任务的基础工作，日清的结果必须与正负激励挂钩才有效。

OEC 管理的核心就是根据不断变化的市场不断提高目标，因为市场不变的法则在于它永远在变，所以这种模式有三个原则上的要求：

（1）比较分析原则——纵向与自己的过去比，横向与同行业比，没有比较就没有发展；

（2）闭环原则——凡事要善始善终，都必须有 PDCA 循环原则，而且要螺旋上升；

（3）不断优化的原则——根据木桶理论，找出薄弱项并及时整改，提高全系统水平。

按照 OEC 的管理模式，上至总裁，下至一般员工，无论在什么岗位，都应该十分清楚自己一天工作的目标，知道自己应该干什么，干多少，按什么标准干，要达到什么效果。当天发现的问题必须当天解决，就是所谓的"日日清"原理。

如果让一些本来极易排除而未能及时处理的小问题和事故隐患积聚下来，时间长了就会成为积重难返的大问题，以致严重影响目标的实现，而如果目标得不到实现，就会产生一种麻木不仁的思想情绪，影响员工的工作热情和干劲，导致企业管理流于形式。因此，海尔在高起点上稳扎稳打的要诀便是不厌其烦地每天清理薄弱环节。

在达到企业事务"日清"的目标以后，张瑞敏清醒地认识到，只有打破平衡状态，创造新动力，才能带动企业攀上新的台阶，取得持续、稳步的增长。企业原先发展的动力最多不过是使企业在"市场的斜坡"上维持原来的高度。动力来自差距，认清差距，就明确了目标，也就产生了缩小这种差距的新动力。于是张瑞敏在"日日清"的基础上，给 OEC 管理法又添了一道内容："日日高。"每天提高 1%，在原有基础上或提高质量，或增加数量，或降低成本，或改进工艺，或革新工具等方面有所改进，有所提高。长期坚持下去，所获得的效果将是惊人的。

OEC 日清日高管理法被誉为"海尔的管理之剑"，显示了张瑞敏对国情和中国国民性格的深刻理解，既看到中国人长久以来被压抑而形成的惰性，又看到他们身上蕴藏的无穷潜力。OEC 管理法是海尔人在长期探索中形成的独具特色的企业管理模式，它经历了由无序到有序，由有序到形成体系，并且，这种管理模式仍在不断地优化、上升和提炼。

第五节　合理决策法

决策是一个发现问题、认识问题、解决问题的过程。作出决策的方式选择直接影响着决策的正确与否和效率高低。

管理大师杜拉克曾说："决策是计划工作的核心。一个人要想达到自己的目的，需要掌握的一个很重要的工具就是'合理决策'的方法。"

首先我们先来简明地了解一下什么叫决策。决策是一个为达到预期目的而从两个或多个可供选择的方案中选择合理方案的判断和选择的过程。不能简单地把决策理解为就是作出抉择，作出抉择只是决策全过程的一个关键环节。事实上，决策是一个发现问题、认识问题、解决问题的过程。只有全面理解决策的全过程，了解决策各阶段应做的工作及其相互联系，才能保证决策的有效性。

1. 正确的决策流程

完成一项决策要经过一个系统的思维过程。美国管理学家赫伯特·西蒙认为，决策程序应该包括四个步骤：找出制定决策的理由，找到可能的行动方案，在诸行动方案中进行抉择，对已进行的抉择进行评价。西蒙将这四个步骤分别称为情报活动阶段、设计活动阶段、选择活动阶段和评价活动阶段。

计划是决策流程中最关键的一个环节。即，计划阶段就是一个决策过程，能否合理决策在整个计划阶段就显得举足轻重。在计划阶段中，无论前面你设定了多么有效的目标，搜集了多么充分的信息，如果接下来你无法作出明智的抉择，你都将会是竹篮打水一场空。而且，在接下来的几个阶段中，如果决策合理，执行起来就顺利得多，效率也会提高；反之，如果决策不合理，甚至是错误的，那么执行起来就难免会碰壁，效率也会大大降低。

2. 正确的决策方法

知道了决策的流程之后，我们需要掌握正确的决策方法。在这里我们主要介绍"VSAFE"快速决策法和科学决策法这两种比较常见的方法。

（1）VSAFE快速决策法。如果你必须及时、快速地作出决策，你可以采用快速决策的VSAFE法。为此，你要快速评估每种方案的实际效果，以及它们将怎样影响主要工作的测评标准。另外，你要考虑方案的适用性和是否容易被别人接受。最后，考察方案的可行性和长期性。

价值（Valuable）：考察方案对目标的贡献；

合适（Suitable）：考察方案是否与策略吻合；

认可（Acceptable）：考察方案是否确实可接受；

可行（Feasible）：考察方案是否成功；

持久（Eternal）：考察方案是否符合长期利益。

例如，这个月，老总给你下达一道命令：让你这个月完成销售额10万元。收到这条指令后，你一边拼命与旧客户联系订单，一边努力发展新的客户。但是选择哪种新客户却成为你前进路上的"拦路虎"。那么让我们依据"VSAFE快速决策法"来帮助你迅速选择新的客户。

选择新的客户：

标准：需要考虑的因素；

价值：能否增加本月的销售额；

合适：是否符合你建立商业伙伴的全面商业战略；

认可：该客户是否已经被认可而且同行的公司已经接受该客户；

可行：向该客户供货是否方便；

持久：是否有必要根据本公司的产品做进一步的调整。

当然，如果你不能从"VSAFE快速决策法"五个标准中获得正面的答案，就应当尽快制订一个方案或者修改现行的方案。

（2）科学决策法。所谓科学决策法，就是指通过对存在决策问题的分析选择最佳方案，将之化为行动，以取得高效益或最低风险的结果的一个过程。

科学决策法主要有下面4个实验阶段：对各种备选方案分析、找出最佳决策方

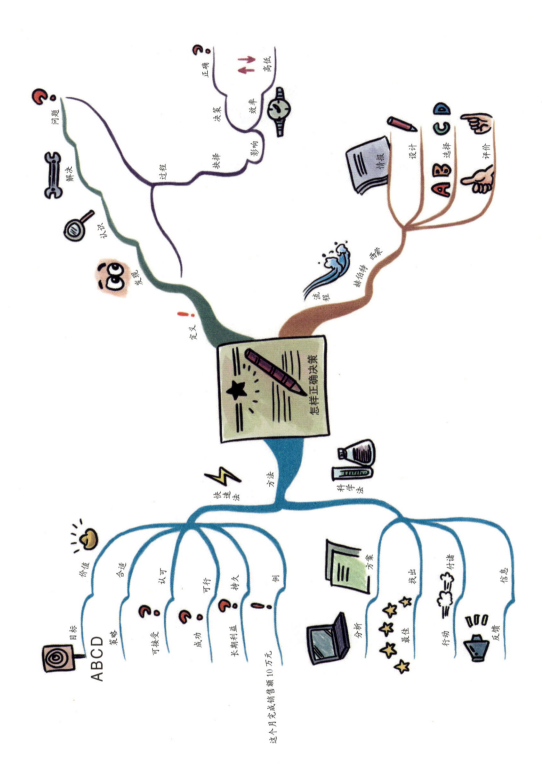

正确

高低

效率

决策

影响

问题

解决

认识

发现

挑选

过程

定义

设计

选择

评价

清报

ABCD

赫伯特·西蒙

流程

怎样正确决策

快速法

方法

科学法

价值

合适

认可

可行

持久

例

目标

策略

可操作

成功

长期利益

ABCD

这个月完成销售额 10 万元

方案

分析

最佳

找出

付诸

信息

行动

反馈

341

案、将该决策付诸行动、信息反馈。

对于这一问题，可用决策问题四分图加以解决。如下图：

注：Q因素（Quality），问题质量维度；A因素（Acceptant），认可维度。

根据这个图，我们进行分析：

①对于象限Ⅰ类的问题，意味着这类问题与个人、工作群体利益关系不大，即质量维度与认可维度都很低。对此类问题，根本不必讨论，随机决定即可。

②对象限Ⅱ类的问题，意味着这类问题与工作群体的利益有紧密联系，但是与个人利益没有直接联系。此时，必须与有关专家共同决定作出决策。

③对象限Ⅲ类的问题，意味着这类问题与工作群体的利益、前途、发展方向都没有什么联系，但是与个人利益密切相关。对于此类问题，应与利益相关主体协商解决。

④对象限Ⅳ类的问题，意味着这类问题既与工作群体的发展方向、经济利益紧密，又与个人的利益直接有关，则需要与所有人员共同讨论决定。

科学决策法流程如下图。

第六节　提升团队执行力

执行是实现目标的过程与行动，执行力是执行的力度与能力，执行中采用什么样的方法，对工作力度与工作能力的发挥影响极大，方法恰当，可以达到事半功倍的效果，方法不对，就会事倍功半，影响和制约执行力的发挥。

实践证明，有些工作和任务不能高效地执行，很大程度是执行的流程不合理所造成的。因此，要从根本上解决执行的问题，就需要从组织流程上下功夫，再造合理的落实流程。

MBL 是美国第十八大人寿保险公司。该公司的保单申请程序在重建之前，非常烦琐复杂。从顾客填写保单开始，到最终开具保单，要实施 30 个步骤，跨越 5 个部门，经过 19 位员工之手。完成申请过程最快也需要 24 小时，正常则需要 5 ~ 25 天。

这漫长的过程到底有多少时间是在创造附加价值呢？有人对此进行了推算。推算的结果是：假设整个过程需要 22 天的话，那么，真正用于创造价值的只有 17 分钟，还不到 0.05%，而 99.95% 的时间都在从事不创造价值的无用工作。

为什么会是这样的结果，经过分析，得出了结论：是僵化的处理程序将大部分时间都耗费在部门间的信息传递上，从而使本应该简单的工作变得更为复杂。

面对上述这种情形，MBL 的总裁果断地提出了将效率提高 60% 的目标。为此，MBL 进行了流程再造。

MBL 的新做法是：打破原有的工作界限，拆除影响高速落实的组织障碍。他们削减了 100 个原有职位，设立了专案经理这样一个新职位。

专案经理不仅对保单申请的全部过程负责，而且拥有全部的权力，即专案经理对整个申请保单的流程具有全部的决策权和处理权。

这种专案经理处理整个流程的做法，不仅大大压缩了线形序列的工作，而且还消除了中间管理层，使得工作效率大幅度提高：处理一份保单只需要 4 个小时，即使是较复杂的任务也只需要 2 ~ 5 天就能完成。

没有流程化的组织，日常中很多工作是依靠一级一级领导的推动来完成的，一项工作如果没有领导过问，就没有人处理，也没有人承担责任。一个良性的、有执行力的组织，必须从"靠领导推动"转向"靠流程推动"，简化工作决策与执行的环节。

比如，一个员工，凭自己的经验去做事，他可能会做得很快，但有可能会做错，效率虽很高，但有效性等于零。流程化以后就不一样了，他可以按照规定的程序做，就不会出差错。通常情况下，在组织发展速度比较快的时期，没有人会在意流程的存在或者是否有价值，当组织进入到稳定地持续发展的时候，问题就暴露出来了。

各个环节、各个方面的不协调，会严重影响组织的发展。合理的流程可以减少组织对人的依赖，即使出现人员的大规模流动，也不会给组织带来危机。由于提倡简单管理，现实中有的管理者在授权下属贯彻其决策意图时，不把原则、框架和资源条件讲清楚，而是说："这件事就交给你办了，至于怎么办，你自己拿主意，我只管结果，不问过程。"

下属不明所以，只好凭悟性揣摩着干，结果自然执行不好，即使个别悟性极高者执行好了，那也是偶然。这时通过流程固化组织以往经验就可以很好地指引员工工作，用不着多费口舌。

流程的产生过程很重要，但它的落实更重要。有了流程而不落实就等于没有流程。执行新的流程往往会比较痛苦，因为要改变员工原有的工作习惯，要求他们做很多以前并不需要做或需要如此做的工作。

所以，很多人认为流程把高效变成了复杂，把灵活变成了僵化，甚至认为流程就是官僚主义的变形。其实，表面上看制定流程使工作的步骤增加了、固化了，但却提高了正确率，确保了秩序性。

有的组织中员工会以"简单管理"为武器对流程化进行发难，在他们看来，每周都要编制计划，每天都要填写当日工作报表，太麻烦了！严重影响了工作效率！这是员工的抱怨，是对流程化的不适应，也是员工对组织变革的消极反应。这种情况需要一定的时间磨合。

需要明白的是，"简单管理"绝不是粗糙管理，更不是不管理。"简单管理"是"找出规律"的管理，而规律不一定是减少行为投入就可以换来的，为找出规律，前期的基础管理可能很复杂、很琐细，但这是符合事物发展规律的。所以，绝不能因为员工不适应、不支持就放弃。流程化是十分必要的，必须坚持、坚持、再坚持。

第三章

用思维导图化解工作难题

第一节 如何突破工作中的"瓶颈"

工作一段时间后，往往会遇到一个"瓶颈"期。为了突破工作中的"瓶颈"，我们需要为自己进行准确的定位，调整心态，进而选择适合自己的充电方式。

如果我们善于使用思维导图的话，那么面对工作或生活中的任何瓶颈，我们都能理清、理顺，从而有效应对。

无论事业还是生活，每个人都会遇到"瓶颈期"。最糟糕的是，你并不知道这一次的"瓶颈期"有多长。于是有人戏称之为"悠长假期"。应该怎样度过这个"假期"呢？希望下面的这个小故事能够带给你启发。

在18世纪淘金热刚刚兴起的时候，南非的金矿还埋藏在一望无际的沙漠下。一个名叫乔治·哈里森的人来到南非，他对自己说，他要找到世界上最大的金矿。可是命运似乎并没有眷顾这名年轻人，十几年的时间过去了，乔治·哈里森连金矿的影子都没有看到，只是在一些小金矿作坊里没日没夜地干着最脏最累的活。

处于"瓶颈期"的他松懈下来，放弃了寻找金矿的任何准备。

在很偶然的机会，乔治·哈里森发现了一条长420公里，宽24公里的金脉，这也是目前世界上最大的金矿。

就在他感觉到喜从天降

只有不断地充实自己，不断学习，才能够突破工作中的"瓶颈"。

的时候，却发现自己不具备任何开采金矿的资本。万不得已，他只得出售了这条金矿的开采权，价格是 10 英镑！如此低廉的价格，等于白送了开采权。

命运和乔治·哈里森开了一个大玩笑。但是只要认真思考一下，就会发现乔治错过金矿的原因，就在于他忽略了"随时准备着"的准则，就算处于"瓶颈期"，在给自己放一个长假的时候，也不能对自己的技术、知识不闻不问。

在"瓶颈期"，每个人的苦闷大多是源于缺乏目标。

这时，我们首先需要做的是静下心来思考，给自己一个全新而准确的定位。这个定位就像一颗启明星，可以指引你前进的方向。

工作的瓶颈期会使我们有一些空余时间，不要让这些时间白白溜走，不妨动手学习一直很感兴趣却由于平日的忙碌而疏忽的东西。也许将来的某一阶段，你会发现在"瓶颈期"略显艰苦的"修炼"已经给你铺垫了厚实的基础。

下面这个故事中的主人公就是借助学习突破了他的工作瓶颈期，而且迎来了一个崭新的发展阶段。

王明是一家外贸公司的职员，他对自己的工作很不满。

在一次朋友聚会上，他十分生气地对好友张亮说："我的老板真是有眼无珠，他从来都不重视我，我哪天非在他面前发火不可，然后离开公司。"

张亮听后，问王明："你对你所在的公司完全了解了吗？对公司所做业务搞明白了吗？"

王明摇摇头，非常疑惑地看了看张亮。张亮接着说："俗话说'君子报仇十年不晚'嘛！你不用着急辞职，我建议你把你们公司的业务流程先全部搞清，并认真学习那些你不会的东西，等什么都学会后再辞职不干也来得及。"

张亮见王明表情迷惑，就解释说："你想想啊，公司是一个不用花钱就可以学习的地方，等你全部都学会了再辞职的话，就能给自己出气，还能有很多收获，岂不是一举两得吗？王明，难道你不这么认为吗？"张亮的建议王明谨记在心。此后，王明勤学默记，经常在别人下班之后，他还待在办公室中研究写商业文书的方法。

时间过得飞快，一年后，王明偶然遇到了张亮，张亮问他："现在你应该把公司的事情学得差不多了吧？什么时候准备拍桌子辞职啊？"

不料王明却说："但是，这半年来我感觉老板对我非常重视了，近来不断给我加薪，并委以重任，现在，我已经是公司最红的人了！"

从这个故事中，我们应该明白这样一个道理：现在已经步入终生学习的时代，学习是终生的事情，是没有时间的分隔、人员的界定和场所限制的，要想有所发展，就一定要时刻学习。

提高学习的能力要比学习知识重要得多，知识虽然也在时刻更新，但人们只有在提高了学习知识能力的同时才能更好地吸收新知识、运用新技能，以此提高自己的整体素质，才能适时地突破瓶颈。

第二节　如何跨越职业停滞期

工作中，突然出现的"职业停滞期"会让人陷入一种深深的"本领恐慌"中，要突破这种职业停滞期，我们要学会"自我革命"，只有不断地突破自我，才能够不断成长。

在职场中，很多人会遭遇一种"职业停滞期"。

例如，有些人因为对自身没有很好的职业规划，接受新知识的态度也不是很积极，结果导致自己的创新能力跟不上新员工，眼看着身边的新员工一个个加薪、晋职，他们陷入一种深深的"本领恐慌"中。

然而面对自己职业上的停滞，他们更多的是埋怨企业没能给他们职位提升的空间，这种想法是不对的。"解铃还需系铃人"，这时，需要我们进行"自我革命"，只有不断地突破自我，才能够不断成长。在这一点上，一则关于鹰的故事可以给我们带来一个很好的启示。

鹰是世界上寿命最长的鸟类之一，其寿命可达70年，但当鹰长到40岁的时候，要跨越职业上的停滞期，就要学会"自我革命"，只有不断地突破自我，才能不断成长。

它的爪子开始脱落，喙变得又长又弯，翅膀上的羽毛也长得又浓又厚，已不再是飞行的工具，相反成了一种负担。

这时的鹰就如同企业的中年员工一样，必须作出一个困难却又关乎生命的选择：要么安静地死去，要么经过一个痛苦的进化过程获得新生。让人敬佩的是，所有的鹰都选择了后者。它们努力地飞到悬崖边上筑巢，数月停留在那里不再飞翔，用喙击打岩石，直到老喙完全脱落。新喙长出后，鹰会用它把指甲一根根地拔出来，新指甲长出来后再用爪子把羽毛一根根拔掉。5个月后，鹰获得了新生。

世界著名的信息产业巨子，英特尔公司的前总裁安迪·葛鲁夫，在功成身退之时，回顾自己创业的历史，曾深有感触地说："只有那些危机感强烈、恐惧感强烈的人，才能生存下去。"

恐惧，无疑是一种不安的心志，而居安思危是使"惧"成为不惧的新起点。"惧"是审时度势的理性思考，是在超前意识前提下的反思，是不敢懈怠、兢兢业业、勇于进取的积极心志。

正是在这种惧者生存的经营理念下，英特尔在安迪·葛鲁夫的领导下，常能够适时地进行变革，最终成为全世界最大的芯片制造商。

"英特尔"成立时，葛鲁夫在研发部门工作。1979年，葛鲁夫出任公司总裁，刚一上任，他立即发动攻势，声称在一年内要从摩托罗拉公司手中抢夺2000个客户，结果"英特尔"最后共计赢得2500个客户，超额完成任务。

此项攻势源于其强烈的危机意识，他总担心英特尔的市场会被其他企业占领。

1982年，由于经济形势恶化，公司发展趋缓，他推出了"125%的解决方案"，要求雇员必须发挥更高的效率，以战胜咄咄逼人的日本。他时刻担心，日本已经超过了美国。

在销售会议上，可以看到身材矮小、其貌不扬的葛鲁夫。他的匈牙利口音使其吐词不清，他用拖长的声调说："'英特尔'是美国电子业迎战日本电子业的最后希望所在。"

危机意识渗透到安迪·葛鲁夫经营管理的每一个细节中。1985年的一天，葛鲁夫与公司董事长兼CEO的摩尔讨论公司目前的困境。他问："假如我们下台了，另选一位新总裁，你认为他会采取什么行动？"

摩尔犹豫了一下，答道："他会放弃存储器业务。"葛鲁夫说："那我们为什么不自己动手？"在 1986 年，葛鲁夫为公司提出了新的口号，"英特尔，微处理器公司"。

《时代周刊》上的安迪·葛鲁夫

"英特尔"顺利地度过了困难时期。其实，这皆赖于葛鲁夫那浓厚的危机观念。他始终认为，居安思危者方可生存，企业家一定要居安思危，保持忧患意识，企业方可长久。为了不让公司再度陷入困境，葛鲁夫让"英特尔"几近疯狂地投入到微处理器的战场之中。1992年，葛鲁夫让"英特尔"成为世界上最大的半导体企业。因为"英特尔"已不仅仅是微处理器厂商，它逐渐成了整个计算机产业的领导者。1994 年，一个小小的芯片缺陷，一下子将葛鲁夫再次置于生死关头。12 月 12 日，IBM 宣布停止发售所有奔腾芯片的计算机。预期的成功变成泡影，雇员心神不宁。12 月 19 日，葛鲁夫决定改变方针，更换所有芯片，并改进芯片设计。最终，公司耗费相当于奔腾 5 年广告费用的巨资完成了这一工作。但"英特尔"又一次活了下来，而且更加生气勃勃，是葛鲁夫的性格和他的危机观念挽救了公司。

如今，"英特尔"已经掌握了微处理器的市场，可在危机观念的指导下，它没有任何放松的迹象，葛鲁夫仍然没有沾沾自喜而就此松懈。在他的带领下，"英特尔"把利润中非常大的部分花在研发上，继续疯狂行径的葛鲁夫依旧视竞争者如洪水猛兽。葛鲁夫那句"只有恐惧、危机感强烈的人，才能生存下去"的名言已成为"英特尔"企业文化的象征。

其实，危机是随时都会出现的，危机当前，逃避不是上策，只有勇敢地面对它，根据发展形势进行必不可少的变革，才是个人与企业长久发展之计。

第三节 如何缓解心理压力

今天，在工作强度日趋加大，市场竞争日趋激烈的情况下，不少人感到难以承受沉重的工作压力，并出现了明显的心理反应。在这种情况下，减压已经成为一个刻不容缓的问题。

2003 年 6 月，温州市东方集团副总经理朱永龙因长期精神抑郁自杀身亡；

2003 年 8 月，韩国现代集团董事长郑梦宪跳楼身死；

2005 年 4 月，爱立信（中国）有限公司总裁杨迈由于心脏骤停在北京突然辞世；

······

中国约有 70% 的白领处于亚健康状态。

为什么会这样呢？一句话，都市节奏太快，职场压力太大。

所谓的压力是当我们去适应由周围环境引起的刺激时，我们的身体或精神上的生理反应。一般而言，98% 的压力来自芝麻小事，只有 2% 的压力可能造成生活上的大问题。

然而，这 2% 的压力却产生了 98% 的"负面性压力"。有人面对压力，会暴饮暴食、酗酒、吸毒，变成工作狂，但有人却会把压力视为机会，借着压力将自己转化得更成熟稳健。

不良压力危害人的生理和心理健康，威胁人生幸福，如何应对压力是一堂人生必修课。当面对压力时，你可以采用以下方法来化解压力、缓解压力：

1. 让心灵暂时出逃

工作无休止，事业无尽头，但是健康却是我们永恒的本钱。在这个日新月异的社会里，每个人都越来越看重自己的身份和事业，既想做白领、做主管、做老板，又要做好丈夫、好妻子、好父亲、好母亲。

这些来自职场和家庭的不同身份，就像一张无形的网，罩得人们喘不过气来。其实，你完全可以让自己停下来歇一歇。在办公室和家的两点一线之外，找一个让心灵暂时出逃的地方，将人生重负稍放片刻，在那里虚度一下光阴。出来之后，你也许就会觉得，迎接你的，是又一个生机勃勃的明天。

学会放松

在向目标努力的过程中，我们需要适度的放松，这样才能保持心理的健康。做自己喜欢的事情能够暂时忘记面临的困难。在休息之后，发现看待问题的新角度，从而找到解决问题的方法。

2．提高你的抗压力

提高抗压能力的第一步是要有意识地塑造自己良好的性格，对待事情，要能拿得起，放得下，保持情绪的稳定性。这样当压力到来时，就不会有大起大落的不适应感。

再者，要意志坚定、胸怀坦荡、心境豁达，凡事不钻牛角尖。

最后要善于处理人际关系。今天，每个人都面临事业、学术、婚姻、住房、医疗、利益分配等诸多问题，在这些关系个人利益的问题中，人际关系显得尤为重要。

3．饮食得当，缓解心理压力

营养学家和心理学家经过几十年的潜心研究，发现食物因素对人的心理状态包括情绪状态有较大的影响。在一定情况下，选择最佳食物，可以缓解心理压力和负担。

例如，含糖量高的食物对忧郁、紧张和易怒行为或心理状态有缓解作用。因此，如果你遇到难题，思虑过度或紧张不安，甚至发生严重失眠的话，建议在睡觉前喝点脱脂牛奶或加蜂蜜的麦粥，并吃些香蕉。这些食物会帮助你安定心情、顺利入眠，并且会睡得更香。

4．勤做缓解压力操

步骤一：两手慢慢平伸，手握拳头，慢慢用力，包括上臂、前臂、拳头。慢慢用力，再用力，感觉肌肉的紧绷，达到自己可以承受的极致。然后慢慢放松，两手慢慢放下；

步骤二：身体坐正，下巴往胸前压，两肩往后拉，然后往前压，再用力往后拉，用力，慢慢放松，动作要慢；

步骤三：眉毛上扬，用力往上扬，用力，再用力，然后慢慢松开；

步骤四：鼻子、嘴巴、眼睛用力往脸中间挤，慢慢用力，然后慢慢放松；

步骤五：嘴唇紧闭，用力咬紧牙齿，慢慢用力，然后慢慢放松；

步骤六：嘴巴张开，舌头抵住下齿龈，嘴巴用力张开，舌头用力抵住，再用力，慢慢放松；

步骤七：身体坐直，身体往后仰，用力往后仰，再用力，慢慢回复原来位置，慢慢做两个深呼吸。

5．香气疗法

香气治疗法目前在日本颇为流行，它不是简单地买回一些植物汁或者植物油来享受其芬芳就完事，而是有越来越多的商家开始利用这种香气为人们提供治疗服务，据说该治疗可以起到缓和人们紧张情绪和改进人际关系的神奇功效。

很多美容院都已开展了这项服务。当然，如果没有条件的话，那么养几盆有香味的花，每天早晚跑去阳台各闻一次，然后做做伸展运动，也许压力也会随之一扫而光。

6．听自己最喜欢的歌

音乐同样具有安定情绪和抚慰的功效。想尽情地发泄一番，那就听一听摇滚乐；想理清一下情绪，那就听听古典音乐。你可以买上一两张新碟，把自己关在房间里戴上耳机，你就可以尽情地沉浸在音乐王国里面了。

7. 有空常做深呼吸

呼吸并不只有维持生命的作用，吐纳之法还可以清新头脑，平静思绪。所以当你因压力太大而心跳加快时，不妨试着放松身心，做几个深呼吸。

8. 在想象中减压

听起来很新鲜，其实研究证明想象能有效减轻压力。例如设想自己在草地漫步，闻到近处有兰花，踩着鹅卵石在没膝深的溪水中探行，躺在海滩上让潮水一遍一遍地冲刷。要注意想象一些声音、景象、气味等的细节。

第四节 如何摆脱不良的工作情绪

"雄鹰翱翔天空，难免折伤飞翼；骏马奔驰大地，难免失蹄折骨。"人的一生不可能一帆风顺，事事如意，我们在工作中也难免会遇到挫折。摆脱不良的工作情绪将有助于工作的顺利进行，并可以给你带来好的心境。

有的人在工作中遇到挫折后，就消沉、灰心、萎靡不振，丧失信心，放弃了努力，甚至自怨自艾，自暴自弃。

长久的压抑甚至导致精神疾病，其实，在遇到挫折后，不妨冷静而理智地分析导致挫折的原因和过程，从中找到较好的解决办法。

下面介绍几种摆脱不良工作情绪的方法：

（1）沉着冷静，不慌不怒。

（2）增强自信，提高勇气。

（3）审时度势，迂回取胜。所谓迂回取胜，即目标不变，方法变了。

（4）再接再厉，锲而不舍。当你遇到挫折时，要勇往直前。你的既定目标不变，努力的程度加倍。

（5）移花接木，灵活机动。倘若原来太高的目标一时无法实现，可用比较容易达到的目标来代替，这也是一种适应的方式。

（6）寻找原因，理清思路。当你受挫时，先静下心来把可能产生的原因寻找出来，再寻求解决问题的方法。

（7）情绪转移，寻求升华。可以通过自己喜爱的集邮、写作、书法、美术、音乐、舞蹈、体育锻炼等方式，使情绪得以调适，情感得以升华。

（8）学会宣泄，摆脱压力。面对挫折，不同的人有不同的态度。有人惆怅，有人犹豫，此时不妨找一两个亲近的人、理解你的人，把心里的话全部倾吐出来。

从心理健康角度而言，宣泄可以消除因挫折而带来的精神压力，可以减轻精神疲劳；同时，宣泄也是一种自我心理救护措施，它能使不良情绪得到淡化和减轻。

（9）必要时求助于心理咨询。当人们遭遇到挫折不知所措时，不妨求助于心理咨询机构。

心理医生会对你动之以情，晓之以理，导之以行，循循善诱，使你从"山重水复疑无路"的困境中，步入"柳暗花明又一村"的境界。

（10）学会幽默，自我解嘲。"幽默"和"自嘲"是宣泄积郁、平衡心态、制造快乐的良方。当你遭受挫折时，不妨采用阿Q的精神胜利法，比如"吃亏是福""破财免灾""有失有得"等来调节一下你失衡的心理。或者"难得糊涂"，冷静看待挫折，用幽默的方法调整心态。

对此，我们用思维导图画出摆脱不良工作情绪的方法，以时刻提醒自己。

第五节　如何保持最佳的工作状态

以最佳的工作状态工作不但可以提升我们的工作业绩，而且还可以带来许多意想不到的成果。良好的精神状态不是财富，但是它会带给我们财富，也会让我们得到更多的成功机会。

精神状态能如何影响工作，不是任何人都清楚，但是我们都知道没有人愿意跟一个整天提不起精神的人打交道，也没有哪一个领导愿意提拔一个精神萎靡不振、牢骚满腹的员工。

微软的招聘官曾指出："从人力资源的角度来讲，我们愿意招的员工，他首先是一个非常有激情的人，对公司有激情、对技术有激情、对工作有激情。可能他在这个行业涉世不深，年纪也不大，但是他有激情，和他谈完之后，你会受到感染，愿意给他一个机会。"

刚刚进入公司的员工，自觉工作经验缺乏，为了弥补不足，常常早来晚走，斗志昂扬，就算是忙得没时间吃饭，依然很开心，因为工作有挑战性，感受也是全新的。

这种工作时激情四射的状态，几乎每个人在初入职场时都经历过。可是，这份工作激情来自对工作的新鲜感，以及对工作中可预见问题的征服感，一旦新鲜感消失，工作驾轻就熟，激情也往往随之溜走。一切又开始平平淡淡，昔日充满创意的想法消失了，每天的工作只是应付完了即可。既厌倦又无奈，不知道自己的方向在哪里，也不清楚究竟怎样才能找回令自己心跳的激情。在领导的眼中也由一个前途无量的员工变成了一个比较称职的员工。

现今这个充满竞争的社会里，在以成败论英雄的工作中，谁能自始至终陪伴、鼓励、帮助我们呢？同事、亲人和朋友们，都不能做到这一点。唯有我们自己才能激励自己更好地迎接每一次的挑战。

所以要想变得积极起来完全取决于我们自己。

如果我们每天清晨始终以最佳的精神状态出现在办公室里，面带微笑问候一声同事，以昂扬的精神状态投入工作，感染周围的同事，工作时神情专注，走路时昂首挺胸，与人交谈时面带微笑……

愈是疲倦的时候，就要表现得愈好、愈显精神，让人完全看不出一丝倦容，这样会给周围的人带来积极的影响。

良好的工作状态是我们责任心和上进心的外在表现，这正是领导期望看到的。在这个社会中，人们都承受着巨大的有形或者无形的压力。所以就算生活、工作不尽如人意，也不要愁眉不展、无所事事，要学会掌控自己的情绪，让一切变得积极起来。让我们始终对未来充满希望！明天会更好！如果我们乐观，一切事情都是亮色的，包括糟糕的事情，如果我们悲观，一切事情都是灰色的，包括美好的事情。

所以保持对工作的新鲜感是保证我们工作激情的有效方法。

可是这做起来很难，不管什么工作都有从开始接触到全面熟悉的过程。要想保持对工作的恒久的新鲜感，可以从以下几方面着手：

首先必须改变工作只是一种谋生手段的认识，把自己的事业、成功和目前的工作连接起来；其次，保持长久激情的秘诀，就是给自己不断树立新的目标，挖掘新鲜感，把曾经的梦想捡起来，寻找机会去实现它。审视自己的工作，看看有哪些事情可以更好地处理，然后把想法实施到工作中，认同企业文化培养归属感，对自己的企业和工作感到骄傲，在我们解决了一个又一个的问题后，自然就产生了一些小小的成就感，也会因此受到鼓舞，感觉生活是美好的，这种新鲜感觉就是让激情每天陪伴自己的最佳良药。最后要热爱工作并充满激情。不要扼杀对美好事物的追求和热情，对我们的工作倾入全部的热情，每天精神饱满地去迎接工作，以最佳的精神状态去发挥自己的才能，就能充分发掘自己的潜能。我们的内心同时也会变化，越发有信心，别人也就会认同我们存在的价值。

第六节 如何保持完美的职业形象

成功形象是一个人的无形资产，"看起来像个成功者和领导者"，那么你的事业会为你敞开幸运的大门。

西方有句名言："你可以先装扮成'那个样子'，直到你成为'那个样子'。"如果你已经成为"那个样子"，但没有扮成"那个样子"，那么对你的成功事业就会带来一定的阻碍。先看一个事例。

我国东北盛产大豆，以其粒大、油多、脂肪丰富而闻名全国。改革开放后，一大批农民企业家迅速崛起，陈志贵就是其中的一个。他就地取材，以当地特产的优质大豆为原料，创办了一家豆粉饼加工厂。

由于经营得方，业务很快就做大了，不仅将客户发展到了全国，甚至还发展到形象是一个人的无形资产，良好的形象不仅能带给你自信，还能增强别人的信任感。

了东南亚地区。

一天，陈志贵收到了一张来自香港的大订单，他亲自带领工人连夜加班，终于在规定的时间内完工，将货物发往了香港。但几天之后，香港公司却打来电话，说货物"有质量问题"，要求退货。

陈志贵十分纳闷，自己的产品一向以质量过硬而赢得卓越信誉，况且，这批产品由自己亲自监工生产，怎么会出现质量问题呢？绝对不是质量问题，一定是其他环节上出现了问题！陈志贵十分自信，他简单收拾了一下行李，立即乘飞机飞往香港。

当西装革履、风度翩翩的陈志贵出现在香港公司的总经理面前时，对方竟然惊讶地张大了嘴巴。虽然还不明白退货的问题出在哪里，但感觉敏锐的陈志贵已从对方的细微变化中捕捉到了什么。

在以后两天的相处中，陈志贵不亢不卑，侃侃而谈，充分表现出一个现代企业家应有的气质和风度，最终不仅"质量问题"烟消云散，还和那位总经理成了好朋友，成为长期的商业伙伴。

但是"质量问题"始终是陈志贵心中的一个疑团，因为他和对方谈得多是企业管理和人生修养方面的问题，他们根本没有再提什么质量问题。直到多年之后，陈志贵向那位经理询问才得知真正原因。

原来，这批货是香港公司的一个部门经理向陈志贵订的货，但在向总经理汇报后，总经理得知这批货是由农民家庭加工生产时，脑海里凭空臆想出了一个土得掉渣的农民形象。他顾虑重重，对那批货看也不看，就做了退货的决定。但当形象鲜明、个性十足的陈志贵突然出现在他面前时，他才知道自己犯了个多么可笑的错误。

可见，成功形象是一个人的无形资产，"看起来像个成功者或者领导者"，那么你的事业会为你敞开幸运的大门，让你脱颖而出。

民主选举时，由于你"像个领导"，人们会投你一票；提拔领导时，由于你"像个领袖"，你会被领导和群众接受；对外进行商务交往时，由于你"像个成功的人"，人们愿意相信你的公司也是成功的，因而愿意与你的公司进行交易。

沈先生有很高的经商才能，从一家大公司辞职后他想开家公司。但是当他的公司开张时，生意却出奇惨淡，他的客户在他简陋的办公室中往往坐不到五分钟就起身告辞。

后来他在实力的虚实上做起文章来，以吸引人流的商人和客户。

他租用了一套还算像样的房子，将里面的家具放入仓库，从别处借来一套上档次的办公家具，精心布置一番，顿使办公室气派不凡。

他又从家中拿来一些商务方面的书，搁在书架上，而且专放些半新半旧的，这使人不致怀疑他在生意上的真才实学。他通过熟人买了一套计算机机壳，盖上好看的装饰布，只要人们不亲自操作，谁也不知道那是样子货。他花小钱认认真真地"包装"了他的公司。

不过，他的公司也有真正属于他的东西，就是传真机和电话机。以后，他的公司里生意人渐渐多了，他出色的谈判技巧配上有实力的表象，使人增加了对他的信任，终于他有了几个固定的客户。

就这样，他虚虚实实、真真假假、若有若无地与形形色色的商人打交道，并且战绩辉煌，有了相当可观的收入。他将公司搬进了一家饭店，办公室里的那台电脑也变成真的了。当沈先生经过一系列改变后，他就让人产生了"看起来像个成功人士"的感觉，这促使他迈出走向成功的关键的一步。

因为在人们的意识中，具备这种成功形象的人大都是已经成功的人，因此，"看起来像个成功者"能够让你感受成功者的自信，激励自己走向成功，模仿成功者的举止、行为，被人们首先认可是具有潜力的成功者。因而，当成功的机会到来时，你就是成功者！

为了取得成功，你必须在脑中"看"到你正在取得成功的形象，在脑中显现你充满自信地投身一项困难的挑战的形象。这种积极的自我形象反复在心中呈现，就会成为潜意识的一个组成部分，从而引导我们走向成功。

努力在外表塑造"像个成功人士"的例子数不胜数，因为他们深刻理解"看起来像个成功者"的形象对事业有多大的促进作用。

当然，看起来像个成功人士，不仅仅是指外表、谈吐和举止都要像个成功者，而且要有许多特质，这些特质是看不见摸不着的，但它却是成功的根本。这些特质包括：

（1）热情奔放。

成功者一直有一个理由，一个值得付出、激起兴趣、且长据心头的目标，驱使他们去实行、去追求成长和更上一层楼。这目标给予他们开动成功列车所需的动力，使他们释放出真正的潜能——这就是热情。

（2）乐观向上的精神。

一个能够在一切事情不顺利时仍然微笑的人，比一个遇到艰难就垂头丧气的人，更具有胜利的条件。

（3）要有策略。

策略就是组合各种才能的计划，有策略才能使事情按部就班地完成。

（4）清楚的价值观。

看看那些真正的成功人士，他们虽然职业不同，但却有共同的道德根基，知道为人本分和当仁不让。所以要想成功，就得明白自己的价值观，这是极为重要的关键。

（5）精力充沛。

缺乏活力、步履蹒跚的人想进入卓越之林，那几乎是不可能的。精力充沛之人的四周，几乎整日充满各种各样的机会，忙得他们分身乏术。

（6）超凡的凝聚力。

差不多所有的成功者都有一种凝聚众人的超凡能力，这种能力能把不同背景、不同信仰的一群人集合在一起，建立共识，统一行动，这样才能保证事业成功。

（7）善于沟通。

能带动我们生活和工作的人，都是能与他人沟通的大师，他们具有传送见解、请求、消息的能力，所以能成为伟大的政治家、企业家等。成功者的特质，仿佛是由心中燃烧的火焰，驱使他们去追求成功。拥有成功特质的人，在不断实现自己理想的过程中，也广泛地赢得了世人的欢迎和瞩目。

第七节 有效晋升的完美方略

在日新月异的当今社会，随着科技的飞速发展，竞争日趋激烈。一个人要想在职场上稳坐钓鱼台，并且步步高升并非易事。但是，掌握了正确的方法，职场晋升不再是童话。

对于公司员工来说，晋升几乎是每个人永远追求的梦想。但是，晋升好运并非落在每一个人身上，而只青睐那些成绩出色、工作努力的员工，谁能成为同行的佼佼者，谁就能成为公司老板所青睐的对象。

其实，晋升如同其他事情一样，也需掌握一定的方法，如果使用的方法得当，那么，你将很快地达到你的晋升目标。下面的几种晋升策略也许会带给你一些体悟。

1. 毛遂自荐，学会推销自己

当今职场，每个人都要具有自我推销意识，尽力把自己的能力展现给上司和同事，让他们认同你。如果你有惊世之才，却不懂得去推销自己，犹如埋在地底下的一块宝石，无法让人欣赏你的光芒，等于是自我埋没。

当上司提出一项计划，需要员工配合执行时，你可以毛遂自荐，充分表现你的工作能力。

李坚在某研究所就职。一天，办公室主任请他看一份报告，并准备在此之后呈送所长。李坚看后认为："这个报告不行，如果依照它办理，将会导致失败。"他向所长大胆地提出了这一看法。所长说："既然他的不行，那么就请你拿出一份行的方案来吧！"

第二天，李坚拿出一份报告呈递所长，得到所长的大力赞赏。

一个月后，李坚就被提升为办公室主任，原主任也因此而被解雇。

在这个例子中，如果李坚不善于抓住向所长表现自己才能的机会，就很难得到所长的重用。

2. 主动去做上级没有交代的事

在现代职场里，有两种人永远无法取得成功：一种人是只做上级交代的事情，另一种人是做不好上级交代的事情。这两种人都是首先被上级"炒鱿鱼"的人，或者是在卑微的工作岗位上耗费终生却毫无成就的人。

在现代职场，过去那种听命行事的工作作风已不再受到重视，主动进取、自动自发工作的员工将备受青睐。在工作中，只要认定那是要做的事，就立刻采取行动，马上去做，而不必等到上级的交代。

3. 敬业让你出类拔萃

无论从事什么职业，只有全心全意、尽职尽责地工作，才能在自己的领域里出类拔萃，这也是敬业精神的直接表现。

王凯大学毕业后被分配到一个研究所，这个研究所的大部分人都具备硕士和博士学位，王凯感到压力很大。经过一段时间的工作，王凯发现所里大部分人不敬业，对本职工作不认真，他们不是玩乐，就是搞自己的"第三产业"，把在所里上班当成混日子。

王凯反其道而行之，他一头扎进工作中，从早到晚埋头苦干，经常加班加点。王凯的业务水平提高很快，不久成了所里的"顶梁柱"，并逐渐受到所长的重用，时间一长，更让所长感到离开他就好像失去左膀右臂。不久，王凯便被提升为副所长，老所长年事已高，所长的位置也在等着王凯。

敬业不但能使企业不断发展，而且还能使员工个人事业取得成功。

4. 关键时刻，为上级挺身而出

琼斯是某学院的部门助理，他的上级博格负责管理学生和教职员工。糟糕的签到系统使许多班级拥挤不堪，而另一些班级却是人太少，面临被注销的危险。博格的工作遭到众多师生的非议，承受着改进学生签到系统的压力。琼斯自告奋勇开发一个新的签到体系。博格高兴地同意了他的意见。经过艰苦工作，琼斯开发出一个准确高效的签到管理系统，不久后的一次组织机构改组中，博格升任主任，随即，琼斯被提升为副主任。

对于琼斯开发并成功地完成了这套系统，博格给予了高度赞扬。

一般来说，时刻和老板保持一致，并帮助老板取得成功的人往往会成为企业的中坚力量，并且会成为令人羡慕的成功人士。

当某项工作陷入困境之时，如果你能挺身而出，大显身手，定会让老板格外赏识；当老板生活上出现矛盾时，你若能妙语劝慰，也会令老板十分感激。此时，你不要变成一块木头，呆头呆脑、冷漠无能、畏首畏尾、胆怯懦弱。若那样的话，老板便会认为你是一个无知无识、无情无能的平庸之辈。

5. 不要抱怨分外的工作

在职场上，很多人认为只要把自己的本职工作做好，把分内的事做好，就可以万事大吉了。当接到上司安排的额外工作时，不是满脸的不情愿，就是愁眉不展，唠唠叨叨地抱怨不停。

抱怨分外的工作，不是有气度和有职业精神的表现。一个勇于负重、任劳任怨、被老板器重的员工，不仅体现在认真做好本职工作上，也体现为愿意接受额外的工作，能够主动为上司分忧解难。因为额外工作对公司来说往往是紧急而重要的，尽心尽力地完成它是敬业精神的良好体现。

如果你想成功，除了努力做好本职工作以外，你还要经常去做一些分外的事。因为只有这样，你才能时刻保持斗志，才能在工作中不断地锻炼、充实自己，才能引起别人的注意。

6. 积极进取，赢得晋升

进取心代表着开拓精神，开拓精神则说明对现实有忧患意识，对未来有探险精神。这样的人才，老板将委以重任。

安于现状的人在老板的心中就是没有上进心的人，这种人也许循规蹈矩，不出差错，但公司不会需要太多这样的人。公司如果是以增长为目标，那么就需要不安于现状、放眼未来的员工。

绝大多数老板希望员工具有积极进取的冒险精神，明知山有虎，偏向虎山行。其实，也只有这样的人才可以令企业有更大的飞跃，那些安于现状的员工只能做"垫底"的功用，这种人令老板放心，但绝不会令老板欣赏。

7. 让老板知道你做了什么

你是不是每天全力以赴地工作，数年来如一日？不过，有一天你突然发现，纵使自己累得半死，别人好像都没发现，尤其是老板，似乎从来没有当面夸奖或表扬过你。

这个问题可能不在老板，而是出在你自己身上。大多数的员工都有一种想法：只要我工作卖力，就一定能够得到应有的奖赏。但问题是：光会做没有用，做得再多也没有人知道。要想办法让别人，特别是你的老板知道你做了什么。

8. 做一名忠诚的员工

王双长相平平，学历不高，在一家进出口贸易公司做电脑打字员。那年，公司现金周转困难，员工工资开始告急，人们纷纷跳槽。在这危急的时刻，王双没有走，而是劝说消沉的老板振作起来。在王双的努力下，公司谈成了一笔很大的服装业务，王双为公司拿到 1000 万美元的订单，公司终于有了起色。

后来，公司改成股份制，老板当了董事长，王双则成了新公司第一任总经理。有人问王双如何取得了这样的成就，王双说："要说我个人如何取得了这样的成就只有两点：那就是一要用心，二没私心。"

不知王双的话对你是否有启发。现在很多人一边在为公司工作，一边在打着个人的小算盘，这样的人怎么能为公司的发展作出贡献呢？公司没有发展，个人又怎能成功呢？

任何一个老板都喜欢忠诚的员工，只有忠诚的员工才能获得老板的信任。如果员工不忠诚，老板就会有如坐针毡的感觉，一些重大的事情就不敢交给这样的员工去做，员工又怎能获得加薪与晋升的机会呢？

第八节　如何在竞争中夺取胜利

在竞争愈来愈激烈的现代职场，面对同样的竞争状态，有的人遭到了失败，有的人却能在竞争中脱颖而出。既然竞争是不可避免的，我们就要积极地面对竞争，以良好的心态去竞争。

在竞争愈演愈烈的现代社会中，同事之间不可避免地会出现或明或暗的竞争，表面上可能相处得很好，实际情况却并非如此。

你有时也许会有这样的困惑：上司对你印象不错，你自己的能力也不差，工作也很卖力气，但却总是迟迟到达不了成功的顶峰，甚至常常感到工作不顺心，仿佛时时处处有一只看不见的手在暗中扯你的后腿。百思而不得其解之后，你也许会灰心丧气颓然叹道："唉，那

要想在竞争中取胜，既要有良好的竞争心态，又要保持良好的竞技能力。

是上帝之手吧！"

美国斯坦福大学心理系教授罗亚博士认为，人人生而平等，每个人都有足够的条件成为主管，平步青云，但必须要懂得一些应对竞争的技巧。掌握了这些技巧，你的成功也许就能事半功倍。

1. 要有竞争意识

在工作中勤于上进和学有所长的人，有时会遇到这种情况：有些比自己条件差的人却先于自己取得了某种成功，或者比自己升迁得快，或者比自己更被老板赏识和器重。这究竟是怎么一回事呢？答案之一便是缺乏"竞争意识"。

人类自古至今，总是生活在各种各样的竞争之中，一个人要在职场生存和发展，就要有竞争意识，就要有一种比对手做得更好的意识。

勇于竞争和善于竞争，是使自己在人群中脱颖而出和在事业上卓尔不群的基本原因之一。一味埋头赶路而丝毫不顾及其他对手的情况，缺乏在社会上立足的竞争意识，你就很可能会成为在同一起跑线上起跑的落伍者。

2. 加强沟通，展现实力

工作是一股绳，员工就好比拧成绳子的每根线，只有各根线凝聚成一股力量，这股绳才能经受外力的撕扯。这也是同事之间应该遵循的一种工作精神或职业操守。生活中，有的企业因为内部人事斗争，不仅企业本身"伤了元气"，整个社会舆论也产生不良影响。作为一名员工，尤其要加强个体和整体的协调统一。

因为员工作为企业个体，一方面有自己的个性，另一方面，就是如何很好地融入集体，而这种协调和统一很大程度上建立于人的协调和统一之中。所以，无论自己处于什么职位，首先需要与同事多沟通，因为你个人的视野和经验毕竟有限，要避免给人留下"独断专行"的印象。

当然，同事之间有摩擦是难免的，我们应具有"对事不对人"的原则，及时有效地调解这种关系。不过从另一角度来看，此时也是你展现自我的好机会。用实力说话，真正令同事刮目相看。即使有人对你有些非议，此时也会"偃旗息鼓"。

3. 互惠互利，共筑双赢

一只狮子和一只野狼同时发现了一只山羊，于是商量共同去追捕那只山羊。它们配合得很默契，当野狼把山羊扑倒后，狮子便上前一口把山羊咬死。

但这时狮子起了贪念，不想和野狼共同分享这只山羊，于是想把野狼也咬死。野狼拼命抵抗，后来狼虽然被狮子咬死，但狮子自己也受了很重的伤，无法享受美味。

如果狮子不起贪念，和野狼共享那只山羊，那不就皆大欢喜了吗？何必争得个你死我活的"单赢"呢？

单赢不是赢，只有双赢互利才是真正的赢。战争的至高境界是和平，竞争的至高境界是合作。一名职业人士在进入职场伊始，就应当力求这样的结果。互惠互利，共筑双赢，这是与竞争对手寻求共同利益的最好办法。

4. 心胸开阔，以静制动

通常情况下，我们会将自己的竞争对手看作死敌，为了成为那个令人艳羡的胜利者，也许会不择手段地排挤竞争对手。或是拉帮结派，或是在上司面前历数别人的不是，或是设下一个又一个巧计使得对方"马失前蹄"……可悲的是，处心积虑的人往往并不能成为最终的赢家，除了收获沮丧和悔恨，再也得不到别的什么。

5. 学会欣赏你的竞争对手

张前应聘一家著名的广告公司，经过层层选拔，最终进入了复试，成了6位入围者之一。复试内容很简单：让每位入围者按要求设计一件作品并当众展示，让另外5人打分，写出相关的评语。

张前在评分时，对其中两人的作品非常佩服，怀着复杂的心情给他们打了高分，并写下了赞语。令他意外的是，他入选了！而更令他意外的是，他欣赏的那两人中只有一位入选！他不明白这是为什么。

该广告公司老总的一番话使他幡然醒悟。老总说："入围的6个人可以说都是佼佼者，专业水平都较高，这固然是重要的方面。但公司更为关注的是，入围者在相互评价中，是否能彼此欣赏。因为，庸才自以为是，看不见别人的长处，若对对方视而不见，那就显得心胸太狭隘了，从严格意义来说那不叫人才。落聘的几位虽然专业水平不错，但遗憾的是他们缺乏欣赏对手的眼光，而这点较专业水平其实更重要。"

在当前日趋激烈的就业竞争中，是否具有欣赏别人的眼光和接纳别人的胸襟，是非常重要的。因为有了这样的眼光和胸襟，才能取长补短，团结协作，共同进步。这也正是复合型人才必备的素养之一。

第九节 如何与他人协作

职场中，对于一个业务专精的员工来说，如果他仗着自己比别人优秀而傲慢地拒绝合作，或者合作时不积极，总倾向于一个人孤军奋战，这是十分可惜的。他其实可以借助其他人的力量使自己更优秀。

成功人士善于合作，因为他们知道一个人在孤岛上是无法生存下去的。所以，他们得出如下结论：一个人要取得成功，就必须学会与别人一道工作，并能够与别人合作。

事实上，那些基业长青的企业都拥有共创卓越的合作意识，甚至可以说，是否拥有这种合作精神乃是企业能否永续光辉的根本。因此，世界 500 强公司都在着力追求和培养把个人的创造力融入集体协作的合作精神。

然而却有一些职场中人，只工作不合作，宁肯一头扎进自己的专业之中，也不愿与周围的人有密切的交流。这样的人，想靠单打独斗把自己带到事业的顶峰是不可能的。因为，当你费了九牛二虎之力在专业上有所突破的时候，人家早已遥遥领先，你的心血也就随即变成"明日黄花"了。

当今时代是市场经济时代，市场经济是广泛的交往经济，离不开与各种类型人的合作；当今时代又是竞争时代，只有选择合作，才能成为最具竞争力的一族。

那么，我们该如何与别人进行合作呢？

1. 力所能及时，要主动向别人提供援助

可以说，在现代社会里，只靠自己独立就可完成的工作几乎是没有的。随着科技的迅猛发展，越来越多的工作是单个人所不能胜任的，因此，知识共享和合作精神成为对企业员工的基本要求。

任何事物都不可能十全十美，企业的规章制度也是如此，总有些事情是规章制度无法规定的，也一定会有一些意外的情况出现。此时，能否主动请缨，毫无怨言地接受任务，是优秀与平庸相区别的标志。一般说来，老板都会铭记员工对企业的超额付出，一有机会就会给予回报。

2. 积极参与到团队之中

一个人若想成功，就必须学会与他人协作，唯有如此，才能借他人的力量使自己更优秀。

在团体活动中，如果你总喜欢让别人出头露面，自己却静静地坐在那里，做一个感兴趣的旁观者。那么，你就无法培养自己的社交能力，赢得团体中其他成员对你的尊重，无法对团体的决定施加影响。既然你同样对团体的最终决策负有责任，无论你态度积极或保持沉默，你都可以贡献你的聪明才智。你应该创造积极的心理暗示。

第一步要意识到你的想法或许是不合理的，那些最担心"每个人将认为我是一个傻瓜，都会耻笑我"的人，一般来说是最有思想和见识的。实际上，往往是那些喋喋不休的人缺乏自律意识，善于空谈，徒有热情而无建树。

如果你感到忧虑和焦急，那么，你需要迫使自己迈出第一步。万事开头难，随着你不合理的怪念头的减退，以及你自信心的增强，你就能积极地参与到团体的活动中来，为团体的发展作出自己应有的贡献。

3. 由别人去做结论

平庸的合作者会急于切中他的主题，抢先作出结论，而优秀的合作者则首先创造一个互相信任和心心相印的气氛，然后再提供自己的看法，而且仅仅是提供看法，而由别人做结论。

天锐公司需要添购一套自动化电镀设备，许多厂商闻讯纷纷前来介绍产品，负责电镀车间的老王因而不胜其扰。但是，有一家制造厂商就别出心裁，写来这样的一封信："我们工厂最近完成了一套自动化电镀设备，前不久才运到公司来。由于这套设备并非尽善尽美，为了能进一步改良，我们诚恳地请您前来指教。为了不耽误您的宝贵时间，请随时与我们联系，我们会马上开车接您。"

"接到这封信真使我惊讶。"老王说，"以前从没有厂商询问过我的意见，所以这封信让我觉得自己重要。"看了这套设备之后，没有人向他推销，而是老王自己向公司建议买下那套设备。

所以，要赢得合作，就不要把自己的意见强加于别人身上，而是由别人自己作出结论。

4. 要让对方具有责任感

心理学家分析说，每个人都愿意得到别人的注意，给人以好印象。广为人知的

"赫尔逊工厂的试验"就是这种论断的典型例证。

一次,某人事关系专家在赫尔逊工厂做了一个试验,他首先选择一批姑娘参加试验小组。最初改善了试验小组的照明,生产搞上去了,但是,后来把照明恢复到原样,生产仍然上去了,从而得知照明并没有什么特别的效果。以后又进行了缩短工时的试验,生产还是上升了;增加休息时间后,生产又上升了。

以后,管理部门对试验小组又延长了劳动时间,这时的生产还是上升。尽管时间长了,但是姑娘们仍然辛勤劳动。看起来似乎没有什么特别的原因让姑娘们那么辛勤劳动。不论提供给她们的伙食好坏,生产效率都提高了。最后,这个谜终于被解开了:那就是姑娘们被选入试验小组,产生了责任感。

从前,没有什么人去理睬她们,但是,现在她们得到人们的重视。这正是让姑娘们更加努力的原因所在。

其实,保证你事业有成的方法之一是让与你共事的人喜欢你、欣赏你。只有善于合作,你周围上上下下的人才会希望你成功,并尽他们最大的努力来帮助你实现你的目标,同时也实现他们的目标。在团队成员的帮助下,你能最大限度地发挥自己的才能,并成为举足轻重的一员。

第十节 如何协调工作与生活

我们常常忙于工作而忽视生活,实际上,只有一个真正懂得生活之道的人才能够把握好生活的节奏,达到工作和生活的和谐。

世界上并不存在十全十美的工作,但富有意义的生活却掌握在我们每个人的手中。工作是工作,生活是生活,两者应该尽可能地区分开来。

邢立武和太太宋娇原来就职于一家国有企业,夫妻双方都有一份稳定的收入。每逢节假日,夫妻俩都会带着三岁的儿子到处游玩,一家三口其乐融融。

后来,经人介绍,邢立武和宋娇都各自跳槽去了外资企业。凭着出色的业绩,他俩都成了各自公司的骨干力量。夫妻俩白天拼命工作,有时忙不过来还要把工作带回家。

三岁的儿子只能被送到寄宿制幼儿园里。宋娇觉得自从自己和丈夫跳到体面又风光的外企之后,这个家就有点旅店的味道了。不知不觉中,孩子幼儿园毕业了,在毕业典礼上,她看到自己的儿子在台上蹦蹦跳跳的样子,竟然有点不认得这个懂事却可怜的孩子。

孩子跟着老师学习了那么多,可是在亲情的花园里,他却像孤独的小花。频繁的加班侵占了周末陪儿子的时间,以至于平时最疼爱的儿子在自己的眼中也显得有点陌生了。这一切都让宋娇陷入了一种迷惘和不安当中。

你是否和宋娇一样经常面临如何达到工作与生活和谐的困惑,而找不出合理的适时出行是一种不错的放松方式。

理由？面对生活，我们的内心会发出微弱的呼唤，只有躲开外在的嘈杂喧闹，静静聆听并听从它，你才会作出正确的选择，否则，你将在匆忙喧闹的生活中迷失，找不到真正的自我。

1. 寻求一种简单的生活方式

过一种简单生活，这是一种全新的生活方式。首先是外部生活环境的简单化，因为当你不需要为外在的生活花费更多的时间和精力的时候，才能为你的内在生活提供更大的空间。其次是内在生活的调整和简单化，这时候你就可以更加深层地认识自我的本质。

现代医学证明，人的身体和精神是紧密联系在一起的，当人的身体被调整到最佳状态时，人的精神才有可能进入轻松时刻；而当人的身体和精神都进入佳境时，人的生命力才能更加旺盛，然后才能达到更上一层楼的境界。

你的生活节奏为什么总是那么快？你可不可以寻找一些更简单的生活方式？也许你早已经习惯了都市快节奏的生活，你不必离开它，更不必让生活后退，你只需换一个视角，换一种态度，改变那些需要改变的、繁杂的、无真实意义的生活，然后全身心地投入到自己的生活中。

2. 跳出效率的"陷阱"

在快节奏的工作中，我们往往过于重视效率，而忽略了生活。太多机器按钮等我们去按，生活忙乱不堪，工作效率低下且毫无乐趣。

在效率的鞭策下，每个人都像机器一样忙得一刻也停不下来，这样的生活注定毫无幸福可言。事实上，以人的价值来看，我们应该依照人性来处理工作和生活的关系。

效率和花费的时间并不一定成正比。强迫自己工作再工作，只会耗损体力和创造力。我们需要暂停工作，让自己歇息一下。每当你放慢脚步，让自己静下来，就可以和内在的力量接触，获得更多能量重新出发。一旦我们能明白工作的过程比结果更令人满足这个道理，我们就更能够乐于工作了。

3. 别把工作看得太重

工作并不是生活的全部。一位真正懂得生活之道的人不应当把工作看得太重，以免为此背上太过沉重的包袱，这样你才能享受更轻松的生活和更高效的工作。

如何协调工作与生活

紧张工作之余，看看书，听听轻音乐，可有效地舒缓压力。

4. 学会给自己适时减压

就像我们不能逃避工作一样，我们也无法逃避工作中的压力。其实，在工作中有压力并非坏事，因为人有一定的压力可以促使自己更加努力地寻求进步。

但是，压力过大则绝非好事，它会让我们陷入紧张、焦躁、疲劳的状态中，这时，工作不顺心，生活也就无法开心。所以我们要学会适当地缓解压力，释放压力，使压力保持在我们能承受的限度内，不要发生"水压过大胀爆水管"的可怕事故。

5. 抛开一切，让自己闲一段

一位上班族曾在博客中描述过自己的一天：

6点半铃声响起，开始忙着起床，洗澡，穿职业装，吃早餐（如果有时间的话），抓起水杯和工作包（或者餐盒），跑向公交车站，挤进车内，接受每天被称为高峰时间的惩罚。

从上午9点到下午5点工作……装得忙忙碌碌，掩饰错误，微笑着接受不现实的最后期限。当"重组"或"裁员"的斧子（或者直接炒鱿鱼）落在别人头上时，自己长长地松了一口气。扛起额外增加的工作，不断看表，思想上和你内心的良知斗争，行动上却和你的老板保持一致。再次微笑。

下午5点整，再次跑向公交车站，挤了进去，接受一天之中的第二次高峰时间的惩罚。与配偶、孩子或室友友好相处。吃饭，看电视。

文章中描写的那种机械无趣的生活离我们并不遥远。每天，我们都在忙碌着，置身于一件件做不完的琐事和没有尽头的杂念中，整天忙忙碌碌，丝毫体验不到生活的乐趣。此时，我们就需要抛开一切，让自己放松下来，这样，你就会重新找到生活的意义和乐趣。

第十一节 如何打造职场良好的人际关系

在职场里，有人脉的人是最受欢迎的人，他所承受的压力比别人小，成功的概率也相对较高。卡耐基说："一个人的成功，只有15%是由于他的专业技术，而85%则要靠人际关系和他为人处世的能力。"良好的职场人脉，是一个人成功的基础和保证。

我们中国历来就有重视人际关系的传统，尤其强调人与人之间和睦相处，利益共享。据一份调查报告显示，在中国每100位头脑出众、业务过硬的人士中，就有67位因人际关系不畅而在事业中严重受挫，难以获得进一步的成功。

从如上的调查报告中，我们可以得出这样一个结论：人际关系的成功与否，在很大程度上决定着事业的成功与否。

没有好的人脉，就像在一片雷区里穿行，随时都有可能被地雷炸伤。那么，该如何打造我们的职场人脉呢？

1. 要有一颗感恩的心

感恩的心态有助于职场人脉的建立，有利于加强人与人之间的沟通。不知道感恩的人往往难以赢得别人的尊重、好感和支持。

小王是一家广告公司的策划人员，一次在工作中遇到一个难题，他的同事主动过来帮助他，同事一句提醒的话使他茅塞顿开，很快就完成了工作。小王对同事表示了他的感谢，并请这位同事吃饭。从此，他们的关系变得更近了，小王也因此在工作上获得了很大的成绩。

小王很有感触地说："是一种感恩的心态改变了我的人生。我对周围的点滴关怀和帮助都怀抱强烈的感恩之情，我竭力要回报他们。结果，我不仅工作得更加愉快，所获帮助也更多，工作更出色，我很快获得了公司加薪升职的机会。"

2. 突破沟通的障碍

在职场中，许多误会、矛盾乃至冲突都源于人际沟通障碍。"只有不说的事，没有说不清的事。"良好的沟通，不仅可以消除你与老板、客户、同事之间的障碍，而且还有利于建立良好的人际关系，为自己的成功打开心灵之门。

3. 每天巧妙赞美 6 个人

人人都愿意听好话。对于同事和下属，情况也是一样，一句发自内心的赞美之语，常常会产生很好的效果。

美国著名管理顾问艾伦曾为美国陆军部训练军官，谈起那段经历，她讲了这样一个小故事：

在上课的军官当中，有一位上校对于激励技巧很不以为然。在训练课程结束之后大约一个星期，这位上校负责一份重要的简报，由于他干得十分出色，他的上司想要赞赏他。上司找了一张黄色的图画纸，把它折成一张精美的卡片，外面写上"太棒了"，里面则写了几句赞赏的话，然后将上校叫来，并将那张卡片交给他。

上校读了那张卡片之

良好的职场人脉，是一个人成功的基础和保证。

后，呆呆地站在原地愣了一会儿，然后头也不抬地走出了上司的办公室。

上校的上司有点莫名其妙，心想：我是不是做错了什么？于是他悄悄尾随上校，结果，他看到上校拿着卡片逢人便炫耀一番。

故事还没完，那位上校后来把这招运用得比他的上司还好。他为自己设计并印刷了一批用来赞美别人的专用卡片。没过多久，他便成为所在部队中人缘最好的军官之一。

如果你能每天巧妙赞美6个人，你自然会成为一个拥有深厚人脉的职场成功人士。

4. 与人为善，友好相处

与人为善，友好相处，这是成功打造职场人脉的基础。在工作过程中，我们应该学会主动热情地与同事接近，表示一种愿意与人交往的愿望。如果没有这种表示，别人可能会以为你希望独处，不敢来打扰你。切忌不要显出孤芳自赏、自诩清高的态度，使人产生你高人一等的感觉。别忘了，不平等的态度永远不会赢得友谊。

5. 要有人情味儿

在工作中，每个人都有可能出现错误，碰到这种情况时，最好是对事不对人，做到对事无情，对人有情。对事无情反映了一个人一丝不苟的工作态度，对人有情则反映了一个人善于处理人际关系，有宽广的心胸。

三洋电器公司副社长后藤清一曾是松下电器的员工，有一次，后藤清一违反松下公司的规定，未经请示就擅自变更了承包定额的单价，被松下知道了。

晚上10点，后藤被松下叫去了。松下一边骂，一边用捅炉子的铁条使劲敲打火炉，松下发现铁条被敲断了，才大声命令说："你把它扫完了再回去。"

后藤有贫血的毛病，在这暴风雨般的斥责下，悔恨交加，当场昏倒了。

松下立即让人送后藤回家，并请后藤的夫人多多照顾他，第二天上班，松下就给后藤打电话："后藤吗？我没有什么特别的事，只想问一下，你现在没事了吧！"

后藤被感动了，紧紧握住话筒，被松下痛责的懊恼心情顿时全消。

对人有情，对事无情。比如你的下属有做得不对的地方，你就要从讲原则的角度出发，该批评的就批评，该处罚的就处罚，这样既不破坏规矩和制度，也能对其他人起警醒的作用。

天时、地利、人和是成功的三大要素。而其中"天时不如地利，地利不如人和"。要想在职场上取得成功，人脉是个不可忽视的因素。

在某种意义上，好的人脉是决胜职场的支撑点，如果你有好的人脉，你就可以得到别人的帮助与拥护，拥有这些，就会为你实现自己的理想起到推动作用。

画出完美人生

第一章
画出清晰思路

第一节 提高上课记笔记的效率

我们从上学第一天开始，爸爸妈妈就为我们准备好了笔记本，告诉我们上课要养成记笔记的好习惯。

但是从来没有人告诉我们，具体怎样记笔记，怎样记笔记才是最科学合理的？几乎可以说，世界上 99% 的人记笔记都是一个模式，那就是依靠文字、直线、数字和次序。如果在课堂上，甚至直接把老师写在黑板上的内容照搬下来。

我们也从来没有想过，这种记笔记的方式有什么不妥。

但实际上，它的缺陷就是，这种记笔记方式不是一套完整的工具，它仅仅体现了你"左脑"的功能，却没有体现"右脑"的功能，因为右脑可以让我们感受到节奏、颜色、空间等等。

我们习惯的那种笔记，很少用到彩色，一般我们习惯了只用黑墨水、蓝墨水或者铅笔去书写。有些人很多年也只用一种颜色记笔记、写作业。现在回头看看，一种颜色的笔记真是单调极了，而且还封锁了我们大脑中无穷的创造力。

另外，这种直线型笔记仅仅是学生对老师课堂内容的机械的不完全的复制，相互之间没有关联、没有重点；而且很多学生忙于记录，没有时间真正地去思考，久而久之，就养成了学生记忆知识而不是思考知识的习惯，容易形成思维惰性。

也可以说，这种传统的记笔记方式，只利用了我们一半的大脑，同时，照字面意义去理解笔记内容，我们的智能被减了一半。

这种颜色单一的笔记，容易对我们的大脑产生负面影响，比如：容易走神；逃避问题；转移注意力；大脑空白；做白日梦；昏昏欲睡。

相比较传统笔记埋没了关键词、不易记忆、笔记枯燥、浪费时间、不能有效刺激大脑、阻碍大脑作出联想等诸多缺陷，思维导图笔记就是一种最佳的思维方式，它运用丰富的色彩和图像，可以充分反映出空间感、维度和联想能力，能彻底解放我们的创造力。

思维导图记笔记的方式可以对我们的记忆和学习产生巨大的影响，比如：

记忆相关的词可以节省50％到95％的时间；

读相关的词可节省90％左右的时间；

复习思维导图笔记可节省90％时间；

可集中精力于真正的问题；

让重要的关键词更为显眼；

关键词可灵活组合，改善创造力和记忆力；

易于在关键词之间产生清晰合适的联想；

画图过程中，会有更多新的发现和新的思想产生；

……

大脑不断地利用其皮层技巧，越来越清醒，越来越愿意接受新事物。

其实，做思维导图日记的步骤和上一篇所讲到的如何"让一本书变成一张纸的思维导图"步骤差不多。

在记笔记的过程中，我们可以一边听讲，一边画一幅思维导图，并在讲解者进行的时候找出一些基本概念，做成一个大概的框架。也可以在听完讲解以后，编辑并修正你的思维导图笔记，从而在修订的过程中，让信息产生更广泛的意义，因而也加强了你对它的理解。

第二节 用思维导图听讲座

听讲座时使用思维导图，与前面的"让一本书变成一张纸的思维导图"步骤基本类似，只是，如果你面临的是讲演者使用线性讲座或宣读的情况，将会对你绘图过程中随意使用材料造成一定影响。

为了避免这种影响，建议你在绘制思维导图之前，先尽快从总体上大概浏览一下讲座的主题，在讲座开始之前，你就可以尝试画一个与主题相关的中央图像和尽量多的主要分支。

同时，你还可以与演讲者索要与主题相关的材料，而他们通常很乐意为你提供这方面的资料。

如果当时的条件允许，你还可以抽出几分钟时间针对讲座的内容（例如"如何树立自信"）作一个速射，以便让大脑做好吸纳新知识的准备。

一般情况下，准备工作如下：

首先，准备一张记笔记时用的大一点的空白纸，最好是 A3 大的纸张，尽量选择大纸张的好处是，可以使你的大脑顺利地看见思维及信息的"全貌"。

在做讲座类的笔记时，最重要的是要记下关键词及所需的重要图像。同时还要明白一点，做这样一幅思维导图或许要到最后出现完整的结构时，才会清楚要全部表达的意思。

可以说，我们在听讲座过程中，所迅速记下的任何笔记可能只是半成品，而不是最终的成品。因为在讲座主题没有完全变得明晰之前，你所记的内容是不完整的。

其次，我们应该明晰，听讲座时记笔记的重点是内容，不是为了视觉上的"美观"。

有一些表面上看起来"整洁"的笔记如果从信息角度看的话，其实是杂乱的。其实，在那些"整洁"的笔记中，关键信息是隐蔽的，被切割开并混杂于一些不相干的词语中。而那些看来"凌乱"的笔记从信息角度看却是整洁的。它们能即时地表明重要的概念及其之间的联系。在某些情况下甚至表示出交叉及相对立的信息。

最后，当你听完讲座，并最终完成思维导图，你面前的思维导图应该是整洁的。如果你再花一些时间，就可以在另一张新的空白纸上最终完成一个小时笔记的思维导图。

重新组织思维导图是一个很有成效的练习过程，尤其是当你在学习阶段就很合理地组织的话，那么这个重组过程可以看作是首次温习过程。

第三节　如何激活我们的创造力

不知你是否知道，在印度尼西亚有一种母科摩多大蜥蜴，当它第一次产卵时，它知道要先爬一段险坡，然后到一座火山里面产卵，这样刚出生的小蜥蜴存活率会比较高。即使作为母亲的大蜥蜴不是生在火山中，但它却十分清楚地知道必须如此。

大蜥蜴是怎么知道的？又是谁告诉它的？

很多时候，我们也像科摩多大蜥蜴那样，其实知道很多不可能知道的事。这些特殊的思考能力或想法有时在日常生活中就这么突然地冒出来，尽管有些时候我们所处的状态十分清晰，它还是会忽然闪现在脑海中。在这种时候，我们的心犹如与一种更广大的意识相联结在一起。

在我们的经验储存器——大脑中，有些资料是非常平凡而熟悉的，有些带有惊人的意象和联想。不管怎样，它们都与我们的生活息息相关，不过，有一点可以明确，那就是我们可以辨认出这些资料是从哪里来的。

除此，有一些是我们不可能知道的，我们可以称它为直觉，也可以称它为第六感。那可能是一种对于原始事物的原始理解，而不是人生经验所带给我们的。

因此，每一个人的内心深处似乎都具有一个属于自己的创造源泉。同时，存在一种超越个人的，属于全人类的共同源泉，里面储存着各种原始、深奥的集体智慧。这个庞大源泉或许在我们体内，或许我们通过一种渠道与它联结。

脑神经学家拉塞·布莱思说：创造能力强的人的神经元数量虽然比普通人少，但是可以组成丰富的功能模式。科学实践告诉我们，神经系统是创造力的生物学基础。神经元的构造和功能影响着创造力水平的高低。

根据克拉克的研究，创造力强的人的大脑有以下五个特点：

（1）表现出快速的突触活动，引起更迅速的资讯过程；

（2）具有丰富的化学成分的神经元，可形成更复杂的思维模式；

（3）更多地运用前额皮层（额叶）的功能，使顿悟和直觉思维得以强化；

（4）脑波输入更快，更为持久，能够从轻松的学习、强化记忆及左右脑的综合功能中得到乐趣；

（5）脑节律的一致性、共时性和专心致志的强化。

有创造力的人神经系统强度高，兴趣和意志集中，灵活和均衡性高、分析力强，大脑功能潜力大。

创造力是知识经济时代最有活力、最有前景、最有挑战的能力，全脑创造力就是既要运用左脑，又要积极开发右脑潜能，多管齐下，平衡发展，发挥大脑潜能，最大限度地提高创造能力，使我们在高度竞争的社会生活中立于不败之地，并且能够体现出我们所具有的生命意义。

原中国教育部副部长吴启迪说，"指南针、造纸术、印刷术和火药，中国的四大发明让我们感到自豪，但在接下来的几个世纪里，我们没有保持发明的步伐。四大发明充分证明了中国人的能力，我们需要回到那样的状态。"

是的，无论是从国家进步、民族发展的大局，还是从个人需要创造社会价值的角度，我们都需要激活自己的创新能力！

创造力来源于高涨的热情和潜意识的不断尝试。

但是，如何有效地激活我们的创新能力呢？

1. 破除思维定式

毕加索说过："创造之前必先破除。"破除什么？破除传统的观念，破除陈旧的规则，破除头脑中的思维定式。应该说，一切创新活动都是"破除＋建立"。

培养创新的落实意识，首先就要破除制约创新的思维定式。概括说来，制约创新的思维定式主要有以下几种：

（1）权威型思维定式

所谓权威型思维定式，就是在对事物的认知和对是非的判定上，缺乏自我独立思考的意识，而盲目地依附于权威。

权威虽然使我们节省了许多探索的时间和精力，但如果我们过分地迷信权威，唯权威之言而是听，就会墨守成规，不能根据具体情况寻求落实的新方法，从而影响工作任务的落实。

（2）习惯型思维定式

所谓习惯型思维，就是思维沿着前一思考路径以线性的方式继续延伸，并暂时地封闭了其他的思考方向。

法伯是法国著名的科学家。他曾做过一个著名的"毛毛虫"试验。这种毛毛虫有一种"跟随者"的习性，总是盲目地跟随着前面的毛毛虫走。

试验中，法伯把一些毛毛虫放在一个花盆的边缘上，首尾相接，围成一圈，并在花盆周围不到 6 英寸的地方撒了一些毛毛虫最爱吃的松针。毛毛虫开始一个跟一个，绕着花盆一圈又一圈地走。一小时过去了，一天过去了，毛毛虫们还不停地坚忍地团团转。又过了六天六夜，它们终于因为饥饿和精疲力竭而死去。

实验结束后，法伯在笔记中写下了这样一句耐人寻味的话："在这么多毛毛虫中，其实只要有一只稍与众不同，便立刻会避免死亡的命运。"

惯性的思维常常使人们陷入僵局，甚至置人们于死地。毛毛虫之死告诉我们的就是这个道理。

（3）经验型思维定式

经验是人类的宝贵财富，但如果过分地迷信经验，过分地依赖经验，并形成固定的思维模式，照办照抄，就会弄巧成拙。

有位女孩在跟妈妈学做菜。她发现妈妈在切香肠时，总是将香肠的头尾去掉。她很奇怪，问妈妈为什么。妈妈说："你外婆这样做，我也跟着这样做，不知道为什么，你去问外婆好了。"

女孩便拨通了外婆的电话。外婆告诉她："因为从前我们家烤箱的盘子太小，必须将香肠掐头去尾才能放进烤箱。"

经验一成不变就会成为束缚。被束缚的思维是不可能产生创新精神的，也是不会有效落实的。

2.要善于把新思维和旧形式有机地结合起来

对这种做法，中国人叫"旧瓶装新酒"。

其实，这个词在很多地方都是贬义的。从中国人的传统思维出发，如果你有一种全新的想法或者做法，就应该使用同样新的形式，这样才能"配套"，或者说相称。如果一个新的想法或做法，使用旧有的形式，在中国人看来，就是驴唇不对马嘴，不伦不类。

这是一种误解，一种出于常规思维的误解。所谓"新事物"，不一定非要彻头彻尾都是新的，只要其中包含着创新的成分，就是新事物，所以，旧瓶装新酒，是十分正常的，很多中国人不懂得这一点，所以往往屈从于常规的"旧瓶"——他们把精力都放在如何把"旧瓶"换成"新瓶"的问题上，而忽略了"旧瓶装新酒"的可行性。

克拉伦斯·伯德恩埃旅行到加拿大时，看到有些鱼在天然条件下封冻并解冻，他从大自然中得到启发，这就产生了冷冻食品工业。在某一个制笔行业里，一个聪明人认识到，只要是有笔的地方，就一定要有墨水，那么为什么不把两者结合起来呢？结果自来水笔诞生了。

由此观之，所有的新思想，归根结底，都是借鉴于旧思想的，都是在旧思想的基础上添砖加瓦，把它们结合起来或进行修改。如果是偶然做成，人们会说你运气好；如果是有计划地做成，人们便说你有创造性。然而，无论是运气好，还是有创造性，都无法做到制造出"全新"的事物，很大程度上，都要借助旧思想、旧事物，这就是所谓的"旧瓶装新酒"。

3.学会乐于接受各种新创意

为了激活我们的创造力，我们一定要摆脱一些守旧观念的束缚，最好永远不要说"办不到""没有用"之类的话。另外我们还要有实验精神，你可以去尝试新的餐馆、新的书籍、新的戏院以及新的朋友，或者采取跟以前不同的上班路线。

如果你从事销售工作，就试着培养对生产、会计、财务等的兴趣，这样会扩展你的能力。要明白进步本身就是一种收获，一般有重大成就的人都会不断地为别人和自己设定较高的标准，不断寻求增进效率的各种方法。"以较低成本获得较高的回报，以较少的精力去做较多的事情"。

通常，破除思维定式，激发创造性思维，从原有的框框里跳出来大约要经过5个步骤：

（1）原始的观念。

当你遇到一个问题要解决或有一件事要做；你想学习另外一门课程；你想改变一下自己的穿着风格；或者你想把学校里的不合理的制度作一下改进等等。这些

如何激活创造力

都属于最原始的观念。

（2）预备阶段。

你可以尝试搜索做成一件事的所有可能的方法。然后尽可能多地收集与之相关的资料，到图书馆阅读有关书籍，与别人交谈、和别人交换想法，提出问题等等。时刻准备去接受新东西，这些都是开动我们想象力的跳板。

（3）酝酿阶段。

这一阶段属于潜意识自由活动的阶段。你可以尽情地放松，比如出去散散步，晒晒太阳，睡个午觉，洗个热水澡，做做其他的事情或打一会儿球，把问题留到以后再解决。

（4）开窍阶段。

这是创造过程的最高阶段。眼前忽然闪现一盏明亮的灯，一切东西都突然变得井井有条。查尔斯·达尔文一直在为进化理论收集材料，突然有一天，当他坐在马车里旅行时，这些材料都突然一下子融为一体了。

达尔文写道："当解决问题的思想令人愉快地跳进我脑子里的时候，我的马车驶过的那块地方我还记得清清楚楚。"开窍是创造过程中最令人兴奋和愉快的阶段。

（5）核实阶段。

不管你有多么聪明，有时处于开窍阶段得到的启示可能根本不可靠。这时便要发挥理智和判断的作用。你忽然闪现的灵感要经过逻辑推理加以肯定或否定。你要跳出来尽可能客观地看待你的设想。多征求别人的意见，听听别人的看法，对这出色的设想加以修正，使之趋于完善。而且经过核实，你往往会得出更新更好的见解。

思维导图很适合创造力发散性的思维特点，因为它本身利用了所有一般认为与创造力相连的一些技巧，特别是想象力、联想和灵活性。

创造性思维导图可以让制作者在实现自己目标的过程中，产生源源不断的思考力，甚至可以让制作者一次看到很多因素的全景，因而就增加了创造性联想和思维整合的可能性，导致新创意的产生。

第四节 尝试思维导图日记

你习惯记日记吗？

如果有一天，让你用一种新奇的方式去写日记，你敢于尝试吗？

在这里，作为一种全新的、革命性的非线性思维工具——思维导图日记应运而生，它可以让我们根据自己的需要和欲望来管理自己的时间，而不是让时间管理我们。

思维导图日记可以用于安排计划自己的事情，也可以是对过去思想和感觉的回顾性记录。

在思维导图日记身上，既能利用传统日记的优势，又能弥补传统日记的不足，并使两者得到最完美的结合。

思维导图日记比标准的日记更有效率和效益。

思维导图日记，除了会使用到传统日记中的词汇、数字、表格、顺序和序列等以外，它还能把编码、色彩、图像、符号、幽默、白日梦、联想等全部都包括进去。

思维导图日记可以让你全面真实地反映自己的大脑，它不仅成为一个时间管理方法，而且还是一个自我管理和人生管理方法。

思维导图可以从大的方面显示出年度计划，每月计划。那么，每日计划就可以在思维导图日记中体现出来，如果从理想的角度来说，你应该每天制作两幅思维导图日记。

第一幅思维导图日记可以提前安排当天的活动，第二幅可以用于监视活动的进展，同时这也可以用来对一天进行回顾性的总结。

你在一天中做了哪些事，都可以用思维导图清晰地表达出来。比如，散步、阅读、会见朋友、去舅舅家做客等等，这几个方面同时变成思维导图的几个分支，都是为了帮助你进行思考，梳理一天。

第五节 完善个人学习计划，让学习更轻松

不管你是个学生，还是一个需要不断充电的上班族，思维导图都可以利用自身所具有的图像性、可联想性和易沟通性使你能够有效促进学习计划的展开，帮助你提高学习效率。

今天的学生，学习压力比以往任何时候都要大，很多学生每天早上一睁开眼睛，就看到张贴在床头的英文单词和突击目标；早上匆匆忙忙赶到学校后，各科老师像走马灯似地在学生们的眼前晃悠，这些老师好像生怕自己抢不到给学生上课的时间。

学校一天紧张的学习结束后，学生们还要上晚自习，晚自习结束后，回到家一般都比较晚了。于是，有不少同学抱怨，已经搞不清这大千世界的无数种色彩都藏哪里去了，怎么满本的笔记都是黑黑白白、蓝蓝白白或是蓝黑加白的世界呢！

无论是英语单词，还是诗词古文、公式公理……充斥了大脑的每一个角落。甚至有些学生感觉自己突然老化衰退了；有的学生说，自己刚刚想要做但还没有做的事情，现在已经想不起来了；有的一想到明天那些左一项、右一项的学习任务，头脑都要炸了，最后干脆来了个"死机"——大脑里的屏幕变成一片空白。

其实，不仅学生有这种状况，所有学习或工作压力大的人，都会出现这种脑力"透

支"的现象。一位刚参加工作3年的小伙说："我现在对小时候的事记得很清楚，对刚刚发生的事反而记不住——上周六听完培训课，刚过了一天，周一就已经想不起来老师讲的很多内容了……"

面对这些学习和工作压力，无论学生还是上班族都有应付不尽的感觉。这时，如果运用思维导图来制定学习和培训计划，也许事情就会是另一个样子。

运用思维导图可以进行学习规划，比如订立学年计划、学期计划、月计划、周计划，具体到订立每天的学习计划。它可以让学习者随时了解学习情况，跟进学习进度，灵活运用学习方法，并且可以根据实际情况需要随时做出相应调整，从而做到合理安排时间，提高学习效率。

有一个中学生接触思维导图之前，学习成绩不理想，学习目标不明确，每天虽然忙得焦头烂额，但成绩一直提升不上去。后来，经过一段时间思维导图的学习之后，发现受益很多，成绩在稳步上升。

下面就是这位中学生利用思维导图制订的学习计划，他围绕学习中心，画出了四个学习分支，并据此进一步发散。

大致步骤如下：

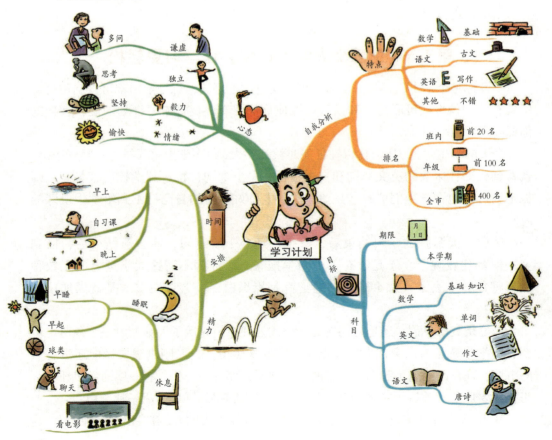

（1）确定关键词。在白纸中心写出，最好用图表示；

（2）分支一：首先进行自我分析，包括学习特点、学习现状等；

（3）分支二：学习目标方面，主要考虑目标要适当、明确、具体；

（4）分支三：时间安排方面，考虑科学性，突出重点，脑体结合，文理交替，有机动时间；

（5）分支四：其他方面注意事项以及必要的补充、说明等。

一个好的学习计划是实现学习目标的前期保障，一个完善的成熟的学习计划能提高学习效率，减少时间浪费，甚至直接提升自信心。

如果你在学习方面也有不满意的地方，不妨试着绘制一幅属于自己的学习计划思维导图。思维导图绘好以后，把它贴在显眼的位置，然后执行下去。

其实，用思维导图制订学习计划很灵活，你可以根据实际情况用自己的方式方法灵活调整，富有个性化，注重效果。

最后，还是那句话，制订并完善了自己的学习计划，一定要彻底执行下去，这样才能见到学习效果。

第六节 语文积累词语的 5 种方法

积累词语，是学好语文的有效手段，积累更多的词语，可以多阅读，多摘抄，具体说来，我们可以从以下几方面着手，扩大自己的词汇量：

首先来看一幅思维导图（见下页图）。

从思维导图中我们可以看出积累词语的 5 种方法：

1. 从课文中积累词语

课文中有许多规范、优秀的词语可供我们学习、积累。我们在学习一个单元后，可把所学的词语收集整理一下，挑选最好的分门别类地收入词语卡中。这样，复习课文和积累词语两不误。

2. 从课外读物中积累

大量的课外阅读是同学们积累词语的重要来源。因此，我们不仅要搞好课外阅读活动，而且要从课外读物中摘抄词语。特别是遇到不懂的词语，千万不要放过，要真正弄明白为止。

平时多读一些经典的童话、故事、诗歌和优秀的作文集，以及报纸杂志等，边读边记录，把课外书中优美、动人、富于时代感的词语坚持不断地记录下来，天长日久便可积少成多了。

3. 利用工具书积累

《现代汉语词典》《成语词典》《新华字典》《分类成语词典》等工具书是规范语词的专门书籍，都是我们参考的重要工具书。

4. 从日常生活中积累词语

生活是写作的来源，在日常生活中，我们会接触到各种各样的人，他们在日常生活中往往会有些新鲜、别致、富有创造性的口头语。这些语言是书本中难以觅到的。因此，多留心人们的言谈也是积累词语的一个好方法，将这样的语言应用于作文中，会使你的作文富于生活气息和创造性。

5. 在使用中积累

积累的目的是使用，平时回答问题、与别人谈话或作文时，要尽量运用已掌握的词语，这样才能达到巩固的目的。

第七节 4妙招背课文一步到位

对很多学习者来说，背诵并不是一件令人头疼的事，而是有技巧可言：

1. 尝试回忆法

即在背记过程中，试着合起书本，背完后与课文对照，让背诵一步步达到成熟的地步。

2. 化整为零

先把课文分成几个段落来背诵,把每个段落背诵熟练,然后合起来背诵整篇课文。

3. 眼口手并用法

背诵过程中,通过手写、眼睛集中注意力、口读的方式达到快速背诵的目的。

4. 全文重复法

当背诵一篇短文或一首古诗时,可以从头到尾、反复多遍背诵。

第八节 作文立意把握6大特性

好的作文立意可以从6个方面体现出来:

1. 有创造性

如今的作文,对文体的限制性越来越小,我们发挥的空间也越来越大,每个人都可以充分发挥自己的创造性,以赢取作文的高分。

2. 体现人情味

正所谓以"情"动人,这也说明,只有真情实感才能打动别人,在作文写作中,千万不要虚构情感,只有发自内心的真实感受才是最可贵的。

3. 有新颖性

立意新颖,可以运用求异思维,从方向和侧向来思考问题,提出与普遍看法不一样的观点，达到出人意料的效果。

4. 有深刻性

即能够通过表象挖掘出本质性的东西，能在别人的观点上更进一步，发现别人没有发现的东西。

5. 体现时代气息

作文不是凭空想象的结果，如果能够贴近社会现实，关注时代的变化，这样的作文往往更能受到老师的青睐。

6. 体现集中性

立意切忌面面俱到，分散主题。好的立意应该集中在某一点上，并可以围绕这个点展开写作。而这个点就是立意的圆心。

积累剪报，是提高写作的有效手段，其实，写好作文贵在平时多积累、多练笔，不断地积累自己的财富，经常阅读思考，并把看到的东西运用到平时的日记和作文中，这样作文才能有很大的提高。

主要做法有以下3步：

（1）买一个笔记本。

注意的是，笔记本的前几页空着不写，作剪辑文章的目录。

（2）积累的剪报要经常翻阅。

把报刊和杂志上的精彩文章剪辑后，进行归类整理，并经常拿出来欣赏阅读，有效积累自己的素材。

（3）列一个练笔的小专栏。

可以列举一些比如妙语连串、随笔、写景等小专栏，并在旁边留一个空白，平时看到或者赏析到此，可随手写下自己的感受，或者仿照剪辑的文章自己也随手发挥一下。

总之，语文知识的学习重在积累。剪辑报纸和杂志既能积累素材，又能提高本身的文化涵养，还能为作文很好地服务，何乐而不为呢？

第九节　高分发散思维能力的 3 个步骤

在学习的过程中，如果想让自己拥有杰出的发散思维能力，我们可以按照以下几个步骤进行练习：

1. 学会充分发挥自己的想象力

每个人的想象力和思维能力是紧密相连的，我们在思维时，可以用丰富的想象能力，来拓展我们的思路，从而摆脱固有的束缚。

比如，在生活中，我们可以尝试进行大量的阅读，广泛地吸收各种知识。比如，读一部好的历史小说或科幻小说，将自己沉浸在另一时空中等都是发挥想象力的方法。

2. 不要过分紧张

进行发散思维训练时，应该处于一个安静的环境，避免不必要的打扰，同时，拥有一份放松的心情也很重要，即不要让自己感觉到很紧张。

丰富的想象力是提高发散思维能力不可或缺的方式方法。

3. 要掌握发散思维的方法

当我们思考问题时，不要从单一的角度进行，应该调动自己的逆向思维，学会多角度、多方位、多层次看待和解决问题。

发散的角度越多，越利于我们对问题的分析和把握。

综合以上 3 种方法，并结合思维导图学习法，定能训练好我们的发散思维。

第二章|
画出高效学习力

第一节 4 种方法帮助我们启动思考

生活中，很多人认为思考本身是很乏味的、抽象的、让人迷惑的，这与使人昏昏欲睡的认识不无关系。那么，思维导图在帮助并启动我们思考方面就显示出了特有的魅力与价值，成了帮助我们理清思路的创造性工具。

为了让我们神奇的大脑转动起来，保障我们每天顺畅地思考，并提高思考力，可以从以下几个方面入手。

1. 排除多余的干扰

当我们针对要解决的问题进行思考的时候，一定要避免不受其他次要想法的干扰，因为我们的大脑里每天都有数千个一闪而过的想法产生，其中很大一部分会起到干扰的作用，使我们难以清醒地专注于我们想要思考的问题。

如果采用思维导图的形式，可以在罗列关键词的同时，进行相互的比较和筛选，可以有效排除多余的干扰，让思考更集中。

2. 紧紧围绕主题

一般，我们一次只思考一个主题，这时，我们必须命令我们的大脑集中注意力。也许，这种命令在起作用前需要几分钟时间，需要我们耐心地帮助我们的大脑关注于我们思考的主题。

这样做的好处是，可以迅速激活我们的大脑，使它运转起来，获得我们想要的想法。

这个思考的主题可以作为思维导图的关键词放在节的中心位置。

3. 关心一下自己的感受

如果当你绞尽脑汁，还是很难围绕所要解决的问题启动思考时，那么，你可以尝试着关注一下自己的内心感受，把这些感受写在思维导图上。问问自己在思考过程中，产生了什么感受，并顺着这些感受展开与内心的对话，说不定会瞬间打开思路，获得意外的惊喜。

4. 养成随时思考的习惯

当思考成了一种习惯，无疑会对你有很大的帮助。让大脑经常处于工作状态，很容易发动你的思考过程，获得解决问题的有效方法。

平时，借助思维导图，你可以对身体发生的任何事情随时随地进行评价、质疑、比较和思考。利用思维导图无限发散的特性，可以让思维更清晰有力，哪怕是胡思乱想，也会为你所关注的问题找到满意的答案。

以上几种方法可以帮助我们训练思考。只有当我们的思考借助思维导图，并与思维导图完美地结合在一块的时候，才会更容易帮助我们获得源源不断的想法，这些想法不仅新奇而且富于创造力。

现在，请你针对如何启动自己的思考画一幅思维导图。

第二节 3招激活思维的灵活性

灵活思维的好处是，当我们遇到难题时，可以多角度思考，善于发散思维和集中思维，一旦发现按某一常规思路不能快速达到目的时，能立即调整思维角度，以期加快思维过程。

激活思维的灵活性，可以从下面3个方面入手：

1. 培养迁移能力

迁移，是指一种学习对另一种学习的影响。

我们更多地要用到的是知识迁移能力，即将所学知识应用到新的情境，解决新问题时所体现出的一种素质和能力，形成知识的广泛迁移能力可以避免对知识的死记硬背，实现知识点之间的贯通理解和转换，有利于认识事件的本质和规律，构建知识结构网络，提高解决问题的灵活性和有效性。

思维的灵活性主要体现在解决问题时的迁移能力上，必须有意识地去培养自己的迁移能力，从而能够灵活地解决学习中的一些问题。

语文学习中，常常能遇到写人物笑的片段，比如《葫芦僧判断葫芦案》中的"笑"，《红楼梦》第四十四回中每一个人的"笑"，《祝福》中祥林嫂的"三笑"，各自联系起来，分析比较，各自表现了人物的什么个性，同时揭示了什么主题等等。

通过这种训练，可以使分析作品中人物的能力和写作中刻画人物的水平大大提高。

2. 利用"一题多解"

这种方法在数学学习中经常使用，对"一题多解"的训练，是培养思维灵活的一种良好手段，这种训练能打通知识之间的内在联系，提高我们应用所学的基础知识与基本技能解决实际问题的能力，逐步学会举一反三的本领。

学会"一题多解"的思维方式，可以训练思维的灵活性，使自己在思考问题的起点、方向上及数量关系的处理上，不拘泥于一种方式，而是根据需要和可能，随时调整和转换。

3.大量阅读不同体裁的文章

文章是作者进行创造性思维的成果。一篇文章的创造性，主要体现在它的构思和语言的运用上，体现在文章的思想观点和表达方式上。

不同体裁的文章，也各有各的特点，就是同一体裁中的同一内容的文章，风格也是各异。在阅读一篇优秀文章时，善于发现它们的不同，善于吸取它们各自的特点，对于训练自己的思维是有益的。

总之，多读各种不同的文章，既可以获得知识，又可以获得思维和写作的借鉴，可以从比较中学习到从不同角度观察事物、思考问题的方法，从而培养思维的灵活性。

培养思维的灵活性，要学会从不同的角度、不同的方向用多种方法来解决问题。要培养思维的灵活性，就要多动脑筋，加强学习，在实践中探索新思路、验证新方法，并及时总结、改进，就一定能增强思维的灵活性，搞高思维的应变能力。

针对3种行之有效的激活思维灵活性的方法，可用思维导图表示（见上页图）。

第三节　5步让我们克服骄傲的毛病

学习中有一些人不能正确对待荣誉与成绩，有的拔尖逞能，有的盲目自满，有的沾沾自喜，有的把集体的成绩看成是个人的，有的瞧不起同学，等等。

这些骄傲自大的不良习惯，最终会影响自己的不断进步，甚至使自己脱离同学，脱离集体，失去目标，成为一个自私自利的小人。而当今社会对我们的要求是，要想取得学习上的高分，成就事业，就必须首先学会做人。因此我们应从小培养谦逊的品格使自己形成戒骄戒躁的良好习惯。

那么，怎样培养谦虚的习惯呢？

首先学习这幅思维导图（见下页）。

由图，我们可以看出，培养谦虚的好习惯有5种好方法：

1.认识骄傲的危害

盲目骄傲自大的人就像井底之蛙，视野狭窄，自以为是，严重阻碍了自己继续前进的步伐。由于骄傲，你会拒绝有益的劝告和友好的帮助。而且由于骄傲，你们会失掉客观的标准。

骄傲是对自己的片面认识，是盲目乐观，常会让人不思进取。应该培养自己的自信心，但不能滋长骄傲自满的情绪。

2.全面认识自己

骄傲的产生往往源于自己的某方面特长和优势，应该先分析这种骄傲的基础：是学习成绩比较好、有某方面的艺术潜质，还是有运动天赋，等等。然后应认识到，自己身上的这种优势只不过限定在一个很小的范围内，放在一个更大范围就会失去这种优势；正确的态度应该是积极进取，而不是骄傲懈怠；并且优势往往是和不足并存的，同时应该努力弥补自己的不足。

　　另外，应该开阔胸怀，走出自我的狭小圈子，到更广阔的地方走走，陶冶情操，了解更多的历史名人的成就和才能，以丰富的知识充实头脑，让自己变骄傲为动力。

3. 正确面对批评建议

　　批评往往直指一个人的缺点，如果一个人能够接受批评，他就能够比较清楚地看到自己的缺点。对于我们来说，在评论自己时常会出现偏差，原因是"不识庐山真面目，只缘身在此山中"，若能经常听取别人的意见或建议，就能不断充实和完善自己。

　　谦虚不仅是一种美德，还是你无往不胜的美德。养成无论在任何时候都保持谦虚温和的良好习惯，是丰富和完善人生的一种要求。让我们永远做一个谦虚的人，一个学而不厌的人吧。

4. 从小事做起

　　戒骄戒躁、谦虚的习惯要从小事中培养，比如取得好成绩或得到别人的夸奖，都不应该骄傲，谨记"谦虚使人进步，骄傲使人落后"的座右铭。

5. 多向伟人学习

　　古今中外许多伟人都是十分谦虚的，像马克思等。可以向老师、家长请教这方面的事迹，也可以自己读一些这方面的故事，并时时提醒自己要向这些伟人学习。

第四节 6步搞定英语听力

我们都知道，英语听力的好坏不仅对考试的成绩，而且对考试的信心、考试的情绪都有很大的影响。虽然多听有益，但也应该掌握一定的方法，方可取得高分。

在这里，我们主要讲怎样利用磁带练习听力：

1. 随时随地法

利用可以利用的每一分钟，无论是上学放学的路上、茶余饭后，还是睡前醒后都可以戴上耳机，随时随地地听。

2. 集中分段法

首先在某一段时间内，集中精力听一个内容，这一盘录音带没有听懂、听熟之前，先不听别的内容。其次可以把一天的时间分成若干段，每一段听不同的内容。

3. 先慢后快法

刚开始练习听力的时候，可以先听语速慢的录音带。然后再过渡到语速快的录音带。

4. 先中后外法

我们可以先听中国老师录的录音带，然后才过渡到外国人录的录音带，因为中国老师的录音我们听起来会更容易接受，可以看作是一个很好的过渡。

5. 词汇过关法

听录音带时，要听课文，也要听词汇。有时，听词汇比听课文更重要。如果每天都要听一遍中学课本的词汇册，时间一久，在脑子里就形成了"听觉记忆"，以后碰上听过的词，脑子里一下就能反映出来。就如同看熟了的电影，听了上句，都知道下句是什么是一个道理。

6. 自录自听法

通过这种方法可以检查自己的弱点，也可以借此增强自己的自信心。同时，还可以借此添上一点趣味性的东西。

综上，绘制一幅思维导图（见上页）。

第五节 有效听课应注意的8个细节

高效的学习者听课都有一个特点，那就是"听课要听细节"，具体可见下图：

由图可知，有效听课的8个具体细节为：

1. 留意开头和结尾

老师在讲课时，开头一般是概括上节课的要点，指出本节课要讲的内容，把旧知识联系起来的环节，要仔细听清。老师在每节课结束前，一般会有一个小结，这也是听课的重点所在。

2. 留意老师讲课中的提示

我们在听课中，经常能听到老师提示大家："大家注意了""这一点很重要""这两个容易混淆""这是不常见的错误""这些内容说明""最后"等等字眼，这些词句往往暗示着讲课中的要点，应该给予足够的重视。

3.学会带着问题听课

善于学习的人几乎都有一个好习惯，即他们善于带着问题去听课。听课不是照搬老师的讲课内容，而应积极思考，学会质疑，解决困惑。带着问题去听课可以提高注意力效率，可以在听课的时候有所选择，大脑也不容易感到疲劳，不仅听课效率高而且会更轻松。

4.留意教师讲解的要点

听课过程中，我们应该留意老师事先在备课中准备的纲要是什么，上课时，老师是怎样围绕这个提纲进行讲解的。我们在力求抓住它、听懂它、理解它的同时，还可以通过听讲、练习、问答、看课本、看板书等途径，边听边明确要点和纲要，弄懂知识的内在联系。

5.留心老师分析问题的思路

各学科知识之间都有前因后果、上关下联的逻辑关系，有时可以相互推理，思路互通。在理科中表现得比较明显，比如一个定理、一条定律、一道习题，都有具体的思维方法，我们用心留意老师分析问题的思路和方法，仔细揣摩，就能轻松获得灵活的思维能力，越学越出色。

6.留意老师的板书归纳和反复强调的地方

不言而喻，反复强调的地方往往是重要的或难以理解的内容，板书归纳不仅重要，而且是具有提纲挈领的作用。要注意在听清讲解、看清板书的基础上思考、记忆，并且做好笔记，便于以后重点复习。

7.留心老师如何纠错

每个人都有做错题的时候，当老师在为同学纠错的时候，不管是你做错的题或者是别人做错的题，你都应该留心。如果你能对这些容易做错的题保持足够的警惕，那么以后就能有效地避免犯同样的错误，千万不要以为别人做错的题与你无关。

8.留意老师对知识点的概括和总结

几乎每个老师都会在上完一堂课或讲过某些知识点之后进行概括和总结，这些"总结"是课堂知识的精华，也是考试的重点，应该好好理解和掌握。

第六节 做好作业有6项注意

每一个善于学习的人在做作业时，都有自己的心得体会，一般而言，需要注意6个方面：

1.作业要工整、简明、条理清楚

平时做作业时，应当养成良好的习惯。工整、简明、条理清楚的作业可以反映一个人一丝不苟的学习态度，可以避免出现不必要的差错，有利于检查时查找；另外复习时看起来也方便；老师批阅起来可以快得多。

2. 作业要保存好

如果你能按照知识系统，定期将作业分门别类地保存起来，放进卷宗或公文袋中，到复习时可随手拿来参看。作业是学生平时辛勤劳动的成果，不注意保存好，就等于把自己的劳动果实白白丢掉了。

3. 作业要独立完成

每一个高效的善学者都会自己独立完成作业。做作业的目的是巩固、提高和扩展所学知识，培养分析问题和解决问题的能力。课堂作业和家庭作业都是学习过程中必不可少的重要环节。如果不是自己独立完成作业，就难以发现学习中的薄弱环节和不足之处，容易养成依赖心理和投机取巧的坏毛病，当必须自己思考和解决问题时，就会不知从何下手。

4. 不拖沓作业

善学者从不会为每天大堆大堆的作业感到头疼。如果一个学生每天作业拖沓，那就糟了。整天都在应付作业，玩的时间被挤掉了，生活和学习就会变得既劳累又无乐趣。

5. 切忌模仿做题

有一些学生喜欢模仿做题，所谓模仿做题就是指在做题过程中机械地套用老师的解题方法、解题格式，或者机械地套用公式、套用自己以前的解题经验，对做题过程所想到的、所写出的每一句话或者每一步心理活动过程都不明确。总的来说，只是模仿做题对我们收获不大。

6. 不搞题海战术

事实上，很多优等生都不是通过题海战术做出来的。无论在学校还是在家里，经常见到有些同学超负荷地做练习题，漫无边际、毫无目的。大量的练习题只会让我们思维混乱，晕头转向，难以应付。做习题应当有所选择。实际上，教科书上的作业练习和老师补充的练习，加上各级教学主管部门的各种复习材料，已足够学生的习题量了，根本不需要再去到处搜寻。

对此，如何做好作业，需要注意的 6 个地方可用上页图表示。

第七节 11 种方法正确进行课后复习

在这里，介绍 11 种正确进行课后复习的方法：

1. 及时进行第一次复习

很多人都有这样的经验，对于刚刚学习过的知识，越早复习记忆越深刻。不论是在课堂上以各种机会和形式进行复习巩固，还是课后的精读、归纳整理、总结概括、研习例题、多做练习等等，都是及时复习的好做法。当天学的知识，要当天复习好。否则，内容生疏了，知识结构散了，就要花更多的时间重新学习。要明白，修复总比重建倒塌了的房子省事得多。

把复习当成一种习惯，只有这样才能强化记忆，提高效率。

2. 尝试运用回忆

在课后试着把老师所讲的内容回忆一遍，如果记得不清可以随时翻看课本，然后再回忆。如此反复几次之后，才能把提纲编写得准确、完整。这种方法可以加强记忆和理解。

3. 多种感官参与复习

手、耳、口、脑、眼并用的情况下可以增强复习效果，不仅适用于文科类的学习与记忆，同样适合于理科。

4. 要紧紧围绕概念、公式、法则、定理、定律复习

思考它们是怎么形成与推导出来的，能应用到哪些方面，它们需要什么条件，有无其他说明或证明方法，它与哪些知识有联系……通过追根溯源，牢固掌握知识。

5. 复习要有自己的思路

通过一课、一节、一章的复习，把自己的想法、思路写成小结，列出表来，或者用提纲摘要的方法把前后知识贯穿起来，形成一个完整的知识网。

6. 复习中遇到问题要先思考

这样有利于集中注意力、强化记忆、提高学习效率。每次复习时先把上次的内容回忆一下，不仅保持了学习的连贯性，引起对学过知识的回想，而且可以加深记忆的连续性和牢固性。

7. 复习中要适当做一些题

可以围绕复习的中心来选题、做题。在解题前，要先回忆一下过去做过的有关习题的解题思路，在此基础上再做题。做题的目的是检查自己的复习效果，加深对已学知识的理解，培养解决问题的能力。做综合题能加深对知识的完整化和系统化理解，培养综合运用知识的能力。勤于复习，并学会科学地复习，并养成一种良好的习惯。只有这样，我们所学的知识才会更加牢固，以后的学习才会更加轻松。

8. 把知识点做成一张"知识网"

每科知识之间都有关联，如果孤立地去看所学的知识，很难理解透彻，如果能把知识点放在一张"知识网"中去看待，那样就很容易理解和记忆。比如，初中代数重点"分式的运算"，如果联系到小学学过的"分数运算"就能容易搞清楚彼此的联系。

9. 运用"方法"和"技巧"

在复习过程中，要注意总结用过的"方法"和"技巧"，主要体现在思维方法和分析解决问题的思路上，这种思路和方法有可能出现在课本中，也可能是老师的点拨。

10. 交叉复习方法

在复习阶段，可以找一些涉

目标能让你更加清晰全面地认清自己，从而更好地计划下一步行动。

及不同部分知识的综合应用题，交替学习同一科目内的不同部分，通过比较分析，可以加深自己对知识的理解和应用能力。

11. 随时自测，时刻认清自己

自我测验既是一种复习方法，也是我们学习主动性的表现。在学习中养成随时对自己进行自我检测的好习惯，会清楚地明白自己好在哪里，差在哪里，随时有针对性地进行重点复习，以达到事半功倍的效果。

综合以上 11 种高效复习方法，绘制思维导图（见上页）。

第八节　解决生活和学习中遇到的困惑

目前，思维导图已经应用于生活的各个方面。在对于帮助自我分析，更深入地了解自己，包括自己的需求、欲望、中长期目标等方面具有很实际的意义。比如，你考虑报某个暑期补习班，确立自己下学期的学习目标，思维导图都可以在很大程度上帮助你理顺想法、明晰思路。

在自我分析方面，如何正确地了解和评估自己呢？

一般，对自我的认识包括对生理、心理、理性、社会自我等几个部分的认识。生理方面，主要是指对自己的相貌、身体、服饰打扮等方面的认识；心理方面，主要指对自我的性格、兴趣、气质、意志、能力等方面的优缺点的评估与判断；理性方面，主要是指通过社会教育和知识学习而形成的理性人格，如对自我的思维方式和方法、道德水平、情商等因素的评价；社会自我认识，主要指对自己在社会上所扮演的角色，在社会中的责任、权利、义务、名誉，他人对自己的态度以及自己对他人的态度等方面的评价。

这些自我认识都可以在思维导图上表现出来。

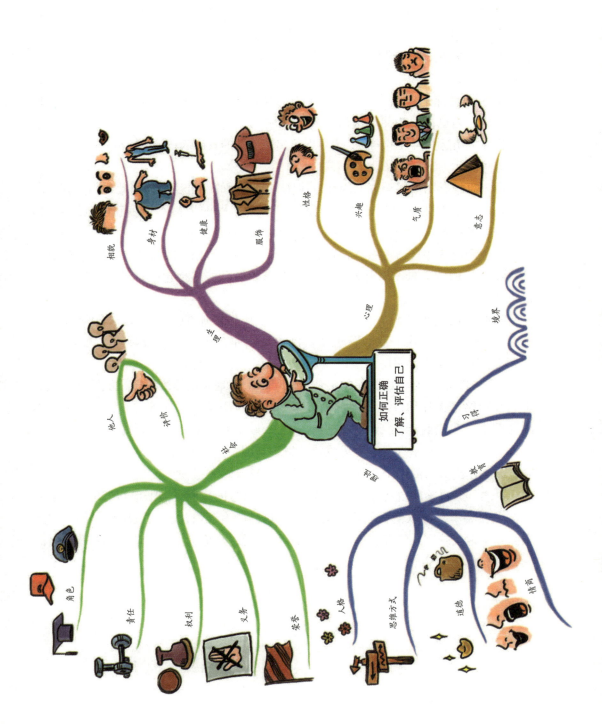

如何正确了解、评估自己

生理
　相貌
　身材
　健康
　服饰
　性格
心理
　兴趣
　气质
　意志
境界
习得
　教育
　情商
　道德
　思维方式
　人格
制约
荣誉
义务
权利
责任
角色
评价
　他人
　社会

403

画图之前，需要你拿出一张白纸来，在白纸中心画一个中央图像代表自己，然后由这个中心图像向四周发散，并根据生理、心理、理性、社会自我四个方面，联想与自己相关的所有属性，并将你想到的属性与中心连线，比如你可以参考的属性有：性格、爱好、长处、短处、理想、兴趣、家庭背景、交际圈、朋友圈、长期或短期目标是什么、上大学最想做的事是什么、现在的苦恼是什么、自己最尊重的人，自己需要为父母做到什么等等的方面。

你在列出这些属性的同时，也可以给出该属性的具体表达，如性格后面标上"开朗"等等。

由于思维导图可以对你的内在自我作一个全面的综合反映，因此，当你获得了比较清晰的反映内在自我的外部形象后，你就不太可能作出一些有违自己本性和真实需求的决定，从而使你避免一些不快的结果发生。

为了避免一些自己不愿意看到的结果出现，最好的办法就是从绘制一幅能够帮助自我分析的"全景图"开始，在这幅图里要尽可能多地包括你的性格特点和其他特征。

我们在做自我分析方面，尽量选择一个比较舒服的环境，最好能对你的精神起到刺激作用，这一点非常重要。目的是使你在作自我分析时达到无所顾忌，做到完整、深刻和实用。

在画图时，不必考虑图面的整洁度，可以快速地画出思维导图，能够让事实、思想和情绪毫无保留并自由地流动起来，如果过于整洁和仔细的话，容易抑制思维导图带给我们的无拘无束感。当然，选择好主要分支之后，你应该再绘制一张更大一些、更有艺术气息、更为成熟的思维导图。

最后作出最后的决定，并计划你的下一步行动。

总之，通过绘制自我分析的思维导图，可以帮助我们更清晰地知道生活和学习的重点在哪里，可以使我们获得更多对于自己的客观看法。通过思维导图可以更全面真实地反映个人情况，解决更多的实际问题，从而为下一步决定做好准备。

第三章

高分思维导图的细节

第一节　7招把注意力集中到位

对一个学生来说，没有注意力，就没有学习。对于一个善于学习的人来说，注意力是影响学习效率的最重要因素之一，在学习过程中起着重要的作用。

在这里，有7招可以让你集中注意力：

1. 早睡早起，自我减压

正常休息，多利用白天学习，提高单位时间的学习效率，不要贪黑熬夜，累得头脑昏昏沉沉而一整天打不起精神。相信付出就有收获，让心情轻松、保持愉快，注意力就容易集中了。

2. 放松训练法

你可以舒适地坐在椅子上或躺在床上，向身体的各个部位传递休息的信息。让身体松弛下来，同时暗示它休息，然后，从左右脚到躯干，再从左右手放松到躯干。这时，再从躯干到颈部、头部、脸部全部放松。只需短短的几分钟，你就能进入轻松、平和的状态。

3. 积极目标训练法

学会任何时候将自己的注意力集中起来，是一个高效学习者的重要品质。当你给自己设定一个提高注意力和专心能力的目标时，你就会发现，在非常短的时间内，集中注意力就会有很大的改观。

比如这一年我的目标是什么？这一学期甚至这一周我的目标是什么？我应该完成哪些学习任务？一旦目标明确了，学习的动力就足了，注意力就不易分散了。

4. 培养自己专心的素质

如果想让自己专心致志地学习，首先要有自信心，相信自己可以具备迅速提高注意力集中的能力，只要下定决心，不受干扰，排除干扰，我们就可以做到注意力的高度集中。

5. 感官同用法

训练注意力，同样需要调动多种运动器官来协同活动，在大脑皮层形成一个较强的兴奋中心。如耳听录音带，嘴里读单词，眼睛看课本，手在纸上写单词。这样，注意力自然就不分散了。

6. 排除干扰法

排除干扰法，包括外界的干扰和内心的干扰，有时，内心的干扰比外界环境的干扰更为严重，我们可以通过给内心提示和暗示来训练自己，比如告诉自己有很多大目标都没有实现，必须集中精力。

还可以试着在没有任何干扰的情况下背诵一段300字左右的文章看需要多少时间，然后在旁边有干扰时背这段文章，看需要多长时间，直到在两种环境中时间相同为止。

7. 难易适度法

这种训练方法要求我们，对于那些已能熟练解答的习题不要花太多时间去演算，可以找一些这方面经典性的题目练习。对于难度大的题目，先独立思考，再求助老师、同学或家长。对于不感兴趣难度又比较大的内容，自己首先订好计划，限定时间去学习，就不会松懈拖沓。如果攻克一个难题，就给自己一个奖赏，让成就感来激励自己，从而集中注意力。

以上 7 招集中注意力的方法，绘制思维导图（见上页）。

第二节　11 步制订完美的学习计划

制订完美的学习计划，共有 11 步。

1. 拥有正确的学习目的

我们学习不是为了别人，而是为了自己，每个人的学习计划，也是为自己的学习目的服务的。拥有正确的学习目的，便可以推动我们主动积极地学习和克服困难。

2. 全面规划学习

很多人都认为，学习计划包括娱乐，甚至还应当有进行社会工作、为集体服务的计划；有保证充分睡眠的时间；有娱乐活动的时间；有课外阅读的时间等等。这样既能保证自己的全面发展，又能保持旺盛的精力，还能使学习生活丰富多彩、生动有趣。

3. 学习计划要从个人实际出发

具体说来，学习计划要切合个人实际情况，目标应合理。在每个学习阶段，能有多少确实可用的学习时间？常规学习时间可以安排多少？自由学习时间可以安排多少？

4. 要科学安排

即科学地安排常规学习与自由学习的时间。常规学习时间用来完成老师当天布置的必须完成的学习任务；自由学习时间用来查漏补缺、课外自学、课外活动，以扩大知识面，掌握学习的主动权。力争做到"时时有事做，事事有时做"。

5. 要长短结合

就是要做到长计划短安排。长计划可以使具体任务有明确的目的，短安排是为了使长计划的任务逐步实现。为了实现总的目标要求，在一段较长的时间里应当有个大致安排，每星期、每天做些什么，也应有一个具体计划。要在晚上睡觉之前就安排好第二天什么时间做什么。

6. 要符合实际

制订计划不要脱离实际，要从自己的实际出发，在正确估计自己的知识与能力、可供自己支配的时间、查清自己知识缺漏的基础上，制订切实可行的学习计划。

7. 要留有余地

把计划变成现实，还要经过一个努力的过程，在这个过程中会遇到千变万化的情况。所以，计划不要安排得太满、太紧、太死，要留出机动时间，目标不要定得太高，以免实现不了。如果情况变了，计划也要作相应的调整，比如提前、挪后、增加、删减等。

8. 要突出重点

学习时间和内容都是有限的，所以计划要有重点，做到保证重点、兼顾一般。所谓重点是指自己的弱科、弱项和知识体系中的重点内容，要集中时间、精力保证重点的落实。

9. 要经常检查

对于我们计划中安排的内容，时常检查一下是否都做了？任务是否都完成了？效果如何？没完成的原因又是什么？要经常对照检查，发现问题及时采取相应措施，或调整计划，或排除干扰计划的因素。

10. 科学地制订学习计划

做好学习计划，可以使学习有明确的目的性，以便合理地安排学习内容和时间，使学习有条不紊，变被动为主动。这不仅可以提高学习的效率，而且还可以使自己养成良好的学习习惯，使勤奋精神落到实处。我们只有按照学习计划坚持不懈地执行下去，才会取得良好的学习效果。

11. 根据各科成绩，合理调整时间安排

一些人在学习过程中，不可避免地会出现个别科目拖后腿的现象，这时就需要在计划安排上有所侧重，在成绩差的科目上多花一些时间。最好是在不影响正常计划的前提下把机动时间用来查漏补缺，每天至少要解决一个问题。

第三节 7招强化抗挫折能力，实现高分

学习是一个不断遭遇挫折、克服困难的过程。为了实现自己的学习目标，取得高分，就需要我们增强自身的抗挫折能力。

具体说来，有以下7种办法：

1. 培养自己的抗挫折能力

古今中外历史上，所有为人类作出大贡献的伟人，都经历过无数次挫折，都有很强的抗挫折能力。每当我们遭遇挫折的时候，要学会换一种眼光去看待，学会锻炼自己的意志，让自己一次比一次坚强。

2. 把学习失利当作机遇

我们可以把学习和考试中遇到的失误和失利当成磨炼自己意志的机会，当成增长自己能力的机遇。

3. 时刻充满必胜的信心

一般情况下，当我们遭遇挫折时，情绪难免会失落，这时，你不妨放声高呼几声，比如："挫折你尽管来吧，我定能战胜你！"同时，面对挫折，不要退缩，要想方设法去寻求解决问题的新途径。

4. 发挥自己的积极主动性

无论是在生活或学习中，我们都应尽可能地减少对老师和父母的依赖，只要是自己能做的事情，就不请别人帮忙和代做。善于调动自己的积极主动性，我们才能主动锻炼自己，增长抗挫能力。

5. 养成锻炼身体的好习惯

健康的身体是取得好成绩的保证。身体的强弱对学习效果的好坏影响很大。一个身体健壮的人，比起身体羸弱的人，往往可以凭借充沛的精力去克服学习上的困难。

平时，我们应该有锻炼身体的意识，每天坚持做一至两项自己喜欢的运动，长期坚持下去，自然能增强抵抗恶劣环境的能力。对学习中遭遇的挫折，也许就会不以为然了。

6. 平时主动给自己制造难题

日常学习中，可以根据学习进展，不时地给自己制造些难题，设计些困境，以发挥自己的能动性，挖掘自己的学习潜力，从而完善自己的知识结构。

7. 设法多读一些名人传记

名人传记是人类的精神养料。比如，我们熟知的罗曼·罗兰的《名人传》中，曾引用了贝多芬的名言："不幸的人啊！切勿过于怨叹，人类中最优秀的和你们同在。"假如你读过这本书，或许在你感到绝望的时候就会想到音乐巨人贝多芬，在迷茫的时候想到画家米开朗琪罗，在孤独的时候想到托尔斯泰。

阅读名人传记，就像是在和伟大的人对话，除了让我们了解到他们的人生经历之外，也能让我们对比自己，从而清楚地看到，原来自己面临的困难是多么的渺小，只要多一些毅力和耐心，任何困难都将不堪一击。

我们在不断阅读名人传记的过程中，就能感觉到人生就是不断战胜困难、战胜挫折的过程。

其实，像《史记》等历史著作就是很好的人物传记读本，如果是自传性的书，我们尽量选择那些年纪偏大的，对人生有所总结的人的作品，比如季羡林先生的作品就值得一读；如果是给别人写的传记，我们尽量读那些大家的作品，比如林语堂写的《苏东坡传》等。

以上7招可以增强自己扛挫折的能力，你是否掌握了呢？为了强化我们抗挫的意识，现以思维导图的形式绘制如图（见上页）。

第四节 4种方法轻松管好你的时间

善于利用时间是善学者高效学习的保证。

在学习阶段，大部分的时间是在课堂和自习中度过的，能自由支配的时间很少，在这种情况下，更应学会利用和管好我们宝贵的时间。

下面即是一个管理时间的思维导图。

从图中我们可以看出，管理时间主要有 4 种方法：

1. 充分利用零碎的时间

生命是以时间为单位的，时间就是生命。学习是要用时间来完成的，浪费自己的时间等于慢性自杀。只有利用好自己身边的零散时间，才能不断地超越自我，实现学习上的飞跃。

善于利用零散时间的人，可用的时间就比别人多。除了"挤"时间，还要善于节省时间，比如一天当中，一定要办最重要的事情；用大部分时间去处理最难、影响最大的事，等等。"挤"时间与省时间的另一个方法是科学利用业余时间。

2. 找准适合自己的最佳学习时间点

一个人一天究竟在什么时间点学习效率最高，这个学习效率最高的点，就是我们要掌握的最佳学习时间点。在学习过程中，我们可以尽量根据个人的生理特点找出可以让学习效率最高的最佳学习时间点，这样才能有助于达到最佳的学习效果。

找准个人学习的最佳时间点，可以充分发挥时间的价值。

你可以根据自己的情况，制订一天的学习计划，比如，什么时间段背诵语文？什么时候想学英语？什么时候阅读最轻松？接下来又干什么，有条不紊。时间长了便自成一种用时节律。

找到适合自己学习的最佳时间点，在头脑最清醒的时间无疑可以用来背诵、记忆、创造；其他时间可用来阅读、浏览、整理资料、观察、实验。

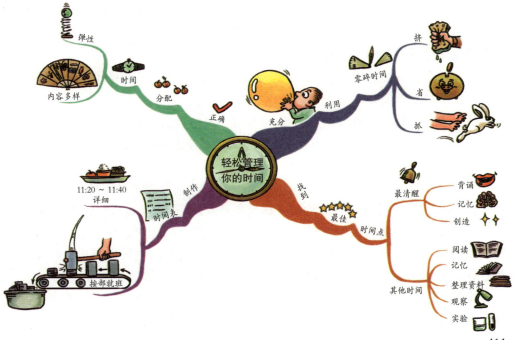

这样合理地安排时间，将会提高你的学习效率。

3. 学会制作学习时间表

制作学习时间表能把你的时间划分得很具体，让你每天的时间井然有序。一个善于学习的人，既不会玩了一天什么也没有干，也不能碰到学习困难就退缩，而应该制定一个详细的时间表，按部就班地执行，那样才会收到事半功倍的效果。

4. 正确分配学习的时间

学习如同练武，一张一弛，也是学习之道。无论做什么事情，都要保持时间运筹上的弹性，这样才能有效率，才能持久。列宁在写给他妹妹伊里奇·乌里扬诺娃的信中说："我劝你正确分配学习的时间，使学习内容多样化。我很清楚地记得，写作之后改做体操，看完有分量的书之后改看小说是非常有益的。"

所以，你在上完理科课之后，可以利用课间休息的时间，掏出英语单词本，读几个单词，不是为了去记忆，而是给头脑换换气，或者掏出一本精彩的小说看一段，也是一种休息。

管理时间是一件很简单的事情，只要你管好了时间，你的学习成绩一定会有很大提高。

第五节 依靠发散性思维进行发散性的创造

发散思维法的特点是以一点为核心，以辐射状向外散射。在生产、生活中，我们可以利用这种思维法来进行发散性的创造。若以一个产品为核心，可以发掘它的各种不同的功能，开发出各种各样的新产品。如围绕电熨斗这个产品，开发出了透明蒸汽电熨斗、自动关熄熨斗、自动除垢熨斗、电脑装置熨斗，等等。这些产品满足了生活中不同人群的不同需求。

下面这个故事也是围绕产品开发产品的一个典型例子，从中我们可以体会到发散思维法的应用价值。

日本著名的松下电器公司于1956年与另一家电器公司进行合资，成立了新的电器公司，专门制造电风扇。当时，松下幸之助委任松下电器公司的西田千秋为总经理，自己则担任顾问。

与之合并的这家公司前身是专做电风扇的，后来又开发了民用排风扇。但即使如此，产品还是显得比较单一，西田千秋准备开发新的产品，试着探询松下的意见。松下对他说："只做风的生意就可以了。"当时松下的想法，是想让松下电器的附属公司尽可能专业化，以期有所突破。可是松下电器的电风扇制造已经做得相当卓越，完全有实力开发新的领域。但是，松下给西田的却是否定的回答。

然而，聪明的西田并未因松下这样的回答而灰心丧气。他的思维极其灵活而机敏，他紧盯住松下问道："只要是与风有关的任何产品都可以做吗？"

松下并未仔细品味此话的真正意思，但西田所问的与自己的指示很吻合，所以他毫不犹豫地回答说："当然可以了。"

五年之后，松下又到这家工厂视察，看到厂里正在生产暖风机，便问西田："这是电风扇吗？"

西田说："不是，但是它和风有关。电风扇是冷风，这个是暖风，你说过要我们做风的生意，难道不是吗？"

后来，西田千秋一手操办的松下精工的"风家族"，已经非常丰富了。除了电风扇、排风扇、暖风机、鼓风机之外，还有果园和茶圃的防霜用换气扇、培养香菇用的调温换气扇、家禽养殖业的棚舍调温系统等。

松下的一句"只做风的生意就可以了"被西田千秋用发散思维发挥到了极致，围绕风开发出了许许多多适合不同市场的优质产品，为松下公司创造了一个又一个的辉煌。这也体现了发散思维的神奇魅力。

依靠发散性的思维进行发散性的创造，也为我们提供了一种发明创造的新模式。思维发散的过程，同时也是创意发散的过程。围绕一个中心，将思维无限蔓延，最终即可产生多种创造成果，为生活和学习带来更大的便利。

第六节 做符号笔记的 7 大准则

做符号笔记是很多高效学习者的专长，做好符号笔记能够有效提高学习效率，获得高分。

首先看一幅思维导图（见上页）。

从图中可以看出，做符号笔记需要注意7大准则：

1.不要贪多

如果一下子在笔记上做很多符号，一定会增加记忆负担，甚至影响思维，所以，应该少做些记号，但也不能少到复习时不知道哪些是重点。

2.简洁明了

在一些虽间断但有意义的短语下划线，而不要在完整的句子下面画线，页边空白处的笔记要简短扼要，这样，可以加深你的记忆，让你背诵和复习的时候更得心应手。

3.反应迅速

你必须明白，如果你不用一种快捷和容易辨别的记号做笔记，那么就很难跟上老师的讲课节奏，如果你因此而错过老师讲解的重要内容就得不偿失了。

4.积极思考

虽然在课本或笔记上做记号能够有效帮助你学习和复习，但你也应该积极开动脑筋，注重思考。否则，收获不大。

5.分门别类

做符号笔记的过程中，针对有些事实和概念应该区别对待，把它们分门别类，这样，经过整理过的笔记要比随便编排的事实和概念清晰，也容易记忆。

6.注意系统性

如果使用的符号过多，可以考虑把画在字句下的单线或双线，重点项目旁的框框、圈圈、星号等做个注释，避免混淆。

7.前后联系法

在做符号笔记的过程中，也许你会发现第18页的说法与第9页的说法有直接的联系，你就可以画一个方向朝上的箭头，旁边写上"P9"。同样，在第9页，同一观点旁边画一个方向朝下的箭头，写上"P18"。在复习时，你就很容易把两者联系起来了。

第七节 培养观察力的5种方法

观察力对每一个人都很重要，我们的观察力可以在实践中进行锻炼。为了有效地进行观察，更好地锻炼观察力，首先请看一幅有关培养观察力的思维导图（见下页）。

从思维导图中，我们可以看出培养观察力有5种主要方法：

1.明确观察目的

每次观察活动，要定好明确的目的和指向，预先规定好观察任务，以保证观察得全面、细致、清晰、深刻。

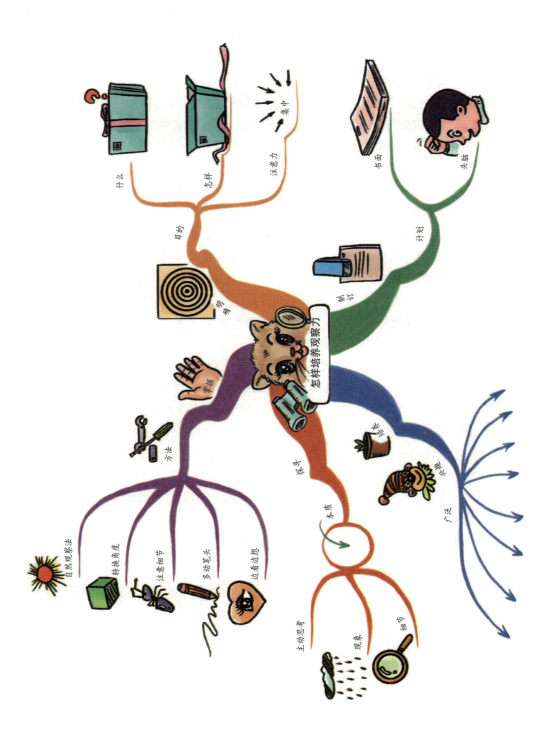

怎样培养观察力

415

对一个事物进行观察时，要明确观察什么，怎样观察，达到什么目的，做到有的放矢，这样才能把观察的注意力集中到事物的主要方面，以抓住其本质特征。目的性是观察力的最显著的特点，有目的才会对自己的观察提出方向。

2. 制订观察计划

观察前，抽出一定时间，对要观察的内容做出安排，制订周密的计划。这样才会有收获。这些观察计划，既可以写成书面的，也可以储存在头脑里。

3. 培养浓厚的观察兴趣

培养浓厚的观察兴趣是培养观察能力的重要前提条件。为了锻炼观察能力，必须培养个人广泛的兴趣，这样才能促使自己津津有味地进行多样观察。

4. 不让观察停于表面，要探寻本质

观察力是思维的触角，要培养我们的观察力，就要善于把观察的任务具体化，善于引导主动思考，学会从现象乃至隐蔽的细节中探索事物的本质。

5. 掌握良好的观察方法

很多人缺乏生活经验和独立、系统的观察能力，在观察事物时，往往抓不住事物的本质，或者看得粗心、笼统，甚至观察的顺序杂乱无章。

为此，有几种观察方法介绍如下：

（1）自然观察法。就是对大自然中所存在的东西进行观察。如在田野或植物园里观察植物的生长情况；在森林和动物园里观察动物的活动情况等。自然观察应注意选好观察点和观察对象，做好记录，并应进行多次原地或异地观察。

（2）只从一个角度、方面去看事物，无异于盲人摸象。应多尝试从另一个角度、另一个观念去看同一问题，打破了定式的思维，使我们能发现更多的问题，也就产生了更强的观察兴趣和能力。

（3）注意细节，观察别人没发现的问题，久而久之，也就形成了勤观察、认真观察、会观察的良好习惯。

（4）多动笔头，随时记录观察情况，有利于整理和保存观察结果，以便利用。

（5）在观察时，要边看边想，学会分清主次、本质与现象，观察力也就从中得到提高。

第四章|
高效快速地阅读

第一节 为自己的阅读"把把脉"

阅读就是从书面材料中获取信息的过程。自始至终，阅读都应该是一个主动的过程，是由阅读者根据不同的目的加以调节控制的。每个人在阅读方面都有不完美的地方，在高效学习和工作的今天，只有读得快、读得多，才能适应时代学习的要求，从而完善自己的知识结构。

总有一些人对自己的阅读效果不满意，他们总认为是自己的阅读存在一些问题，但又不知道到底问题出在哪儿。

在阅读本节以下内容之前，你可以就阅读中存在的所有问题以思维导图的形式列出来，并严格要求自己，你找出的问题越多，那么，以后改进的就会越全面。

如果给阅读下个定义的话，它是指从书面材料中获取信息的过程。这个书面材料主要是指文字，也包括符号、公式、图表等。

一般说来，在你学会快速阅读之前，你需要克服 3 种我们从小学以来的不良阅读习惯。如果没人告诉我们，我们的阅读有什么不妥的话，我们会在每次阅读过程中不自觉地沿用这些阅读习惯。

正是这些阅读习惯的负面影响，导致我们的阅读事倍功半，没什么效果，同时，让人感觉到压抑和沉重。

3 种不良的阅读习惯分别为：默念、逐字阅读、回头阅读。

这 3 种阅读习惯或多或少地存在于每个人的身上，有些人虽然没听说这三种习惯，但却一直在使用它们，也没有意识到自己有这种习惯。一旦你了解了它们，你就会意识到你的阅读一直在受它的抑制。

第一个不良的习惯是默念

也许这是老师的错，因为他曾经在课堂上要求你默念课文，通常老师读一遍，你会在下面不出声地跟着默念一遍；这也许是你自己的错，因为你一直习惯了默念。

但不知你发现没有，这种不出声地复述词句会使你的阅读速度变得很慢，其中一个原因是，我们的大脑思考和阅读词句的速度远远快于我们说话的速度。而默念比说话更慢。

就以阅读英语单词为例，如果你平时默念单词的最快速度是每分钟150个单词，那么，出声阅读的最快速度大约为每分钟200 ~ 300个单词，可见差别有多么大。

第二个不良的习惯是逐字阅读

逐字阅读也是不少人存在的一个阅读习惯。逐字阅读，不仅会减慢阅读速度，还会妨碍对文章内容的理解。此外，逐字阅读还会在许多时候把意思完整的句子割裂成字、词，注意力被单个字、词所分散。容易让人在阅读中妨碍和减慢了对全句或全段的理解及记忆，无法把握文章更完整的意思。

第三个不良的习惯是走回头路

这个习惯恐怕也比较普遍。

可以说，回头阅读是快速阅读最大的障碍。走回头路，是指我们一边阅读一边返回检查前面阅读过的部分，检验我们对某个字词或句子的理解是否正确。回头阅读是一种无意识行为，主要原因是阅读者的精力不集中、粗心马虎，或是怀疑自己的记忆与理解力有问题，总认为看得快就会看不清、记不住，所以不断地返回重读，而不是专注向前迎接新的内容。

走回头路的阅读方式，不仅不能改善我们的理解，而且事实上它还可能影响我们的理解。因为每遇到一个词语就停下来反复琢磨，就会影响我们大脑功能的发挥，使它不能从整体上把握阅读材料的含义。结果，新的内容得不到充分理解，只好又回头重读。返回重读又造成信息的混乱、流失，影响记忆，因此，形成了恶性循环，读得越多，越需要返读。所以，读者在练习中，一是强化注意力，二是增加自信心，从心理和视觉两方面进行练习与调整。

第二节 将阅读速度提高一倍

阅读可以变得更便捷，更高效。

如果你感觉自己的阅读速度慢，现在有一种能使你的阅读能力提高一倍、两倍甚至数倍的方法，你会有什么反应呢？

生活中，不少人都有着庞大的阅读计划，但他们常常被自己的阅读计划吓倒。他们认为阅读是件苦差事。殊不知，正因为他们带着这种念头去阅读，所以才会觉得读书很困难。他们可能因此放弃阅读，任凭阅读材料逐渐累积下来。很快，他们被远远抛在后面，看着那些堆积的材料和书籍，他们越发体会到读书的可怕，越发觉得是件苦差事。

其实，你之所以会感觉阅读是一件苦差事，主要是因为不知道如何更快捷地阅读，我们阅读的目的不在于读得更快，而在于读得更加简单、有效。

你不必为了提高阅读技巧而学习技巧。生活中，你可以通过加快自己阅读信件、书籍、报刊文章及其他信息的速度来提高自己。

有一个调查告诉我们，在我们读过的内容中有90%多属于无关紧要的部分。其中大部分文字啰唆或与我们感兴趣的主题没有关系。事实上，只有10%甚至更少的内容包含了我们用得着的信息。

这一点给我们的提醒是，如果你能跳过这90%不必要的内容，直接阅读能用得着的那10%的内容，想想看，你可以节省多少时间和精力？如果用同样的时间，你可以多读成倍的内容。

为了提高我们的阅读速度，我们一定要避免陷于细节之中。

有时候，作者在文章中为了表达某种观点，常常添加一些细节的东西，其实，这些细节不是你关注的重点，细节的作用仅仅是作者对观点的阐释。实际上，你阅读的目的是找出自己需要的要点出来。

另外，要能分辨出哪些是你不必阅读的部分，如果与主题无关，你可以跳过去不需要对它进行阅读。比如，一篇文章里有很多材料，有时大多数材料都与你感兴趣的主题没什么联系。只有一部分直接与你关心的方面有关。不管那些无关的材料占了多大的比例，你都应该跳过它们。然后，把注意力用在发现和阅读有关部分上。这样，自然就节省下了很多属于你自己的时间，也提高了阅读效率。

还有一点就是，只阅读作者为你指出的关键部分。因为很多作者都在各自的书籍、杂志、说明书、报告等各种阅读材料中为你指明了哪些要点比较重要，从哪部分开始转入另一个话题。

我们还可以注意到的是，几乎所有出版物都用一些加大号的黑体字做大小标题，以提醒读者接下来讨论的可能是一个新主题。通常，这些标题对随后的要点进行了高度概括。你肯定已在报纸、书籍、报告等各种书面文字材料上见过这样的标题。所以，直接阅读这些关键部分的主题，会对你的阅读起到很大的作用。

总之，提高阅读速度是有方法和技巧可寻的，关键在于你持续不断地努力和改进。

第三节　用"阅读图"来节约更多时间

现在，我们已经进入了一个"知识爆炸"和快速阅读的时代，我们每天都需要阅读大量的材料和信息，同时，还要从这些信息中筛选出有用信息，这时候，很多人感觉最缺少的就是时间。

生活中，人们一方面感觉自己的时间不够用，另一方面又感觉是在浪费阅读时间，其实，原因是他们不知道一个简单的秘密，即绝大多数非虚构类的杂志、文章、报告和书籍是按一种普遍的结构或模式编写而成的。

比如，就拿我们常见的地图来说，如果你能根据一张"阅读图解"来阅读，它就能使你更快到达目的地，你也会知道该在何处停留，哪里有捷径，更为重要的是，"阅读图解"能帮你更快地找到你所需要的信息。

随着"读图时代"的到来，各种各样的图铺天盖地呈现在人们眼前，读图已经成为风尚，读图更成了节约时间的另一种选择。

在生活中，"阅读图"是一个简单有效的形式。

在我们周围，凡是所能接触到的图像，都有一个共同的优点：生动形象，信息量大，给读者带来了便捷。

从具体的阅读体验上来说，对文字的阅读需要人们动用比较多的脑力资源（对文字符号进行意义解读，以及进行逻辑思维）和体力储备（必须将视力一次对焦在一个又一个的字母或者汉字上）。

而"读图"则较多地使用人类形象思维，书籍和杂志编辑们正在试图把图片变得越来越大，人们对图片的解读似乎根本不费什么力气。

其实，阅读图和思维导图具有异曲同工之妙。

使用"阅读图"时，根据一般的步骤，先快速浏览一遍内容，确定你关注的主题，就像确定思维导图的中央图像一样。

接着阅读各级标题，这些标题可以看作思维导图的主要分支。

根据这些，试着了解重要观点和论据。

然后找到自己最感兴趣的信息，进行重点分析。同时，忽略那些无关紧要的部分。

当发现某些标题下面内容没有价值时，立即返回，阅读其他部分。据此，进一步绘制思维导图。

于是，在这种阅读中，便节约了大量的时间。而这些时间，对你来说，将有另外的更大的用处。

第四节 让高效阅读变得更有价值

现在，高效阅读已成为时代对每个人的要求，随着高效阅读时代的到来，面对大量的知识与信息，你是否考虑过，我们怎样使不断加快的阅读变得更有价值呢？

因为我们都明白这样一个道理：时间就是金钱，那么高效阅读节约的时间，就是我们的"摇钱树"。

也许有一些人会问：我还没有达到高效阅读这一步呢？谈什么使它变得更有价值呢？

在这里，有个心理学家的实验表明，我们在阅读过程中，眼球并不沿着每个字连续不断地移动，而是经常出现眼球的停顿，即抓住一些字静读一下后再移向另一些字上面。

阅读是眼球一连串快速的跳动。眼球停视时才能感知到字句，可以说，阅读过程的 90% ~ 95% 的时间属于眼球停视，而眼动只占全部阅读时间的 5% ~ 10%。每次眼球停视获得的文字信息的大小与视觉广度有关，视觉广度大的可见 6 ~ 7 个字，小的只有 3 ~ 4 个字，有时一个字还须经过 2 ~ 3 次的注视，有时还需要重复回视，这样，回视次数越多，那么，所占用的时间也越多。

高效阅读与低效阅读的区别不在于眼球运动的速度，而在于眼睛固定时所视知的材料，实验表明，人的智力与理解力在同等时间内，眼睛固定的总量相等，而两者所读的词汇量却相差 4 倍之多。

在这里，纵向跳跃，即无声阅读的方式，可加快眼球跳动次数，增大眼球跳动幅度，可以大量收集信息资料，同时还可以减少注视次数，使阅读更高效。

相比较传统的字、词、句阅读，按行从左至右逐行阅读方式，高效阅读不是逐字阅读，而是一次凝视比较多的文字，减少注视次数，扩大视野广度，眼球停视时多抓一些文字信息，能抓住要点，用较少时间，赢得较大阅读量。

实际上，进行高效阅读的方法很多，比如逆读法、预读法、略读法、跳读法、错序读法、前后交叉读法，等等。

为了使我们的高效阅读变得更有价值，在阅读过程中，面对蜂拥而至的大量信息，我们不能只是贪图阅读的量有多大，而应保持它们的质量，具体可从以下两个方面着手：

1. 弄清楚阅读信息的真假

在阅读过程中，我们常常能够对所见所闻所读的信息的正确性迅速作出自己的判断，在这方面，你可能不需要去查找很多资料，也不必到处征求别人的意见和建议。因为这些材料，自始至终加入了你自己的判断。

比如，阅读材料中有没有含糊不清的定义或术语。真实的信息总是通过准确的词句和数据来表达。看看有没有一些含糊不清的词句，可以使人们从不同角度对它们作出各种解释。

比如，能不能确定材料中的信息来源。如果我们经常听演讲的话，我们就要留神了，因为很多演讲者的所引用的信息并不一定是恰当的，在我们未亲自弄清楚之前，不要轻易相信。

再比如，阅读的资料是一手货还是二手货。我们都明白，最好的最有用的信息当然是第一手的，因为这些资料来自那些非常清楚自己在说什么的人那里。如果你获取资料的渠道是在引用第二手、第三手，甚至第四手资料，这种情况下，资料中歪曲事实的可能性就在不断增大，歪曲事实的程度也会越来越严重。

2.识别信息中隐蔽的细节

在这方面，主要是针对一些经过作者加工或隐藏了的信息、或对通过具有感情色彩的语句来误导你的结论的资料信息进行探讨，发现作者所使用的小手段，只要你了解了作者所玩的这些小伎俩，就会轻易识别那些被隐藏的信息了。

比如，作者只向你呈现对他的观点有利的资料，并故意省略那些与作者观点相违背的事实部分。他们这样做的目的就是让你接受它们，认可它们。

再比如，有一些信息就是为了分散你的注意力，让你无法发现作者论断的漏洞，并让你没有机会就对方的结论里的逻辑问题提出疑问。

有的阅读信息中可能会使用一些带有情感色彩的论断，以此来煽动读者的情绪，谋取读者的支持，甚至鼓动读者来反对别人，从而传播他的观点。如果你发现了这类带有情感倾向的论断，一定不要管它，并赶紧去其他地方寻找你需要的更有价值的信息。

总之，利用高效的阅读方法，避免陷入无价值阅读的误区，一定能帮助我们更好地工作和学习。

最后，请你针对以上内容要点，结合自己的理解，绘制出一幅有关阅读与价值之间的思维导图。

第五节 神奇的全脑阅读法

"全脑阅读法"是指在利用左脑的同时注意开发右脑的一种阅读方法。

"全脑阅读法"的观点是：在阅读中，共同开发左脑和右脑使之协调一致，彼此配合，以达到开发大脑潜能、提高阅读效率的目的。

"全脑阅读法"主要由3个部分组成：

1.全脑快速阅读

此法是人们从文字中迅速有效地提取所需信息的阅读法。人们习惯于从左向右的阅读顺序，传统的音读是从左脑输入信息的，阅读速度慢。全脑快速阅读是视读法，把文字当作图，从右脑输入信息，全脑处理。由于全脑直接反映而省去了发音和听觉器官的活动，所以大大提高了阅读速度。

2.全脑图示阅读

此法特色是以"图"析"文"。它讲究形象性、整体性、凝练性和美学性。它也是从右脑输入信息，全脑处理。图示是展示文章的"屏幕"，学习文章的"导游图"，是阅读教学的微型形象课文。

3. 全脑反刍阅读

在这里，一是抓语感训练。通过诵读领悟法、触发意会法、语境揣摩法、比较推敲法、练笔感受法等，从整体上培养对语言的敏感。二是抓形感训练。通过说文解字法、角色扮演法、想象作文法等，培养对形象的敏感。三是抓语理训练。语理是指语文理法，即语法、修辞、文章、逻辑等法则。捷克教育家夸美纽斯说过："规则可以帮助，并且强化从实践得来的知识。"

上述三种训练方法，语感训练和形感训练偏重于右脑，语理训练偏重于左脑。左右脑协调，就能提高阅读效率。

在全脑训练过程中，我们还必须重视精读法。

精读就是读文章的时候逐字逐句、逐段逐节、深入细致阅读，弄懂弄通和把握基本概念、理论、观点以及全部内容，并进行研究与探索，这样的阅读就是精读。

精读法有点像蚕吃桑叶，细嚼慢咽，便于消化吸收。那些自我进修、自学成才的人士，也多采用这种方式读书学习。

进行精读法训练时，我们应该做到"五到"：

第一，心到。集中精力，全神贯注阅读；

第二，口到。在朗读与背诵时，声音要清楚、响亮；

第三，眼到。眼睛及时聚焦，阅读仔细、认真；

第四，手到。在边读书的时候，边做笔记或者摘要；

第五，脑到。在阅读的时候，勤奋用脑，不断思考。

专业人士由于工作与职业的需要，也要阅读图书资料，他们大多是精读，阅读的目的在于学以致用，是为了分析问题、解决问题而进行的阅读。

对于某些自己喜欢的知识材料以及为了某些特定的目的，也可以展开精读。对那些无关紧要的或者与自己联系不大的资料，就不一定要精读了，以免浪费自己的时间、精力。

全脑阅读过程中，为了赢得时间，加强效率和效果，增强驾驭知识的能力，更有效地采用相关知识解决实际问题，就要把握详略。

要是在读书时面面俱到，什么也不舍得放弃，没有选择与侧重点，不掌握轻、重、缓、急，平均使用力量，就会造成精力与时间大量浪费。因此要采用略读的方法，学会、学透知识，并且加以实际运用。

不是什么内容都要略读。切记：略读并不是省略去掉不读，是省略书中某些无关紧要的地方，选出重要或必要的内容进行阅读，千万不要误会成略读是把重要的内容省略不读，略读在下述情况下展开：某些阅读材料不需要精读；没有足够的精力与时间精读；阅读内容中某些部分同读者阅读关系不大等。

"一目十行"古来就有。《三国演义》中记述了张松速读曹操的《孟德新书》"一目十行"。他当着曹操的面，复述曹操这本兵书的内容，讥讽曹操这本兵书在四川人人都会，连儿童都知道，让曹操上了一个大当，当即烧毁了他自己苦心编出的这部兵书。由此可见，这种速读技术的作用是如此之大。

扫描速读为全新的高效的阅读方式。当人们拥有这种技术之后，可以大幅提高阅读速度，比原来的阅读速度快 8 倍以上。用这种速读进行泛读、略读或精读，也比常人速度快。

扫描速读法不是指走马观花、粗枝大叶、草草了事，速读既要求快，又要求质量。对阅读材料进行快速阅读，即采用超常的阅读速度和特殊技术进行阅读，就是扫描速读。这种速读技术通常要经过专门训练与练习，才能够加以掌握与运用。

进行扫描速读应该把握以下原则：

（1）快速反应原则。这要求我们在扫描速读之前要高度集中留意力，快速反应，使眼睛与大脑灵敏自如、互相配合、协调一致。

（2）视读材料原则。可以采用不出声的泛读方式进行速读，即采用默读的方式，容易使留意力集中在关键的内容上面，对无关紧要的内容可以一扫而过。

（3）逐步提升原则。值得注意的是，这个要在把握速读思想之后，先慢后快，由慢到快，层层递进，不断升级，最后养成快速泛读的习惯。

（4）掌握文法的原则。应该对连接词、副词等尽量熟悉，以便于在速读的时间跳过去，腾出时间来抓关键的地方。

（5）注意积累原则。这要求我们在平时要做足功夫，速读起来就比较有利。

（6）广泛运用的原则。即要求我们把速度在现实生活中广泛加以运用。

最后，为了达到扫描速读的目的，还可以这么着手准备：

（1）浏览那些除正文之外的所有信息。这同精读、略读大致类似。

（2）关注封面。对阅读图书的书名、作者、出版社等进行浏览，做到心中有数，看该书反映了什么主题，对个人的意义如何。

（3）关注提要。这个能帮助你判断需不需要读这本书，有没有阅读的价值。

（4）进行列表。这样做的好处是可以反映全书的整体架构，让人一目了然。

（5）看序、跋。序、跋反映了该书作者的有关消息，如作者的书面表达意图、写作背景、作品主旨等。

（6）阅读正文。正文是扫描速读的核心部分。

总之，不管我们选择什么样的阅读方式，都应该建立在自己丰富的知识体系上，在这个基础上，进行全脑阅读法的训练，让阅读更快捷、更有效、更实用。

第六节 看书还需因 "材" 而读

学习是一个阅读的过程。

在我们所遇到的诸多材料中，我们应根据不同的阅读资料、不同的阅读目的来变换我们的阅读速度。唯有如此，我们才能成为一位高效阅读的学习者。

在阅读之时，我们往往会以同一种方法去阅读各种不同的阅读资料，这种阅读习惯是十分错误的。我们要做阅读的主人，而不是阅读的奴隶。在阅读中我们不要以一种唯一的速度，而要灵活地变换读速，并发展和培养对阅读速度的控制能力。同时，这也是快速阅读的要诀。

阅读速度是多种多样的。为了解情节而读小说，可以读得很快。但是，读教科书或必须记忆的参考书，就不能太快。好的读者，会根据阅读的目的、所阅材料的性质和难易程度，以及自己的阅读能力和所掌握的背景知识，不断地自由调节阅读速度。

根据材料不同，阅读速度大致有以下 3 种：

1. 精读速度

这是最慢的阅读速度，用于难读的材料，要求获得高度理解的内容或希望牢固记忆的材料。在精读时，应力求仔细钻研材料，解决疑点、难点，记住要点。这时，阅读速度每分钟大约在 250 字以下，理解率在 90% 以上。但是，即使是这种精读，也应先将材料快速阅读一遍，然后回头再来看第一遍遗漏的细节，或在重点部分画线圈点，或摘录提要，或针对思考题回答。速读与精读相结合的 "精读法"，一般要比单纯的精读法效果更好，理解和记忆得更深刻。

2. 普通阅读速度

这是最常用的一种阅读速度，用于日常对文件、小说、报纸、杂志或浅易课本等的阅读。这种阅读速度每分钟大约在 250 ～ 500 字之间，理解率在 80% 左右。

3. 速读速度

这是最快的阅读速度，用于时间紧迫、必须快速阅读时，或无须高度理解的材料。如从大量报告、刊物和众多的补充读物中迅速获取大意或信息。这是一种有用的技巧，学会这种技巧，将终身受益无穷。这种阅读速度每分钟大约在 500 字以上。

阅读时究竟采取哪种速度，要由阅读目的来决定。阅读目的是因人而异，因情况而异的。同

阅读时可以根据不同的内容和需求调整自己的阅读速度。

一本书，对某人来说是为学习和研究而读，但对另一个人来说则是为了欣赏。但是，不管怎样，我们都应该做到目标明确，以便确定不同的阅读速度和理解程度。

阅读能力不强的人，往往不管读什么东西、为什么目的，读速总是一成不变，或者总以同样的理解程度来阅读所有的材料。虽然这些人中的不少人，也能把读过的东西完全理解并记住，但是对于想要成为一个快速高效阅读的人来说，你必须随阅读目的和读物内容的不同，灵活地调整阅读速度，选用不同的速读方法和技巧，做到在阅读中要快则快，要慢则慢，当精则精，当粗则粗，迅速掌握所读材料的内容。

其实，我们的阅读就如同欣赏美妙的音乐一样，一旦听到美妙的乐曲时，往往会如痴如醉，有时忍不住跟着哼唱起来。音乐的魅力在哪里呢？答案就在于音乐充满了节奏感。我们的阅读同样也需要节奏感。当我们带着节奏感去阅读不同的材料时，我们的阅读就变成了一种享受。

第七节 训练一双快速扫描的魔眼

阅读速度与学习成绩之间有着直接的关系，能够快速阅读的人，往往能取得优异的成绩。

快速阅读简称速读，是指人脑从眼睛看到的文字当中迅速吸取有用信息的一种读书方法。通俗点讲，速读就是高速度、高效率的阅读。古今中外，快速读书者不乏其人。

如我国三国时期的诸葛亮"读书敏速，行俱下"；现代文学巨匠郭沫若，17岁时，竟在一夜之间读完了100多万字的文学名著《红楼梦》；无产阶级革命家高尔基是快速阅读的能手，他看完一页用不了一分钟；曾任过美国总统的肯尼迪能以每分钟2000个字的速度阅读小说、新闻报纸和例行报告。

玛丽蒂斯是一位15岁的少女，出生于菲律宾马尼拉市。她在美国芝加哥西北大学选修了速读课程，经过5个月学习，她参加了结业的公开考试。当其他同学以每分钟3000字符的速度通过考试时，玛丽蒂斯惊人地在35秒内读完了40页书，计31350个字符，即她在一分钟内能看53700个字符。更使人惊讶的是，她能详细说明文中内容，并正确回答全部测试题。40岁的美国人霍华德·伯格一分钟内可阅读和理解25000个字，他用25分钟看完了一本1200页的书，然后滔滔不绝地复述了书中内容。

当今社会是信息社会，当今时代是知识爆炸的时代。每个人都有"读不完的材料，看不完的书报"。为了能适应时代的需要，更有必要掌握快速阅读的方法。实际上，阅读速度与学习成绩之间有着直接的关系，在阅读速度快的同学中，学习成绩良好和优秀的占53%；在阅读速度慢的同学中，成绩良好和优秀的还不到4%。

美国已经确定了全国统一的阅读速度标准，据规定，低年级学生的读书速度每分钟为 80 ～ 158 个单词，中年级学生为 175 ～ 204 个单词，高年级学生为 214 ～ 250 个单词，大学生为 250 ～ 280 个单词，高级专家为 340 ～ 620 个单词。

怎样才能养成速读的习惯呢？最重要的是掌握速读的方法：

1. 计时阅读法

计时阅读法是速读训练的基本方法。通过计时训练，使思想高度集中，让阅读成为一种快速、高效地摄取、筛选与储存知识信息的过程。训练前选好一段或一篇文章，记下开始阅读的时间，阅读完后，再记下自己所用的时间，然后把阅读材料合上，凭第一遍阅读的理解与记忆，回想所读文章内容或回答有关问题。

2. 总体阅读法

总体阅读是把全文完整地、连贯地作快速阅读。它是各种快速阅读方法的基础。人的大脑有一种特性，在接收信息时具有明显的选择性，在处理信息时能够遵守严格的程序。因此，在阅读训练中如能使自己逐渐形成一个固定的思维程序，对提高阅读速度将起到很大的作用。

根据这一"定式"理论，可给自己规定一个阅读的固定程序。每当读一篇课文依次解决四个问题：题目、文章的大意、文章最能打动自己的部分、从文中感受到什么。这四个问题只要在头脑中形成习惯，一看课文就自然循着这些问题去理解，久而久之形成阅读的固定思维程序，阅读速度自然就会快起来。

3. 意群注视法

传统的阅读法，是一个字一个字地看，眼睛要做多次不必要的跳动和停顿。所谓意群注视法，就是在阅读时不是一个字一个字、一个词一个词地读，而是把句中相关的词联成一个较大的单位，一组一组地读，而且一边读，一边理解。

我们要改变逐字阅读的习惯，注意视线的垂直移动，不左右扩大眼睛的视幅，多抓一些文字信息，争取一瞥之下能同时理解注视停顿点周围的一个字群或意群，以增加单位时间内阅读的字数，减少眼停的次数。

第八节 程序训练，提升速读记忆的锦囊

程序阅读指的是按照一定的固定程序来进行阅读训练。大脑具有对信息选择吸收的特征，在处理这些信息时，我们的大脑同样有相应严格的程序。

大脑能否采用简单有效的方法，对获得的资讯重新编码是速读记忆的关键所在，固定程序阅读方法，正好符合这一特点。

程序阅读一般就是按照以下的两个步骤来阅读：

1. 浏览内容

内容一般分为 7 个部分：

（1）文章或书的题目；

（2）文章或书的作者；

（3）出版者与出版时间；

（4）文章或书的主要内容；

（5）文章或书反映的重要事实；

（6）写作特点或者具有争议之处；

（7）新的思想以及启示。

2.速读正文

这一部分是核心内容。

（1）速读内容，抓住大意，注意力高度集中，选择哪些地方详读，哪些地方略读。详读的地方也要快速，但这种读千万不要以损害质来取量。

（2）速读和快速思考紧密结合，不能只读不理解，也不能只理解，放慢了速度，既要有量又要有质。

（3）让速读、记忆和思考三位一体，读有所得，读有所记，最好是把阅读内容和自己的知识结构组合起来，产生共鸣，这是速读的理想境界。

（4）总结。

对速读的内容进行总结、整理、加工、记忆、存储，把零散知识变成自己知识体系的一部分，可以从中得到心得体会和成果，还可以把它们写下来，必要的时候便于查找。

良好的固定程序阅读习惯，可以极大地提高我们的阅读能力，在遇到比较艰深的内容时，也可以顺利阅读和记忆，只是在阅读过程中，应当尽量避免回读，在必须回读的时候，可以在完成之后再进行。

第九节　导引训练，通往速读记忆的大道

用手指导引阅读文字是用来训练阅读记忆速度的一种技巧，称为导引训练，但在实际读书过程中是不能用手指导引的，因为这样做可能会减慢速度，但是用它来训练却是一种好方法，它也可以用来帮助人们纠正某些读书出声、视点回归的不好习惯。并能加强理解、记忆等。

运用这种训练方法时，用手指引导视线在文字上移动，手指移动的时候视线跟着移动，但注意头不要随着转动。具体可以按下面的方法来训练：

（1）眼睛跟着手指往下移，手指要在文字的下方，不影响视线，手指移动的速度要和眼球移动的速度同步，不要一快一慢。

（2）阅读一页结束的时候手指将要移往下页的开始部分，这时可以用左手来引导阅读，右手翻卷书页，也可以换只手来做，即用右手引导，左手翻书页。自

己觉得怎么方便、顺手就怎么来，但要两手配合使用。

（3）眼睛随着手动，眼睛可以阅读手指左侧的文字，也可以阅读右侧的文字，也可以阅读上方的文字，但不宜阅读下方的文字。

（4）手指在导引阅读中碰到疑难问题时，速度可以降下来，让大脑在这些问题上有时间来加工处理。

（5）手指导引阅读尽可能避免漏字、漏词和漏词组等。

（6）速度由慢到快，最后可以快速导引。

反向导引是与上面正向导引对应的一种训练方法，这是一种非常特殊的训练方法，现在人们的阅读习惯是从左到右，书籍等印刷品也都是从左到右。反向导引训练就是要打破这种阅读习惯，用手指从向右进行导引。但也并不是说每一行都是从右到左反着来，而是在读上一行结尾时视线不要回到左侧，而是移动至下一行从右到左，到了左端之后，往下再从左到右，到右端之后，再往下从右到左，让视线在阅读材料时呈"3"状移动。

反向导引训练节约了眼睛的来回运动，每动一次都没有落空，也就大大节约了阅读时间，提高了阅读速度。

人们在这样训练的时候可能会很不习惯，做起来也不方便，由于这样打破了传统，又打破了文字从左到右排列顺序和从左到右展开的格局。因此青少年应该多多练习。

一旦养成了习惯之后，这种阅读并不会损害理解力，而且还能够帮助人们更加集中注意力，进一步理解和加深记忆。

第五章|
考场拿到高分的思维利器

第一节 数学的 5 种备考技巧

数学备考一般有 5 种备考技巧，具体如下：

1. 稳扎稳打，夯实基础

数学复习过程汇总一定要夯实数学基础。考试要想取得好成绩，不仅取决于扎实的基础知识、熟练的基本技能和过硬的解题能力，而且取决于临场的发挥。还要注意知识的不断深化，注意知识之间的内在联系和关系，将新知识及时纳入已有知识体系，逐步形成和扩充知识结构系统，这样在解题时，就能由题目所提供的信息，从记忆系统中检索出有关信息，选出最佳组合信息，寻找解题途径、优化解题过程。

2. 注意方法

学习数学，要注意用好方法，比如多做题、多思考、多交流、多积累。多做题可以帮助你重温学过的各种基本公式，更能帮助你接触多种题目类型，使你能在考试中见到题目时不至于重新思考。多思考、多提问也是有效提高数学成绩的方法。

3. 学贵在思

遇到难题时，克服它的最好的办法就是用心思考。善于思考的同时，还要有一颗恒心，迎难而上才是对待难题的正确态度。

4. 不放过每一个问题

有问题最正常不过，只要把问题——解决，才是学习高手应该做到的。千万不要不懂装懂，积累问题。应该边学边问，有问题就主动发问，积极解决。

5. 利用考前一周

考试前一周，重点可以放在"反思、温故、查缺补漏"上，回顾一下以前练习过的习题，浏览一遍之前做过的试卷，尽量不要再做难题和新题，让自己放松下来。

很多人不喜欢做数学习题，其实是一种错误。做数学练习题是为了加深对数学知识的理解，形成熟练的技能，发展思维。

做数学练习可以"四步走"：

（1）读。

读题可以针对所有类型的数学题。既可以默读，也可以朗读，计算题可以变换方法读，如"182+58"可读成"182 加上 58"，也可以读成"182 与 58 的和是多少"，或者"比 182 大 58 的数是多少"等等。

读题的好处是，可以将计算的实际意义揭示出来，对于文字题与应用题则要分清轻重缓急，关键词语重读，易忽略的地方拉长声读。对于有些叙述烦琐的题目，先辨出主干，以分清数量关系。

（2）说。

试着说出自己的解题思路和解题步骤，可以先说容易的，比如与例题相似的题目，然后逐步加深理解程度。同时，还可以从其他角度来思考这些问题。

（3）找。

针对不同的题型可以采取不同的方法：对于计算题要找出计算顺序、题目特征；对于应用题要找出已知条件与要求的问题；对于较复杂的混合运算题可在运算符号下面标出计算顺序；简算题可在题目下面标出表示有关运算定律的字母；应用题的已知条件与要求的问题尽量做到用图表表示出来；分数应用题、行程问题都要逐步训练自己用线段图表示出条件与问题，不便用图表表示的题目则最好在已知条件与要求的问题下面画出不同的线条。

（4）算。

一道练习题计算结束后，可以进行比较，找出题与题之间的异同处，同时，还可以与以前学过的知识联系起来比较，也可以结合新课的预习思考与已经掌握的知识之间的联系，以及可能对自己的帮助等等。

以上4步结合思维导图，绘制如上。

第二节 语文的5种备考技巧

对于要面临考试的同学来说，语文是重中之重，在备考过程中最重要的就是复习，一旦复习得当，在考试中就容易得高分！

在这里，考语文有5种复习技巧：

1. 计划性

对复习而言，最宝贵的就是时间，学会计划自己的时间，让每一分钟都体现出特有的价值。那么，就必须科学地安排好时间，确立每天的学习目标，符合自己的实际情况。

2. 复习最基本的内容

复习切忌为难自己，找那些偏、难、冷的题做，应温习那些最基本的知识点，以课本为主，可采取边看书边做题边总结思考再看书的方式，以加深记忆印象。

3. 平时多演练

复习中可以多做一些类型题，还可以对近几年的考题进行系统的研究，掌握答题的思路和技巧，把题中涉及的知识点，作为你演练的参考。学会深入思考、摸索规律、把握方向，尽可能找到适合你自己的答题方法来。

4. 抓住得分点

在复习时间有限的情况下，可以考虑有所侧重，把抓住得分点作为主要目标。不能再追求完美、面面俱到。只有及时查缺补漏，才能增加得分点。

5. 适时心理调节

备考紧张是一种正常现象，如果过于紧张，就一定要注意心理调节。首先要注意克服厌烦心理。不管备考多么无聊，都要坚持下去，坚持就是胜利；其次要经受住挫折。或许你觉得已经很努力，也自我感觉良好，但在模拟考试或练习的时候却没有考好，这时，你很容易迷茫，丧失信心。及时安慰自己很重要。

最好要有自信心。在高度紧张的复习状态下，有时你会觉得看的书、做的题越多，自己不会的东西反而越多。其实这也是正常现象，只要自己不怀疑自己，坚持下去，认真对待，找到适合自己复习方法的同时，树立起自信心，就一定能发挥出你应有的水平，赢得语文考试的胜利。

第三节　英语的 4 种备考技巧

备考英语也有 4 种技巧。

1. 先过心理关，消除紧张

其实，适度的紧张可调动人的积极性，激起自身的潜能和更多的智慧，但不宜过分紧张，应该调整好自己的心态，把备考当作检测自己学习水平的一次机会。

2. 科学制订计划

备考英语，切忌打"疲劳仗"。当我们感到压力大或疲劳时，应调整一下学习节奏，可听听音乐，散散步，不要一味地消磨时间，那样往往使人心情烦躁，做起事来也难取得好的效果。

3. 均衡饮食

补充营养很重要，特别是大脑的营养供给，切忌打乱正常的饮食规律，切忌搞突击补养，增加紧张气氛。

4. 安抚情绪

保持畅快的心情，进行积极的自我暗示，增强自信心，平时多听一些振奋人心的音乐，都有助于提高自信心，安抚情绪。

第四节　化学的 4 种备考技巧

化学是一门独特的学科，它与我们的日常生活息息相关，平时学习我们可以从身边熟悉的现象入手，及时发现问题、展开探究，加深对化学知识在生活中应用的认识。对于备考化学具体有 4 种技巧：

1. 回归课本

总的来说，备考重点应放在掌握基础知识上面，所以，我们在复习中不要再纠缠难题，要调整自己的状态，不打"疲劳战"。回归课本是调整状态的一个好办法，我们可以将学过的知识点归纳整理，串联起来，做到心中有数。考前一个月进行重难点内容强化训练，打牢基础知识。

2. 做好复习计划

备考过程中，可根据自己学习的实际情况，分清知识点难易程度，根据考试倒计时间，按每日、每周、每月做出复习计划，并按计划严格执行。

3. 做好考前三轮安排

第一轮：按章节复习。

即按教材的先后顺序，从头至尾理解每一课内容，然后把老师课堂上强调的一些基本概念、基本原理、基本定律、课堂实验彻底弄懂，对以前没有掌握好的知识，要结合教材、结合笔记利用这一轮复习进行补漏。这样复习可以强化基础知识。

同时，还要记牢每单元的知识要点，对每单元小结的具体习题再次进行演练，看是否能达到快与准。

第二轮：分块复习。

分块复习能够提高系统知识解题能力。可对知识进行归纳总结，形成知识体系，为综合复习夯实基础。

第三轮：综合复习。

综合复习，可直接提高考试能力。通过前两轮的复习把知识连成网络，并有针对性地强化基础知识，掌握练习题的分析、归纳、推理、演绎过程，选择有针对性的题目练习，这样综合复习能力会不断提高。

4. 学会灵活记忆

化学考试面广、知识点多、很多东西不便记忆，如元素符号、化合价、化学式、金属活动性顺序表等。在学习中改进记忆方法，加强记忆方面的训练，可提高记忆效果。比如，元素符号有 20 多个，可以分散记忆，先记几个常见的如：氢 H，氧 O，碳 C，氯 Cl，钠 Na，镁 Mg，铝 Al，氦 He，氖 Ne，硫 S 等，其余的以后学到了再背。

背的同时，还应该在用中加深理解、在理解的基础上记忆，才能记得更牢、灵活运用。另外，还可用图表记忆、对比记忆、数字记忆、规律记忆、浓缩记忆、联想记忆等方法，把枯燥的化学知识趣味化，这样就能记得清，记得牢。

第五节 物理的 5 种备考技巧

物理备考有 5 种技巧：

1. 充分准备，保持自信

考前，越是准备得充分，越能保持必胜的信心。研究表明，自信能让人保持稳定的情绪和大脑的适度兴奋，提高效率。但我们在知识、能力等同的条件下，谁自信和准备充分，谁就能在考试中发挥更好，取得理想成绩。

考前除做好复习工作之外，还应该准备好考试用具、证件和茶水等，以免因未带证件、文具影响了考试。同时，应提前 15 ~ 20 分钟到达考场。当然，也不要过早到达考场，因为长时间的等待也让人焦虑，会影响情绪。

2. 制作知识结构图

备考期间，如果能依照课时以思维导图的形式整理出知识的网络和组成学科内容的知识结构图，把各章之间的链接找到，把考查的热点、难点、重点都整理出来，将提高备考效率。

3. 仔细审题，切勿马虎

仔细读题的一个关键因素是抓关键词。审题一般是采取读题的方式，抓住题中的关键词和数据，挖掘隐含条件，排除干扰因素，寻找突破口。对于比较复杂的题目，审题时可在题目的关键词语下边做标记、画线（注意不要太明显），对于简单明了的题目，审题时只看一遍即答题；一般的题目至少要看两遍，先阅读一遍，再带着问题读一至两遍。遇有文字及插图觉得很熟悉的题目，要看清题意，防止已知问题有改变。

同时，用好草稿纸，可边审题边画图思考、分析。审题时，涉及有过程、要演算且情景较复杂的问题，一定要使用草稿纸帮助分析。要边审题边在草稿纸上画图分析，这样容易建立直观的图景，从而获得灵感，利于问题的解决。很多题目往往是在画图时，得到解题的灵感和方法的。

4. 把握热点板块

在物理学中，知识点包括力、热、声、光、电五大部分，如果我们能规划好每一章的知识点，找出考试出题的热点、连接点和间接的切入点，然后通过直击热点，使知识板块进一步巩固。

5. 练习准确审题

审题时，要多读题，理解清楚题意，提炼出有用的信息。解答时，要联系学过的知识，多角度思考，能做一步算一步，争取得分。先通读试卷，做到对整卷的难易题的分值有所了解，然后从简单题入手，把不会做的或一时做不出来的题放在后面，最后再回头认真研究。

物理试卷审题时，还应考虑所用的物理概念、规律、公式；分清题目条件和隐含条件、弄清楚题目属于哪种类型。备考时只要用心学习、掌握科学的复习方法，物理应试一定会考出高分。

5 种备考技巧，用高分思维导图绘制见上页图。

第六节 考前轻松减压 5 大"撒手锏"

考生在考试前后面临的压力虽然很大，但可以采取有效的心理减压法加以应对。这里有 5 大减压"撒手锏"：

1. 饮食减压法

研究表明，有些食物可直接减轻人的心理压力，如一些含维生素 C 的食品。考生可多吃诸如草莓、洋葱头等富含维生素 C 的食品。

另外，少食多餐也有助于减轻考生的紧张与疲劳。如经常咀嚼诸如花生、腰果等食品对恢复体能、减轻疲劳是有一定帮助的。而过硬、过于油腻的食物，则会增加肠胃的负担，加剧考生的精神紧张。

2. 转移减压法

科学地安排生活，将体力劳动与脑力劳动有机结合起来。有意识地转移注意力是减轻心理压力的有效途径。如参加各种体育活动，放学后泡泡热水澡，与家人、朋友聊天，双休日抽出一些时间出游等。

3. 环境减压法

可考虑让爸妈在家里为自己营造一个良好而宽松的生活与学习氛围，如在言行上不要天天对考生灌输努力学习或考名牌学校等话。

4. 运动减压法

科学地安排生活，体力劳动与脑力劳动有机结合有助于减轻压力，及时消除疲劳。如在星期日，可和爸爸妈妈一起运动，考生也可在学习间隙伸伸腰、踢踢腿等。

5. 睡眠减压法

充足的睡眠是保证考生精力充沛、心理宽舒与平衡的前提，多时段的休息是调节过度紧张的有效方法。

6. 过渡减压法

从现在起，考生就应该慢慢减小学习强度，减少学习时间，采取过渡调节方式。只有在适当的压力下，才有助于更好地提高学习效率，轻松取得高分。

请根据个人情况，仔细绘制一幅如何减压的思维导图。

第七节 5 种考题的不同答法

考试中的不同题型，要求和答法都不一样。

这里有 5 种考题，其答题法可用思维导图绘制如下。

1. 作文题

对于作文题，应注意以下几个方面：

（1）认真审题，理解题目要求，看清体裁范围；

（2）轻微地在重要词语底下画线，让思维更清晰；

（3）用思维导图法迅速记下自己的想法，记得越多越好；

（4）用思维导图法列出较为详细的分段式提纲；

（5）写作时，注意文章思路的清晰度和文笔的流畅性；

（6）使用承上启下的过渡性短语，使阅卷老师明白文章的脉络和发展；

（7）交卷前，检查作文以纠正错、漏字与句法错误。

2. 简短问答题

对于简短问答题，应注意以下两个方面：

（1）知道此类题考核的是逻辑思维能力；

（2）可以把第一种作文题的各项原则应用于简短问答考试。

3. 实验室型考题

对于实验室型考题，应注意以下两个方面：

（1）认真查看实验室内所有标本，熟悉各自的种类、大小及其不同的方面；

（2）尽早开始复习，避免临近考试前实验室拥挤及其他方面的不便。

4. 是非判断题

对于是非判断题，应注意以下几个方面：

（1）在一些是非题中会对猜测施以处罚，故此，猜测答案要格外谨慎；在试题的中心词底下划线；

（2）将多项选择题中的有关原则应用于正误题作答中。

5. 多项选择题

对于多项选择题，应注意以下几个方面：

（1）复习要充分、全面，注意细节；

（2）先做比较容易的试题，再答较难的试题；

（3）如果感觉最初的答案错了，就马上改变答案；

（4）把答案都填入正确的空格之中，包括计算机填涂卡；

（5）交卷前，检查一遍答卷，擦去可能与答案混淆的零星记号。

第八节 答客观题的 6 大技巧

客观题答题有 6 大技巧，首先在一幅思维导图上表现出来（见下页）。

1. 把握大局，不放过细节

对于客观题，我们在正式答题之前，应当先浏览一下整个卷面，对全部试题的量和难度有一个大概的了解，以确定自己答题的速度和重点。认真研究每一个选择题的每一个选项，考虑之后认真选择一项最为合适的答案，不被假象所迷惑。

同时，认真对待知识点，如"全部""至少""某些""经常""有时"等要格外注意，稍有疏忽，便会导致误答。对于相关的概念，审题也要注意不要因疏漏而错选答案。

2. 坚决自信，不犹豫

答客观题时，对于不能把握的选项，不要慌张，这时可考虑自己的第一感觉。

3. 把握时间，讲究速度

在题目数量较大的情况下，时间都比较紧张，回答该题的思考时间很少，尽量不要拖延、犹豫不决，通常是仔细读完题后就要有一个明确的答案。根据剩余题目计算并分配时间。

4. 细心比较，排除错误

时刻小心，不把简单问题复杂化，认真对待每一个问题。可以考虑把多项选择答案互相联系起来，直接把客观选择答案加以比较，并分析它们之间的异同，把把握不大的答案排除在外。

5. 从容，镇静

对于客观题中碰到的一些陌生术语或单词，一定不要慌乱，可先阅读全文。如果要求翻译一句话，有时可省略一个单词，意思仍然通顺。如果陌生单词非译不可时，可根据那个单词和整篇文章的关系来推断。

6. 巧妙估算，注重逻辑

理科考试中的计算性选择题，如果采用常规的计算也可以求解，但浪费时间，这类题多半可以采用简便的估算法求解。平时可以注意训练。

同时为了训练自己的逻辑做题法，可以从其他相关的题目中去寻求答案。

第九节 高分答题的 6 个关键点

无论针对什么样的题型，若想高分答题应该注意这 6 个关键点：

1. 有效利用 10 分钟，稳定自己的情绪

考生进入考场，开考前需要等待 10 分钟左右的时间，这时，我们可以进行几次深呼吸，尽快使自己的情绪稳定下来，同时，及时检查试卷是否有缺页、破损、

漏印或模糊等现象。如有，可以及时更换；接着浏览一下整个试卷，对题型、题量有个了解。

2. 尽量不留"空白"

对于考卷上没有把握的客观题，要相信自己的第一感觉。对于主观题，可以采用"分步""分点"得分的方法。会多少写多少，即使写上一些相关的公式也可能会有一定的分数，以达到在能得分的地方绝不失分，不得分处争取得分的目的。

3. 科学分配时间

可根据题量的多少，合理分配时间，比如一个只有 1 分的选择题花去了你 8 分钟的时间，这样绝对不划算，这时应考虑攻克容易的题目，最后再分配时间主攻较难的题。

4. 做题先易后难

拿到考卷后，要先做容易题，后做难题。先做容易题可以增加自信心，使心情逐渐稳定下来，而且做的小题越多，拿到的分数也就越多，心里就越有底，更利于做剩下的难题。

5. 难题要果断弃置

如果一道题花费你太多的时间而没有任何进展，这时应该考虑果断放弃，待其他会做的题完成后，再回过头来攻克它。

6.提高解题速度

答题尽量做到准确、思路清晰，写清每一步的推导、演算，格式要规范。会做的题争取一遍做对，提高效率。这些就要求平时应打好基础，养成周密思考、严谨解题的好作风，把该拿的分都拿下。

以上内容可参考思维导图（见上页）。

第十节 5轮备考的复习技巧

一个人考试的成败在于备考，学习高手也不例外。实践证明在备考复习中采取5轮备考复习的技巧具有良好的效果：

第一轮：查漏补缺，夯实基础知识

这一轮要把以前在学习过程中的作业本、练习册、考卷、教科书等相关资料找出来，把原来做错的题、含糊不清的题、教科书理解不透的知识点都统计出来，以便采取办法予以纠正，完善知识体系，夯实基础知识。

在纠错过程中，绝不能在本上或卷子上一改了之，要先把它们按知识点的网络进行归类，让错题与相关知识点挂钩，并认真分析其错误原因，然后将错题与相关的知识点集中在一起。认真理解练习，直到攻下为止。

还可以对以上改正过出现的错题、含糊不清的题、做得不熟的题，连同相关的知识点，把它们按学科的章节，按知识体系分门别类，设专用纠错本，然后装订成册，形成错题集以备系统复习用。

第二轮：打好基础，强化基础知识理解能力

学习有"三基"，即基本知识、基本方法和基本技能。理科要对基本概念、公式、定理、定律、实验原理等要点内容掌握得准，记得住，用得活，同时还要对书中的例题、练习题、复习题进行强化训练，并发现问题，解决问题。文科则要全面理解、记忆基础知识和基本理论，并会联系课后思考题，进行引申思考扩展。

第三轮：抓好专题归类，提高系统知识解题能力

这一轮专题复习，总体要在老师安排下进行。通过老师精讲，考生多练，来提高自己的系统知识解题能力。

这种专题复习，涉及的知识往往要联系好几本书，甚至是曾经所学的知识内容，不过，这种新旧知识的衔接，对知识系统会起到很好的促进作用。

这类专题选择要准、要精，否则复习就要走弯路，多费时间。

第四轮：抓好综合训练，备战考试能力

综合训练量大，难度也大。但可按照考试大纲，梳理出教材中的相关知识点，按课本顺序把该学科的知识连接起来，做到全面、系统、深刻地掌握知识体系；在练习运用知识方面，要认真、全面、系统地整理过去所做过的题，力求找出解

445

题规律。比如对以前做过的所有题，要学会分门别类，做到综合归纳并学会与知识点挂钩，也可以在自己情况允许的条件下，去挑选些与《考试大纲》相关的配套难题训练，通过做难题、攻难关的训练，既培养了自己对复杂问题的分析问题、解决问题的能力，也为升学考试攻难关打下个良好的心理基础，进一步开发了自己大脑的思维能力与想象能力。

第五轮：做好知识梳理，回归教材，强化记忆

最后一轮复习是与考场考试能力相接轨的复习，应该安排在考前一个月进行，在这段时间里，应该注重知识梳理，将自己在前四轮完成的所有训练题和以前学习过的作业题，分科、分章、分单元及按知识体系整理出来，并有序地按学科摆放在书房内。

同时将自己本年级学习的教材备齐，有些科教材内容要延伸到上个年级，认真理解书中知识点的内涵与外延。

这一轮复习，是备考的总攻阶段，任务艰巨，一定要注意科学用脑，提高备考效率，减轻学习压力，要做到劳逸结合，该学的时候，集中精力去学；该玩的时候就去玩，保证身体健康。同时膳食结构要合理，做到学习轻松自如，心情愉快，保证有个好身体，做到高高兴兴地学习，乐乐和和地备考，扎扎实实地去迎考。

最后，抓好考前20天的实战"演习"。这20天要做到五接轨，即考试心态接轨、做题方法接轨、考试技巧接轨、做题的准确率接轨与做题的速度接轨。

这期间，各科要按照正式考试的相同时间安排去做题，每科隔一天做一套模拟题及本科目在复习中查出的不熟练的题。此外，再不要加额外题量，以保证备考质量和效果。

第十一节 主观题得高分的4大诀窍

主观题是对我们最普遍的一种考核方式。这类题目不仅能更好地要求回忆所学的内容，还要求组织某些材料，这类考题常被称为"发挥性题目"，使考生有机会表现自己准备的程度和对某项知识理解的深度和广度，同时老师也能在评卷时做出更多独立的思考和判断，因此这类考题是没有什么严格规定的统一答案的。

这里共有4大应答诀窍，用思维导图绘制如下页图。

1. 仔细审题，把握中心

一些论文式的主观试题，题目的文字叙述较多，或者是应答知识的容量较大。主观题的题分一般都较高，答题时一定要注意认真审题，准确理解题意，一定要把答案限定在试题所要求的范围之内，切忌答题时笼统地概括和胡乱地"填塞"。

2. 草拟一个答题提纲

草拟一个答题提纲至少有两点好处：一是合理地组织材料，使自己对问题的论述能够层次分明，条理清楚；二是避免漏答某些重要的内容和观点。

提纲一般包括两个方面的内容：①本题打算回答几个问题或观点；②按怎样的顺序回答。然后就可以准确而迅速地答题了。

3. 回答论述题要言简意赅

回答论述题一定要直截了当，不要用引言段开头，也不要开头把问题重新写一遍。评卷老师一般喜欢的是思路清晰、言简意赅的答卷。

答题的时间分配应根据题分来确定，审题时当你拟出答题提纲以后，可以对自己列出的每一个要点都提出个"为什么"，在心里反问一下该点是否重要，这样做就能鉴别出哪些东西有价值，哪些东西没有意义。对于没有意义的议题或论点，应当毫不犹豫地删除，这样在你的答案中就可以少说废话和空话了。

4. 提高组织答题材料的能力

要想组织好材料，提高自己的答题能力，答好题，一方面要掌握好论文式题目的应答技巧，另一方面要提高自己的语言表达水平和思维能力。

我们在平常考试时应该培养自己的这些能力，思维和语言有着密切的联系，如果一个人的语言水平很低，他的思维发展水平也就不可能很高；如果他对某一问题思考越深刻，他的语言表达能力也就越明确、清楚了。这样答题自然能得高分。